지은이 **안토니오**

오늘날 가장 탁월한 신경과학자 중 한 명으로 꼽히는 안토니오 다마지오는 느낌, 감정, 의식의 기저를 이루는 뇌 과정을 이해하는 데 지대한 공헌을 해 왔다. 특히 감정이 의사 결정 과정에서 차지하는 역할에 대한 그의 연구는 신경과학뿐 아니라 심리학과 철학에 중대한 영향을 미쳤다. 수많은 과학 논문을 발표했으며 미국 과학정보연구소가 발표한 '가장 많이 인용된 연구자'로 선정되기도 했다. 아이오와대학 의대 신경과 교수와 소크연구소 겸임교수를 지냈고, 현재 서던캘리포니아대학 돈사이프 신경과학·심리학·철학 교수 겸 뇌와 창의력 연구소BCI 책임자이다. 미국 의학한림원, 미국 예술과학아카데미, 바이에른 인문과학아카데미, 유럽 과학기술아카데미 회원이며, 그라베마이어상, 혼다상, 아스투리아스 과학기술상, 노니노상, 시뇨레상, 페소아상 등 수많은 상을 받았다. 대표작 중 번역된 것으로는 『데카르트의 오류』, 『스피노자의 뇌』, 『느낌의 진화』, 『느끼고 아는 존재』가 있다.

감수·해제 **박한선**

경희대학교 의과대학을 졸업하고 분자생물학 전공으로 석사학위를 받았다. 호주국립대학ANU 인문사회대에서 석사학위를, 서울대학교 인류학과에서 박사학위를 받았다. 서울대학교병원 신경정신과 강사, 서울대학교 의생명연구원 연구원, 성안드레아병원 과장 및 사회정신연구소 소장, 동화약품 연구개발본부 이사 등을 지냈다. 지금은 서울대학교 인류학과 교수로 재직하며 연구, 강의, 집필 활동을 병행하고 있다. 지은 책으로는 『정신과 사용설명서』, 『내가 우울한 건 다 오스트랄로피테쿠스 때문이야』, 『마음으로부터 일곱 발자국』, 『감염병 인류』, 『단 하나의 이론』 등이 있고, 옮긴 책으로는 『행복의 역습』, 『여성의 진화』, 『진화와 인간 행동』 등이 있다.

느낌의 발견

안토니오 다마지오 지음
고현석 옮김 | 박한선 감수·해제

느낌의 발견

The
Feeling
of
What
Happens

의식을
만들어 내는
몸과 정서

arte

지난 10년 동안 나온 뇌 관련 저작 중 가장 훌륭한 책. (…)
아직 풀리지 않은 거대한 미스터리에 대한 신경학자의 견해를 기다
리는 사람이라면 반드시 읽어야 한다.

「뉴욕타임스」

안토니오 다마지오의 이 놀라운 책은 느낌 상태의 체화에 대한 설명
뿐만 아니라, 신경과학의 중요한 두 가지 문제를 이해하기 위한 제안
을 하고 있다. (…)
『느낌의 발견』은 이 문제들에 대해 놀라울 정도로 대담하게 접근하
면서 자아에 관한 설득력 있는 설명을 최초로 제공한다.

「네이처」

안토니오 다마지오는 인간의 의식을 이해할 수 있다고 주장하면서
의식의 작동에 대해 매우 독창적인 설명을 한다. 다마지오의 견해에
주목할 수밖에 없는 이유는 그의 견해가 이론뿐만 아니라 뇌전증 환
자, 뇌졸중 환자, 질병과 외상으로 뇌 손상을 입은 환자들에 대한 수
십 년 동안의 임상 연구에 기초하고 있기 때문이다.

「타임」

이 책은 명확하고 아름다운 언어, 매력적인 사례 연구를 통해 어려운
과학 문제들을 다양한 관심을 가진 독자들에게 쉽게 설명해 준다. 여
러 학문 영역에 걸친 의식 연구 프로젝트로서 이정표가 될 만한 책이다.

「사이언티픽 아메리칸」

『느낌의 발견』은 안토니오 다마지오가 썼기 때문에 생명력을 갖게 된 책이다. 인용된 사례들은 아름다울 정도로 산뜻하고 명료하다. (…) 의식의 근원과 작동보다 흥미로운 주제는 거의 없으며, 저자만큼 이 주제를 잘 설명할 수 있는 능력을 갖춘 사람 역시 거의 없다.

「가디언」(런던)

놀라울 정도로 독창적인 관점. (…)
안토니오 다마지오는 발달생물학, 임상신경학, 생리심리학을 융합해 지금까지 숨겨져 있던 의식의 영역으로 독자를 인도한다. 다마지오 이전에도 많은 뛰어난 학자들이 이 영역에 도전했지만, 그 누구도 다마지오처럼 설득력 있는 설명을 제시하지 못했다.

「선데이타임스」(런던)

안토니오 다마지오는 당신이 실제로 얼마나 매력적인 존재인지를 보여 준다. 다마지오는 난해한 주제에 대해 매력적으로 글을 쓰는 보기 드문 작가일 뿐만 아니라, 자기 분야에서도 적극적이고 획기적인 연구자다. (…)
다마지오가 개척하는 길을 따라가려면 주의를 기울여야 한다. 신경해부학 부분을 건너뛰지 않고 읽으면 복잡한 문제에 대한 속 시원한 통찰을 얻게 될 것이다.

「블룸즈버리 리뷰」

과학적인 가치를 떠나서 『느낌의 발견』이 이토록 인상적인 이유는 표현의 명료함에 있다. (…)
저자는 전문용어와 어려운 어휘를 피하고, 꼼꼼하게 요약하고 재차 설명해 주며, 명료하게 추론하면서 비전문가 독자들의 욕구를 일관되게 존중함으로써 이 책을 효과적인 과학적 글쓰기의 전형으로 만들었다.

「댈러스 모닝 뉴스」

모자라지도 넘치지도 않는 뛰어난 책이다. 생각들이 유려하게 정리되어 있으며 누구나 이해할 수 있는 문장으로 쓰였다. (…)

의문으로 가득 찬 여행에서 한발 앞서가는 책이며, 인간의 마음에 대한 가장 신뢰할 만한 견해를 제공하는 주춧돌 같은 책이다.

「가제타 메르칸틸」(상파울루)

안토니오 다마지오는 자신이 속한 연구 분야에 가장 큰 영향을 미치고 있는 학자이자 더 높은 수준의 인간 인지에 대해 가장 깊이 이해하고 있는 교수다. 그의 저작 『데카르트의 오류』와 『느낌의 발견』 모두 반드시 읽어야 한다. 이 책들은 심리학과 신경과학 분야의 지평을 흔들 수 있는 고전이다. 두 책을 읽고 깊이 생각해 본다면 다른 사람들보다 최소 10년은 앞서갈 수 있을 것이다.

「왕립의학회 저널」

기념비적인 책. (…) 의식과 뇌를 주제로 한 지금까지의 모든 책들 중 의심의 여지 없이 최고의 책이다. (…)

이 책은 교양 있는 독자들에게 도전 의식과 기쁨을 선사할 것이다.

「의식 연구 저널」

안토니오 다마지오는 뇌 기능 연구 분야에서 세계 최고의 학자다. 『느낌의 발견』은 의식의 이해를 돕는 뛰어난 책이자 엄청나게 야심적인 저작이다.

데이비드 허블(신경생리학자, 노벨상 수상자)

가장 창의적인 뇌 연구자 중 한 명인 안토니오 다마지오는 이 아름답게 쓰인 책에서 의식에 대한 자신의 이중적인 정의에 대해 설명하며, 과학 연구로 의식 연구에 접근하는 방법을 보여 준다.

에릭 캔들(신경생물학자, 노벨상 수상자)

안토니오 다마지오의 책은 자아의 신경생물학적 기초를 설득력 있고 전문가적인 방식으로 밝히는 최초의 책이다.

장피에르 샹죄(신경생리학자, 파스퇴르연구소 실장)

비전문가와 과학자가 함께 읽을 수 있는 책이자, 의식과 관련한 문제에 대해 가장 설득력 있는 해답을 제시하는 책.

빅토리아 프롬킨(언어학자)

모든 사람들이 이야기하게 될 책. 꼭 읽어 보기 바란다.

퍼트리샤 처칠랜드(분석철학자)

가장 간단한 설명은 이것이다. 자신에 대해 알고 싶다면 이 책을 추천한다.

조리 그레이엄(시인, 퓰리처상 수상자)

『느낌의 발견』은 기적 같은 책이다. 의미와 중요성의 결합이자, 시적 직관과 정밀한 연구의 결합이다.

피터 브룩(연극연출가, 영화감독)

해나에게

일러두기

1 이 책은 Antonio Damasio, *The Feeling of What Happens: Body and Emotion in the Making of Consciousness*(Orlando: Harcourt, Inc, 1999)를 완역한 것이다.

2 원문에 등장하는 feeling, emotion, affect는 각각 느낌, 정서, 감정으로 옮겼다.

3 단행본, 잡지 등 책으로 간주할 수 있는 것은 겹낫표(『 』)로, 책의 일부나 단편소설, 신문 등은 홑낫표(「 」)로, 미술, 음악, 연극 등의 작품명은 홑화살괄호(〈 〉)로 표기했다.

4 외래어 표기는 국립국어원 외래어표기법을 따랐으나, 관습적으로 굳은 표기는 그대로 허용했다.

5 강조(진한 글씨)는 원문에 따른 것이다.

또는 폭포, 또는 너무 심오하게 들리는 음악이기에
아무것도 들리지 않지만, 그 음악이 계속되는 동안
당신은 음악이다. 이런 순간은 단지 암시와 추측에 불과하다,
추측이 따르는 암시. 그리고 나머지는
기도, 규율, 훈련, 절제, 사색, 행동이다.
반쯤 추측된 암시, 반쯤 이해된 선물은 성육신이다.
        - T. S. 엘리엇, 『네 개의 사중주』 중 「드라이 샐비지스」

나를 사로잡은 것은 내가 누구인가 하는 질문이다.

나는 확신하게 되었다,
   과거의 내 이미지를 찾아서는 안 된다고. 시간이 흘러갔기 때문
이다. 내 안에서 표면으로 떠오른 것은
다시 시야에서 사라졌다. 그렇지만 나는 내가
처음 옷을 입은 순간이
내가 나 자신을 나타내기 시작한 순간이라는 것을 느꼈다. — 서서
히 — 그리고 1초 1초 — 가차 없이 — 살아가기 시작한 순간이었다. — 마
음이여, 그대는 무엇을 하고 있는가?

숨겨지기를 원하는가 아니면 **보이기를** 원하는가? —

그리고 그 옷은 — 얼마나 그대에게 어울리는지! — 반짝이는구나,
다른 사람들의
   흐느끼는 눈과 함께. —
        - 조리 그레이엄, 『유물론』 중 「자아의 실재에 관한 비망록」

차례

6장 핵심 의식의 생성

7장 확장 의식

8장 의식의 신경학

4부 알 준비

1부

서론

1장

빛 속으로

의식이라는 빛

무대로 향한 문이 열리고 연주자가 빛 속으로 걸어 들어온다. 또는 관점을 바꾸어 그 문이 열리면서 희미한 어둠 속에서 기다리던 연주자가 빛과 무대와 관객을 보기 시작한다. 내가 항상 매료되는 순간은 바로 이때다.

어떤 관점에서 보든 이런 순간이 감동적인 이유를 몇 년 전에 깨닫게 되었다. 그 이유는 탄생의 순간이, 안전하지만 제한적인 피난처와 저 너머의 가능성과 위험의 세계를 가르는 문턱을 넘어오는 순간이 체화되기 때문이다. 하지만 이 책을 준비하는 과정에서 그동안 쓴 책들을 살펴보면서 나는 빛 속으로 걸어 들어가는 행동이 의식, 아는 마음의 탄생, 정신의 세계로 자아 감각sense of self이 들어가는 단순하지만 중대한 순간에 대한 강력한 비유일 수도 있다고 느꼈다. 우리가 어떻게 의식이라는 빛 속으로 걸어 들어가는지가 이 책의 정확한 주제다. 내가 쓰는 책은 자아 감각, 순진함과 무지함으로부터 앎과 자신인 상태selfness로의 전이에 관한 것이다. 내 구체적인 목표는 이런 중대한 전이를 허용하는 생물학적 상황을 고찰하는 것이다.

인간의 마음은 그 어떤 부분도 연구하기가 쉽지 않다. 또한 마음의 생물학적 토대를 이해하고자 하는 사람들도 일반적으로 의식이 극도로 난해한 문제라고 생각하고 있다. 이 문제에 대한 정의가 연구자에 따라 상당히 다름에도 불구하고 그렇다. 마음의 실체를 밝히는 것이 생명과학에서 마지막으로 남은 미개척지라면, 의식은 마음의 실체를 밝히는 과정에서 마지막으로 남은 미스터리라고 할 수 있다. 이 미스터리가 결국 풀리지 않을 것이라고 여기는 이들도 있다.

그럼에도 불구하고 나는 이 문제에 대한 연구보다 더 매력적인 것은 별로 없을 것이라고 생각한다. 일반적으로 마음의 문제, 구체적으로 의식의 문제는, 이해하고자 하는 욕망과 아리스토텔레스가 인간만의 특징이라고 생각한 자신의 본성에 경탄하고자 하는 욕구를 끝없이 자극한다. 우리가 어떻게 아는지 아는 것보다 알기 어려운 것이 어디에 있겠는가? 의식에 관해 의문을 가질 수 있게 하고 피할 수 없게 만드는 것은 우리가 의식을 가지고 있다는 사실임을 깨닫는 것보다 더 혼란스러운 일이 어디에 있겠는가?

의식이 생물학적 진화의 정점이라고 보지는 않지만 나는

그것이 생명체의 긴 역사에서 하나의 전환점이라고는 생각한다. 의식에 대한 간단하고 표준적인 사전적 정의는, 자아와 주변에 대한 유기체의 인식이다. 이 정의에만 따라도 의식이 인간의 진화에서 의식 없이는 불가능했을 양심, 종교, 사회 조직, 정치 조직, 예술, 과학, 기술 등의 새로운 차원의 것을 창조할 수 있도록 어떻게 문을 열었을지 상상할 수 있을 것이다. 의식이 우리가 슬픔을 알고, 기쁨을 알고, 고통을 알고, 즐거움을 알고, 곤란함이나 자부심을 느끼고, 사랑하는 사람이 떠나거나 죽는 것을 슬퍼하게 해 주는 핵심적인 생물학적 기능이라고 말하는 것이 아마 훨씬 더 설득력이 있을지 모르겠다. 개인적으로 경험을 하건 관찰을 하건 파토스는 의식의 부산물이며 욕망도 그렇다. 이런 개인적인 상태 중 어떤 것도 의식 없이는 알 수 없을 것이다. 알기 위해 선악과를 딴 하와를 비난하지는 말자. 죄는 의식에 있다. 그리고 우리는 의식에 감사해야 한다.

스웨덴 스톡홀름 시내에서 이 책을 쓰고 있을 때였다. 창밖으로 허약해 보이는 노인 한 명이 막 출발하려고 하는 배를 향해 걸어가고 있었다. 시간이 촉박한데도 노인은 천천히 걷고 있었다. 관절염 때문에 발목이 아파 제대로 걷지도 못했으며, 머리는 허옇게 세었고 외투는 낡았다. 밖에는 비가 계속 내리고 있었고, 바람 때문에 그는 벌판에 홀로 서 있는 나무처럼 등을 굽히고 있었다. 노인은 결국 배 앞에 도착해 힘겹게 건널 판자를 딛고 배에 올라 갑판으로 내려가기 시작했다. 앞으로 쓰러지지 않으려고 머리를 계속 좌우로 움직이면서 주변을 살폈다. 그는 온몸으로 '제대로 온 것인가?', '다음에 어디로 가야 하지?' 하고 말하고 있는 듯했다. 갑판에 있던 남자 둘이 노인을 정성껏 부축해 객실로 인도했다. 노인은 이제 제대로 왔다고 안심하고 있는 것 같았다. 내 걱정은 거기서 끝났다. 배가 출발했다.

자, 이제 생각해 보자. 의식이 없었다면 노인은 불편함, 아마도 굴욕감을 알지 못했을 것이다. 갑판 위 두 남자는 노인에게 공감해 따뜻하게 대하지 않았을 것이다. 의식이 없었다면 나도 걱정하지 않았을 것이고, 언젠가 나 역시 고통스럽게 걸으면서 불편함을 느끼던 그 노인처럼 될 수 있다는 생각을 하지 못했을 것이다. 의식은 이 장면에 등장하는 인물들의 마음에서 이런 느낌이 미치는 영향을 증폭시킨다.

사실상 의식은 좋든 나쁘든 삶을 관찰할 수 있게 해 주는 열쇠이자, 배고픔, 목마름, 섹스, 눈물, 웃음, 발차기, 펀치, 우리가 사고라고 부르는 이미지의 흐름, 느낌, 말, 이야기, 믿음, 음악과 시, 행복과 황홀감 등 모든 것을 알게 해 주는 초심자의 허가증 같은 것이다. 가장 간단하고 기초적인 수준의 의식만 있어도 우리는 계속 살고 싶다는 저항할 수 없는 욕구를 인식하게 되고, 자신에 대한 걱정을 하게 된다. 가장 복잡하고 정교한 수준의 의식은 다른 자아들에 대한 걱정을 하게 만들고 삶의 기술을 개선하는 데 도움을 준다.

무단이탈

32년 전의 일이다. 회색 페인트로 칠한 원형 진료실에 한 남자가 내 맞은편에 앉아 있었다. 우리가 조용히 이야기를 나누는 동안 채광창으로 오후 햇살이 비치던 날이었다. 갑자기 남자가 말을 하다 말고 멈추더니 얼굴에서 생기가 사라졌다. 입은 벌린 채 움직이지 않았고, 눈은 내 뒤에 있는 벽의 어떤 한 부분을 공허하게 응시하고 있었다. 몇 초 동안 이 남자는 전혀 움직이지 않았다. 이름을 불러 보았지만 답이 없었다. 그러더니 남자는 약간 움직여 입맛을 다셨고, 시선을 우리 사이에 있는 테이블로 옮겼다. 커피 잔과 작은 금속 화병을 보는 것 같았다. 분명히 그랬던 것 같다. 잔을 집어서 커피를 마셨기 때문이다. 나는 계속해서 그 남자에게 말을 걸었지만 답이 없었다. 남자는 화병을 만졌고, 나는 무슨 일이냐고 물었지만 역시 대답은 없었다. 얼굴은 무표정이었다. 남자는 나를 쳐다보지 않았다. 그러다 남자가 일어나자 걱정이 되기 시작했다. 무슨 일이 일어날지 몰랐기 때문이다. 남자의 이름을 다시 불렀지만 역시 대답이 없었다. 언제 이런 상황이 끝날지 알 수가 없었다. 남자가 뒤로 돌아서 천천히 문 쪽으로 갔다. 나도 일어나서 남자의 이름을 다시 불렀다. 남자는 멈칫하더니 나를 쳐다봤다. 남자의 얼굴에 표정이 약간 돌아왔다. 어쩔 줄 몰라 하는 것 같았다. 나는 다시 남자의 이름을 불렀고 그제서야 그는 "뭐라고요?"라고 말했다.

잠시였지만 아주 길게 느껴진 순간이었다. 이 남자는 의식 소실impairment of consciousness을 겪은 것이다. 신경학적으로 말하면 남자는 뇌 기능 장애에 의한 뇌전증(간질)의 수많은 징후 중 두 가지인 결신발작과 그 후의 결신자동증 증상을 보인 것이다. 의식 소실 환자를 본 것이 처음은 아니었지만 당시의 경험처럼 호기심을 자아낸 경우는 처음이었다. 나는 일인칭 관점에서 원하지 않은 모름 상태unknowingness로 빠졌다가 의식을 되찾는 것이 어떤 것인지 알고 있었다. 어릴 때 사고로 의식을 잃은 적이 있고, 청소년 시절에는 전신마취를 한 적도 있다. 게다가 나는 혼수상태에 빠진 환자들도 보았으며, 삼인칭 관점에서 무의식 상태가 어떤 것인지 관찰하기도 했다. 하지만 잠이 들거나 잠에서 깨어나는 것을 포함해 이 모든 경우에 의식 소실은 급작스러웠다. 마치 갑자기 정전이 되는 것 같았다. 하지만 내가 그날 오후 회색 진료실에서 한 경험은 훨씬 더 놀라운 것이었다. 그 남자는 거기에 있으면서도 있는 것이 아니었다. 분명 깨어 있었고 부분적으로는 주의를 기울여 행동하고 있었다. 몸은 거기에 있었지만 본인은 설명할 수 없는 이유로 무단이탈을 하고 있었던 것이다.

그때의 일은 이후로도 내 머릿속을 떠나지 않았다. 또한 그날은 내가 그 일의 의미를 알아낼 수 있을 것이라고 생각하게 된 날이기도 했다. 지금은 그렇지 않지만, 당시에 나는 완전히 의식이 있는 마음과 자아 감각이 없어진 마음 사이의 칼같은 전환을 보았다는 생각을 하지 못했다. 의식 소실 동안에도 남자의 각성 상태, 사물에 집중하는 기본적인 능력, 공간에서 움직이는 능력은 그대로 보존되었다. 그의 주변에 있는 사물들에 관한 한 심적 과정의 핵심은 아마 그대로 유지되었을 것이다. 하지만 그의 자아 감각과 앎은 중지되었던 것이다. 나는 알아차리지 못했지만 의식에 대한 내 생각은 그날 형성되기 시작했을 것이다. 그리고 자아 감각이 의식 있는 마음의 필수적인 부분이라는 생각은 그 뒤 비슷한 경우를 보면서 더 강해졌다.

그 후로도 계속 나는 의식의 문제에 관심을 가졌다. 의식 연구의 과학적인 어려움에 끌린 적도 있고, 신경학적 질환으로 의식이 손실된 결과가 환자에게 나타나는 것을 보고 거부감을 느끼기도 했다. 하지만 나는 늘 일정한 거리를 유지했다. 뇌 손상이 혼수상태나 지속적인 식물인간 상태를 야기하는 상황은 가장 극적인 경우였고, 가능하다면 그 상황을 보고싶지 않았다. 살아 있는 사람에게서 의식 있는 마음이 갑자기 그리고 어쩔 수 없이 사라지는 것만큼 슬픈 일은 거의 없다. 또한 그런 상황을 환자의 가족에게 설명하는 것만큼 고통스러운 것도 거의 없다. 인생의 동반자가 자고 있는 것처럼 보이지만 실은 그렇지 않을 수 있다고, 환자가 이런 식으로 쉬고 있다고 해서 좋아진다거나 회복될 가능성이 있는 것은 아니라고, 한때 지각이 있었던 존재가 지각을 다시 가질 수 없을 수도 있다고 환자 배우자의 눈을 쳐다보면서 말하는 것은 쉬운 일이 아니다. 그럼에도 나는 신경과 의사였기 때문에 의식에 대해 경계심을 가지지 않았지만 신경과학 교수로서는 의식 문제를 다루기가 쉽지 않았다. 의식을 연구하는 것은 교수로서 정년을 보장받기 전에는 하기 힘든 일이었다. 그리고 정년을 보장받은 뒤에도 사람들은 내게 의심의 눈초리를 던졌다. 의식이 과학 연구를 하기에 어느 정도 안전한 주제가 된 것은 최근 몇 년 사이의 일이다.[1]

그렇다고 해도 내가 결국 의식을 연구하게 된 이유는 이 연구를 둘러싼 사회적 상황과는 거의 관계가 없다. 난관에 부딪혀 어쩔 수 없었을 때가 되어서야 나는 의식 연구를 하기로 마음을 먹었기 때문이다. 그 난관은 정서에 관한 내 연구와 관련한 것이었다. 데카르트의 『정념론』 때문에 부딪힌 난관이었다.[2]

그 상황은 이렇다. 서로 다른 정서가 어떻게 뇌 안에서 유도되고, 몸이라는 극장에서 펼쳐지는지는 잘 이해할 수 있었다. 정서가 유도된 결과로 (정서 상태의 대부분을 구성하는) 몸의 변화가 일어나고, 그 변화를 적절한 지도로 만들게 될 몇몇 뇌 구조에 어떻게 그 변화가 알려지면서 정서를 느끼기 위한 기질substrate이 구성되는지도 그려 낼 수 있었다. 하지만 그 정서를 느끼기 위한 기질이 그 정서를 가진 유기체에게 어떻게 **알려질** 수 있는지는 도저히 알 수가 없었다. 의식이 있는 존재인 우리가 느낌이라고 부르는 것이 유기체에게 어떻게 알려지는지에 대해서 만족할 만한 설명을 할 수가 없었던 것이다. 느낌이 우리 유기체의 경계 안에서 발생하고 있다는 것을 각자 알게 하는 추가적인 메커니즘은 무엇일까? 우리가 어떤 정서나 아픔을 느낀다는 것을 알게 될 때, 또는 우리가 뭐라도 알게 될 때 유기체 안에서는 또 어떤 일이 발생할까? 의식의 장벽에 직면하게 된 것이다. 구체적으로 말하면 자아의 장벽에 부딪힌 것이다. 정서를 가진 유기체에게 알려지는 정서의 느낌을 구성하는 신호를 만드는 데 필요한 자아 감각 같은 것이 필요했다.

내 생각에는 자아의 장벽을 극복한다면, 즉 자아의 신경적 토대를 이해한다면 서로 밀접하게 연결되어 있지만 완전히 독립적인 세 개의 현상이 미치는 서로 매우 다른 생물학적 영향을 이해할 수 있을 것 같았다. 그 세 개의 현상은 **정서, 그 정서를 느끼는 것, 그 정서에 대한 느낌을 우리가 가지고 있다는 것을 아는 것**을 말한다. 또한 자아의 장벽을 극복하면 의식의 신경적 토대 전반을 규명하는 데도 도움이 될 것 같았다.

의식의 문제

그렇다면 신경생물학의 관점에서 볼 때 의식의 문제란 무엇인가? 자아의 문제가 의식을 규명하는 과정에서 핵심적인 이슈이기는 하지만, 의식의 문제는 자아의 문제에 국한되지 않는다. 매우 간단하게 요약하면 나는 의식의 문제가 밀접하게 연결된 두 가지 문제의 조합이라고 본다. 첫째는 인간이라는 유기체 안에 있는 뇌가 우리가 대상의 이미지(더 나은 용어가 없다)라고 부르는 심적 패턴을 어떻게 만들어 내는지 이해하는 문제다. 이 책에서 **대상**object이라는 말은 사람, 장소, 멜로디, 치통, 황홀감 등의 다양한 실체를 뜻한다. **이미지**라는 말은 감각 양식에서의 심적 패턴을 뜻한다. 소리 이미지, 촉각

이미지, 안녕한 상태의 이미지 같은 것이 이에 해당한다. 이런 이미지는 대상의 물리적 특성 측면을 전달하며, 그 대상에 대한 사람의 호불호 같은 반응, 그 대상에 대해 할 일, 그 대상과 다른 대상과의 관계망을 전달하기도 한다. 솔직히 말하면 의식의 첫째 문제는 우리가 '뇌 안의 영화movie-in-the-brain'를 어떻게 가지는지의 문제다. 극장이라는 비유를 사용한 이유는 영화가 시각, 청각, 미각, 후각, 촉각, 내부 감각 등 감각 관문을 가지고 있는 우리의 신경계만큼 다양한 감각 통로를 가지고 있다고 생각하기 때문이다 (**이미지**image, **표상**representation, **지도**map와 같은 용어의 사용에 대한 코멘트는 부록의 색인 참조).

신경생물학의 관점에서 이 첫째 문제를 푼다는 것은 뇌가 신경세포 회로 안에서 어떻게 신경 패턴을 만드는지, 그 신경 패턴을 가장 높은 수준의 생물학적 현상을 구성하는 분명한 심적 패턴, 즉 이미지로 어떻게 전환하는지 발견해 낸다는 뜻이다. 이 문제를 풀기 위해서는 반드시 감각질qualia이라는 철학적 문제를 다루어야 한다. 감각질은 하늘의 푸른 색깔, 첼로의 소리 톤에 존재하는 단순한 감각의 특성을 말한다. 따라서 극장 비유에 등장하는 이미지의 핵심적인 요소는 감각질로 이루어졌다고 할 수 있다. 나는 이런 특성이 결국 신경생물학적으로 설명될 것이라고 믿는다. 비록 그 신경학적 설명이 불완전해 채워야 할 '설명적 간극'이 있다고 하더라도 말이다.[3]

이제 의식의 둘째 문제를 살펴보자. 이 문제는 대상에 대한 심상을 생성하는 것과 비슷한 방식으로 뇌도 앎의 행위에서 어떻게 자아 감각을 생성하는지에 관한 것이다. **자아**와 **앎**이 무슨 뜻인지 알기 위해서 나는 지금 당신이 그것의 존재를 여러분의 마음속에서 확인하기를 바란다.

당신은 이 페이지를 보고 있다. 텍스트를 읽으면서 단어들의 의미를 구축하고 있을 것이다. 하지만 텍스트와 그 의미에 신경을 쓰는 일이 당신의 마음속에서 일어나는 일의 전부라고 할 수는 없다. 인쇄된 단어들과 내가 쓴 것을 이해하는 데 필요한 개념적 지식을 드러내는 것 말고도 당신의 마음은 다른 어떤 것을 드러낸다. 다른 누구도 아닌 **당신이** 텍스트를 읽고 이해한다는 것을 암시하기에 충분한 어떤 것을 순간순간 드러내고 있는 것이다. 당신의 마음 대부분을 차지하고 있는 것은 외부적으로 감지하는 것에 대한 감각 이미지와 당신이 다시 떠올리는 관련한 이미지이지만, 그것이 전부는 아니다. 그런 이미지 외에도 당신을 나타내는 다른 존재도 있다. 이미지화되는 사물의 관찰자와 소유자, 이미지화되는 사물을 배경으로 움직이는 잠재적인 배우로서의 존재다. 특정한 대상과의 어떤 관계에 있는 당신의 존재다. 이런 존재가 없다면 당신의 생각이 어떻게 당신에게 속하겠는가? 그 생각이 당신에게 속한다고 누가 말해 줄 수 있을까? 이 존재는 조용하고 신비하며, T. S. 엘리엇의 표현을 빌리면 때로는 "반쯤 추측된 암시"나 "반쯤 이해된 선물"일 수도 있다. 나중에 말하겠지만 그런 존재의 가장 단순한 형태 역시 이미지다. 실제로 느낌을 구성하는 이미지인 것이다. 이런 관점에서 볼 때, 당신이 존재한다는 것은 당신의 존재가 무엇인가를 이해하는 행위에 의해 수정될 때 일어나는 일을 느끼는 것이라고 할 수 있다. 이 존재는 깨어나는 순간부터 잠이 드는 순간까지 결코 멈추지 않는다. 이 존재는 분명히 거기에 있고, 그렇지 않다면 당신도 없다.

둘째 문제를 풀기 위해서는 이 글을 쓰고 있는 나에 대한 감각을, 이 글을 읽고 있는 당신에 대한 감각을 나와 당신이 어떻게 갖게 되는지 이해해야 한다. 또한 당신과 내가 마음속에서 보고 있는 독점적인 지식이 지금 이 순간 일종의 모든 것에 적용되는 표준적인 관점이 아니라 특정한 관점에 의해, 즉 개인 내부의 관점에 의해 형성된다는 것을 우리가 어떻게 감지하는지도 이해해야 한다. 게다가 대상의 이미지와 그것과 연결된 관계, 반응, 계획이 엉켜 있는 복잡한 그물망이 어떻게 당연한 소유자의 확실한 심적 소유물로 감지되는지도 이해해야 하다. 이 당연한 소유자는 모든 의도와 목표 면에서 관찰하는 사람, 인지하는 사람, 아는 사람, 잠재적 배우다. 이 둘째 문제가 더 흥미로운 이유는 이 문제에 대해 제기된 전통적인 해결 방법, 즉 호문쿨루스homunculus가 아는 행위를 관장한다는 이론이 확실히 틀렸기 때문이다. 형이상학적으로든 실제 뇌에서든 데카르트 극장에 관객으로 앉아서 대상이 빛 속으로 걸어 들어오기를 기다리는 호문쿨루스 같은 것은 없다.[4] 바꾸어 말하면 의식의 둘째 문제를 푼다는 것은 우리 인간이 가진, 대상의 심적 패턴뿐만 아니라 앎의 행위에서 자동적 또는 자연적으로 자아 감각을 전달하는 심적 패턴을 구축하는 신기한 능력의 생물학적 토대를 발견하는 것이다. 이 심

1부 서론

적 패턴은 사람, 장소, 멜로디, 그리고 그들의 관계, 즉 알아야 하는 어떤 것에 대한 시간적 그리고 공간적으로 통합된 심상을 말한다. 기본적인 수준에서 가장 복잡한 수준에 이르기까지 의식은 우리가 흔히 생각하듯이 대상과 자아를 함께 묶는 통합된 심적 패턴이다.

의식의 신경생물학은 최소한 두 가지 문제를 안고 있다. '뇌 안의 영화'가 어떻게 만들어지는지의 문제와, 그 영화의 소유자와 관찰자가 있다는 감각을 뇌가 어떻게 만들어 내는지의 문제다. 이 두 문제는 서로 너무나 밀접하게 연결되어 있기 때문에 전자는 후자의 문제를 포함하고 있기도 하다. 실제로 둘째 문제는 영화의 소유자와 관찰자를 **영화 안에서** 어떻게 **나타나게** 하는지의 문제다. 또한 둘째 문제 뒤에 있는 생리학적 메커니즘은 첫째 문제 뒤에 있는 메커니즘에 영향을 미친다. 하지만 이 문제들이 서로 밀접하게 연결되어 있음에도 불구하고 두 문제를 분리해야 의식의 문제를 부분으로 쪼갤 수 있고, 그래야 그 과정에서 의식에 대한 전반적인 연구가 가능해진다.[5]

이 책은 의식의 '다른' 문제를 무시하거나 최소화하지 않으면서 자아의 문제를 정면으로 집중해 의식의 장벽을 다루려는 시도라고 할 수 있다. 이 시도는 앞에서 언급한 난관 때문에 시작된 것이지만, 이제 그 난관에 대처하는 수준을 넘어선 상태다. 이 책은 정신적인 면에서 의식이 무엇인지, 그리고 의식이 인간의 뇌에서 어떻게 구축되는지에 대한 나의 생각을 담고 있다. 내가 의식의 문제를 풀어 냈다고 말하는 것은 아니다. 또한 인지과학과 신경과학의 현 단계에서 몇몇 새롭고 중요한 연구가 이루어진 것은 사실이지만, 나는 의식의 문제를 모두 풀어낼 수 있다는 것에 어느 정도 회의적인 시각을 가지고 있다. 그러니 단지 이 책에서 제시한 아이디어들이 생물학적 관점에서 자아의 문제를 최종적으로 구명하는 데 도움이 되기를 바랄 뿐이다.[6]

이 책의 배경은 다양한 조사 활동에 의존해 현재 진행되고 있는 연구 프로그램이다. 이 프로그램은 정신장애, 행동장애를 가진 신경질환 환자들에 대한 장기간의 관찰로부터 알게된 사실, 그런 장애에 대한 실험적 신경심리학적 연구로 얻은 결과, 일반 생물학, 신경해부학, 신경생리학에서 얻은 증거를 이용해 만들어진, 보통의 인간에게서 일어나는 의식의 과정에 대한 이론, 생각과 이론에 입각한 의식의 신경해부학적 토대에 대한 검증 가능한 가정을 포함하고 있다.

의식에 접근하기

앞으로 더 나아가기 전에 우리가 정의한 문제에 어떻게 접근할지에 대해 몇 마디 해야 할 것 같다. 물론 내가 이 책을 쓰고 동시에 당신이 이론적인 가정, 과학적 방법, 기초적인 사실에 대해 읽을 수 있을 정도로 우리 마음의 내용이 현재 상태보다 서로 훨씬 더 많이 겹친다면 얼마나 좋겠는가. 하지만 우리는 여전히 고전 물리의 세계에 살고 있고, 나는 16세기의 방법에 의존해야 한다. 우회적인 접근 방법에 의존할 수밖에 없다. 간단하게 핵심만 짚어 보자.

의식은, 마음이라는 주관적인 과정의 일부로 나타나는 전적으로 개인적이고 일인칭적인 현상이다.[7] 하지만 의식과 마음은 제삼자가 관찰할 수 있는 외부적 행동과 밀접하게 연결되어 있다. 우리는 모두 이런 현상, 즉 마음, 마음 안의 의식, 행동을 공유하며, 그 현상이 서로 어떻게 연결되어 있는지 잘 알고 있다. 그 이유는 첫째, 우리가 스스로 자아 분석을 하기 때문이며 둘째, 다른 사람들을 분석하려는 기질을 우리가 타고났기 때문이다. 지혜, 인간 마음의 과학, 행동은 개인적인 것과 공적인 것 사이의 명백한 상호 관계에 기초를 두고 있다. 한편에는 일인칭적인 마음, 다른 한편에는 삼인칭적인 마음이 있는 것이다. 마음과 행동 뒤에 숨어 있는 메커니즘도 이해하기를 원하는 우리에게는 다행스럽게 마음과 행동도 살아 있는 유기체의 기능과, 구체적으로는 이 유기체들 안에 있는 뇌의 기능과 밀접하게 연결되어 있다.[8] 마음, 행동, 뇌의 이 삼각관계가 가진 힘은 150여 년 전 신경학자 폴 브로커와 칼 베르니케가 언어와 왼쪽 대뇌반구 부위들 사이의 연관 관계를 발견함으로써 명백하게 드러난 상태다. 이 삼각관계가 밝혀짐에 따라 아주 절묘한 진전이 시작되었다. 철학과 심리학의 전통적인 세계가 생물학의 세계와 서서히 힘을 합치면서 이상하지만 생산적인 연합 전선을 이루게 된 것이다. 예를 들어 인지신경

과학으로 현재 알려진 과학적 접근 방법을 결합함으로써 이 연합 전선은 시각, 기억, 언어를 새롭게 이해할 수 있게 되었다. 이 연합 전선은 분명 언젠가 의식을 이해하는 데도 도움을 줄 것이다.

지난 20년 동안 인지신경과학은 특히 많은 성과를 냈다. 뇌의 구조와 기능을 관찰하게 해 주는 새로운 기술로 임상에서든 실험에서든 우리가 관찰하는 특정한 행동을 그 행동의 정신적 대응물로 추정되는 것뿐만 아니라 뇌 구조 또는 뇌 활동의 특정한 지표와도 연결할 수 있기 때문이다.

다른 예를 들어 보자. 신경질환에 의한 뇌 손상이 일어난 부위는 오랫동안 마음의 신경적인 기초에 관한 연구의 중심이었다. 이런 병변은 부검을 할 때만 드러났다. 하지만 부검할 때는 이미 그 환자에 대한 연구가 결론 난 지 수년이 지난 다음이었다. 분석 과정이 늦어지고 해부학적 결과와 행동 사이의 상호 관계에 불확실성이 발생하는 것은 바로 이 시간 지체 때문이다. 하지만 최근에는 기술의 발달로 살아 있는 사람의 뇌 병변을 3차원으로 재구성해 분석하면서 행동 또는 인지적 관찰을 할 수 있게 되었다. 컴퓨터 화면에 표시되는 재구성 이미지는 자기공명 스캔으로 얻은 원데이터를 정교하게 가동해 만들어진다. 이 이미지는 신경 구조를 매우 선명하게 보여 주며 실험실에서보다 더 정교하게 가상공간에서의 단면도를 보여 준다. 이런 기술의 중요성은 이렇게 자세하고 시기적절한 방식으로 분석된 병변을 뇌 시스템이 특정한 정신적 기능 또는 행동을 어떻게 수행하는지 알기 위한 도구로

1부 서론

사용할 수 있게 해 준다는 데 있다. 서로 연결된 네 개의 뇌 영역인 A, B, C, D가 특정한 방식으로 작동하면서 구성하는 시스템을 가정해 보자. 그렇다면 예를 들어 C 영역이 망가졌을 때 반드시 일어나는 변화를 예측할 수 있다. 이 예측의 타당성을 검증하기 위해 우리는 C 영역의 병변을 가진 환자가 특정한 일을 수행할 때 어떻게 행동하는지를 연구한다. 우연히도 같은 접근 방법이 최근 진화한 신경과학의 한 분야인 분자신경생물학에서도 사용된다. 예를 들어 쥐의 특정한 유전자를 비활성화하여 '병변'을 일으키는 방법이 있다(과학 용어로는 '녹아웃knock-out'이라고 한다). 연구자들은 이 녹아웃의 결과가 예측대로 나오는지 관찰하면 된다.[9]

새로운 유형의 뇌 지표 예는 또 있다. 뇌 활동이 줄어들거나 늘어난 영역을 양전자방출단층촬영PET 또는 기능적 자기공명영상fMRI 촬영 결과다. 이런 촬영 방법은 신경질환 환자뿐만 아니라 뇌에 질환이 없는 사람에게도 사용할 수 있다. 또한 특정한 정신적 업무를 수행하는 동안 특정 영역의 활동에 대한 구체적인 예측은 가설의 타당성을 평가하는 데 이용될 수도 있다.

또 다른 지표는 피부의 전기 전도성 반응 변화 측정치다. 전위와 관련 자기장의 변화를 두피에서 측정하거나 뇌전증 수술을 하는 동안 뇌 표면에서 전위 변화를 측정하는 방법이 있다. 주목할 만한 사실은 개인적인 마음, 공적인 행동, 뇌 기능을 서로 정교하게 연결할 수 있는 가능성이 이런 새로운 기술로 인해서만 높아지는 것이 아니라는 점이다. 교차 연결은 신경계의 해부학적 구조와 기능에 대한 지식의 새 영역과 연계되면 그 범위가 확장될 수 있다. 그 지식은 개개의 신경세포 안에서의 분자적 사건을 연구해 그 사건을 특정한 유전자의 구성과 행동에 연결하는 실험신경해부학자, 신경생리학자, 신경약학자, 신경생물학자 들이 축적해 온 것이다. 최근의 이런 진전에 기초해 수집된 사실들로 우리는 마음의 특정 부분, 행동, 뇌 사이의 관계에 관한 더 구체적인 이론을 점진적으로 구축할 수 있게 되었다. 그에 따라 유기체의 개인적인 마음, 공적인 행동, 숨겨진 뇌가 이론 형성이라는 모험에 동참할 수 있게 되었고, 그 모험으로부터 실험적으로 검증할 수 있고, 장점에 근거해 판단될 수 있고, 그에 따라 인정되거나 거부되거나 수정되는 이론이 나오게 되었다(뇌의 주요 해부학적 구조와 구성에 대해서는 부록 참조).

신경학적, 신경심리학적 증거에 대한 고찰

이 책에서 제시한 아이디어의 출발점은 신경학적 관찰과 신경심리학적 실험 결과에 따른 사실이다. 첫째 사실은 의식 과정의 일부가 특정 뇌 부위와 시스템의 작용과 관련한다는 것이다. 이 사실은 의식을 지원하는 신경 구조를 발견하도록 문을 열어 주었다. 이 부위와 시스템은 뇌 영역 중 일부에 모여 있으며, 기억이나 언어 같은 기능을 담당하는 부위와 시스템처럼 해부학적 위치를 차지하고 있을 것이다. 이 책의 목표 중 하나는 의식 과정의 일부에 대한 검증 가능한 해부학적 가정을 제시하는 것이다.

둘째 사실은 의식과 각성 상태wakefulness, 의식과 저수준 주의low-level attention가 구분될 수 있다는 것이다. 이 사실은 환자들이 정상적인 의식 없이도 깨어 있으면서 주의를 기울일 수 있다는 증거에 기초하고 있다. 앞에서 언급한 원형 방의 환자를 생각하면 된다. 3장과 4장에서 이런 환자들을 다루면서 이 상태의 이론적 중요성에 대해 다룰 예정이다.

셋째이자 아마 가장 놀라운 사실은 의식과 정서가 분리 **불가능**하다는 것이다. 2~4장에서 다루겠지만, 의식이 손상되면 정서도 손상되는 것이 사실이다. 실제로 정서와 의식의 연결 관계, 정서와 의식 모두와 몸의 연결 관계는 이 책의 중심 주제라고 할 수 있다.

넷째 사실은 의식이 단일체가 아니라는 것이다. 적어도 인간의 의식은 그렇다. 의식은 간단하고 복잡한 여러 부분으로 분리될 수 있으며, 이는 신경학적 증거에 의해 명백하게 밝혀진다. 가장 간단한 부분은 내가 **핵심 의식**core consciousness이라고 부르는 부분이다. 이것은 한순간, 즉 지금에 대한, 그리고 한 장소, 즉 여기에 대한 자아 감각을 유기체에 제공한다. 핵심 의식의 범위는 지금 그리고 여기다. 핵심 의식은 미래를 밝히지 않는다. 그것은 한순간 전의 과거만 희미하게 보여 줄 뿐이다. 다른 곳도 없고 이전도 없고 이후도 없다. 반면 내가 **확장 의식**extended consciousness이라고 부르는 복잡한 부분에는 많은 층위와 등급이 있다. 확장 의식은 나와 당신이라는 정체성 같은 정교한 자아 감각을 제공하며, 개인이 살아가는 한 시점에서 살아온 과거를 충분히 인지하고 미래를 기대하며 주변 세계를 명확하게 인식하게 해 주는 장소 감각도 제공한다.

요약해서 말하면 핵심 의식은 간단한 생물학적 현상이다. 핵심 의식은 하나의 수준으로만 구성된다. 이것은 유기체의 일생에 걸쳐 안정적으로 존재하며, 인간에게서만 나타나는 것도 아니며, 일반적인 기억, 작업기억, 추론, 언어에 의존하지 않는다. 반면 확장 의식은 복잡한 생물학적 현상이다. 그것은 여러 수준으로 구성되며, 유기체의 일생에 걸쳐 진화한다. 나는 확장 의식이 인간이 아닌 생물체에서도 간단한 수준으로 존재한다고 생각한다. 하지만 확장 의식은 인간에게서만 최고조에 이른다. 확장 의식은 일반적인 기억과 작업기억에 의존한다. 그것이 인간에게서 최고조에 이를 때 언어에 의해 강화되기도 한다.

핵심 의식이라는 초감각supersense은 앎이라는 빛으로 들어가는 첫째 발걸음이며, 전체 존재를 밝히지 않는다. 반면 확장 의식이라는 초감각은 존재라는 구조 전체를 그 빛으로 인도한다. 확장 의식에서 과거와 예상되는 미래는 서사시의 광대한 풍경처럼 넓게, 지금 그리고 여기와 함께 지각된다.

핵심 의식이 앎으로 진입하기 위한 통과의례라면, 인간의 창의성을 생성하는 앎의 층위는 확장 의식에 의해서만 존재 가능하다고 할 수 있다. 우리가 의식이라는 아름다운 존재를 생각할 때, 그리고 의식이 인간에게만 있는 것이라고 생각할 때, 우리는 그 정점에 있는 확장 의식을 생각하고 있는 것이다. 앞으로 더 살펴보겠지만, 그럼에도 불구하고 확장 의식은 의식의 한 종류는 아니다. 오히려 그 반대다. 확장 의식은 핵심 의식이라는 기초 위에 구축된 의식이다. 신경질환 임상 연구 결과에 따르면 확장 의식이 손상되어도 핵심 의식은 그대로 보존된다. 이와는 대조적으로 핵심 의식 수준에서 손상이 일어나면 확장 의식을 포함해 의식 전체가 무너진다. 의식이라는 아름다운 존재가 가능하려면 두 종류의 의식 모두가 질서 정연하게 강화되어야 한다. 하지만 이 아름다운 조합을 구명하려면 더 간단하고 근본적인 종류의 의식인 핵심 의식부터 먼저 이해해야 할 것이다.[10]

우연히도 이 두 종류의 의식은 두 종류의 자아에 각각 대응된다. 핵심 의식에서 발생하는 자아 감각은 **핵심 자아**core self다. 핵심 자아는 뇌가 상호작용하는 모든 대상에 대해 끊임없이 다시 만들어지는 일시적인 실체다. 하지만 자아에 대한 우리의 전통적인 생각은 정체성이라는 개념과 연결되어 있으며, 한 개인을 특징짓는 특유의 사실과 존재 방식의 비일시적인 집합체에 해당한다. 나는 이 자아를 **자서전적 자아** autobiographical self라고 표현한다. 자서전적 자아는 핵심 자아가 유기체의 삶에서 가장 변하지 않는 특성을 알게 되는 과정에 관계되는 상황에 대한 체계화된 기억에 의존한다. 변하지 않는 특성이란 어떤 부모에게서 언제 어떻게 태어났고, 좋아하는 것과 싫어하는 것이 무엇이며, 문제나 갈등에 보통 어떻게 대응하고, 이름이 무엇인지 등이다. 나는 유기체의 삶에서의 중요한 측면에 대한 조직적인 기록이라는 의미로 **자서전적 기억**autobiographical memory이라는 용어를 사용한다. 이 두 가지 자아는 연결되어 있으며, 자서전적 자아가 핵심 자아로부터 어떻게 발생하는지 6장에서 다룰 것이다.

다섯째 사실은 의식이 언어, 기억, 이성, 주의, 작업기억 등의 다른 인지 기능의 측면에서 단순하게 설명되는 경우가 적지 않다는 것이다. 확장 의식의 최상위층이 정상적으로 작동하기 위해서 이런 기능이 필요한 것은 사실이지만, 신경질환 환자들을 연구해 보면 이런 기능이 핵심 의식에는 필수적이지 않다는 것을 알 수 있다. 따라서 의식 이론은 기억, 이성, 언어가 뇌와 마음에서 일어나는 일을 하향식으로 해석하는 데 어떻게 도움을 주는지에 대한 이론으로만 머물러서는 **안 된다.** 기억, 지적 추론, 언어는 자서전적 자아의 생성과 확장 의식의 과정에 필수적인 것은 확실하다. 유기체 안에서 일어나는 사건 해석의 일부는 자서전적 자아와 확장 의식의 과정이 자리를 잡은 뒤에야 이루어질 수 있다. 하지만 나는 의식은 그런 식으로 시작되지 않는다고 생각한다. 인지 과정의 층위에서 그렇게 높은 수준에서, 생명체 그리고 우리의 역사에서 그렇게 늦게 의식이 시작된다고 보지 않는다. 나는 의식의 최초 형태가 추론과 해석보다 먼저 나타났다고 생각하며, 이런 의식 형태는 추론과 해석을 궁극적으로 가능하게 하는 생물학적 전이의 일부라고 본다. 따라서 의식 이론은 이 모든 쇼 전체의 관객인 유기체의 비의식적인 표상과 비슷하게 발생하며, 정체성과 개인의 후기 발달을 지원하는, 더 간단하고 근본적인 종류의 현상을 설명할 수 있어야 한다.

게다가 의식 이론은 뇌가 대상의 이미지에 어떻게 주의를 기울이는지에 대한 이론에 머물러서도 **안 된다.** 나는 낮은 수준의 자동적인 주의는 의식보다 먼저 발생하지만 집중적인 주의는 의식보다 늦게 발생한다고 본다. 주의는 이미지를 가지는 것만큼이나 의식에 필수적이지만, 주의만으로는 의식을 충분히 구성할 수도 없으며 의식과 동일한 실체도 아니기 때문이다.

마지막으로 통합적이고 통일된 심적 장면의 생성이 의식의, 특히 최고 수준의 의식의 중요한 부분이기는 하지만 의식 이론은 뇌가 통합적이고 통일된 심적 장면을 어떻게 만들어내는지에 대한 이론에 머물러서도 **안 된다**. 이 장면은 진공 속에서 존재하는 것이 아니다. 나는 그 장면이 통합적이고 통일된 성격을 갖는 것은 유기체의 유일성 **때문이며**, 유기체의 이득을 **위해** 그런 성격이 생겨났다고 생각한다. 장면의 통합과 통일을 촉발하는 메커니즘은 설명이 필요하다.

나는 대상에 대한 앎의 행위에서 자아 감각이 어떻게 나타나는지에 대한 설명에 집중함으로써 이른바 자아의식self-consciousness**만** 다루고 나머지 부분, 즉 감각질 문제를 무시한다는 비판을 받고 있다. 이런 비판에 대해 나는 이렇게 대답한다. '자아의식'이 '자아 감각을 가진 의식'이라면 인간의 모든 의식은 자아의식이라는 말로 설명되어야 한다. 내가 아는 한 다른 종류의 의식은 없다. 한마디 더 붙이자면 우리가 자아 감각이라고 말하는 생물학적 상태와 그 자아 감각 생성을 담당하는 생물학적 장치는 알아야 하는 대상의 처리 과정을 최적화하는 데 도움을 줄 것이다. 자아 감각을 가지는 것은 엄밀한 의미에서의 앎에 필수적일뿐더러, 알아야 하는 것이 무엇이든 그것을 처리하는 과정에 영향을 미칠 수 있기 때문이다. 바꾸어 말하면 의식의 둘째 문제를 제기하는 생물학적 과정은 의식의 첫째 문제를 제기하는 생물학적 과정에서 역할을 하게 될 것이라는 뜻이다. 자아의 문제를 다룰 때 나는 의식을 가지고 있는 유기체의 표상과 관련한 감각질 문제를 다룬다.[11]

자아 찾기

어떤 대상을 보고 있다는 것을 우리는 어떻게 알까? 우리는 어떻게 완전한 의미에서 의식적이 될까? 앎의 과정에서 자아 감각이 어떻게 마음에 주입될까? 자아에 대한 의문의 답으로 들어가는 길이 열린 것은 의식의 문제를 **유기체**와 **대상**이라는 두 요소의 측면으로, 그리고 그 두 요소가 자연스러운 상호작용을 하는 과정에서 갖게 되는 **관계**의 측면으로 보기 시작한 다음부터였다. 여기서 유기체란 그 안에서 의식이 나타나는 것을 뜻하며, 대상은 의식 과정에서 알려지게 되는 것을 말한다. 유기체와 대상 사이의 관계란 우리가 의식이라고 부르는 지식의 내용을 말한다. 이런 관점에서 볼 때 의식은 두 가지 사실에 대한 지식을 구축하는 것으로 구성된다. 즉 유기체는 특정 대상과 관계되는 과정에 개입한다는 사실과, 그 관계 속의 대상은 유기체에 변화를 일으킨다는 사실이다.

이런 새로운 관점 덕분에 의식의 생물학적 실현도 다룰 수 있는 수준의 문제가 된다. 지식 구축 과정에는 뇌가 필요하며, 뇌가 신경 패턴을 조합하고 이미지를 생성하도록 해 주는 신호 전송 속성도 필요하다. 의식이 발생하는 데 필요한 신경 패턴과 이미지는 유기체, 대상, 그리고 이 둘 사이의 관계의 대리물을 구성하는 것이다. 이 틀에 맞추어 생각하면 의식의 생물학을 이해하는 것은 뇌가 위의 두 요소와 그 두 요소 사이의 관계를 어떻게 지도화하는지 알아내는 문제가 된다.

대상의 표상이라는 일반적인 문제는 그다지 풀기 어려운 문제가 아니다. 지각, 학습, 기억, 언어에 대한 폭넓은 연구를 통해 우리는 뇌가 대상을 처리하는 방식을 감각과 운동 측면에서 대충 이해할 수 있게 되었다. 또한 대상에 대한 지식이 기억에 저장되어 개념적 또는 언어적으로 분류되고, 회상이나 인식이 일어날 때 다시 불러들여지는지도 어느 정도 이해할 수 있게 되었다. 이런 과정의 신경생리학적 세부 사항은 아직 밝혀지지 않았지만 문제의 윤곽은 잡힌 상태다. 내 입장에서 볼 때 신경과학은 지금까지 내가 '대상 대리물'이라고 보고 있는 것의 신경적 기초를 이해하는 데 전력해 왔다. 관계의 측면에서 의식을 볼 때, 대상은 그 특징을 지도화하기 적합한 감각피질 내에서 신경 패턴의 형태로 표시된다. 예를 들어 대상의 시각적 측면의 경우 신경 패턴은 시각피질의 다양한 부위에서 구축된다. 한두 개 부위가 아니라 많은 부위에서 구축되며, 대상의 다양한 측면을 시각적으로 지도화하기 위해 여러 부위가 협력을 하는 것이다.[12] 하지만 유기체 입장에서는 문제가 전혀 다르다. 문제가 얼마나 다른지는 지금부터 살펴보자.

이 책에서 눈을 떼고 방 안에서 보이는 사물 하나를 집중해서 관찰한 다음, 다시 책으로 눈을 돌려 보자. 그 과정에서 이 책의 페이지를 지도화하던 당신의 망막에서부터 대뇌피질의 몇몇 영역까지 시각 시스템의 여러 부분은 방을 지도화하는 모드로 빠르게 전환했다가 다시 책의 페이지를 지도화하는 모드로 돌아왔을 것이다. 이제 180도 뒤로 돌아 당신 뒤를 보자. 그러면 페이지를 지도화한 모드가 빠르게 끝나고 시각 시스템은 당신이 보고 있는 새로운 장면을 다시 지도화하게 된다. 이 이야기의 교훈은 이렇다. 유기체가 다르게 움직이고 다른 감각을 받아들임에 따라 완전히 **동일한** 뇌 영역이 잇달아 몇몇 개의 완전히 **다른** 지도를 구축했다는 사실이다. 뇌의 멀티플렉스 스크린에 구축되는 이미지가 현저하게 변한 것이다.

이렇게 생각해 보자. 시각 시스템이 지도화되는 대상에 따라 변화하는 동안, 생명 과정을 조절하고 몸의 다양한 측면을 나타내는 미리 조정된 지도를 포함하고 있는 수많은 뇌 영역은 그 영역이 나타내는 대상의 **종류** 면에서는 전혀 변화하지 않았다. 몸은 내내 '대상'으로 남아 있었고 죽을 때까지 그럴 것이다. 하지만 대상의 **종류**만 동일한 것이 아니었다. 대상, 즉 몸에서 일어나는 변화의 정도도 매우 작았다. 왜 그랬을까? 몸이 생명 상태를 유지할 수 있는 범위는 아주 좁은 데다가, 유기체는 어떻게 해서든 그 좁은 범위를 유지하고 그 상태를 추구하도록 유전적으로 설계되어 있기 때문이다.

그렇다면 이 상황에서 우리는 다음과 같이 설명할 수 있는 흥미로운 비대칭성이 존재한다는 것을 알 수 있다. 뇌의 어떤 부분은 세계를 자유롭게 돌아다니면서 유기체의 설계가 지도화를 허용하는 모든 대상을 자유롭게 지도화하는 반면 또 다른 어떤 부분, 즉 유기체의 고유한 상태를 나타내는 부분은 자유롭게 돌아다닐 수 없다는 비대칭성이다. 이 부분은 움직일 수 없기 때문에 몸 밖에는 지도화할 수 없으며, 그것도 대부분 미리 조정된 지도 안에서만 할 수 있다. 이 부분은 몸에 사로잡힌 관객이며, 몸의 동적 동일성에 의해 지배된다.

이런 비대칭성이 나타나는 데는 몇 가지 이유가 있다. 첫째, 살아 있는 몸의 구성과 일반적인 기능은 질적으로 평생 동일하게 유지되기 때문이다. 둘째, 연속적으로 일어나는 몸의 변화는 양적으로 매우 적기 때문이다. 이 변화는 몸이 생존하기 위한 변수의 범위가 제한적이기 때문에 동적 범위가 작다. 몸의 내부 상태는 주변 환경에 비해 상대적으로 안정적이어야 하기 때문이다. 셋째, 이 안정적인 상태는 몸 내부의 화학적 구성이라는 변수가 최소한으로 변해도 탐지해 내고 그 변화의 수정을 목표로 하는 행동을 지시하도록 설계된 정교한 신경 시스템을 통해 뇌로부터 직간접적으로 지배를 받기 때문이다. (이 시스템의 신경해부학적 구조에 대해서는 5장에서 다루겠지만, 이 시스템은 하나의 단위가 아니라 많은 단위로 구성되어 있으며, 그 단위 중 가장 중요한 것은 뇌의 뇌간, 시상하부, 기저전뇌 부분이다.) 간단히 말해서 의식이 관계 작용을 하는 유기체는 우리의 살아 있는 존재, 즉 몸 전체다. 게다가 뇌라는 유기체의 일부분은 그 내부에 유기체 전체의 모델을 가지고 있다. 이 생소한 사실은 그동안 간과되어 왔지만 주목할 만한 것이며, 의식의 토대를 구명하는 데 가장 중요한 단서일 것이다.

내가 내린 결론은 이렇다. 유기체는 그것의 뇌 안에서 나타나듯이 궁극적으로는 미스터리한 자아 감각이 되는 어떤 것의 생물학적 전구체일 가능성이 높다. 정체성과 개성을 포함하는 정교한 자아를 포함해 자아의 깊은 뿌리는, 연속적으로 그리고 **비의식적으로** 몸 상태를 좁은 범위 내에서 생존에 필요한 상대적인 안정성을 유지하는 뇌 내 장치의 협력 관계에서 찾아야 할 것이다. 이런 뇌 내 장치는 살아 있는 몸의 상태와 그 밖의 상태를 **비의식적으로** 계속 나타낸다. 이런 뇌 내 장치의 협력하는 활동 상태를 **원초적 자아**proto-self라고 부른다. 원초적 자아는 우리 마음속에서 의식의 의식적인 주인공들로 나타나는 여러 수준의 자아, 즉 핵심 자아와 자서전적 자아의 비의식적인 전구체다.

이쯤에서 일부 독자들은 내가 호문쿨루스의 덫에 빠진 것이 아니냐고 생각할 수도 있겠다. 절대 그렇지 않다. 내가 말하는 '뇌 속 몸 모델model of the body-in-the-brain'은 옛날 신경학 교과서에 나오는 호문쿨루스라는 존재와 전혀 다르다. 큰 사람 안에 작은 사람이 들어 있는 모델이 아니기 때문이다. 이 모델은 아무것도 '지각하지' 않으며 아무것도 '알지' 못한다. 말을 하지도 의식을 만들지도 않는다. 대신 이 모델은 유기체의 생명을 자동적으로 관리하는 것이 주 역할인 뇌 장치의 집합이라고 할 수 있다. 앞으로 다루겠지만 생명 관리는 태어날 때부터 설정된 다양한 조절 행동에 의해 달성된다. 이 조절 행동에는 호르몬 같은 화학물질의 분비, 장과 팔다리에서 일어나는 실제 움직임 등이 포함된다. 이런 행동은 유기체 전체의 상태를 순간순간 알리는 주변의 신경 지도가 제공하는 정보에 의존한다. 가장 중요한 것은 생명 조절 장치나 그 장치의 몸 지도가 핵심 의식을 만들어 내는 메커니즘 구성에 필수적이기는 하지만, 그중 어느 것도 의식을 만들어 내지 않는다는 것이다.

5장에서 다루겠지만 이 문제는 핵심적인 것이다. 의식의 관계 작용에서 유기체는 뇌에서 풍부하고 다양한 모습으로 표상되고, 그 표상은 생명 과정 유지와 밀접한 관련이 있기 때문이다. 이 생각이 맞다면 생명과 의식, 구체적으로 의식의 자아 측면은 서로 확실하게 엮여 있다.

의식은 왜 필요한가

생명과 의식이 연결되어 있다는 사실이 놀랍다고 생각한다면 다음의 내용에 대해 생각해 보자. 생존은 에너지원의 발견과 사용, 그리고 살아 있는 조직의 온전함을 위협하는 모든 상황을 막는 노력에 의존한다. 우리 같은 유기체는 유기체의 구조를 갱신하고 생명을 유지하는 데 필요한 에너지원을 발견해 사용하지 않으면 생존할 수 없기 때문에 반드시 행동을 해야 한다. 위험한 환경을 피해야 하는 것은 말할 것도 없다. 하지만 이미지의 가이드를 받지 못했다면 행동은 단독으로는 그 범위가 넓어지지 않았을 것이다. 이미지는 이전에 이용 가능했던 행동 패턴의 목록 가운데에서 우리가 선택할 수 있게 해 주며, 선택된 행동의 실행을 최적화할 수 있도록 해 준다. 우리는 의도적이든 자동적이든 다른 행동, 다른 시나리오, 다른 행동의 결과를 나타내는 이미지를 마음속으로 검토해 그중 가장 적절한 것을 선택하고 좋지 않은 것은 배제할 수 있다. 또한 이미지는 새로운 상황에 적용할 수 있는 새로운 행동을 생각해 낼 수 있게 해 주며, 미래의 행동을 위한 계획을 세울 수 있게 해 주기도 한다. 행동의 이미지와 시나리오를 변환하고 결합하는 능력은 창의성의 원천이다.

행동이 생존의 근원이라면, 그리고 가이드해 주는 이미지의 이용 가능성과 행동의 힘이 연관되어 있다면, 특정 유기체를 위해 이미지를 효과적으로 다룰 수 있는 장치는 그 장치를 소유하고 있는 유기체에게 엄청난 이득을 주었을 것이고, 진화 과정에서 그 장치는 널리 퍼졌을 것이다. 의식이 바로 그 장치다.

의식이 제공한 획기적인 새로움은 생명을 조절하는 신성한 내부 성소와 이미지 처리를 연결할 수 있는 가능성이었다. 다른 말로 하면 뇌간과 시상하부 깊은 곳에 있는 생명 조절 시스템을 유기체 안팎에 존재하는 사물과 사건을 나타내는 이미지의 처리와 연결할 수 있는 가능성이 생겼다는 뜻이다. 이 가능성이 왜 그렇게 이득이 되었을까? 복잡한 환경에서 생존하는 것, 즉 효과적인 생명 조절 관리는, 적절한 행동을 취하고 목적을 가지고 마음속에서 이미지를 미리 검토하고 조작함으로써 그 행동을 크게 개선해 최적의 계획을 세울 수 있는 능력에 의존한다. 의식은 그 과정의 두 독립적인 측면, 즉 내부 생명 조절과 이미지 생성을 연결할 수 있게 해 준다.

의식은 이미지가 그 이미지를 형성하는 개인 안에 존재한다는 것을 알게 해 준다. 의식은 유기체의 통합된 표상으로 이미지를 보냄으로써 그것을 유기체의 관점 안에 배치하고, 그 과정에서 유기체에게 이득이 되도록 이미지를 조작할 수 있게 해 준다. 의식이 진화 과정에 나타남으로써 인간은 미래에 대한 생각을 할 수 있게 된 것이다.

의식은 뇌의 핵심 영역 안에 숨겨진 조절 설계도에 상응하는 것이 마음속에 구축될 수 있는 가능성을 열어 준다. 생명이 자신의 목소리를 내고 유기체가 그 목소리에 따라 행동할 수 있게 만드는 새로운 방식이다. 의식은 물질대사를 조절하는 능력, 선천적 반사 능력, 조건형성으로 알려진 학습 능력을 갖춘 유기체가 마음이 있는 유기체가 되도록, 유기체 자신의 생명에 대한 걱정을 마음으로 함으로써 반응이 형성되는 유기체가 되도록 해 주는 일종의 통과의례다. 스피노자는 자신을 보존하려는 노력이 미덕의 첫째이자 고유한 근본이라고 말했다.[13] 의식은 그 노력을 가능하게 해 준다.

의식의 시작

대상을 나타내는 패턴과 유기체를 나타내는 패턴을 뇌가 어떤 방식으로 조합하는지 상상할 수 있게 되자 나는 뇌가 대상과 유기체 사이의 관계를 나타내기 위해 사용할 수 있는 메커니즘에 대해 생각하게 되었다. 구체적으로는 유기체가 대상을 처리할 때 대상이 유기체가 반응하도록 **만들고** 그 과정에서 유기체의 상태를 바꾼다는 사실을 뇌가 어떻게 나타낼 수 있는지 연구했다. 이에 대한 가능한 해답은 6장, 7장, 8장에 걸쳐 제시할 예정이다. 나는 유기체의 표상 장치가 특정 종류의 비언어적 지식을 드러낼 때, 즉 유기체의 상태가 대상에 의해 변화되었다는 것을 알게 될 때, 그리고 그런 지식이 대상의 두드러진 표상과 함께 나타날 때 우리가 의식을 가지게 된다고 생각한다. 대상을 아는 과정에서의 자아 감각은 현재 실제로 존재하는 대상이든 회상된 대상이든 대상이 유기체와 상호작용을 하면서 그 유기체를 변화하도록 만드는 동안 뇌 안에서 끊임없이 생성되는 **새로운** 지식이 주입된 결과다.

자아 감각은 유기체가 제기한 적이 없는 의문에 대한 첫째 대답이다. 그 의문은 현재 펼쳐지고 있는 심적 패턴이 누구에게 속해 있는지에 대한 것이다. 답은 그 패턴이 원초적 자아가 나타내는 것처럼 유기체에 속해 있다는 것이다. 뇌가 이 원하지 않은 답을 만들어 내는 데 필요한 비언어적 지식을 어떻게 조합하는지는 나중에 다룰 것이다. 지금은 비언어적 지식이 마음속에서 떠오르는 가장 간단한 형태가 앎의 느낌이라는 것, 즉 유기체가 대상의 처리에 관계될 때 발생한 것에 대한 느낌이라는 것과, 앎의 느낌과 관련한 추론과 해석이 나타나기 시작하는 것은 그 이후라는 정도만 말해 두자.

이상하게도 의식은 우리가 보거나 듣거나 만질 때 일어나는 일에 대한 느낌으로 시작된다. 좀 더 구체적인 말로 하면 의식은 살아 있는 유기체 안에서 시각적, 청각적, 촉각적, 본능적 이미지 등 모든 종류의 이미지가 생성될 때 동반되는 일종의 느낌이다. 종합해서 말하자면 느낌은 이런 이미지들에 우리 이미지라는 표시를 하며, 말 그대로 우리가 듣거나 만진다고 말할 수 있게 해 준다고 할 수 있다. 핵심 의식을 생성할 능력이 없는 유기체는 시각, 청각, 촉각 이미지를 바로 만들지만, 자신이 그런 이미지를 만들었다는 것을 알게 되지 못한다. 가장 낮은 수준으로 의식이 시작될 때부터 의식은 지식이었고, 지식은 의식이었다. 이 둘은 진실과 아름다움처럼 서로 떨어질 수 없는 관계다.

불가사의한 문제에 대처하기

의식이 무엇인지와 의식의 생물학적 토대를 이해할 가능성에 대해서는 학자들 사이에서도 이견이 많다. 의식 연구자들이 아닌 일부 일반인들도 의식의 생물학적 실체를 구명함으로써 빚어질 결과에 대해 당혹감을 넘어 불안감까지 느끼고 있다. 비전문가들에게 의식과 마음은 사실상 구별이 불가능하다. 의식과 양심, 의식과 영혼, 의식과 정신도 마찬가지로 구별이 쉽지 않다. 마음, 의식, 양심, 영혼, 정신은 인간을 차별화하고, 불가사의한 것과 설명 가능한 것, 성스러운 것과 세속적인 것을 구분 짓는 거대하고 낯선 영역에 속해 있다. 이런 인간의 숭고한 특성에 접근하는 방식은 지각 있는 사람에게는 중요한 문제가 될 수 있으며, 심지어는 이런 특성에 대해 약간만 경멸적으로 들릴 수 있는 말을 해도 공격의 대상이 될 가능성마저 있다. 죽음에 직면한 경험이 있는 사람은 내가 무슨 말을 하는지 잘 알 것이다. 죽음의 비가역성은 마음을 가진 인간의 삶이 얼마나 위대해질 수 있는지 잘 보여주기 때문이다. 하지만 이 문제에 대해 민감하게 하기 위해 죽음을 동원해서는 안 된다. 인간 마음의 존엄성과 위대함을 존중하면서, 그리고 거의 역설적이라고 할 수 있지만 그 취약성에 대한 배려를 하면서 인간 마음에 접근하는 것은 삶만으로도 충분하기 때문이다.

하지만 하나는 분명히 하자. 과학은 현상을 구별하는 데 도움을 주며, 인간의 마음을 이루는 몇몇 구성 요소를 성공적으로 구별할 수 있는 단계에 현재 이르렀다는 사실이다. 의식과 양심은 실제로 구별이 가능하다. 의식은 대상이나 자아에 기인한 행동을 아는 것과 관련한 반면 양심은 행동이나 대상에서 발견되는 선 또는 악과 관련되어 있다. 의식과 마음도 역시 구별이 가능하다. 의식은 확실한 자아 감각과 앎에 관련한 마음의 일부다. 마음에는 의식만 있는 것이 아니다. 의식이 없는 마음도 있을 수 있다. 환자 중에는 의식이나 마음 중 하나만 있고 나머지는 없는 사람도 있다.

　과학은 그 발전 과정에서 과학이 구별할 수 있는 현상에 대한 설명을 제시하고 있다. 마음의 경우에도 과학은 그 거대하고 낯선 영역의 일부를 설명할 수 있게 되었다. 과학은 우리가 경탄해 마지않는 인간 마음의 생성에 기여하는 현상의 **일부** 뒤에 숨은 메커니즘의 **일부**를 밝혀내고 있다. 하지만 우리가 이 경탄스러운 창조물이 생성되는 데 필요한 구성 메커니즘의 일부를 설명할 수 있게 되었다고 해서 이 창조물이 사라지는 것은 아니다. 마음의 출현은 현실이다. 인간의 마음은 우리가 직접 느끼는 것이기 때문이다. 마음을 설명할 때 우리는 마음의 출현 뒤에 숨은 메커니즘에 대한 호기심의 일부를 만족시키면서 이 현실을 계속 마주하게 된다.

　분명히 해야 하는 것이 또 있다. 의식의 미스터리를 푸는 것은 마음의 모든 신비를 푸는 것과는 같지 않다는 것이다. 의식은 인간의 창의적인 마음의 필수 구성 요소이지만, 마음의 모든 것은 아니라는 뜻이다. 그리고 나는 의식이 정신적인 복잡성의 절정이라고 생각하지도 않는다. 의식을 발생시키는 생물학적 방식은 엄청난 결과를 초래할 수 있다. 하지만 나는 의식이 생물학적 발전의 절정이 아니라 중간체라고 본다. 내 생각에 생물학적 발전의 절정은 윤리와 법, 과학과 기술, 예술과 동정심이다. 새롭게 성취가 이루어지는 바탕에 의식이라는 기적이 없었다면 우리는 분명 이 모든 것 중 어느 것도 가질 수 없었을 것이다. 그럼에도 불구하고 의식은 아직 뜨는 태양이다. 정오의 태양도 아니고 지는 태양은 더더욱 아

니다. 의식을 이해한다고 해서 우주의 기원, 삶의 의미 또는
이 둘의 운명을 알 수 있는 것도 아니다. 과학이 의식과 마음
의 미스터리 몇 개를 푼다고 해도 여전히 과학자들이 평생 풀
어야 할 미스터리는 산적해 있을 것이며, 자연은 여전히 우리
에게 경외의 대상일 것이다. 1.5킬로그램 정도밖에 안 되는
뇌 안에서 어떻게 의식이 만들어지는지 생각한다면 삶에 대
한 외경과 인간에 대한 존중은 얕아지기는커녕 더 깊어질 것
이다.

숨바꼭질

때로 우리는 사실을 발견하기 위해서가 아니라 숨기기 위해
마음을 쓴다. 우리는 마음의 일부를 차단막으로 사용해 마음
의 다른 부분이 다른 곳에서 일어나고 있는 일을 감지하지 못
하도록 한다. 우리는 늘 일을 일부러 혼란스럽게 만들지는 않
기 때문에 이런 차단이 항상 의도적인 것은 아니지만, 의도적
이든 아니든 차단막은 뭔가를 숨기는 역할을 한다.
 이 차단막이 가장 효과적으로 숨기는 것 중 하나가 우리의
몸이다. 여기서 몸이란 우리 몸 안에 있는 것, 즉 몸의 내부를
뜻한다. 단정하게 보이기 위해 피부에 걸치는 베일처럼 이 차
단막은 완벽하게는 아니지만 마음으로부터 몸의 내부 상태
를 부분적으로 제거한다. 이 내부 상태는 매일매일의 삶의 흐
름을 구성하는 것이다.

정서와 느낌이 모호하고 애매하고 막연하다고 생각되는 것은 이 사실에 기인한 증상일 것이다. 이 증상은 우리 몸의 표상을 우리가 어떻게 다루는지, 몸이 아닌 대상과 사건에 기초를 둔 심상이 얼마나 많이 몸의 현실을 가리는지 보여 주는 지표이기도 하다. 그렇지 않았다면 우리는 정서와 느낌이 느낄 수 있는 몸에 기인한다는 것을 진작 알게 되었을 것이다. 때로 우리는 우리 존재의 일부를 다른 부분으로부터 숨기기 위해 마음을 쓰기도 한다.

나는 몸을 숨기는 것이 일종의 분산이라고 생각하지만, 이 분산은 매우 적응적인 분산이라는 점을 말하고 싶다. 대부분의 상황에서는 내부 상태에 자원을 집중하는 것보다 외부 세계의 문제를 묘사하는 이미지, 그런 문제의 전제, 그 문제의 해결 방법과 가능한 결과에 자원을 집중하는 것이 더 이득이 될 것이기 때문이다. 하지만 우리 마음속에서 이용 가능한 것과 관련해 이렇게 관점을 비트는 것에는 대가가 따른다. 우리가 자아라고 부르는 것의 기원과 속성이 무엇인지 알아내기가 힘들어지기 때문이다. 하지만 베일이 걷히면 인간의 마음에 허용된 이해의 범위 내에서 우리는 개인의 삶을 표상하는 과정에서 자아라고 불리는 구축물의 기원을 감지할 수 있다고 나는 생각한다.

베일이 없었을 때, 환경이 비교적 단순했을 때, 전자 미디어와 제트기 여행이 등장하기 훨씬 이전에, 제국이 나타나기 이전에, 도시국가가 세워지기 이전의 아주 옛날에는 더 균형 잡힌 관점을 가지기가 더 쉬웠을 것이다. 뇌가 반대 방향,

즉 유기체의 내부 상태를 주로 표상하는 쪽으로 치우친 시각을 제공했을 때는 내부의 생명을 감지하기가 더 쉬웠을 것이다. 호메로스와 아테네 도시국가 시대 사이의 어떤 마법 같았던 짧은 시기에 그랬다면 운 좋은 사람들은 자기들이 가진 예술품이 모두 삶을 주제로 한 것이고, 외부 세계의 모든 이미지 밑에는 자신들의 살아 있는 몸의 이미지가 있다는 것을 바로 감지했을 것이다. 아니면 그들은 현재의 생물학 지식이 우리에게 제공하는 준거의 틀이 없었기 때문에 그렇게 감지하지 못했을 수도 있다. 그렇다고 해도 나는 그들이 미리 경고를 받지 못하는 지금의 우리보다는 자신에 대해 더 많은 것을 감지할 수 있었다고 생각한다. 우리가 마음이라고 부르는 것을 **프시케**psyche라고 부르던 고대인들의 지혜에 감탄하지 않을 수 없다. 프시케는 숨과 피를 뜻하는 말이기도 했기 때문이다.

나는 유기체의 내부 상태가 선천적으로 뇌의 통제를 받고 뇌에서 연속적으로 신호를 받아 매우 제한적으로 변동하는 과정이 의식의 배경을 구성하며, 더 구체적으로는 우리가 자아라고 부르는 이해하기 힘든 실체의 근간을 이룬다고 생각한다. 또한 이 내부 상태가, 즉 고통과 쾌락을 양 극단으로 하는 범위에서 자연스럽게 나타나며 내부 또는 외부의 대상과 사건에 의해 야기되는 이 내부 상태가 유기체에 내재하는 가치와 관련한 상황의 좋음과 나쁨을 비언어적으로 그리고 비의도적으로 보여 준다고 본다. 나는 진화의 초기 단계에서는 이런 상태(우리가 정서로 분류하는 모든 상태를 포함한다)가 이런 상태를 만들어 내는 유기체에게 전혀 알려지지 않았다고 생각한다. 이 상태는 조절적이었으며, 그것으로 충분했다. 즉 이 상태는 내외부적으로 이득이 되는 행동을 만들어 내거나, 그런 행동을 더 유리한 것으로 만듦으로써 그 행동이 만들어 지는 데 간접적인 도움을 주었다. 하지만 이런 복잡한 작동을 수행하는 유기체는 이와 같은 작동과 행동이 존재한다는 것을 전혀 몰랐다. 이 유기체는 자신이 개체로서 존재한다는 것 조차 알지 못했기 때문이다. 물론 유기체에게는 몸과 뇌가 있었으며 뇌는 몸에 대한 어느 정도 표상을 가지고 있었다. 생명이 있었고, 생명의 표상도 있었다. 하지만 각 개체 삶의 잠재적이고 정당한 소유주는 생명이 존재한다는 것을 전혀 몰랐다. 아직까지 자연이 소유주를 발명하지 않은 상태였기 때문이다. 존재는 있었지만 앎은 없었다. 의식이 시작되기 전이었다.

의식은 뇌가 능력을 얻을 때 시작된다. 그 능력은 말을 하지 않고 이야기를 하는 간단한 능력이며, 이야기는 유기체 안에 시시각각 흘러가는 삶이 있고 몸의 울타리 안에서 살아 있는 유기체의 상태는 주변 환경의 대상이나 사건과의 조우나 사고에 의해, 그리고 생명 과정의 내적인 조정에 의해 끊임없이 변화하고 있다는 이야기다. 의식은 이 원시적인 이야기, 즉 대상이 인과적으로 몸 상태를 변화시키는 이야기가 몸 신호라는 보편적이고 비언어적인 어휘를 사용해 말해질 때 발생한다. 확실한 자아는 느낌을 느끼는 것으로 발생한다. 요청되지 않았는데도 이 이야기가 처음 자발적으로 말해졌을 때,

그리고 그 이야기가 그 뒤로도 계속 반복해서 말해질 때, 유기체가 살아내고 있는 것에 대한 지식이 묻지 않은 질문의 답으로 자동적으로 떠오른다. 그 순간부터 우리는 알기 시작한 것이다.

나는 진화 과정에서 의식이 널리 퍼진 이유가 정서가 일으킨 느낌을 아는 것이 삶을 사는 데 너무나 필수적인 것이었고, 그렇게 삶을 사는 것이 자연의 역사에서 너무나 성공적이었기 때문이라고 생각한다. 하지만 당신이 내 설명을 약간 비틀어 의식이 발명되었기 때문에 우리가 삶을 알 수 있었다고 말해도 별 문제 없을 것 같다. 과학적으로 맞는 말은 아니지만 나도 그렇게 말하는 것이 좋다.

2부

느낌과 앎

2장

정서와 느낌

정서의 의미

남녀노소, 문화, 교육 수준, 직업과는 상관없이 모든 사람은 정서를 가지고 있고, 다른 사람의 정서에 신경을 쓰며, 자신의 정서를 조절할 수 있는 취미를 즐기고, 하나의 정서, 즉 행복을 추구하고 불쾌한 정서를 피하면서 삶의 적지 않은 부분을 영위한다. 언뜻 보면 정서는 딱히 인간만의 것이라고 하기는 힘들다. 인간이 아닌 다른 수많은 생명체도 풍부한 정서를 가지고 있는 것이 분명하기 때문이다. 하지만 인간의 경우 정서가 복잡한 생각, 가치, 원칙, 판단과 연결되는 방식이 매우 특이하다. 그리고 그 연결 관계 속에는 인간이 특별하다는 우리의 합리적인 느낌이 자리하고 있다. 인간의 정서는 성적인 쾌락이나 뱀에 대한 두려움 같은 것에 국한되지 않는다. 또한 인간의 정서는 고통을 목격하는 것에 대한 공포나 정의가 실현되는 것을 보는 만족감을 포함하기도 한다. 잔 모로의 관능적인 미소나 윌리엄 셰익스피어 시의 풍성한 아름다움을 보는 즐거움, 요한 제바스티안 바흐의 〈나는 만족하나이다〉를 부르는 디트리히 피셔 디스카우의 염세적인 목소리, 모차르트와 슈베르트를 연주하는 마리아 주앙 피레스의 천상의 표현, 방정식 구조에서 아인슈타인이 추구한 화음도 모두 인간의 정서에 속한다. 사실 미세한 인간의 정서는 싸구려 음악이나 싸구려 영화에 의해서도 촉발된다. 이런 음악이나 영화의 힘을 과소평가해서는 절대 안 된다.

세련되든 그렇지 않든 위의 모든 정서의 원인과, 미묘하든 그렇지 않든 그 원인이 유도하는 다양한 정서 모두가 인간에게 미치는 영향은 그 정서가 만들어 내는 감정에 의존한다. 외부로 향하며 공적인 정서가 마음에 영향을 미치기 시작하는 것은, 내부로 향하며 사적인 느낌을 통해서다. 하지만 느낌이 전면적이고 지속적인 영향을 미치려면 의식이 있어야 한다. 느낌은 자아 감각이 생겨나야 그 느낌을 가진 개인에게 알려지기 때문이다.

'느낌'과 '느낌을 갖는다는 것을 아는 것' 사이의 구분이 힘들다고 느낄 수 있다. 당연히 느낌이라는 상태는 느끼는 유기체가 정서와 그 드러나고 있는 느낌을 완전히 의식하고 있는 상태라는 뜻이 아닌가? 나는 그렇지 않다고 생각한다. 느낌이 일어나고 있다는 것을 전혀 모르는 상태에서도 유기체는 우리 같은 생명체가 느낌이라고 부르는 상태를 신경 패턴

2부 느낌과 앎

과 심적 패턴의 형태로 나타낼 수 있다는 것이 내 생각이다. 구분이 쉽지는 않다. 용어에 대한 전통적인 정의가 우리의 시야를 가릴 뿐만 아니라 우리는 우리의 느낌을 **의식할 때가 많기 때문이다.** 하지만 우리가 우리의 **모든** 느낌을 의식한다는 증거는 없으며, 오히려 우리가 느낌을 의식하지 않는다는 것을 보여 주는 증거가 많다. 예를 들어 어떤 상황에서 우리는 아주 갑자기 불안 또는 불편, 기쁨, 안도 등을 느끼지만, 그 특정한 느낌 상태가 느낌이 든다는 것을 아는 순간 막 시작된 것이 아니라 약간 전에 시작되었다는 것을 알게 될 때가 많다. 느낌 상태나 그 상태를 유도한 정서는 둘 다 '의식 안에' 있는 것이 아니었지만, 생물학적 과정으로서 펼쳐지고 있었던 것이다. 처음에는 이런 구분이 인위적으로 보일 수 있다. 하지만 내 목적은 단순한 것을 복잡하게 만드는 것이 아니라 아주 복잡한 것을 접근이 가능하도록 여러 부분으로 분해하는 데 있다. 이런 현상을 연구하기 위해 나는 처리 과정을 연속되는 다음의 세 단계로 나눈다. 비의식적으로 촉발되고 실행되는 **정서 상태,** 비의식적으로 표현되는 **느낌 상태,** 정서와 느낌 모두를 가진 유기체에게 알려지는 **의식적이 된 느낌 상태**가 그것이다. 나는 이렇게 구분하는 것이 인간에게서 잇달아 일어나는 사건들의 신경학적 배경을 이해하는 데 도움이 된다고 생각한다. 또한 나는 정서는 드러내 보이지만 우리가 가진 종류의 의식은 없을 가능성이 높은 비인간 생명체 일부가 자신도 그렇게 하고 있다는 것을 모르는 채 우리가 표상이라고 부르는 것을 형성하고 있을 수 있다고 생각한다. '의식적이 아닌 느낌'을 나타내는 용어가 있어야 한다고 주장할 수 도 있겠지만, 그런 단어는 없다. 가장 비슷하게 이 개념을 나 타내려면 풀어서 설명하는 수밖에 없다.

간단히 말하자면 이렇다. 느낌이 바로 지금 여기를 넘어서 그 느낌을 가진 주체에게 영향을 미치려면 의식이 반드시 존 재해야 한다. 인간의 정서와 느낌이 의식에 의존한다는 이 사 실의 중요성은 제대로 평가받지 못해 왔다(뒤에서 서술할 정 서와 느낌에 대한 이상한 연구 역사는 이런 무관심 때문일 가능성 이 높다). 진화 과정에서 정서는 의식이 출현하기 전에 나타 났으며, 우리가 대개 의식적으로 인지하지 않는 유도체가 작 용한 결과로 우리 각각에게서 나타났을 것이다. 반면 느낌은 의식 있는 마음의 극장에서 궁극적이고 더 오래 지속되는 효 과를 낸다.

은밀하게 유도되고 외부로 향하는 정서의 상태와 최종적 으로 알려지는 인간의 느낌 상태 사이의 극명한 대조는 의식 의 생물학에 대한 연구를 위한 소중한 관점을 내게 제공했 다. 그리고 정서와 의식 사이에는 다른 연결 고리도 있다. 나 는 의식이 정서처럼 유기체의 생존을 목적으로 하고 있으며, 몸의 표상에 뿌리를 두고 있다고 생각한다. 또한 여기서 나는 흥미로운 신경학적 사실을 상기하고자 한다. 의식이 핵심 의 식에서부터 정지되면 정서도 보통 같이 정지된다는 사실이 다. 이는 정서와 의식이 다른 현상이지만 이 둘의 근간은 연 결되어 있을 수 있다는 뜻이다. 이 모든 이유로 우리는 의식 을 직접 다루기 전에 먼저 정서의 다양한 특징을 다루어야 한다. 하지만 우선 이런 연구 결과를 설명하기 전에 정서를 과학이 그동안 얼마나 이상한 방식으로 다루어 왔는지에 대해 이야기할 것이다. 그 지난 이야기를 알면 의식에 대해 왜 내가 이 책에서 다룬 관점에서 접근하지 않았는지 이해하기 쉬울 것이다.

그동안의 연구

정서와 느낌이 어느 정도까지 연결되어 있는지가 얼마나 중요한 문제인지 생각한다면 마음과 뇌를 다루는 철학과 과학이 모두 이 분야를 연구했을 것이라고 여길 수 있다. 하지만 놀랍게도 이런 연구는 이제야 이루어지고 있다. 데이비드 흄과 그로부터 발원한 사고에도 불구하고 철학은 정서를 믿지 않았고, 정서를 동물의 영역으로 강등하여 무시해 왔다. 잠시나마 과학이 관심을 보였으나 곧 기회를 놓쳐 버렸다.

19세기 말, 찰스 다윈, 윌리엄 제임스, 지그문트 프로이트는 정서의 다양한 측면에 대해 폭넓은 연구를 했으며, 과학 연구에서 정서에 특별한 위치를 부여했다. 하지만 20세기 내내, 그리고 아주 최근까지도 신경과학과 인지과학은 정서를 무시하다시피 했다. 다윈은 다양한 문화와 종 안에서 나타나는 정서의 표현에 대해 광범위한 연구를 진행했다. 또한 그는 인간의 정서가 이전 진화 단계의 흔적이라고 생각했지만 정서라는 현상 자체의 중요성은 크게 평가했다. 제임스는 특유의 명징함으로 이 문제를 꿰뚫어 보고 설명했다. 완전하지는 않지만 그의 설명은 하나의 주춧돌로 남아 있다. 프로이트는 정서장애의 병리학적 가능성을 수집해 확실한 용어로 정서의 중요성을 설명했다.

다윈, 제임스, 프로이트는 뇌가 차지하는 부분에 대해서는 좀 모호하게 언급했지만, 동시대 사람인 존 잭슨은 좀 더 구체적인 설명을 내놓았다. 그는 정서를 신경해부학적으로 접근할 수 있도록 초석을 놓았으며, 인간의 오른쪽 대외반구가 주로 정서를 담당하고 왼쪽 대뇌반구가 주로 언어를 담당할 것이라고 제시했다.

새로운 세기가 시작되면서 확장되고 있던 뇌 과학 분야가 정서를 연구 주제로 삼아 문제를 해결할 것이라는 기대가 높아졌으리라 생각할 수 있겠지만, 그런 일은 일어나지 않았다. 설상가상으로 정서에 대한 다윈의 연구는 시야에서 사라졌고, 제임스의 제안은 부당한 공격을 받아 깨끗하게 무시되었으며, 프로이트의 영향력도 어디론가 없어졌다. 거의 20세기 내내 정서는 연구의 대상에서 제외되었다. 정서는 너무 주관적이라고 생각했기 때문이다. 그것은 너무 실체를 잡기 힘들고 모호한 것이었다. 정서는 인간의 가장 세련된 능력이라고 생각되는 이성의 반대편에 자리하고 있었으며, 이성은 정서와는 전혀 상관없는 것으로 여겨졌다. 이런 관점은 인간에 대한 낭만주의적 관점을 삐딱하게 비튼 것이었다. 낭만주의자들은 몸에 정서가 있고 뇌에 이성이 있다고 생각했다. 20세기 과학은 몸을 배제하고 정서를 다시 뇌 안으로 복귀시켰지만, 정서는 아무도 숭배하지 않는 조상들과 관련한 더 낮은 수준의 신경층으로 좌천되었다. 결국 정서는 이성적인 것이 아닌 것이 되었고, 그것에 대한 연구조차도 마찬가지였다.

20세기 동안 과학이 정서를 무시한 것과 신기할 정도로 비슷한 예가 몇 있다. 그중 하나는 뇌와 마음의 연구에 **진화적인 관점**이 없다는 것이다. 신경과학과 인지과학이 마치 다윈이라는 사람이 없었다는 듯이 발전해 왔다고 말하면 좀 과장이겠지만, 이런 상황은 불과 10여 년 전까지 계속되었다. 뇌와 마음의 측면은 특정한 효과를 내기 위해(마치 새 차에 잠김 방지 브레이크를 설치하는 것처럼) 필요에 의해 최근 설계된 것처럼 논의되어 왔다. 정신과 뇌의 장치의 전구체가 무엇인지 전혀 생각하지 않은 채로 말이다. 하지만 최근 상황은 상당히 많이 변하고 있다.

또 다른 예는 항상성 개념의 무시다. **항상성**은 살아 있는 유기체 안에서 일정한 내적 상태를 유지하기 위해 필요한, 조정되고 대부분 자동화된 생리학적 반응을 뜻한다. 항상성은 체온, 산소 농도, pH의 자동 조정을 의미한다. 수많은 과학자들이 항상성의 신경물리학을 이해하기 위해 노력해 왔으며, 그 결과로 자율신경계(항상성과 가장 직접적인 관계가 있는 신경계의 부분)의 신경해부학과 신경화학을 이해하고 내분비계, 면역계, 신경계 간의 상호 관계를 밝힐 수 있게 되었다. 이 계들은 앙상블을 이루어 항상성을 만들어 낸다. 하지만 이 분야에서의 과학적 성과는 마음 또는 뇌의 작동 방식에 대한 지배적인 관점에 거의 영향을 미치지 못했다. 이상하게도 정서는 우리가 항상성이라고 부르는 조절 작용의 가장 핵심적인 부분을 차지한다. 살아 있는 유기체의 이런 측면을 이해하지 못하고 정서에 대해 논하는 것은 무의미한 일이다. 나는 항상성이 의식의 생물학에서 핵심적인 위치를 차지한다고 생각한다(5장 참조).

셋째 예는 인지과학과 신경과학이 **유기체**라는 개념을 거의 고려하지 않는다는 것이다. 마음은 다소 애매하게 뇌와 관련되어 있었으며, 뇌는 살아 있는 복잡한 유기체의 일부가 아니라 몸과는 항상 분리되어 있었다. 통합된 유기체라는 개념, 즉 유기체는 몸과 신경계로 구성되는 앙상블이라는 생각은 루트비히 폰 베르탈란피, 쿠르트 골드슈타인, 폴 바이스 같은 학자들의 논문에서 드러나지만 마음과 몸이라는 표준적인 개념을 형성하는 데 거의 영향을 미치지 못했다.[1]

물론 이런 거대한 흐름에도 예외는 있다. 예를 들어 마음의 신경적 기초에 대한 제럴드 에덜먼의 이론은 진화적 사고로부터 영향을 받았으며 항상성 조절을 인정한다. 나의 신체 표지 가설은 진화론, 항상성 조절, 유기체 개념에 기초를 두고 있다.[2] 하지만 인지과학과 신경과학의 이론적 가정은 유기체와 진화론을 그다지 많이 수용하지 않았다.

최근 신경과학과 인지신경과학은 결국 정서를 인정했다. 새 세대 과학자들은 이제 정서를 주제로 연구를 진행하고 있다.[3] 또한 정서와 이성이 반대되는 것이라는 생각은 더 이상 받아들여지지 않고 있다. 예를 들어 나는 정서가 좋은 쪽이든 나쁜 쪽이든 추론과 의사 결정 과정에 핵심적이라는 것을 실험적으로 증명했다.[4] 언뜻 보면 직관에 어긋나는 것처럼 보일 수 있다. 하지만 이를 뒷받침할 수 있는 증거가 있다. 이 연구 결과는 뇌의 특정 부위에서 신경 손상이 일어나 특정한 종류의 정서를 잃고 그로 인해 이성적인 결정을 내릴 수 있는 능력을 상실하기 전까지는 완전히 이성적인 삶을 살았던 사람들에 대한 연구에서 나온 것이다. 이들은 여전히 합리적으로 행동할 수 있으며 자신의 주변 세계에 대한 지식도 이용할 수 있는 상태다. 문제의 논리를 다루는 능력도 그대로였다. 그럼에도 이들이 내린 개인적인 결정과 사회적인 결정 대부분은 이성적이지 않았으며, 자신과 다른 사람들에게 불리한 것이었다. 나는 이들의 경우 비의식적으로, 그리고 때로는 의식적으로도 추론의 정교한 메커니즘이 정서의 기저를 이루는 신경 장치에서 오는 신호에 의해 더 이상 영향을 받지 않는다고 생각한다.

이 가설은 신체 표지 가설로 알려져 있으며, 내가 이 가설을 제안하도록 만든 사람들은 전전두엽 부위, 그중에서도 복측과 내측 부위, 그리고 오른쪽 두정엽의 특정 부위가 손상되었다. 뇌졸중 때문이든, 머리 부상 때문이든, 수술이 필요한 종양 때문이든 이 부위의 손상은 앞에서 언급한 임상 패턴의 출현과 항상 관련이 있었다. 그 임상 패턴은 위험과 갈등 상황에서 자신에게 이로운 결정을 하는 능력의 저하, 정서적인 공감을 할 수 있는 능력이 부분적으로 상실되면서 나머지 정서 능력은 그대로 보존되는 경우 등이다. 이들은 뇌 손상이 나타나기 전에는 이런 증상을 보이지 않았다. 가족과 친구 들은 신경 손상이 일어나기 전과 후를 뚜렷이 구별할 수 있다.

이 연구 결과는 정서의 선택적인 감소는 지나친 정서만큼

이나 합리적인 행동에 나쁜 영향을 미친다는 것을 암시한다. 이성은 정서의 영향을 받지 않고는 작동으로부터 뭔가를 얻는 것 같지는 않다. 이와는 반대로 정서는 특히 위험과 갈등 상황에서의 개인적, 사회적 문제와 관련하여 추론을 돕는 것 같다. 나는 일정 수준의 정서 처리는 우리의 이성이 가장 효율적으로 작동하는 의사 결정 영역에서 일어날 것이라고 생각한다. 하지만 정서가 이성의 대체물이라거나 정서가 우리를 위해 결정을 해 준다고 생각하지는 **않는다**. 정서적인 격변이 비합리적인 결정을 유도하는 것은 분명하다. 신경학적 증거를 보면 정서의 선택적인 결핍이 문제라는 것을 알 수 있다. 목표가 확실하고 잘 배치된 정서는 이성이 정서 없이는 적절하게 작동할 수 없는 상황에서 일종의 지원 시스템 역할을 하는 것으로 보인다. 이런 결과와 해석은 정서가 사치품이나 골칫거리 또는 진화의 흔적이라는 생각에 제동을 걸었으며, 정서를 생존 논리의 구현 도구로 보는 것을 가능하게 만들기도 했다.[5]

뇌는 의식 있는 마음이 드러내는 것보다
더 많은 것을 알고 있다

정서와 정서에 대한 느낌은 각각 한 과정의 맨 앞과 맨 끝에 있지만, 정서는 상대적으로 공적인 성격이 강하고 그에 이어지는 느낌은 완전히 사적인 것이라는 사실은 그 과정에서 나타나는 메커니즘이 매우 다를 것이라는 추측을 가능하게 한다. 이 메커니즘을 완전하게 파악하려면 정서와 느낌의 차이를 알아야 한다. 나는 **느낌**이라는 용어를 사적이고 정신적인 정서 경험이라는 뜻으로, **정서**라는 용어는 대부분 공적으로 관찰 가능한 반응의 집합이라는 뜻으로 사용해야 한다고 제안한 바 있다. 위의 구분이 가진 실질적인 의미는 이렇다.

당신은 의식 있는 존재로서 자신의 정서 상태를 감지할 때 자기 안의 느낌을 관찰할 수 있지만, 다른 사람 안의 느낌은 관찰할 수 없다. 마찬가지로 다른 누구도 당신의 느낌을 관찰할 수 없지만 그 느낌을 일으키는 정서의 일부 측면은 확실하게 관찰할 수 있다. 게다가 정서의 기초를 이루는 기본적인 메커니즘은 결국 의식을 사용하게 되겠지만 의식이 꼭 필요하지는 않다. 당신은 정서를 표출하는 일련의 과정을 그 중간 단계는커녕 정서의 유도체도 의식하지 않고 시작할 수 있다. 실제로 지금 그리고 여기라는 한정된 시공간에서 느낌이 일어난다는 것을 유기체가 **알지 못하는 상태**에서 느낌이 발생하는 것도 가능하다. 진화의 이 시점에서, 그리고 성인들의 삶의 이 순간에서 정서는 의식이라는 무대에서 발생하는 것이 확실하다. 우리는 항상 우리의 정서를 느끼며, 그 정서를 느낀다는 것을 안다. 우리 마음과 행동은 정서와 우리가 알게 되어 새로운 정서를 만들어 내는 느낌으로 구성되는 연속적인 사이클에 둘러싸여 있다. 이 사이클은 우리 마음속의 특정한 생각과 행위 속의 특정한 행동을 강조하는 화음 같은 것이다. 정서와 느낌이 같은 기능적 과정의 일부이기는 하지만,

그 생물학적 토대를 조금이라도 밝혀내려면 그 과정의 단계를 구별하는 것이 도움이 될 것이다. 게다가 앞에서도 언급했지만 느낌은 존재와 앎 사이의 경계에 위치해 있어 의식에 더 우선적으로 연결되어 있을 가능성이 있다.[6]

정서의 토대를 이루는 생물학적 장치가 의식에 의존하지 않는다고 자신 있게 말할 수 있는 근거는 무엇일까? 어쨌든 우리는 일상생활에서 정서를 일으키는 상황을 대부분 알고 있는 것 같다. 하지만 대부분 알고 있는 것은 항상 알고 있는 것과는 같지 않다. 정서 유도의 은밀한 속성을 보여 주는 증거는 확실하다. 그리고 나는 내 실험실의 연구 결과로 이 점을 확실하게 설명할 예정이다.

학습과 기억 면에서 역대 최고로 심각한 결함을 가진 사람 중 하나인 데이비드는 새로운 사실을 전혀 배울 수 없었다. 예를 들어 그는 새로운 물리적 형태, 소리, 장소, 단어 등을 익힐 수 없다. 그 결과 새로운 사람의 얼굴, 목소리, 이름을 인식하는 법을 배울 수 없었으며, 자신이 만난 사람이나 그 사람과 자신 사이에서 일어난 일을 기억할 수도 없다. 양쪽 측두엽 모두에 광범위한 손상이 일어나 발생한 문제다. 측두엽 중에서도 해마(새로운 사실을 기억하는 데 필수적이다)와 편도체(정서와 관련한 피질하 신경핵) 손상이 두드러졌다.

오래전에 나는 데이비드가 일상생활에서 특정한 사람들을 일관되게 좋아하거나 싫어하는 것 같다는 이야기를 들었다. 예를 들어 그의 20년 인생 중 대부분을 보낸 시설에는 그가 담배나 커피를 원할 때 자주 찾아가는 사람들이 있었고, 반대로 절대로 찾아가지 않는 사람들도 있었다. 데이비드가 이 사람들을 전혀 알아보지 못한다는 사실과, 그들의 이름을 말했을 때 그들을 지목하지 못했다는 사실을 고려하면 이런 행동의 일관성은 매우 흥미로운 것이었다. 이 흥미로운 이야기가 궁금증을 자아내는 사례 이상의 의미가 있을까? 나는 이 점을 실험으로 점검하기로 했다. 그러기 위해서 나는 동료인 대니얼 트래널에게 '좋은 사람/나쁜 사람 실험'이라는 이름의 실험을 설계하도록 했다.[7]

일주일에 걸쳐 우리는 완전히 통제된 환경에서 데이비드가 서로 다른 세 가지 유형의 인간 상호작용에 참여하도록 만들었다. 첫째 유형은 극단적일 정도로 유쾌하고 데이비드를 환영하며, 데이비드가 어떤 보상을 요구하든 하지 않든 그에게 항상 보상을 하는 이들과의 관계다('좋은 사람'이다). 둘째 유형은 정서적으로 중립을 지키면서 데이비드에게 유쾌하지도 불쾌하지도 않은 태도를 취하는 이들과의 관계다('중립적인 사람'이다). 셋째 유형은 무뚝뚝한 태도로 데이비드의 모든 요구를 거절하며 심리학적으로 엄청나게 지루하게 만드는 일을 시키는 이들과의 관계다('나쁜 사람'이다). 이 일은 지연 표본 비대응 과제delayed-nonmatching-to-sample task라고 부르는 일로, 원숭이의 기억력을 연구하기 위한 방법 중 하나다. 당신이 원숭이의 마음을 가지고 있다면 좋아할 과제다.

이렇게 다른 세 가지 상황이 5일 연속으로 무작위로 제시되었지만 좋은 사람, 나쁜 사람, 중립적인 사람에게 노출되는 전체 시간은 적절한 측정과 비교를 위해 특정한 시간 동안만 지속되도록 했다. 이렇게 정교한 실험을 하기 위해서는 방의 종류가 다양해야 했고, 보조 요원들도 좋은 사람, 나쁜 사람, 중립적인 사람이 아닌 다른 사람들로 여러 명 있어야 했다.

이런 사람들과의 접촉이 모두 끝난 뒤 우리는 데이비드에게 두 가지 과제에 참여할 것을 요청했다. 첫째 과제에서는 실험에 참여한 세 명 중 한 명의 얼굴이 포함된 사진 네 장을 데이비드에게 보여 주고 "도움이 필요하면 누구한테 가겠습니까?"라고 물었다. 더 확실한 결과를 위해 "이 사진 속 사람들 중에서 누가 당신의 친구입니까?"라고도 물었다.

데이비드는 매우 놀라운 방식으로 행동했다. 그에게 긍정적으로 대한 사람 사진이 그 네 장에 포함되었을 때 그는 80퍼센트 이상 이 사람을 선택했다. 이는 데이비드의 선택이 무작위에 의한 것이 확실히 아니라는 뜻이다. 확률로만 보면 데이비드는 사진의 네 명을 각각 25퍼센트 선택해야 했다. 중립적인 사람은 25퍼센트 확률을 넘지 못했다. 나쁜 사람은 거의 선택되지 않았다. 이 역시 단순 확률을 뛰어넘는 것이었다.

둘째 과제에서 데이비드는 좋은 사람, 나쁜 사람, 중립적인 사람의 얼굴을 보고 그에 대해 말해 보라는 요청을 받았다. 평상시처럼 그는 아무것도 생각해 내지 못했다. 그들을 만난 것조차 기억하지 못했고, 그들과의 상호작용도 전혀 떠올리지 못했다. 그는 이 사람들의 이름도 기억하지 못했으며, 그들의 이름을 알려 주어도 그것이 누구인지 지적하지 못했다. 또한 그 전주 동안 일어난 일을 말해 주어도 우리가 무슨 이야기를 하는지 전혀 몰랐다. 하지만 이 세 명 중에서 누가 친구인지 묻는 질문에는 일관되게 좋은 사람을 골랐다.

이 결과는 이런 종류의 일이 충분히 연구할 가치가 있다는 것을 보여 준다. 데이비드의 의식 있는 마음에는 좋은 사람을 제대로 선택하고 나쁜 사람을 제대로 거부해야 할 명백한 이유가 없었다. 그는 그냥 그렇게 한 것이다. 그는 자신이 어떤 사람을 선택하고 어떤 사람을 거부한 이유를 알지 못했다. 하지만 그가 보인 비의식적인 선호는 실험 기간 그의 안에서 유도된 정서와 관련 있을 가능성이 높고, 그가 실험에 참여하는 동안 이런 정서의 일부가 비의식적으로 환원된 것과도 관련 있을 것이다. 데이비드는 이미지 형태로 마음속에 전개되는 유형의 새로운 지식을 습득하지 않았다. 하지만 그의 뇌에는 무엇인가가 남아 있었고, 그 무엇인가가 이미지가 아닌 형태로, 즉 행동과 행위의 형태로 결과를 만들어 냈을 것이다. 그의 뇌는 원래의 접촉이 가진 정서적인 가치와 상응하는 행동을 만들어 냈으며, 그 행동은 보상 또는 보상의 결핍에 의한 것이었다. 좋은 사람/나쁜 사람 실험을 하는 동안 내가 관찰한 예를 통해 더 확실하게 이 생각에 대해 알아보자.

실험을 위해 데이비드를 나쁜 사람한테 데리고 가는 중이었다. 복도로 들어서 나쁜 사람이 몇 미터 앞에서 기다리고 있는 것이 보이자 데이비드는 움찔하더니 잠시 멈추었다. 그러더니 얌전하게 관찰실로 들어갔다. 나는 데이비드에게 문제가 있는지, 문제가 있다면 도움을 줄 것이 있는지 물었다. 하지만 예상대로 그는 아무 문제가 없다고 말했다. 어쨌든 그의 마음속에서는 아마도 배경에 원인이 없는 정서에 대한 단발적인 감각 외에는 아무것도 발생하지 않았을 것이다. 나는 데이비드가 나쁜 사람을 본 것이 잠시 동안의 정서적 반응과 지금 그리고 여기라는 느낌을 유도했다고 확신한다. 하지만 그에게는 자신이 한 반응의 원인을 설명할 적절하게 연관된 이미지의 집합이 없었기 때문에 그 효과는 단발적이고 단절적이며, 따라서 이유가 없게 된 것이다.[8]

또한 실험을 한 주가 아니라 여러 주 동안 연속해서 진행했더라면 데이비드는 자신이 보인 부정적 또는 긍정적 반응을 이용해 그의 유기체에 가장 잘 어울리는 행위, 즉 일관되게 좋은 사람을 선호하고 나쁜 사람을 거부하는 행위를 만들어 냈을 것이라고 나는 확신한다. 그렇다고 해서 그 자신이 의도적으로 그런 행위를 선택했을 것이라고 말하는 것은 아니다. 그렇다기보다는 특정하게 설계되고 특정한 기질disposition을 가진 그의 **유기체**가 그런 행위를 하도록 만들었을 것이다. 데이비드는 좋은 사람에게는 끌리고 나쁜 사람으로부터는 멀어지는 성향을 가지게 되었을 것이고, 같은 방식으로 실제 일상생활에서도 이런 선호를 가지게 되었을 것이다.

이런 상황은 다른 몇 가지 중요한 점을 생각하게 만든다. 첫째, 데이비드의 핵심 의식은 원래 그대로 보존되어 있다는 점이다. 이에 대해서는 다음 장에서 다룰 것이다. 둘째, 좋은 사람/나쁜 사람 실험 환경에서 데이비드의 정서는 비의식적으로 유도되었으며, 다른 환경에서 그는 의도적으로 정서를 이용한다는 것이다. 새로운 기억에 의존할 필요가 없을 때 그

2부 느낌과 앎

는 행복하다고 느낀다. 좋아하는 음식을 먹거나 재미있는 장면을 볼 때다. 셋째, 데이비드의 뇌에서 정서와 관련한 피질과 피질하 영역, 예를 들어 복내측 전전두엽피질, 기저전뇌, 편도체가 심각하게 손상된 상태를 감안하면 이들 영역이 정서나 의식 어느 쪽에도 필수적이지 않은 것이 확실하다. 앞으로의 연구를 위해 우리는 데이비드 뇌의 특정 부분이 그대로 유지되고 있다는 사실을 분명히 해야 한다. 뇌간 전체, 시상하부, 시상, 대상엽의 대부분, 감각과 운동을 담당하는 거의 모든 영역이 그대로 유지되어 있었다.

마지막으로 말해 두고 싶은 것은 우리 실험에서 나쁜 사람은 젊고 유쾌하고 아름다운 여성 신경심리학자였다는 것이다. 우리는 젊고 아름다운 여성과 같이 있는 것에 대한 데이비드의 명백한 선호가 그 여성이 반대로 행동하는 것과 지루한 일을 시킨다는 사실을 어느 정도까지 상쇄하는지 알고 싶었기 때문에 외모와는 반대되는 역할을 그녀에게 맡긴 것이다〔실제로 데이비드에게는 여자를 보는 눈이 있었다. 한번은 퍼트리샤 처칠랜드(미국의 여성 분석철학자)의 팔을 만지면서 "너무 부드러워"라고 말하는 것을 본 적이 있다〕. 이런 식의 실험은 효과가 있었다. 자연적인 아름다움은 나쁜 사람의 행동과 그 사람이 재미없는 일을 시킨 것에 의해 유도된 부정적인 정서를 전혀 상쇄하지 못했다.

우리는 정서의 유도체를 의식할 필요가 없다. 또한 대부분의 경우 의식하지 않으며, 정서를 의지대로 조절할 수도 없다. 우리는 슬프거나 행복한 상태에 있어도 자신이 왜 그런 특정한 상태에 있는지 모르는 경우가 많다. 세밀하게 살피다 보면 그 원인이 될 가능성이 있는 것을 한두 개 찾을 수 있을지도 모르지만, 대부분 어떤 것이 원인이라고 확신하기는 힘들다. 실제 원인은 어떤 사건의 이미지일지도 모른다. 의식적이 될 가능성이 있는 이미지이지만 의식적이 아닌 이미지다. 당신이 다른 이미지에 주의를 기울이는 동안 그 이미지에 주의를 기울이지 않았기 때문이다. 아니면 그 원인은 아예 이미지가 아니라 우리의 내부 환경internal milieu을 구성하는 화학적 구조에 일어난 일시적인 변화일 수도 있다. 건강상태, 음식, 날씨, 호르몬 주기, 그날의 운동량, 특정한 문제에 대한 걱정을 얼마나 많이 했는지 등의 다양한 요인으로 인한 변화일 수도 있는 것이다. 이런 변화는 특정한 반응을 일으키고 몸 상태를 변화시킬 정도로 크겠지만, 사람이나 관계가 이미지화되는 것처럼 이미지화되지는 않을 것이다. 즉 이 변화는 우리가 마음속에서 알게 되는 감각 패턴을 만들어 내지는 못한다. 바꾸어 말하면 정서를 유도해 그에 따른 느낌을 일으키는 표상은, 그 표상이 유기체 외부의 어떤 것 또는 내부적으로 회상된 어떤 것을 나타내는지와 상관없이 주의를 기울일 필요가 없다는 뜻이다. 외부 또는 내부의 표상은 어느 쪽이든 의식의 아래 단계에서 일어날 수 있으며, 그러면서도 정서적인 반응을 유도한다. 정서는 비의식적인 방식으로 유도될 수 있으며, 따라서 의식 있는 자아에게는 겉으로는 이유가 없는 것처럼 나타난다.

우리는 부분적이지만 미래의 유도체 이미지가 우리 생각의 목표로 남아 있어야 하는지를 조절할 수 있다(가톨릭 집안에서 자랐다면 내가 무슨 말을 하는지 잘 알 것이다. 영화배우들을 보아도 알 수 있다). 조절에 성공하지 못할 수도 있지만 유도체를 제거하거나 유지하는 일은 확실히 의식 안에서 일어나는 것이다. 또한 우리는 특정한 정서의 표현을 부분적으로 조절할 수도 있다. 화를 누르거나 슬픔을 감추는 것이 그 예다. 하지만 우리 대부분은 이런 일을 별로 잘하지 못한다. 정서의 표현을 익숙하게 조절하는 훌륭한 배우들이 나오는 영화를 돈을 내고 보는 이유가 여기에 있다. 포커에서 많은 돈을 잃는 것도 같은 이유에서다. 하지만 특정한 감각 표상이 형성되면 그 표상이 실제로 의식적인 사고 흐름의 일부이든 아니든 정서를 유도하는 메커니즘에 대해서는 별로 할 말이 없다. 심리학적, 생리학적 배경이 적당하다면 정서가 나타날 것이다. 또한 정서가 비의식적으로 촉발된다는 것은 정서를 마음대로 모방하는 것이 쉽지 않은 이유를 설명한다. 『데카르트의 오류』에서 설명했듯이 진짜 기쁨을 느껴 나오는 자연스러운 미소나 슬픔에 의한 자연스러운 흐느낌은 뇌간 깊숙한 곳에 위치하며, 대상 영역의 통제를 받는 뇌 구조에 의해 실행된다. 우리는 이 영역에서 일어나는 신경 과정에 대해 직접적인 통제를 할 수 있는 방법이 전혀 없다. 정서 표현을 모방하면 금방 들통이 난다. 얼굴 근육의 움직임이든 목소리의 톤이든 항상 거짓이라는 것이 드러나기 마련이다. 따라서 배우가 아닌 보통 사람들 대부분에서 정서는 환경이 우리의 행복에 얼마나 많은 기여를 하는지, 또는 적어도 우리의 마음에 얼마나 기여를 하는 것처럼 보이는지 알려 주는 매우 좋은 지표가 된다.

정서를 정지시키는 것은 재채기를 참는 것만큼이나 어려운 일이다. 우리는 정서 표현을 하지 않기 위해 노력하여 부분적으로 성공할 수는 있지만 완전히 성공할 수는 없다. 적절한 문화적 영향 아래 있는 일부 사람들은 이 일을 꽤 잘하기도 한다. 하지만 본질적으로 우리가 할 수 있는 것은 장과 내부 환경에서 발생하는 자동화된 변화는 막지 못하는 상태에서 외부적인 정서 표현의 일부를 감추는 정도에 불과하다. 사람들이 많은 곳에서 감정이 북받쳐 있는 상태를 숨기려고 한다고 가정해 보자. 어두운 곳에서 영화를 보고 있었다면 별로 문제가 없었을 것이다. 하지만 친구의 사망을 애도하는 말을 하고 있었다면 목소리에서 당신의 정서가 다 드러났을 것이다. 느낌이 정서 뒤에 나타난다는 것은 말이 안 된다고 한 사람이 있었다. 정서는 억제하면서도 느낌을 가질 수 있다는 논리였다. 하지만 얼굴 표정을 부분적으로 억제하는 것을 넘어서 이 말은 맞지 않는 말이다. 우리는 정서를 교육시킬 수 있지만 완전히 억제할 수는 없다. 우리가 안에 가진 느낌이 그 증거다.

통제할 수 없는 것을 통제하기

우리는 내부 환경과 내장에 대해 거의 통제를 할 수 없지만 예외가 있다. 호흡 통제다. 호흡에 대해 우리는 어느 정도 자발적인 행동을 해야 한다. 자동 호흡과 말과 노래를 위한 자의적인 발성도 같은 부위를 이용한다. 수영을 배울 때 우리는 점점 더 오래 숨을 참는 법을 익힌다. 하지만 숨을 참는 데는 한계가 있다. 오페라 가수도 비슷한 한계에 직면한다. 3옥타브 도를 조금이라도 더 길게 유지하고 싶어 하지 않는 테너가 어디 있겠는가. 하지만 테너나 소프라노가 후두와 횡격막을 아무리 훈련해도 호흡의 장벽을 뛰어넘을 수는 없다. 바이오피드백 같은 방법으로 혈압과 심장박동을 간접적으로 통제하는 것도 부분적인 예외다. 하지만 일반적으로 자동 기능에 대한 수의적 통제는 미미하다.

극적인 예외를 하나 들겠다. 뛰어난 피아니스트인 피레스는 피아노를 연주할 때 자신의 의지를 완벽하게 통제해 몸에서 정서의 흐름을 줄이거나 늘릴 수 있다고 했다. 내 아내인 해나와 나는 너무 낭만적이라고 여겨 믿지 않았지만 피레스는 진짜로 그렇게 할 수 있다고 주장했다. 결국 우리는 진실을 알기 위해 실험을 진행하기로 했다. 피레스는 복잡한 심리 생리학적 장치를 달고, 정서를 허용할 때와 정서가 의지에 의해 억제되는 두 가지 조건 아래에서 우리가 선택한 짧은 음악을 들었다. 그녀가 연주한 쇼팽의 〈녹턴〉이 발매된 직후였고, 우리는 그녀가 연주한 음악의 일부와 다니엘 바렌보임이 녹음한 작품의 일부를 자극제로 사용했다. '정서가 허용되는' 조건에서 피레스의 피부 전도도는 신기하게도 음악의 흐름에 따라 큰 폭으로 상승했다가 큰 폭으로 떨어지기를 반복했다. '정서가 억제된' 조건에서는 믿기 힘든 일이 진짜로 일어났다. 피부 전도도 그래프는 피레스의 의지에 따라 평평하게 유지되었으며, 게다가 그녀는 심장박동을 조절하기까지 했다. 행동 면에서도 그녀는 변화를 보였다. 배경 정서의 구성 요소가 재배열되었고, 특정한 정서 행동 중 일부가 제거되었다. 예를 들어 머리와 얼굴 근육의 움직임이 적어졌다. 우리 동료인 앙투안 베차라는 있을 수 없는 일이라며 실험을 반복했다. 그는 습관화의 결과일 수도 있다고 생각했지만 피레스는 계속해서 같은 일을 해 보였다. 어쨌든 이제 예외가 발견되었으니, 정서를 이용하는 마술사 중에는 이런 예외가 더 있을지 모르겠다.

정서란 무엇인가

정서라는 말은 다음의 여섯 가지 **일차 정서** 또는 **보편적 정서** 중 하나를 떠올리게 한다. 행복, 슬픔, 공포, 분노, 놀람, 역겨움이 그것이다. 일차 정서에 대해 생각하면 문제를 다루기가 쉬워진다. 하지만 다른 수많은 행동에도 '정서'라는 딱지가 붙어 있다는 점을 간과해서는 안 된다. 당황, 질투, 죄책감, 자부심 같은 소위 **이차 정서** 또는 **사회적 정서**도 있고, 안녕 또는 불쾌감, 조용함 또는 긴장 같은 **배경 정서**도 있다. 정서라는 딱지는 욕구, 의욕, 고통이나 즐거움의 상태에도 붙는다.[9]

이 모든 현상의 배경에는 공통적인 생물학적 핵심 사실이

자리하고 있으며, 다음과 같이 요약할 수 있다.

1) 정서는 화학 반응과 신경 반응의 복잡한 집합이며, 패턴을 형성한다. 모든 정서는 특정한 종류의 조절 역할을 하며, 이 조절은 현상을 나타내는 유기체에게 유리한 상황을 만드는 방향으로 이끈다. 정서는 유기체의 생명, 구체적으로는 그 유기체의 몸에 **관한** 것이며, 정서의 역할은 유기체의 생명 유지를 돕는 것이다.

2) 학습과 문화가 정서의 표현을 변화시키고 정서에 새로운 의미를 부여할 수는 있지만, 정서는 생물학적으로 결정된 과정으로 긴 진화의 역사에 의해 선천적으로 설정된 뇌 장치에 의존한다.

3) 정서를 생성하는 장치는 뇌간 수준에서 시작해 더 높은 뇌 영역으로 올라가는 피질하 영역의 매우 제한적인 부분의 합이다. 이 장치는 몸의 상태를 조절하고 나타내는 구조의 집합 중 일부다. 이에 대해서는 5장에서 다룰 것이다.

4) 모든 장치는 의식적인 숙고 없이 자동적으로 관여된다. 개체 간의 차이가 상당히 크고 문화가 일부 유도체를 만드는 데 어느 정도 역할을 한다고 해도 정서의 근본적인 전형성, 자동성, 조절 목표는 달라지지 않는다.

5) 모든 정서는 몸을 자신의 극장(내부 환경, 장과 전정계, 근골격계)으로 사용한다. 하지만 정서는 수많은 뇌 회로의 작동 방식에 영향을 미치기도 한다. 정서적 반응은 몸과 뇌의 지형 모두에서 상당한 변화가 일어나는 원인이 된다. 이

런 변화는 최종적으로 정서의 느낌이 되는 신경 패턴을 위한 기질을 구성한다.

이 시점에서 배경 정서를 의미하는 특별한 용어가 필요하다. 이런 개념은 정서에 관한 전통적인 논의의 일부가 아니기 때문이다. 어떤 사람이 '긴장하거나' '예민하거나' '좌절하거나' '열정적이거나' '의기소침하거나' '즐거운' 상태에 있을 때, 우리는 이 상태를 설명하는 말을 전혀 듣지 않고도 이런 배경 정서를 탐지한다. 우리는 몸의 자세, 움직임의 속도와 윤곽, 눈동자가 움직이는 속도와 빈도, 얼굴 근육의 수축 정도가 조금만 변해도 배경 정서를 탐지해 낸다.

배경 정서의 유도체는 보통 내부에 있다. 생명 조절 과정은 자체로 배경 정서를 일으킬 수 있지만, 명백하든 은밀하든 정신적 갈등 과정이 계속되어도 그럴 수 있다. 정신적 갈등 과정은 욕구와 의욕을 계속 만족시키거나 억제할 수 있기 때문이다. 예를 들어 배경 정서는 장기적인 육체적 노력에 의해 유발될 수 있다. 조깅 후에 오는 '높은 배경 정서'나, 재미없고 리드미컬하지 않은 육체노동이 주는 '낮은 배경 정서'가 그 예라고 할 수 있다. 또한 배경 정서는 내리기 힘든 결정 때문에 고민할 때도 발생한다. 햄릿의 "죽느냐, 사느냐, 그것이 문제로다" 같은 고민이다. 또한 앞으로 일어날 신나는 일을 생각할 때도 발생하기도 한다. 요약하면 현재 진행 중인 생리학적 과정 또는 유기체와 환경의 상호작용 또는 이 둘 모두에 의해 발생하는 내부 상태의 특정 조건이 배경 정서를 구성하는 반응을 일으킨다고 할 수 있다. 이런 정서 때문에 우리 인간은 긴장이나 휴식, 피곤이나 에너지, 안녕이나 불안감, 고대나 두려움의 배경 느낌을 가질 수 있는 것이다.[10]

배경 정서를 구성하는 반응은 생명의 내부 핵심에 가깝게 있으며, 이 반응의 목표는 외부보다는 내부에 있다. 내부 환경과 장의 구성 요소들은 배경 정서에서 선두적인 역할을 한다. 하지만 배경 정서가 일차 정서와 사회적 정서를 정의하는 명백하고 다양한 얼굴 표정을 사용하지는 않지만, 그것은 근골격계의 변화로도 풍성하게 표현된다. 몸의 자세와 전체적인 움직임의 미묘한 변화가 그 예다.[11]

내 경험에 비추어 보면 배경 정서는 신경학적 질병에서 살아남은 용감한 생존자다. 예를 들어 내측 전전두엽피질이 손상된 환자들도 배경 정서는 그대로 가지고 있었으며, 편도체가 손상된 환자도 마찬가지였다. 다음 장에서 다루겠지만 일반적으로 배경 정서는 의식의 기본 수준인 핵심 의식이 손상될 때만 손상된다.

정서의 생물학적 기능

정서 반응의 구체적인 구성 요소와 작동은 각 개인의 발달과 환경에 의해 형성되지만, 대부분 정서 반응은 오랜 기간에 걸친 진화의 미세 조정으로 인한 결과물이라는 증거가 있다. 정서는 우리가 생존을 위해 갖춘 생물 조절 장치 중 일부다. 다원이 수많은 종의 정서 표현 목록을 작성해 그 속에서 일관성을 찾아낼 수 있었던 이유가 여기에 있다. 또한 세계의 다양한 지역과 문화권에서 정서가 쉽게 인식되는 이유도 여기에 있다. 물론 여러 문화와 개인들에 걸쳐 정서를 유도할 수 있는 자극의 구체적인 구성과 정서의 표현은 다를 수 있다. 하지만 놀라운 것은 지구 위 높은 곳에서 본다면 이런 변이는 차이가 아니라 유사성으로 보인다는 사실이다. 문화 간 관계를 가능하게 하고 예술, 문학, 음악, 영화가 경계를 넘을 수 있도록 만드는 것은 우연히도 이 유사성이다. 이런 관점은 폴 에크먼의 연구에 의해 큰 뒷받침을 받고 있다.[12]

정서의 생물학적 기능은 두 가지다. 첫째 기능은 유도 상황에 대한 특정한 반응을 만들어 내는 것이다. 예를 들어 동물의 경우 이런 반응은 뛰거나, 움직이지 않거나, 적을 제압하거나, 즐거운 행위를 하는 것이다. 인간에게서도 이런 반응은 본질적으로 동일하며, 고등 이성과 지혜에 의해 완화된다. 둘째 기능은 특정한 반응을 준비할 수 있도록 유기체의 내부 상태를 조절하는 것이다. 예를 들어 도망을 치는 반응에서 근육이 산소와 포도당을 더 받을 수 있도록 다리 동맥에 혈액을 더 공급하거나, 가만히 있어야 하는 반응에서 심장박동과 호흡 리듬을 조절하는 것이 그 예다. 위의 어떤 경우든, 다른 상황에서든 이 과정은 매우 정교하며 실행은 아주 안정적이다. 요약하면 내부 또는 외부 환경에서의 명백하게 위험하거나 가치 있는 특정한 자극에 대해서 진화는 정서의 형태로 그에 걸맞은 답을 만들어 낸 것이다. 다양한 문화, 개인, 인생의 과

2부 느낌과 앎

정에서 수많은 변이가 존재함에도 불구하고 특정 자극이 특정 정서를 만들어 낸다고 어느 정도 예측할 수 있는 이유가 여기에 있다(동료에게 "그 여자한테 그 이야기를 하면 너무 좋아할 거야"라고 말할 수 있는 이유도 여기에 있다).

바꾸어 말하면 정서의 생물학적 '목적'은 분명하며, 정서는 없어도 되는 사치품이 아니라고 할 수 있다. 정서는 신기한 적응 결과이자 유기체가 생존을 조절하는 장치의 핵심이다. 그것은 진화 과정에서 보면 오래된 것이기는 하지만 생명 조절 메커니즘의 꽤 높은 단계를 구성하는 요소다. 이 정서라는 요소는 기본 생존 키트(예를 들어 대사조절, 단순 반사, 동기부여, 고통과 쾌락의 생물학적 메커니즘)와 고등 이성 장치 사이에 끼어 있지만, 생명 조절 장치를 구성하는 여러 층에서 상당히 많은 부분을 차지하고 있다. 인간보다 덜 복잡한 종과 정신 나간 사람들의 경우 정서는 실제로 생존 측면에서 매우 합리적인 행동을 만들어 낸다.

가장 기본적인 차원에서 정서는 항상성 조절의 일부이며, 죽음의 조짐인 완결성의 상실 또는 죽음 자체를 피하기 위해 준비를 하고 있으며, 에너지원, 피난처, 성행위를 승인할 준비도 하고 있다. 또한 조건화 같은 강력한 학습 메커니즘의 결과로 모든 정서는 우리의 자서전적 경험에서 궁극적으로 항상성 조절과 생존 '가치'를 수많은 사건과 대상에 연결시키는 데 도움을 준다. 정서는 보상이나 처벌, 쾌락이나 고통, 접근이나 후퇴, 개인적 이익이나 불이익과 분리할 수 없다. 그것은 결코 선이나 악과 분리할 수 없는 개념이다.

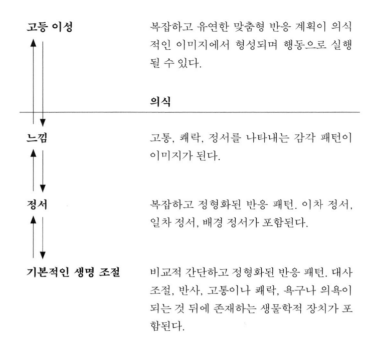

고등 이성	복잡하고 유연한 맞춤형 반응 계획이 의식적인 이미지에서 형성되며 행동으로 실행될 수 있다.
의식	
느낌	고통, 쾌락, 정서를 나타내는 감각 패턴이 이미지가 된다.
정서	복잡하고 정형화된 반응 패턴. 이차 정서, 일차 정서, 배경 정서가 포함된다.
기본적인 생명 조절	비교적 간단하고 정형화된 반응 패턴. 대사 조절, 반사, 고통이나 쾌락, 욕구나 의욕이 되는 것 뒤에 존재하는 생물학적 장치가 포함된다.

표 2-1 생명 조절의 단계

기본적인 수준의 생명 조절 장치, 즉 생존 키트에는 욕구나 의욕으로, 고통이나 쾌락으로 의식적으로 감지되는 생물학적 상태가 포함된다. 정서는 더 높고 복잡한 단계에 위치한다. 이중 화살표는 상향 또는 하향의 인과관계를 나타낸다. 예를 들어 고통은 정서를 유발할 수 있으며, 일부 정서에는 고통의 상태가 포함된다.

의식의 문제를 다루는 책에서 정서의 생물학적 역할을 이야기하는 것이 어울리지 않는다고 생각했을 수도 있다. 하지만 지금쯤은 연관성이 분명하게 보일 것이다. 정서는 유기체에게 생존 중심의 행동을 자동적으로 제공한다. 정서를 느낄 수 있는 유기체에게서, 즉 느낌을 가진 유기체에게서 정서는 지금 그리고 여기에서 나타나면서 마음에도 영향을 미친다. 하지만 의식을 가진 유기체, 즉 자신이 느낌을 가졌다는 것을 알 능력이 있는 유기체에게서는 또 다른 수준의 조절이 이루어진다. 의식은 느낌이 알려지도록 해 정서의 영향을 내부적으로 증진시키며, 느낌이라는 매개체를 통해 사고 과정에 정서가 침투하도록 해 준다. 결과적으로 의식은 대상('대상'의 정서와 다른 대상)이 알려지게 해 주고, 그 과정에서 해당 유기체의 필요를 감안해 유기체가 적응적으로 반응하는 능력을 강화한다. 정서는 유기체의 생존을 위한 것이며, 의식도 그렇다.

정서의 유발

정서는 두 가지 유형의 상황에서 발생한다. 첫째는 유기체가 감각 장치 중 하나를 가진 특정한 대상 또는 상황을 처리할 때다. 예를 들어 유기체가 익숙한 얼굴이나 장소를 시각적으로 받아들일 때다. 둘째는 유기체의 마음이 특정한 대상이나 상황을 상기하여 그것을 사고 과정에서 이미지로 나타낼 때다. 친구의 얼굴과 그 친구가 방금 죽었다는 사실을 기억하는 상황이 그런 경우다.

　정서와 관련해 분명한 사실 중 하나는 대개 특정 종류의 대상이나 사건이 특정한 정서에 더 많이 체계적으로 연결된다는 것이다. 행복, 공포, 슬픔을 일으키는 자극은 동일한 개인에게서, 그리고 동일한 사회적, 문화적 배경을 가진 개인들에게서 매우 일관성 있게 그 정서를 일으킨다. 정서의 표현이 개인에 따라 달라질 수 있고 그 정서가 여러 가지가 섞인 것일 수는 있지만, 정서 유도체의 종류와 그 유도의 결과인 정서 상태는 대개 대응한다. 진화 과정을 거치면서 유기체들은 특정한 자극(특히 생존의 관점에서 유용하거나 위험할 가능성이 있는 자극)에 반응하는 수단과 현재 우리가 정서라고 부르는 반응을 가지게 되었다.

하지만 여기서 주의해야 할 점이 있다. 특정한 **종류의 정서** 유도체가 되는 **자극의 범위**라는 말을 내가 할 때는 그렇게 해야 할 이유가 있다는 점이다. 정서를 유도할 수 있는 자극의 유형은 개인과 문화에 따라 상당히 다양할 수 있다. 또한 정서 장치의 생물학적 사전 조정 정도와 상관없이 문화와 발전 정도는 최종 결과물에 많은 영향을 끼칠 수 있다. 문화와 발전 정도는 사전 조정된 장치에 다음과 같이 영향을 덧입힐 가능성이 매우 높다. 즉 그것은 첫째, 정서의 적절한 유도체의 일부가 되며 둘째, 정서 표현의 일부분을 형성하며 셋째, 정서의 배치 이후에 따르는 인식과 행동을 형성한다.[13]

또한 정서를 위한 생물학적 장치는 대부분 사전 조정되어 있는 반면 유도체는 그 장치의 일부가 아니라 외부에 있다는 사실에 유의해야 한다. 정서를 일으키는 자극에는 진화 과정 동안 우리의 정서적인 뇌를 형성하는 데 도움을 주고 어릴 적부터 우리 뇌 안에서 정서를 유도하는 자극만 있는 것이 결코 아니다. 이런 자극이 발달하고 상호작용을 하면서 유기체는 환경 속에서 다양한 대상과 상황에 대한 실제 경험과 정서적 경험을 하게 되며, 그로 인해 유기체는 중립적일 수 있는 많은 대상과 상황을 선천적으로 정서를 일으키도록 설정된 대상과 상황에 연결시킬 수 있는 기회를 가지게 된다. 조건화라는 학습 형태는 이 연결을 일으키는 방법 중 하나다. 어릴 적 행복하게 살았던 집과 비슷하게 생긴 집은 아직 그 집에서 딱히 좋은 일이 일어나지 않았어도 기분을 좋게 만든다. 마찬가지로 어떤 끔찍한 사건과 관련한 사람과 닮은 사람은 얼굴이 잘생겼어도 불편함과 짜증을 불러일으킬 수 있다. 왜 그런지는 전혀 모른다. 자연은 이런 반응을 사전에 설정해 놓지 않았지만 이런 반응을 당신이 나타내도록 도움을 준 것만은 분명하다. 우연히도 미신은 이런 방식으로 발생한다. 우리가 사는 세상에서 정서가 퍼지는 방식은 좀 으스스한 구석이 있다. 모든 대상에는 어느 정도 정서가 부착되지만 특히 그 정도가 심한 대상이 있다. 우리 몸은 주변 세계와 관련한 이차적인 획득 내용을 왜곡하도록 생물학적으로 설계되어 있다고 할 수 있는 것이다.

정서적이도록 생물학적으로 설정되지 않은 대상에 정서적인 가치를 확대하는 것의 결과는 정서를 유도할 가능성이 있는 자극의 범위가 무한하게 늘어나는 것이다. 정도의 차이는 매우 클 수 있지만 어떤 방식으로든 대부분의 대상 또는 상황은 특정한 정서 반응을 유발한다. 정서 반응은 약할 수도 강할 수도 있다(다행히도 우리에게 그것은 대부분 약하다). 하지만 이 반응은 반드시 존재한다. 정서와 그 정서의 근본인 생물학적 장치는 의식적이든 그렇지 않든 행동을 반드시 수반한다. 정서 유발은 어떤 단계에서는 자신에 대한 또는 자기 주변에 대한 생각을 하도록 만들기도 한다.

인간의 발달과 그 뒤를 이은 일상생활에 스미는 정서는, 조건화를 통해 우리 경험에서 거의 모든 대상과 상황을 항상성 조절의 근본적인 가치에 연결시킨다. 그 가치는 보상과 처벌, 쾌락이나 고통, 접근이나 움츠림, 개인적 이익이나 불이익 등이며, 불가피하게 선(생존)이나 악(죽음)이기도 하다. 우리가 어떻게 생각하든 상관없이 이는 **자연스러운** 인간의 조건이다. 하지만 의식이 이용 가능해지면 느낌이 최대치의 영향을 미치고, 개인도 되돌아보고 계획을 세울 수 있게 된다. 정서가 무자비하게 확산되는 것을 통제할 수단을 개인이 가지게 되는 것이다. 그 수단은 바로 이성이다. 하지만 아이러니하게도 이성이 작동하려면 정서가 필요하다. 이는 이성의 통제력이 약할 경우가 많다는 뜻이다.

이성이 널리 스며 있기 때문에 나타나는 또 다른 중요한 결과는 지각되든 회상되든 거의 모든 이미지에 정서 장치로부터 온 특정 반응이 동반된다는 것이다. 이 사실의 중요성은 의식의 탄생을 다루는 6장에서 자세히 다루기로 한다.

정서의 유도체에 관한 이야기는 유도 과정의 까다로운 측면을 살펴보는 것으로 마치도록 하자. 지금까지 나는 직접적인 유도체에 대해 언급했다. 천둥, 뱀, 행복한 기억 등이다. 하지만 정서는 간접적으로도 유도될 수 있으며, 유도체는 현재 일어나고 있는 정서의 진행을 방해함으로써 어느 정도 부정적인 방식으로 결과를 만들어 낼 수도 있다. 예를 들어 먹이나 성행위의 대상이 있을 경우, 동물은 접근 행동을 시작하고 행복함이라는 정서의 특징을 나타낸다. 그 과정을 방해하고 목표를 이루지 못하게 하면 좌절하고 심지어는 분노를 느낄 수 있다. 분노는 행복감과는 전혀 다른 정서다. 분노의 유도체는 먹이나 성행위의 전망이 아니라 그 동물을 좋은 전망으로 유도했던 행동을 좌절시키는 행위다. 또 다른 예는 지속되는 고통 같은 처벌을 갑자기 멈추는 상황일 것이다. 이렇게 하면 안녕과 행복을 유도할 수 있다. 아리스토텔레스에 따르면 제대로 된 비극이라면 모두 가져야 할 정화(카타르시스) 효과는 지속적으로 유도되는 공포와 연민 상태가 갑자기 중지되는 것에 기초한다. 아리스토텔레스 훨씬 이후에는 앨프리드 히치콕 감독이 이 간단한 생물학적 장치를 이용해 눈부신 경력을 쌓았고, 할리우드 영화계는 그 후로도 이 장치를 계속 이용하고 있다. 우리는 히치콕 영화의 여주인공이 비명 지르기를 멈추고 욕조에 조용히 눕게 되는 장면에서 매우 안정감을 느끼게 된다. 정서에 관한 한 자연이 우리를 위해 준비한 장치에서 벗어날 수 있는 여지는 얼마 되지 않는다. 우리는 그 장치가 작동하도록 놓아두는 수밖에 없다.

> 정서의 작동 원리

우리는 경험으로부터 정서를 구성하는 반응이 매우 다양하다는 것을 알고 있다. 어떤 반응은 쉽게 눈에 띈다. 기쁨, 슬픔, 분노를 전형적으로 나타내는 얼굴 근육의 배치, 나쁜 소식을 들었을 때 얼굴이 하얗게 변하는 것, 당황했을 때 얼굴이 붉어지는 것, 기쁨, 저항, 슬픔, 좌절을 나타내는 몸의 자세, 걱정이 될 때 손에 땀이 나고 주먹이 꽉 쥐어지는 것, 자부심에 가슴이 벅차오르는 것, 공포에 질렸을 때 심장박동이 느려지거나 거의 정지되는 것이 그 예다.

눈에는 보이지 않지만 못지않게 중요한 반응도 있다. 혈관, 피부, 심장이 아닌 다른 기관에서 일어나는 변화가 그 예다. 내부 환경의 화학 성분을 변화시키는 코르티솔 같은 호르몬 분비, 몇몇 뇌 회로의 작동을 변화시키는 β-엔도르핀이나 옥시토신 같은 펩타이드 분비나 모노아민, 노르에피네프린, 세로토닌, 도파민 같은 신경전달물질 분비가 이에 속한다. 정서가 나타나는 동안 시상하부, 기저전뇌, 뇌간에 위치한 뉴런(신경세포)은 뇌의 몇몇 영역에서 위로 화학물질을 분비해 많은 신경 회로의 작동 방식을 일시적으로 변화시킨다. 이런 신경전달물질 분비의 증가 또는 감소로 인한 전형적인 결과에는 심적 경험에 쾌적함이나 불쾌함이 침투하는 것과 마음의 과정이 빨라지거나 느려진다는 감각이 생기는 것 등이 있다. 이런 감각은 정서에 대한 우리 느낌의 일부다.

서로 다른 정서는 서로 다른 뇌 시스템에 의해 생성된다. 화난 표정과 기쁜 표정의 차이를 느끼는 방식으로, 슬픔과 행복의 차이를 몸에서 느끼는 방식으로 신경과학은 서로 다른 뇌 시스템이 어떻게 작용해 분노, 슬픔, 행복을 만들어 내는지 보여 주기 시작하고 있다.

2부 느낌과 앎

신경질환이나 국소 뇌 손상이 있는 환자들에 대한 연구로 이 분야에서 매우 흥미로운 사실이 밝혀지고 있지만, 이런 연구는 신경질환이 없는 사람을 대상으로 한 기능적 뇌 영상 연구에 의해서도 보강되고 있다. 나는 인간을 대상으로 연구를 진행하면 동일한 문제를 동물을 대상으로 연구하는 이들에게도 큰 도움이 될 것이라고 생각한다. 이 분야의 연구에서는 환영할 만한 새로운 시도라고 본다.

현재까지의 연구 결과의 핵심은 다음과 같이 요약할 수 있다. 첫째, 뇌는 매우 적은 수의 뇌 영역으로부터 정서를 유도한다. 이들 영역 대부분은 대뇌피질 밑에 위치해 있으며, 피질하 영역으로 알려진다. 주요 피질하 영역은 뇌간 영역, 시상하부, 기저전뇌 안에 있다. 이 영역 중 하나가 중심회색질 PAG이라는 부분으로, 정서 반응의 주요 조정자 역할을 한다. 중심회색질은 미주신경핵 같은 망상체 운동 핵과 뇌신경핵을 통해 작동한다.[14] 또 다른 중요한 피질하 영역은 편도체다. 대뇌피질 안에 있는 이 유도 영역, 즉 피질 영역에는 측대상 영역과 복내측 전전두 영역 부분이 포함된다.

둘째, 이들 영역은 다양한 정서를 다양한 정도로 처리하는 데 관여한다. 최근 우리는 PET 촬영 기법을 이용해 슬픔, 분노, 공포, 행복의 유도와 경험이 위에서 언급한 영역 중 몇몇 영역을 활성화한다는 것을 증명한 바 있다. 예를 들어 슬픔은 복내측 전전두피질, 시상하부, 뇌간을 일관되게 활성화하는 반면 분노나 공포는 전전두피질과 시상하부 어느 쪽도 활성화하지 않는다. 뇌간은 슬픔, 분노, 공포 모두에 의해 활성화

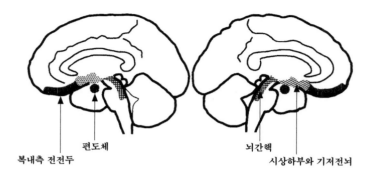

복내측 전전두　편도체　뇌간핵　시상하부와 기저전뇌

그림 2-1 주요 정서 유도 영역

이 네 영역 중 한 영역만 뇌 표면에서 보인다(복내측 전전두 영역). 다른 곳은 피질하 영역이다(정확한 위치는 부록의 그림 A-3 참조). 이들 영역은 모두 뇌의 정중선과 가깝게 위치한다.

되지만, 집중적인 시상하부와 복내측 전전두 활성화는 슬픔에 의해서만 이루어지는 것으로 보인다.[15]

셋째, 이들 영역의 일부는 특정한 정서를 나타내는 자극의 인지에도 관여한다. 예를 들어 우리 실험실은 측두엽 깊은 곳에 위치한 편도체가 얼굴 표정에서 공포를 인지하고, 공포에 조건화되며, 공포를 표현하는 데 필수적이라는 것을 밝혀냈다(조지프 르두와 마이클 데이비스도 편도체가 공포의 조건화에 필수적이라는 사실과 그 과정에 관여하는 구체적인 회로를 확인했다).[16] 하지만 편도체는 역겨움이나 행복을 인식하거나 학습하는 데 거의 관여하지 않는다. 중요한 사실은 다른 구조는 역겨움과 행복에만 관여하며 공포에는 관여하지 않는다는 것이다.

이 그림은 정서의 생성과 인지에 관련한 뇌 시스템을 자세하게 보여 준다. 하지만 이 그림은 정서가 뇌의 어떤 단일한 중심 부분에 의해서만 처리되는 것이 아니라 서로 다른 정서 패턴이 서로 다른 뇌 시스템과 연결되어 있다는 생각을 증명하는 데 제시할 수 있는 여러 가지 예 중 하나일 뿐이다.

두려움이 없는 인간 거의 10년쯤 전 S라는 젊은 여성이 내 관심을 끈 적이 있다. 뇌 CT 촬영 결과 때문이었다. CT 이미지를 보니 이 여성은 양쪽 측두엽에 있는 두 편도체가 모두 거의 석회화되어 있었다. 전혀 예상하지 못한 놀라운 결과였다. 정상적인 뇌는 CT를 찍으면 수많은 회색 픽셀이 나타나는데, 이 회색의 짙음과 엷음으로 구조를 판독할 수 있다. 하지만 칼슘 같은 미네랄 성분이 뇌 안에 쌓이면 CT 이미지는 밝은 우윳빛의 흰색을 나타낸다.

두 편도체 주변은 모두 정상이었다. 하지만 편도체 안에 칼슘이 너무 많이 쌓여 그 안의 뉴런 중 정상적으로 작동하는 뉴런이 거의 없거나 아예 없을 것이 분명해 보였다. 일반적으로 편도체는 교차로와 구조가 매우 비슷하며, 수많은 피질 영역과 피질하 영역으로부터 오는 경로가 이 편도체 안으로 접어들고 다른 수많은 영역으로 퍼져 나가게 된다. 이렇게 복잡한 신호가 교차하는 경로가 한데 모였다 흩어지는 기능이 S의 편도체에서는 전혀 보이지 않았다. 게다가 최근 들어 이렇게 된 것 같지도 않았다. 뇌 조직 내 미네랄이 축적되려면 오랜 시간이 걸리기 때문이다. 태어난 지 얼마 되지 않았을 때부터 이런 축적이 시작되어 수십 년이 지난 것으로 보였다. 왜 이런 문제가 발생하는지에 대해 궁금한 사람들을 위해 답을 주면 S는 우르바흐비테 증후군을 앓고 있었다. 피부와 인후에 칼슘이 비정상적으로 많이 쌓인 희귀한 퇴행성 상염색체 질환이다. 칼슘 축적에 의해 뇌가 영향을 받을 때 가장 많이 타깃이 되는 부분은 편도체다. 이 병을 가진 환자들은 다행히도 심하지는 않지만 발작을 자주 겪는다. S가 우리 병원을 찾아온 이유도 이 가벼운 발작 때문이었다. S는 치료를 통해 현재까지 발작 증상은 전혀 보이지 않는다.

처음 봤을 때 S는 키가 크고 날씬했으며 극도로 쾌활한 여성이었다. 내가 특히 호기심을 가진 부분은 S의 학습 능력과 기억력, 사회적인 행동이었다. 이 호기심의 이유는 두 가지였다. 당시에는 편도체가 새로운 사실을 학습하는 데 어느 정도 기여하는지 논란이 있었다. 편도체가 새로운 사실 기억에 해마와 함께 핵심적인 역할을 한다고 생각하는 연구자도 있었고, 거의 역할을 하지 않는다고 보는 연구자도 있었다. 이 환자의 행동에 대한 호기심은 인간을 제외한 영장류 연구에 기초한 것이었고, 그 연구에 따르면 편도체는 사회적인 행동에 역할을 한다고 알려져 있었다.[17]

결론부터 말하자면 S는 새로운 사실을 학습하는 능력에 전혀 문제가 없었다. 내가 S를 두 번째 만났을 때 나를 확실히 알아보고 내 이름을 부르면서 인사했다는 사실로 알 수 있었다. 내가 누구인지, 내 얼굴이 어떻게 생겼는지, 내 이름이 무엇인지 한 번에 학습하는 데 전혀 문제가 없었다. 수없이 심

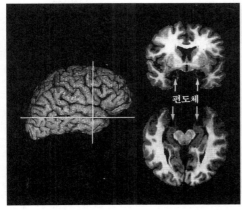

그림 2-2 **환자 S의 양측 편도체 손상(좌)과 보통의 편도체(우)**

위아래 단면도는 그림의 흰 선 방향으로 수직으로 잘랐을 때의 평면 모
습이다. 왼쪽 그림에서 화살표로 표시한 검은색 영역이 손상된 편도체
다. 오른쪽 그림에 있는 보통의 뇌의 정확하게 같은 부분과 비교해 보자.

리학적 테스트를 해도 내가 처음 생각한 것에 변화는 없었고,
그 상태는 아직도 유지되고 있다. 몇 년 뒤 우리는 S의 학습
능력 중 특정 측면에 결함이 있다는 것을 알게 되었지만, 그
결함도 여전히 사실을 학습하는 측면과는 관계가 없었다. 결
함이 있는 측면은 불쾌한 자극에 조건화하는 능력과 관련한
것이었다.[18]
　반면 이 환자의 사회적인 경험은 이례적인 것이었다. 최대
한 간단하게 말하면 S는 사람들과 상황에 대해 대부분 긍정
적인 태도로 접근했다고 할 수 있다. S가 지나치고 부적절할
정도로 사람들에게 거침없이 대한다고 말하는 사람들도 있

을 정도였다. S는 유쾌하고 즐거울 뿐만 아니라 자신과 대화하는 모든 사람들과 상호작용을 하고 싶어 했으며, 우리 진료팀과 연구팀 몇몇은 S에게 겸손함과 조심스러움이 부족하다고 느낄 정도였다. 예들 들어 S는 서로 처음 인사한 지 얼마 안 된 상태에서도 상대방을 안고 만지는 데 스스럼이 없었다. 하지만 S의 행동은 누구도 불편하게 만들지 않았으며, S가 처한 상황을 생각하면 전혀 걸맞지 않은 행동으로 보였다.

우리는 이런 태도가 S의 삶 전반에 스며 있다는 것을 알게 되었다. S는 쉽게 친구를 사귀고, 어렵지 않게 이성과 로맨틱한 관계를 맺었으며, 자신이 믿었던 사람들에게 쉽게 이용을 당했다. 반면 S는 양심적인 엄마였고, 지금도 그렇다. S는 사회의 규칙을 준수하려고 열심히 노력하며 그런 노력을 인정받고 있다. 인간의 속성은 가장 좋은 상황과 가장 건강이 좋을 때도 설명하기 어렵고 모순으로 가득 차 있다. 하물며 질병에 걸린 사람의 속성을 제대로 판단하는 것은 불가능에 가깝다.

S에 대해 처음 몇 년 동안 연구를 한 결과 두 가지 중요한 결과가 도출되었다. 우선 S는 사실을 학습하는 데 전혀 문제가 없었다. S의 감각 지각, 움직임, 지능은 기본적인 면에서 보통 사람의 그것과 전혀 다르지 않았다. 반면 사회적 행동은 S의 지배적인 정서의 톤이 일관되게 왜곡되어 있다는 것을 나타냈다. 마치 공포나 분노 같은 부정적인 정서는 S의 감정affect에서 제거되어 긍정적인 정서만 삶을 지배하는 것 같았다. 강도 면에서는 그렇지 않다고 해도 최소한 빈도 면에서

는 그렇게 보였다. 이 상태에 내가 특별한 관심을 가진 이유는 양쪽 측두엽 전면에 손상을 입은 환자들에게서도 비슷한 증상이 나타났기 때문이다. 이 환자들도 커다란 병변의 일부로 편도체가 손상된 이들이다. 따라서 이들의 감정 면에서 한쪽으로 치우친 상태는 편도체 손상이 원인이라고 가정을 세우는 것이 합리적이었다.

이런 가정은 랠프 아돌푸스가 우리 실험실에 합류하면서 확실한 사실로 바뀌었다. 아돌푸스는 기발한 기법을 사용해 편도체가 손상된 환자들과 다른 부분이 손상된 환자들을 연구해 치우친 정동 상태가 하나의 정서, 즉 공포가 손상되어 주로 발생한다는 사실을 확인했다.[19]

그는 다차원척도법을 이용해 S가 다른 사람의 얼굴에서 공포의 표현을 일관되게 읽어 내지 못하며, 그 표현이 애매하거나 다른 정서와 동시에 표현되는 경우에는 더욱 그렇다는 것을 증명했다. 신기하게도 그림에 뛰어난 재능을 가진 S는 다른 정서를 나타내는 얼굴은 그릴 수 있지만 공포를 나타내는 얼굴은 그리지 못한다. 다른 일차 정서를 나타내는 표정을 흉내 내라고 S에게 요청했을 때 S는 쉽게 그렇게 했지만, 공포를 나타내는 표정은 흉내 내지 못했다. 여러 번 시도를 한 뒤에도 그 표정을 짓지 못하자 S는 자신이 그렇게 할 수 없다는 것을 완전히 인정했다. 또한 S는 놀람의 표정을 짓는 데도 어려움이 없다. 결국 S는 일반적으로 공포를 유발하는 상황에서 보통 사람들이 경험하는 공포를 경험하지 못한다고 할 수 있다. S는 순수하게 지적인 수준에서는 공포가 무엇인지, 무엇이 공포를 유발하는지, 심지어는 공포 상황에서 어떻게 행동해야 하는지 알고 있지만, 지적인 수준에서 알고 있는 것 중 거의 어떤 것도 실제 상황에서는 S에게 소용이 없었다. 양측 편도체 손상의 결과로 공포가 사라진 S의 속성이 어린 시절 내내 경험했을 불쾌한 상황의 중요성을 학습하는 것을 방해해 온 것이다. 그 결과 S는 위험과 불쾌한 일의 가능성을 나타내는 명백한 신호를 학습하지 못했고, 특히 다른 사람의 얼굴이나 특정한 상황에서 이런 신호가 나타날 때는 특히 더 그랬다. 이는 인간의 얼굴을 근거로 신뢰성과 접근성을 판단하도록 요구한 최근의 실험에서 확실하게 증명되었다.[20]

이 실험은 백 명의 얼굴에 대한 판단을 요구하는 것이었다. 그 얼굴은 보통 사람들이 신뢰성과 접근성의 정도를 표시한 것이었다. 오십 명의 얼굴은 일관되게 신뢰를 주는 것이었고, 나머지 오십 명의 얼굴은 그렇지 않은 것이었다. 얼굴 선택은 보통 사람들에게 '신뢰성과 접근성 면에서 얼굴의 등급을 1~5의 척도로 표시하시오'라고 간단하게 요청한 뒤 그 결과에 따라 이루어진 것이었다. 다른 말로 하면 도움이 필요할 때 특정한 얼굴을 가진 사람에게 접근하고 싶은 의지를 묻는 질문이었다.

보통 사람 마흔여섯 명이 표시한 점수를 바탕으로 백 명의 얼굴을 배열한 뒤 우리는 뇌 손상 환자들을 실험에 참여시켰다. S는 이 환자들 중 양측 편도체가 손상된 세 명 중 하나였다. 또한 우리는 왼쪽 또는 오른쪽 편도체가 손상된 일곱 명, 해마가 손상되어 새로운 사실을 학습할 수 없는 세 명, 뇌의 다른 영역, 즉 편도체 외부와 해마 외부가 손상된 열 명도 함께 연구했다. 결과는 우리가 예측한 것보다 훨씬 놀라웠다.

　S와 양쪽 대뇌반구의 편도체에도 손상을 입은 다른 환자들은 보통 사람들이 신뢰를 가지는, 즉 도움을 청하고 싶은 얼굴을 지목했다. 하지만 이들은 의심스러워 보이는, 즉 피하고 싶은 얼굴에 대해서도 똑같이 신뢰가 가는 얼굴이라고 판단했다. 한쪽 편도체만 손상된 환자, 기억상실증 환자, 뇌의 다른 영역이 손상된 환자는 보통 사람과 같은 반응을 보였다.

　과거의 경험에 기초해 자신의 안녕에 도움이 되거나 그렇지 않은 상황에 대해 보통의 사회적 판단을 내리지 못하는 사람은 그 결과에 매우 큰 영향을 받게 된다. 세상에 대해 극단적으로 낙천주의적인 이들은 단순하면서도 간단하지 않은 다양한 사회적 위험으로부터 자신을 보호할 수 없게 되어 보통 사람에 비해 더 취약하고 독립성이 떨어지게 된다. 이들의 과거 인생은 이런 고질적 손상의 증거이며, 단순한 존재뿐만 아니라 인간을 통제하는 데 정서의 중요성이 얼마나 큰지 보여 주는 증거다.

　(정서의 작동 방식) 　전형적인 정서에서, 정서와 관련하여 대부분 사전 조정된 신경 시스템의 일부인 뇌의 특정 영역은, 뇌의 다른 영역과 몸 본체의 거의 대부분으로 명령을 보낸다. 이 명령은 두 가지 경로로 보내진다. 첫째 경로는 혈류다. 혈류를 통해 명령은 몸 조직을 구성하는 세포 안의 수용체에 작용하는 화학 분자 형태로 전

송된다. 둘째 경로는 뉴런으로, 이것을 타고 가는 명령은 다른 뉴런이나 근섬유, (부신 같은) 기관에 작용하는 전기화학 신호의 형태를 띤다. 이런 기관은 다시 자기 자신의 화학물질을 혈류 속으로 분비한다.

이런 화학적 명령과 신경적 명령이 함께 작용한 결과는 유기체 상태의 전반적인 변화다. 명령을 받는 기관은 그 명령의 결과로 변화하며, 근육은 혈관 내의 평활근이든 얼굴의 횡문근이든 그 명령대로 움직인다. 하지만 뇌 자체도 그만큼 크게 변화한다. 뇌간과 기저전뇌의 핵 영역으로부터 모노아민이나 펩타이드 같은 물질이 분비되면 다른 수많은 뇌 회로의 처리 양상이 변화해 특정한 행동(예를 들면 유대감 형성, 놀이, 울음)이 촉발되며, 몸 상태를 뇌에 알려 주는 방식도 변한다. 바꾸어 말하면 이런 명령의 기원이 심적 과정의 특정 내용에 대응하는 비교적 작은 뇌 영역으로 제한된다고 해도 뇌와 몸 본체는 그 명령의 집합에 대부분 그리고 심대하게 영향을 받는다는 뜻이다. 생각해 보자. 정서를 넘어서, 구체적으로는 내가 방금 언급한 반응의 집합으로 설명되는 정서를 넘어서면 정서가 **알려지기** 전에 두 가지 단계가 일어나야 한다. 첫째는 느낌이다. 느낌은 우리가 방금 다룬 변화의 이미지화를 말한다. 둘째는 핵심 의식을 현상 전체에 적용하는 과정이다. 정서를 아는 것(느낌을 느끼는 것)은 이 시점에서만 일어난다. 이런 사건은 세 개의 핵심 단계를 거치는 것으로 요약될 수 있다.

1) 특정 대상이 시각적으로 처리되는 것 같은, 유도체에 의한 유기체의 참여가 대상의 시각적 표상을 만드는 단계. 오랫동안 보지 못했던 이모를 곧 보게 된다고 생각해 보자. 당신은 이모를 바로 알아볼 것이다. 하지만 못 알아본다고 해도 또는 알아보기 전에도 정서의 기본적인 과정은 다음 단계로 계속될 것이다.

2) 대상의 이미지 처리 결과로 생성된 신호가 대상이 속한 특정 종류의 유도체에 반응할 준비가 된 모든 신경 영역을 활성화하는 단계. 내가 말하는 영역(예를 들면 복내측 전전두피질, 편도체, 뇌간)은 선천적으로 사전 조정되어 있지만, 이모와 관련한 과거의 경험은 이 영역이 반응할 수 있는 방식을 변화시켜 왔다. 이를테면 얼마나 쉽게 그 영역이 반응할 것인지가 과거의 경험으로 결정되어 있는 것이다. 그런데 이모는 여권 사진의 형태로 당신의 뇌 전체를 돌아다니는 것이 아니다. 이모는 초기 시각피질, 주로 후두엽의 몇몇 영역의 상호작용에 의해 생성된 신경 패턴으로부터 발생한 시각이미지로 존재한다. 이모의 이미지가 존재함으로써 생성된 신호는 이모와 관련한 일에 관심 있는 뇌의 부분이 이 신호에 반응할 때 다른 곳을 돌아다니며 자신의 일을 한다.

3) 2단계의 결과로 정서 유발 영역은 앞에서 언급한 대로 뇌의 다른 영역(예를 들면 모노아민핵, 신체감각 피질, 대상피질)과 몸(예를 들면 장, 내분비샘)에 수많은 신호를 보낸다. 어떤 상황에서는 반응의 균형이 뇌 내 회로에서만 일어나

몸을 최소한으로만 관여시킨다. 내가 '모의 신체 고리as if body loop' 반응이라고 부르는 것이 이것이다.

위 세 단계의 합이 이 모든 것을 일으키는 일시적이고 적절한 반응의 합이다. 가령 이모가 보이거나, 친구가 사망하거나, 의식적으로 구별할 수 없는 것이다. 아니면 당신이 높은 둥지에 있는 어린 새라면 머리 위로 날아가는 커다란 물체의 이미지일 수도 있다. 이 예를 더 생각해 보자. 어린 새는 자기 머리 위에서 날아가는 물체가 포식자 독수리라는 것을 전혀 모르고 있으며, 상황이 위험하다는 것도 전혀 의식하지 못하고 있다. 그 어떤 사고 과정도 엄밀한 의미에서 어린 새에게 다음에 해야 하는 행동, 즉 둥지에서 최대한 조용하게 몸을 낮추어 독수리의 눈에 띄지 않아야 한다는 것을 알려 주지 않는다. 하지만 그럼에도 불구하고 내가 방금 언급한 단계가 실행된다. 어린 새의 시각을 담당하는 영역에서 시각 이미지가 형성되고, 뇌의 일부 영역은 뇌가 형성한 **종류의** 시각이미지에 반응하며, 화학적, 신경적, 자율신경, 운동신경 반응 등 모든 적절한 반응이 최대한으로 나타난다. 조용하고 느린 진화의 손길이 어린 새를 위해 모든 생각을 이미 다 마치고 유전 시스템을 통해 그 생각을 어린 새에게 전달한 상태다. 어미 새와 이전 상황으로부터 약간의 도움을 받아 상황이 필요로 할 때 공포의 미니 콘서트가 펼쳐질 준비가 되어 있는 것이다. 개나 고양이에서 볼 수 있는 공포 반응도 정확하게 같은 방식으로 일어나며, 우리가 밤에 어두운 거리를 걸을 때도 같은 공포 반응이 나타난다. 의식 덕분에 우리가, 그리고 적어도 개와 고양이가 이런 정서가 일으키는 느낌에 대해서도 알게 될 수 있다는 사실은 또 다른 이야기다.

사실 기본적인 정서는 간단한 유기체, 심지어는 단세포생물에게서도 발견된다. 또한 우리는 우리가 느끼는 것 같은 정서를 전혀 느끼지 못할 것이 거의 분명한 매우 간단한 유기체나, 뇌를 가지기에는 너무 단순한 유기체, 뇌가 있다고 해도 마음을 가지기에는 너무 원시적인 유기체에게도 행복, 공포, 분노 같은 정서가 있다고 생각한다. 우리는 유기체의 움직임, 각 움직임의 속도, 단위 시간당 움직임의 수, 운동의 형태 같은 것만 가지고 이런 생각을 한다. 우리는 컴퓨터 화면 안에서 움직이는 커서에 대해서도 똑같은 생각을 한다. 커서가 날카롭고 빠르게 움직이면 '화가 난' 것처럼 보이고, 조화롭지만 폭발적으로 움직이면 기쁜 것으로 보이고, 움츠러드는 움직임은 '겁에 질린 듯' 보인다. 보통의 성인과 어린이들에게 기하학적 모양이 다양한 속도로 움직이는 영상을 보여 주면 다양한 정서 상태를 이끌어 낼 수 있다. 커서나 동물을 사람처럼 생각하게 되는 이유는 간단하다. 정서는 움직임, 외부화된 행동, 원인에 대한 반응의 특정한 조합과 관련한 것이기 때문이다.[21]

커서와 당신의 반려동물 사이에는 신경생물학 발전에 지대한 공헌을 한 생명체가 하나 존재한다. 바다달팽이의 일종인 군소Aplysia californica다. 에릭 캔들과 그의 동료들은 이 간단한 달팽이 군소를 이용해 기억 연구를 크게 진전시켰다. 군소는 마음은 가지고 있지 않아 보이지만 과학적으로 해독이 가능한 신경계를 확실히 가지고 있으며, 흥미로운 행동도 많이 하는 생명체다. 우리와 달리 군소는 느낌을 가지고 있지 않을 것이다. 하지만 군소에게도 정서와 다르지 않은 무엇인가가 있을지 모른다. 군소는 아가미를 건드리면 아가미가 빠르고 완전하게 움츠러드는 반면 심박동 수가 상승해 주변에 먹물을 뿜어 적을 혼란시킨다. 영화 〈007 살인 번호〉에서 주인공 제임스 본드가 악당인 노 박사의 질긴 추격을 따돌릴 때처럼 말이다. 군소는 우리 인간이 비슷한 상황에서 보일 반응과 거의 같은 반응의 미니 콘서트를 열면서 정서를 표출하는 것이다. 신경계에서 정서 상태를 나타내는 정도만큼 군소는 느낌을 만들어 낼 수도 있을지 모른다. 우리는 군소가 느낌을 가지고 있는지 아닌지 모른다. 하지만 군소가 자신이 느낌을 가지고 있다는 느낌에 대해 알고 있다고 상상하는 것은 극도로 힘들다.[22]

정서에 대한 더 명확한 정의

정서가 되려면 어떤 자격을 갖추어야 할까? 고통은 정서가 될 수 있을까? 놀람 반사는 정서가 될 수 있을까? 둘 다 아니다. 그렇다면 왜 아닐까? 이런 연관된 현상은 서로 비슷해서 엄밀하게 구분해야 하지만 보통 그 차이점은 무시되고는 한다. 놀람 반사는 복잡한 유기체가 이용할 수 있는 다양한 조절 반응 중 하나이며, (팔다리 움츠리기 같은) 간단한 행동으로 구성된다. 놀람 반사는 정서를 구성하는 수많은 협력 반응, 즉 내분비 반응, 다양한 장 반응, 근골격계 반응 등 가운데 하나다. 하지만 군소의 이렇게 간단한 정서 행동조차 놀람 반사 반응보다 복잡하다.

고통도 정서가 되지 못한다. 고통은 살아 있는 조직의 국소적인 오작동 상태의 결과, 고통의 감각을 일으키지만 반사 같은 조절 반응도 일으키며 스스로 정서를 유도할 수 있는 (조직 손상이 임박하거나 실제로 조직이 손상되는) 자극의 결과다. 바꾸어 말하면 정서는 고통을 일으키는 것과 동일한 자극에 의해 발생하지만 같은 원인으로부터 발생하는 다른 결과다. 따라서 우리는 의식이 있다면 우리가 고통을 가지고 있다는 것과 고통과 관련한 정서를 가지고 있다는 것을 알게 된다.

며칠 전에 뜨거운 냄비를 집어 들다 손가락을 데었다면 당신은 고통을 가진 것이고, 그로 인해 괴로움을 느꼈을 수 있다. 가장 간단한 신경생물학 용어를 이용해 설명하자면 당신에게는 다음과 같은 일이 일어났다고 할 수 있다.

첫째, 열이 데인 곳 근처에 있는 C섬유라는 얇은 무수신경섬유를 대량 활성화한다(몸의 어디에나 분포하는 이 섬유는 진화적으로 오래된 것으로, 결과적으로 고통을 일으키게 되는 내부 상태에 대한 신호를 전달하는 역할을 주로 한다. 이 섬유를 무수신경섬유라고 부르는 이유는 수초myelin라는 절연체에 의해 싸여 있지 않기 때문이다. A-δ(A델타)섬유로 알려진 유수섬유는 C섬유와 함께 돌아다니면서 비슷한 역할을 한다. 이 두 섬유를 합쳐 통각 수용nociceptive 섬유라고 부르는데, 그 이유는 이 섬유들이 살아 있는 조직을 잠재적으로 또는 실체적으로 손상시키는 자극에 반응하기 때문이다).

둘째, 열은 피부 세포 수천 개를 파괴하고, 이 파괴로 인해 이 부위에서 수많은 화학물질이 분비된다.

셋째, 손상된 조직을 복구하는 여러 종류의 백혈구들이 이 부위로 소환된다. 이 소환은 분비된 화학물질(예를 들어 P물질로 불리는 펩타이드나 칼륨 같은 이온들)에 의해 이루어진다.

넷째, 이런 화학물질 중 일부가 스스로 신경섬유를 활성화해 열 자체의 목소리에 자신의 신호 목소리를 합친다.

신경섬유에서 시작된 활성화 파장은 척수에 도달하고 일련의 신호가 적절한 경로를 따라 몇몇 뉴런과 시냅스(한 뉴런이 다른 뉴런과 연결되어 신호를 전달하는 지점)에 걸쳐 생성된다. 이 신호는 신경계의 최상위 수준, 즉 뇌간, 시상, 대뇌피질까지 이른다.

신호가 연속해서 전달됨으로써 어떤 결과가 발생했을까? 신경계의 몇몇 수준에 위치한 뉴런의 앙상블이 일시적으로 활성화되며, 이 활성화로 인해 신경 패턴, 즉 손가락에서 데인 부분과 관련한 신호의 지도가 만들어진다. 이제 중추신경계는 신경계와 그 신경계가 연결하는 몸 본체의 생물학적 구성에 따라 선택된 다양한 다중 신경 손상 패턴을 가지게 된다. 고통이라는 감각을 만들어 내는 데 필요한 조건이 충족된 것이다.

내가 묻고 싶은 것은 이것이다. 손상된 조직의 신경 패턴

중 하나 또는 전부가 당신이 고통을 가지고 있다는 것을 **아는** 것과 같은 것인가? 답은 '그렇다고 볼 수 없다'이다. 당신이 고통을 가지고 있다는 것을 알려면 아픔의 기질에 대응하는 신경 패턴(통각 수용 신호)이 뇌간, 시상, 대뇌피질의 적절한 영역에서 표시되어 아픔의 이미지, 즉 아픔의 느낌을 생성한 **이후에** 어떤 일이 일어나야 한다. 하지만 내가 말하는 '이후' 과정은 뇌를 넘어서 진행되는 것이 아니라 대부분 뇌 안에서 일어나는 것이며, 내 생각에 이 과정은 그전에 일어난 과정만큼 생물물리학적이다. 위의 예에 적용해 구체적으로 말하면 이 과정은 당신이 알고 있다는 것을 나타내는 신경 패턴, 다른 말로 하면 의식이라는 또 다른 신경 패턴이 발생할 수 있도록 조직 손상 패턴과 **당신을** 나타내는 신경 패턴을 상호 연결하는 과정이다. 이 과정이 일어나지 않는다면 당신은 당신의 유기체에서 조직 손상이 있다는 것을 절대 알 수 없을 것이고, 알 수 있는 방법도 없을 것이다. 그렇지 않겠는가?

신기하게도 당신이 없었다면, 즉 당신이 의식이 없고 자아가 없고 뜨거운 냄비와 손이 데이는 것을 몰랐다고 해도 자아가 **없는** 상태의 당신의 풍성한 장치는 조직 손상에 의해 생성되는 통각 수용 신경 패턴을 이용해 수많은 유용한 반응을 만들어 냈을 것이다. 예를 들어 유기체는 조직이 손상된 뒤 수백만 분의 1초 만에 팔과 손을 열로부터 움츠릴 수 있었을 것이다. 중추신경계가 조정하는 반사 과정이다. 하지만 방금 내가 '당신'이 아니라 '유기체'라고 말한 것에 주목해 보자. 알지 못하고 자아가 없다면 팔을 움츠린 것은 정확하게 '당신'

이 아니었을 것이다. 이 상황에서 반사는 유기체에 속해 있지만, 확실히 '당신'에게 속한 것이 아니다. 게다가 수많은 정서적 반응이 자동적으로 관여해 얼굴 표정과 자세, 심장박동 수와 혈액순환 통제 수준을 변화시켰을 것이다. 우리는 아플 때문에 움츠리는 것을 학습하지는 않는다. 그냥 움츠리는 것이다. 이 모든 반응은 간단하든 그렇지 않든 의식이 있는 모든 인간에게서 어떤 상황이 발생하면 확실하게 일어나는 것이지만, 이런 반응이 일어나는 데 의식은 전혀 필요하지 않다. 예를 들어 이런 반응 대부분은 의식이 정지된 혼수상태 환자에게서도 나타난다. 신경학자들은 얼굴과 사지의 움직임으로 흉골 위 피부를 문지르는 것 같은 불쾌한 자극에 반응하는지를 보고 의식이 없는 환자의 신경계 상태를 확인하는 방법을 쓰기도 한다.

조직 손상은 신경 패턴을 일으키고, 그 신경 패턴에 기초해 당신의 유기체는 아픔의 상태에 들어가게 된다. 당신에게 의식이 있다면 이 동일한 패턴은 당신이 고통을 가지고 있다는 것을 **당신으로 하여금** 알게 해 줄 수도 있다. 하지만 당신에게 의식이 있든 없든 조직 손상과 그에 따르는 감각 패턴은 앞에서 언급한 간단한 사지 움츠림에서 복잡한 부정적인 정서에 이르기까지 다양한 자동 반응을 일으키기도 한다. 요약하자면 고통과 정서는 같은 것이 아니다.

이런 구분을 어떻게 할 수 있는지 의문이 들 수도 있다. 하지만 여기에는 근거가 충분하다. 수련의 시절 내가 직접 경험한 환자로부터 알게 된 사실을 먼저 들어 보자. **고통 그 자**

체와 고통에 의해 발생한 정서가 분명하게 분리된 환자의 예다.[23] 난치성 삼차신경통, 즉 유통성有痛性 틱 장애가 심한 환자였다. 이 질환은 얼굴을 살짝 만지거나 바람이 갑자기 스치는 것 같은 약한 자극에도 극심한 고통을 느낄 정도로 신경이 얼굴 감각에 신호를 보내는 상태를 말한다. 약을 처방받아도 효과를 보지 못한 이 환자는 살을 찌르는 것 같은 극도의 고통이 엄습할 때마다 몸을 쭈그리고 움직이지 않는 것밖에는 할 수 있는 일이 없었다. 최후의 수단으로 신경외과 의사 알메이다 리마(그 시절 내 스승이다)는 수술을 제안했다. 전두엽 특정 부위의 작은 병변을 만들어 내면 고통이 줄어든다는 것이 증명된 상태였고, 이 방법은 이런 상황에서 사용할 수 있는 최후의 수단이었기 때문이다.

지금도 수술 전날 고통이 발생할까 무서워 전혀 움직이지 않던 환자의 모습이 생생하다. 수술 이틀 뒤 회진에서 만난 환자는 완전히 다른 사람이 되어 있었다. 편안한 상태에서 옆자리 환자와 즐겁게 카드 게임을 하고 있었던 것이다. 수술한 의사가 고통은 어떤지 물었을 때, 그는 아픈 것은 똑같지만 기분이 아주 좋다고 말했다. 집도의가 이 환자의 마음 상태에 대해 더 물었을 때 놀랐던 일이 아직도 기억이 난다. 수술은 삼차 시스템이 제공하는 국부 조직 이상에 대응하는 감각 패턴에는 거의 또는 전혀 영향을 미치지 못했다. 이 조직 이상의 심상은 바뀌지 않았고, 그 때문에 환자는 아픈 것이 똑같다고 말했던 것이다. 하지만 수술은 성공적이었다. 수술은 조직 이상으로 인한 감각 패턴이 만들어 내던 정서적 반응을 확실히 없앴다. 괴로움이 사라졌다. 환자의 얼굴 표정, 목소리, 전체적인 행동이 고통과 연결되는 것이 아니게 된 것이다.

'고통 감각'과 '고통 감정'이 이렇게 분리되는 현상은 통증 관리를 위해 수술을 받은 다양한 환자에게서 확인되었다. 최근 우리 연구실 연구원인 피에르 레인빌은 기발한 방식으로 최면을 이용해 고통 감각과 고통 감정이 확실히 분리 가능하다는 것을 증명해 내기도 했다. 고통 감각을 변화시키지 않고 고통 감정에만 영향을 미치도록 설계된 최면 방법은 대상피질 내의 대뇌 활동을 변화시켰다. 대상피질은 고질적이고 다루기 힘든 고통을 완화하기 위해 신경과의사들이 고의로 손상을 입히는 부위다. 또한 레인빌은 최면이 고통과 관련한 정서가 아니라 고통 감각을 목표로 했을 때 불쾌함과 강도 **모두에서** 변화가 있었을 뿐만 아니라 S_1(일차 신체감각 피질)과 대상피질에도 변화가 생긴다는 것을 밝혀냈다.[24] 요약하면 이렇다. 고통 감각이 아니라 고통 뒤에 따르는 정서를 목표로 한 최면은 정서를 감소시켰지만 고통 감각을 감소시키지는 않았으며, 대상피질에서만 기능적인 변화를 일으켰다. 또한 고통 감각을 목표로 한 최면은 고통 감각과 정서를 **모두** 감소시키고, S_1과 대상피질에서 기능적 변화를 일으켰다. 심장박동 문제 때문에 베타 차단제를 복용하거나 바륨 같은 신경안정제를 복용한 경험이 있다면 내가 무슨 말을 하는지 잘 알 것이다. 이런 약은 정서 반응성을 감소시키며, 고통이 동반될 경우 그 고통에 의해 유발된 정서를 감소시킨다.

우리는 의학적 개입이 어떤 상태에는 효과가 있고 또 어떤 상태에서는 그렇지 않은지 확인해 통증과 정서의 다양한 생물학적 상태를 검증할 수 있다. 예를 들어 고통을 일으키는 자극은 특정한 통증 치료법으로 감소시키거나 차단할 수 있다. 조직 이상의 표상을 만들어 내는 신호의 전달이 차단되면 고통이나 정서는 발생하지 않는다. 하지만 정서는 차단이 가능하지만 고통은 **그렇지 않다.** 조직 손상에 의해 유발될 수 있는 정서는 바륨, 베타 차단제 같은 적절한 약이나 선택적인 수술 등으로 감소시킬 수 있다. 조직 손상에 대한 감각은 그대로 유지되지만 정서를 무디게 하면 정서에 수반될 괴로움은 제거할 수 있는 것이다.

그렇다면 쾌락은 어떨까? 쾌락은 정서일까? 쾌락은 고통처럼 정서와 아주 밀접하게 연결되어 있지만, 나는 쾌락도 정서가 아니라고 생각한다. 고통처럼 쾌락은 특정한 정서의 구성 성분인 동시에 특정한 정서를 촉발하기도 한다. 고통은 괴로움, 공포, 슬픔, 역겨움 같은 부정적인 정서와 연결되어 있으며 이런 정서는 통상 고통의 구성 성분이 되지만, 쾌락은 행복, 자부심, 긍정적인 배경 정서의 다양한 형태와 연결되어 있다.

고통과 쾌락은 적응을 확실한 목표로 하는 생물학적 설계의 일부이지만, 매우 다른 상황에서 자신의 역할을 한다. 고통은 살아 있는 조직에 이상이 생겼다는 것에 대한 감각 표상을 지각하는 것이다. 살아 있는 조직에 실제로 손상이 일어나거나 임박하는 경우 거의 대부분은 화학적인 경로와 C와 A-δ 유형의 신경섬유를 통해 모두 전달되는 신호가 발생하며, 중추신경계의 다양한 층위에서 적절한 표상이 생성된다. 바꾸어 말하면 유기체는 특정 유형의 신호 전달 시스템을 이용해 조직의 실제적인 손실 또는 손실 위협에 반응하도록 설계되어 있다. 이 신호 전달은 백혈구의 국소적인 반응에서 팔다리 전체의 반사, 협력적인 정서 반응에 이르기까지 수많은 화학적, 신경적 반응을 이용한다.

쾌락이 발생하는 배경은 다르다. 먹거나 마시는 것과 연관된 간단한 쾌락을 예로 들어 보자. 우리는 쾌락이 저혈당이나 높은 삼투질 농도 같은 불균형의 탐지에 의해 보통 시작된다는 것을 알고 있다. 이런 불균형은 배고픔이나 목마름 상태(동기 상태 또는 욕구 상태라고도 한다)를 일으키고, 이 상태는 다시 음식이나 물을 찾는 것 같은 특정 행위(동기 상태와 욕구 상태의 핵심이기도 하다)를 일으키며, 궁극적으로 먹거나 마시는 행동을 일으킨다. 이런 단계는 수많은 기능적 순환 구조와 다양한 위계를 포함하고 있으며, 내부적으로 생성된 화학 물질과 신경 활동의 협력을 필요로 한다.[25] 쾌락의 상태는 탐색 과정 동안과 탐색의 실제 목적에 대한 기대를 하면서 시작될 수 있으며, 목적이 성취되면서 쾌락의 정도는 늘어날 수 있다.

하지만 쾌락에는 넘어야 할 산이 많다. 먹을 것이나 마실 것을 너무 오래 탐색하게 되거나 탐색에 성공하지 못하면 쾌락과 긍정적인 정서는 전혀 생기지 않기 때문이다. 또한 동물의 경우 성공적으로 탐색을 하는 과정에서라도 실제로 그 목적을 달성하는 것을 방해받으면 그 좌절감은 분노를 일으킬 수도 있다. 마찬가지로 그리스 비극 이야기를 할 때 언급했듯이 고통의 상태를 완화하거나 중지시키는 것은 쾌락과 긍정적인 정서를 일으킬 수 있다.

여기서도 중요한 것은 고통과 쾌락, 그리고 그에 수반되는 정서 사이의 상호 관계 가능성이다. 또한 이것들이 서로의 거울 이미지가 아니라는 사실도 중요하다. 이것들은 서로 다른 것이며, 비대칭적인 심리학적 상태다. 이 상태는 서로 매우 다른 문제를 해결하는 데 도움을 주도록 운명 지워진 서로 다른 지각적 성질의 배경이 된다(고통과 쾌락이라는 것만 생각해서는 안 된다. 이 두 가지 외에도 고통과 연결되어 있지만 쾌락과도 일부 연결된 것이 있다는 것을 간과해서는 안 된다. 사실 대개는 고통과 연결되어 있다. 이런 확실한 구분이 가지는 대칭성은 진화 과정에서 행동이 더 복잡성을 띠게 되면서 사라진다). 고통의 경우 문제는 자연적인 질병에 의한 내부 손실이든 포식자의 공격 또는 사고에 의한 외부적 손실이든 손상의 결과로 살아 있는 조직의 완결성이 손실되는 것에 대처하는 일이다. 쾌락의 경우 문제는 유기체의 항상성 유지에 도움이 되는 태도나 행동으로 유기체를 유도하는 것이다. 신기하게도 생물학적, 문화적 진화 과정의 가장 큰 결정 요인 중 하나로 내가 보고 있는 고통은 자연이 뒤늦게 결정해 시작된 것일 수도 있다. 이미 발생한 문제에 대처하기 위한 자연의 노력일 수 있다는 뜻이다. 나는 고통이 강도가 든 다음에 문에 자물쇠를 다는 것이라고 생각했다. 하지만 피에르 레인빌이 더 좋은 비유를 생각해 냈다. 그것은 깨진 창문을 수리하는 동안 문 앞에 **보디가드**를 배치하는 것이다. 어쨌든 고통은 또 다른 손상을 막을 수는 없다. 최소한 즉각적으로는 그렇다. 하지만 고통은 손상된 조직을 보호하면서 조직 복구를 쉽게 해 주고 상처의 감염을 막는다. 반면에 쾌락은 미리 대비하는 것이라고 할 수 있다. 쾌락은 문제가 생기지 **않도록** 무엇을 할 수 있을지 현명하게 예측하는 것과 관련 있다. 이렇게 기초적인 수준에서 자연은 훌륭한 해결책을 찾아냈다. 자연은 우리가 좋은 행동을 하도록 유도하는 것이다.

따라서 고통과 쾌락은 생명 조절의 서로 다른 두 계통의 일부라고 할 수 있다. 고통은 처벌과 연계되어 있으며, 움츠림이나 꼼짝하지 않는 것 같은 행동과 연관되어 있다. 반면 쾌락은 보상과 연계되어 있으며, 탐색이나 접근 같은 행동과 연관되어 있다.

처벌은 움직이지 않거나 주변 환경으로부터 움츠림으로써 유기체 자신을 가두도록 만든다. 보상은 주변 환경에 접근하여 탐색해 생존 가능성과 공격당할 가능성을 모두 높임으로써 유기체가 주변 환경에 자신을 드러내도록 만든다.

이런 근본적인 이중성은 말미잘처럼 의식이 없을 것으로 추정되는 간단한 생명체에서도 분명하게 드러난다. 뇌가 없고 간단한 신경계만 있는 말미잘 유기체는 구멍이 두 개 뚫린 내장에 원형 근육과 긴 근육이 두 세트 달린 생명체라고 할 수 있다. 말미잘의 모든 행동은 그것을 둘러싼 환경에 의해서 결정된다. 물과 영양분이 몸에 들어가 에너지를 공급하면 피는 꽃처럼 세상을 향해 몸을 열고, 그럴 때를 제외하면 작고

납작하게 변해 다른 생명체가 거의 알아볼 수 없을 정도로 몸을 움츠린다. 기쁨과 슬픔, 접근과 회피, 공격 취약성과 안전은 뇌가 없는 이 생명체의 간단한 두 가지 행동으로 나타난다. 마치 노는 아이들의 기분이 언제 변할지 모르는 것과 비슷하다.

정서와 느낌의 표상을 위한 기질

앞에서 언급했지만 정서를 구성하는 반응만큼 모호하고, 이해하기 어렵고, 불분명한 것은 없다. 정서의 표상을 위한 기질基質은 뇌간, 시상하부, 기저전뇌, 편도체의 피질하핵에 주로 위치한 수많은 뇌 영역에 있는 신경 기질이다. 이들의 기질 상태에 따라 표상은 암시적이거나, 휴지 상태이거나, 의식에 이용 가능해진다. 정확히 말하면 이 표상은 뉴런 앙상블 내부에서 일어날 수 있는 잠재적 활동 패턴으로서 존재한다. 이런 기질이 활성화되면 수많은 반응이 잇따른다. 한편으로 보면 뇌에서 활동 패턴은 특정한 정서를 신경적 '대상'으로 표상하며, 다른 면에서 보면 활동 패턴은 몸 본체의 상태와 뇌의 다른 영역의 상태를 모두 변화시키는 분명한 반응을 생성한다. 그렇게 함으로써 반응은 정서 상태를 생성하며, 이 시점에서 외부 관찰자는 관찰되는 유기체가 정서적인 관여를 한다는 것을 인식할 수 있다. 정서가 발생하는 유기체의 내부에서는, 그 결과로 발생하는 신경 패턴이 마음속에서 이미지가 된다면 신경적 대상으로서의 정서(유도 영역에서의 활성화 패턴)와 활성화 결과의 감지, 즉 느낌 모두가 존재할 수 있다.

느낌의 기질을 구성하는 신경 패턴은 두 가지 생물학적 변화의 형태로 발생한다. 몸 상태와 관련한 변화와 인지 상태와 관련한 변화가 그것이다. 전자는 다음 두 개의 메커니즘 중 하나에 의해 일어난다. 하나는 내가 '신체 고리'라고 부르는 메커니즘이다. 이 메커니즘은 체액 신호(혈류를 통해 전달되는 화학적 메시지)와 신경 신호(신경 경로를 통해 전달되는 전기화학적 신호) 모두를 이용한다. 이 두 유형의 신호가 모두 전달된 결과로 몸의 지형이 변하며, 그 결과로 몸의 지형은 중추신경계의 신체감각 기관에서 표상된다. 몸의 지형 표상의 변화는 내가 '모의 신체 고리'라고 부르는 별도의 메커니즘에 의해 부분적으로 일어난다. 이 별도의 메커니즘에서 몸과 관련한 변화의 표상은 전전두피질 같은 다른 신경 영역의 통제를 받아 감각 몸 지도에서 직접 생성된다. 마치 몸이 진짜로 변화된 것 같지만 실제는 그렇지 않다.

인지 상태와 관련한 변화 역시 흥미진진하다. 이 변화는 정서 과정이 기저전뇌, 시상하부, 뇌간의 핵에 있는 화학물질의 분비를 유도해 이 화학물질이 뇌의 다른 몇몇 영역으로 전달되도록 할 때 일어난다. 이런 핵이 대뇌피질, 시상, 기저핵에서 (모노아민 같은) 특정한 신경 조절 물질을 분비하면 이 신경 조절 물질은 뇌 기능의 일부를 상당히 크게 변화시킨다. 이런 변화의 전체 범위는 아직 완전히 알려지지 않았지만, 내 생각에 가장 큰 변화는 다음과 같은 것이 있다. 1) 유대 관계 형성, 양육, 탐구, 놀이를 목적으로 하는 특정한 행동의 유도 2) 몸의 신호가 걸러지고 통과될 수 있도록, 선택적으로 억제되고 강화될 수 있도록, 몸 상태의 쾌적함 또는 불쾌함이 변화할 수 있도록 몸의 현재 처리 과정이 변화됨 3) 청각 또는 시각이미지의 생성 속도 등이 (빨라지거나 늦어지는 쪽으로) 변화할 수 있도록, 이미지의 초점이 (예리한 상태에서 흐릿한 상태로) 변화할 수 있도록 인지 처리 방식이 변화됨(이미지 생성 속도나 초점의 변화는 슬픔이나 들뜸처럼 서로 매우 다른 정서의 핵심적인 부분이다).

이 모든 구조가 제대로 기능한다고 가정한다면 위에서 살펴본 과정은 유기체가 정서를 경험하고 드러내고 이미지로 만들 수 있게, 즉 정서를 느끼게 만들 수 있다. 하지만 위에서 살펴본 것 중 어느 것도 유기체가 겪고 있는 정서가 느낌이라는 것을 스스로 어떻게 알 수 있는지는 말해 주지 않는다. 유기체가 느낌을 가지고 있다는 것을 스스로 알려면 정서와 느낌의 처리 후에 의식이라는 과정이 추가되어야 한다. 다음 장에서는 의식이 무엇인지와 우리가 '느낌'을 느낄 수 있도록 의식이 어떻게 작동하는지에 대한 내 생각을 밝히겠다.

3장

핵심 의식

의식에 대한 연구

의식이 전적으로 개인적이고 사적인 것이며, 물리학이나 생명과학의 다른 분야에서는 흔한 삼인칭 관찰이 가능하지 않다는 사실은 매우 안타깝다. 하지만 우리는 지금이야말로 장애물을 디딤돌로 바꾸어야 한다. 무엇보다도 우리는 내부의 관점이 너무 형편없을 수 있다는 두려움 때문에 외부의 관점에서 의식을 연구하는 덫에 빠져서는 안 된다. 인간의 의식에 대한 연구에는 내부의 관점과 외부의 관점이 모두 필요하다.

의식 연구에는 불가피하게 간접성이 포함될 수밖에 없다. 하지만 이런 제약은 의식 연구에만 있는 것이 아니다. 다른 모든 인지 현상에도 적용된다. 발차기, 주먹으로 치기, 말 같은 행동 행위는 사적인 마음의 과정이 잘 표현되는 예이지만,

이것은 같은 것이 아니다. 마찬가지로 뇌전도와 기능적 자기 공명영상은 마음과 상관있는 것을 보여 주지만 그것이 마음은 아니다. 하지만 간접성을 피할 수 없다고 해서 마음의 구조나 근간이 되는 신경 메커니즘에 대해서 영원히 무지 상태를 유지할 수는 없다. 심상은 그 심상이 형성되는 유기체의 소유주에게만 접근 가능하다고 해서 정의할 수 없는 것은 아니며, 유기물질에 의존하지 않는 것도 아니며, 그 유기물질이 구체적으로 무엇인지 밝혀낼 수 없도록 만들지도 않는다. 다른 사람이 볼 수 없는 것은 과학적으로 신뢰해서는 안 된다는 생각을 가진 순수주의자들에게는 이런 상황이 걱정스러울 수도 있지만 그래서는 안 된다. 상황이 이렇다고 해서 주관적인 현상을 과학적으로 다루는 것을 멈출 수는 없다. 마음에 들든 그렇지 않든 우리 마음속의 **모든** 내용은 주관적이며, 과학의 힘은 수많은 개인적인 주관성의 일관성을 객관적으로 검증하는 능력에서 나오기 때문이다.

의식은 개체의 밖에서가 아니라 안에서 발생하지만 수많은 공적 발현과 연관되어 있다. 이런 발현은 말로 표현된 문장이 생각을 설명하는 것처럼 직접적으로 내부 과정을 기술하지는 않는다. 그것은 관찰이 가능하며, 의식이 존재한다는 분명한 신호이자 의식의 상관물로서 존재한다. 사적인 인간의 마음에 대해 우리가 아는 것과 인간의 행동에 대해 관찰한 것을 기초로 하면 다음의 세 가지 요소는 서로 연관되어 있다고 생각할 수 있다. 1) 각성 상태, 배경 정서, 주의, 특정한 행위 등의 특정한 외부 발현 2) 인간이 하는 행동에 상응하는 그 인간 내부에서의 발현 3) 관찰자로서의 우리가 관찰되는 개인이 처한 상황과 같은 상황에 있을 때 우리 안에서 확인할 수 있는 내적 발현. 이렇게 이 세 요소는 서로 연결되어 있기 때문에 우리는 외부 행동에 기초해 인간의 사적인 상태에 대한 합리적인 추론을 할 수 있다.[1]

의식의 사적인 특성 때문에 발생하는 방법적인 문제를 해결하는 길은 자연적인 인간의 능력에 의존하는 것이다. 행동을 관찰해 다른 사람의 마음 상태에 대해 지속적으로 이론화하는 능력, 자신이 한 비슷한 경험을 기초로 다른 사람의 유사성을 살펴보는 능력이다. 마음과 행동을 연구하는 학자로서 나는 다른 사람의 마음에 대한 궁금증을 연구 대상으로 삼았다. 그 궁금증에 사로잡혔고 주목해 왔다는 뜻이다.

이상하게도 전문가들의 생각에 비해 대중문화는 의식을 사적으로 보는 데 별 어려움이 없는 것 같다. 우디 앨런의 영화 〈해리 파괴하기〉가 대표적인 예다. 이 작품은 영화 속 영화 형태를 취하고 있는데, 중간쯤에 충격 장면을 찍는 장면이 나온다. 촬영감독은 자신이 찍고 있는 배우의 이미지가 흐릿하다는 것을 발견한다. 자연스럽게 그는 이 문제가 자신이 초점을 잘못 맞추었기 때문이라고 생각하고 수정하지만 실패한다. 그 후 그는 초점을 맞추는 메커니즘이 고장 난 것 같다고 걱정하기 시작한다. 하지만 메커니즘은 문제가 없다. 여러 차례 조정했지만 별로 달라진 것이 없기 때문이다. 이제 그는 렌즈의 상태가 문제라고 생각하기 시작한다. 렌즈가 더러워져서 흐릿하게 나오는 것이 아닌지 생각한다. 하지만 렌즈는 깨끗하고 전혀 문제가 없다. 이런 와중에 문득 사람들은 문제가 카메라와는 아무 관련이 없으며, 배우(배역 이름은 멜이다. 로빈 윌리엄스가 연기했다)에게 문제가 있다는 것을 알게 된다. 배우 자체가 초점에서 벗어난 것이었다. 배우 자체가 **본질적으로** 흐릿했고, 그 배우를 보는 모든 사람의 눈에는 그가 흐릿한 이미지로 보인 것이다. 배우를 제외하고 다른 것은 모두 선명한 이미지로 보였다. 이 영화 속 영화의 배우는 가족과 의사를 포함해 모든 주변 사람에게 초점이 흐려진 이미지로 보이는 병에 걸렸던 것이다.

관객들이 웃는 이유는 이런 생각의 명백한 부조리성에 있다. 의식의 핵심적인 성질인 개인적이고 일인칭적인 관점을 뒤집었기 때문이다. 비유적인 의미에서가 아니라면 흐릿함과 초점에서 벗어나는 것은 대상의 특징이 아니다. 스크린이 당신과 대상 사이에 끼워져 있어 그 대상에 대한 지각을 변화시킬 때, 즉 렌즈가 더러울 때라고 해도 흐릿함은 대상 **안에** 있는 것이 아니다. 흐릿함과 초점에서 벗어나는 것은 지각에서 우리의 의식적인 관점의 매우 중요한 부분이다. 보통 상황에서 흐릿함과 초점에서 벗어나는 것은 개인의 유기체 **내부에서** 일어난다. 그 이유는 수없이 많은데, 눈이 문제일 수도 있고, 눈에서 뇌로 신호를 전달하는 경로의 문제일 수도 있으며, 뇌 자체가 문제일 수도 있다. 다양한 생리학적 수준에서 일어나는 현상인 것이다. 나한테 흐릿하게 보이는 사람 근처에 있는 다른 사람들에게는 내가 느끼는 흐릿함과 초점에서 벗어나는 현상이 나타나지 않는다. 이 장면이 웃긴 이유는 아무도 배우를 초점 안으로 집어넣을 수 없다는 데 있다. 흐릿함은 관찰에 의해 개인적으로 구축된 특성이 아니라 살아 있는 존재의 외부 특성이 된 것이다.

사적인 개인의 마음을 이루는 생물학적 기초를 연구하는 현재의 방법은 두 가지 단계로 구성된다. 첫째 단계는 실험 대상의 행동을 관찰하고 판단하거나 관찰 대상이 제공하는 내적 경험에 대한 이야기를 수집해서 판단하는 것 또는 이 두 가지를 모두 하는 것이다. 둘째 단계는 수집한 증거를 우리가 이해하기 시작한 신경생물학적 현상 중 하나의 발현에 대한 우리의 지식과 분자, 뉴런, 신경회로, 회로 시스템 차원에서 연결하는 것이다. 이 방법은 다음의 가정에 기초한다. 의식의 과정을 포함한 마음의 과정은 뇌 활동에 기초한다. 뇌는 뇌와 끊임없이 상호작용하는 유기체 전체의 일부다. 인간인 우리는 각자를 독특하게 만드는 개인적 특성에도 불구하고 유기체의 구조, 구성, 기능 면에서 생물학적 특성이 비슷하다.

앞에서 언급한 방법은 뇌 손상이나 부분적인 뇌 이상에 의해 마음과 행동에 장애가 생긴 신경질환 환자, 예를 들어 뇌졸중 환자에게 적용할 경우, 적용 영역이 크게 늘어날 수 있다. 병변 방법이라고도 부르는 이것은 우리가 오랫동안 시각, 언어, 기억과 관련해 해 오고 있는 연구를 의식 분야에도 적용할 수 있게 해 준다. 그 방법이란 행동 붕괴 현상을 분석하고 그 현상을 정신 상태(인지)의 붕괴에 연결하며, 이 두 현상 모두를 뇌 손상 병변(뇌 손상이 일어난 부분) 또는 뇌전도 검사, 전기유발전위법(뇌파 검사)으로 측정한 비정상적인 전기

　　　　　　　　　　　　　2부 느낌과 앎

적 활동 기록 또는 기능 이미지 스캔(PET 또는 fMRI)의 이상
에 연결하는 것을 말한다. 신경질환 환자들은 보통 사람들로
만은 얻을 수 없는 관찰 결과를 확보할 수 있는 기회를 제공
한다. 이 환자들은 행동과 마음의 장애에 대한 연구뿐만 아니
라 해부학적으로 확인 가능한 뇌 이상 부위에 대한 연구도 가
능하게 해 주며, 이런 연구를 통해 마음의 많은 측면, 특히 잘
보이지 않는 측면에 대한 연구도 가능하다. 이런 연구로 얻은
증거를 가지고 우리는 결과에 입각해 가설을 검증하고, 보완
하고, 수정할 수 있으며, 완성된 가설을 또 다른 신경질환 환
자나 건강한 통제 집단에서 시험해 볼 수도 있다.

　신경질환 환자들에 대한 연구를 통해 나는 의식에 대해 그
어떤 증거를 통한 것보다 더 많은 양의 견해를 가질 수 있게
되었다. 하지만 의식이 손상된 신경질환 환자들에 대한 내 관
찰 결과를 살펴보기 전에 의식의 명백한 외부적 발현에 대해
짚어 보겠다.

행동이라는 음악과 의식의 발현

의식이 일관되고 예측 가능하게 외부로 발현되는 것은 쉽게
알아볼 수 있으며 판단이 가능하다. 예를 들어 우리는 보통
의식을 지닌 유기체가 깨어 있다는 것, 주위 환경의 자극에
주의를 기울이고 있다는 것, 상황과 우리가 유기체의 목적이
라고 생각하는 것에 적절한 방식으로 행동한다는 것을 알고

있다. 적절한 행동에는 앞에서 언급한 배경 정서와, 특정한 상황에서 발생하는 구체적 사건이나 자극과 관련된 어떤 행동 또는 정서 모두 포함된다. 전문가가 관찰하면 비교적 짧은 기간에 걸쳐 의식의 이런 상관물을 평가할 수 있다(상황이 좋다면 10분이면 가능하다. 물론 전문가들도 실수를 하기는 한다). 각성 상태의 존재 여부는 유기체를 직접 관찰하면 알 수 있다. 눈을 뜨고 있어야 하고, 근육은 움직일 수 있을 정도로 탄력이 있어야 한다. 자극에 주의를 기울이는 능력은 유기체가 자극 쪽으로 방향을 바꾸는 능력으로 판단 가능하다. 환경에서 유기체가 다양한 감각 자극에 반응해 상호 작용하는 과정에서 눈의 움직임, 머리의 움직임, 팔다리와 몸 전체의 움직임 패턴을 관찰할 수도 있다. 배경 정서의 존재는 얼굴 표정의 속성, 팔다리의 움직임과 자세가 동적 특징을 통해 판단할 수 있다. 행동의 합목적성과 적합성은 상황이 자연적인지 실험적인지, 자극에 대한 유기체의 반응과 유기체 자신이 시작한 행동이 해당 상황에 적절한지를 판단함으로써 평가할 수 있다.

이 모든 발현은 적절한 자극에 의해 유도되고, 관찰되고, 녹화되고, 측정될 수 있다. 하지만 나는 행동 분석에서 핵심적인 수단은 훈련된 관찰자의 질적인 면에서의 평가라는 점을 강조하고 싶다. 관찰자의 관찰 내용은 전문가가 따로 분석하겠지만, 그 내용은 본질적으로 동시에 발생하는 사건들의 복합체이며, 하나의 유기체 안에서 펼쳐지고 어떤 방식으로든 하나의 목적에 의해 서로 연결된 사건들이다.

유기체의 행동을 즉흥 오케스트라 연주로 생각하면 도움이 될 것이다. 당신이 듣는 음악이 시간 속에서 함께 연주되는 악기들이 내는 결과인 것처럼, 유기체의 행동은 여러 생물학적 시스템이 동시에 작용한 결과다. 서로 다른 종류의 악기군이 서로 다른 종류의 소리를 내고 멜로디를 만들어 내는 것이다. 이 악기들은 곡 전체에 걸쳐 연속적으로 소리를 낼 수도 있고, 가끔 꽤 많은 마디에서 소리를 내지 않을 수도 있다. 유기체의 행동도 마찬가지다. 어떤 생물학적 시스템은 연속해서 행동을 만들어 내는 반면 어떤 경우에는 일정한 시간 동안 행동을 만들어 냈다가 멈추기도 한다. 내가 강조하고 싶은 아이디어는 다음과 같다.

첫째, 살아 있는 유기체에서 우리가 관찰하는 행동은 하나의 단순한 멜로디 라인의 결과가 아니라 당신이 관찰을 위해 선택한 각 시간 단위에서 동시에 발생하는 멜로디 라인의 결과다. 당신이 유기체의 행동을 담은 상상의 악보를 보고 있는 지휘자라고 가정하면 각각의 마디에서 수직적으로 합쳐진 음악의 서로 다른 부분들을 보고 있는 것이다. 둘째, 행동의 구성 요소 중에는 연주의 연속적인 기초를 형성하며 언제나 존재하는 요소도 있는 반면 연주의 특정 기간에만 나타나는 요소도 있다. '행동의 악보'는 특정 마디들과 몇 마디가 지난 다음에 특정 행동이 발생하는 것을 표시한다. 협주곡을 연주하는 지휘자의 악보에서 언제 피아노 솔로가 시작되고 끝나는지 표시되어 있는 것과 비슷하다. 셋째, 다양한 구성 요소가 있음에도 불구하고 각 순간의 행동적 결과는 통합된 전체이며, 이는 오케스트라 연주의 다성적 융합과 다르지 않다. 여기서 내가 말하는 핵심적인 특징, 즉 동시성으로부터 부분들 중 어떤 한 부분의 특징이라고 할 수 없는 무엇인가가 발생한다.

앞으로 인간의 행동을 다루면서 나는 시간에서 펼쳐지는 여러 가지 평행 연주에 대해 여러분이 생각해 주기를 바란다. 각성 상태, 배경 정서, 낮은 수준의 주의는 계속해서 존재하는 요소일 것이다. 이 요소들은 각성의 순간부터 잠이 들 때까지 존재한다. 특정한 정서, 주의 집중, 행동(행위)의 특정한 순서는 적절한 상황에 가끔 나타날 것이다. 말을 하는 행위도 마찬가지다. 이 또한 행동의 한 종류이기 때문이다.

이제 이 비유를 우리가 행동을 관찰하고 있는 사람의 마음속으로 확장해 보자. 나는 사적인 마음에도 오케스트라 악보가 있다고 생각한다. 음악의 부분들이 동시에 쌓이는 것이 이미지의 심적 흐름이라고 할 수 있다. 이런 흐름은 대부분 우리가 관찰하는 행동에 대한 내적이고 인지적인 대응물이다. 어떤 이미지는 이런 행동이 일어나기 직전에 발생한다. 우리가 문장으로 표현하려고 하는 생각의 심상이 그 예다. 이런 행동이 일어난 직후에 발생하는 이미지도 있다. 우리가 방금 나타낸 정서에 대한 느낌이 그 예다. 물론 깨어 있는 상태와 끊임없는 이미지 생산을 위한 음악 부분뿐만 아니라 구체적인 대상과 사건과 그것들을 의미하는 말의 표상을 나타내는 음악 부분도 있다. 또한 유기체가 나타내고 있는 다양한 정서에 대한 느낌을 나타내는 음악 부분도 있다. 하지만 내부의

표 3-1 **행동 점수**

오케스트라 악보에는 정확하게 외부 대응물과 대응하지 않는 음악 부분도 있다. 이 부분이 바로 자아 감각이다. 의식에 대해 어떻게 생각하더라도 항상 핵심적인 구성 요소가 되는 부분이다.

이런 비유를 이용해 우리는 자아 감각이, 비언어적으로 마음이 펼쳐지는 개별적인 유기체의 존재와 그 유기체가 자신의 안 또는 자신의 주변에 있는 특정한 대상과의 상호작용에 참여하고 있다는 사실을 마음에 알려 주는 추가적인 부분이라고 상상할 수 있다. 이런 지식은 심적 과정의 경로와 외부 행동의 경로를 변화시킨다. 이런 지식의 사적인 존재는 그 지식의 소유자만 직접적으로 이용할 수 있으며, 그 지식 자체의 대표적인 행동을 통해서가 아니라 그 지식이 외적 행동에 미치는 영향을 통해서 외부 관찰자가 추측할 수 있다. 따라서 각성 상태, 배경 정서, 낮은 수준의 주의는 의식이 발생할 수 있는 내부 상태의 외부적 신호라고 할 수 있다. 반면 특정한 정서, 주의 정지와 집중, 장기간에 걸쳐 상황에 따라 적절하고 목적이 있는 행동을 하는 것은 우리가 관찰하는 대상 안에서 의식이 실제로 일어나고 있다는 확실한 징후다. 외부 관찰자인 우리가 직접 의식을 관찰할 수 없음에도 불구하고 그렇다.

각성 상태와 의식은 대부분 같이 묶여 있지만, 예외적으로 두 경우에 서로 분리된다. 첫째는 꿈을 꾸면서 자는 상태다. 이 경우는 분명 깨어 있는 상태가 아니지만, 마음속에서 일어나는 사건에 대한 의식은 어느 정도 가지고 있다. 잠을 깨기 전에 우리가 형성하는 가장 마지막 꿈의 조각에 대한 기억은 의식이 '켜져 있는' 상태였음을 암시한다. 통상적인 조합이 극적으로 뒤집히는 둘째 경우는 깨어 있지만 의식이 없을 때다. 다행히도 이런 현상은 내가 이제부터 이야기하려고 하는 신경학적 상태에서만 나타난다.

각성 상태는 수면 상태에서 각성 상태로 전이되는 과정을 관찰함으로써 가장 잘 기술될 수 있다. 이런 전이 과정의 예로 내 머릿속에서 지워지지 않는 것은 사뮈엘 베케트가 희곡을 쓴 연극 〈해피 데이스〉의 등장인물 위니다. 위니는 무대에서 관객을 향해 눈을 뜨면서 "천국 같은 날이 또 시작되었어요"라고 말한다. 아침에 해가 뜨듯이 위니의 뇌는 주위에 있는 사물들의 이미지를 만들기 시작한다. 그날은 위니의 가방, 칫솔, 윌리가 부스럭거리는 소리, 그녀의 몸이 '거의' 고통을 만들어 내지 못한다. 각성 상태는 벨이 울리면서 1막이 끝날 때 끝난다.

꿈을 꾸면서 잠을 자는 경우를 제외하면 각성 상태가 제거되면 의식도 제거된다. 이런 조합의 예는 꿈 없는 수면 상태, 마취 상태, 혼수상태다. 하지만 각성 상태는 의식과 동일한 것이 아니다. 각성 상태에서 뇌와 마음은 '켜져 있는' 것이며, 유기체 내부와 주변 환경의 이미지가 형성된다. 물론 반사도 일어나며(반사 활동은 의식이나 각성이 필요 없다), 유기체의 기본적인 욕구에 부응하기 위해 낮은 수준의 주의가 자극에 기울여진다. 하지만 그러면서도 의식은 존재하지 않을 수 있다. 이 장에서 다루는 특정한 신경질환이 있는 환자들은 각성 상태에 있지만, 핵심 의식이 있었다면 이들의 사고 과정에 추가되었을 어떤 것, 즉 자신이 중심이 되는 앎의 이미지는 가지고 있지 않다.

> **주의 그리고 목적이 있는 행동**

위니의 행동에는 단순한 각성 상태 이상의 것이 존재한다. 위니는 대상 쪽으로 자신의 방향을 맞추고 필요한 경우 그 대상에 집중한다. 눈, 머리, 몸통, 팔이 위니와 위니 주변의 특정 자극, 즉 가방, 칫솔, 윌리가 자신의 뒤에서 부스럭거리는 소리 사이의 분명한 관계를 구축하는 조정된 움직임을 보인다. 외부 대상을 향해 주의가 기울여지고 있다는 것은 항상은 아니라고 해도 보통은 의식이 존재하고 있다는 것을 의미한다. 평범하지 않은 의식 상태로 인한 무동성 무언증akinetic mutism이라 부르는 질환이 있는 환자들은 **두 드러지는** 사건이나 대상에 대해 **아주 잠깐 동안** 낮은 수준의 주의를 기울일 수 있다. 관찰자가 자신의 이름을 부를 때가 그 예다. 주의에 의해 의식의 존재가 드러나려면 주어진 상황에서 적절한 행동을 하는 데 필요한 대상에 대해 상당히 긴 시간, 즉 몇 초 단위가 아닌 수십 분에서 수십, 수백 시간 동안 주의가 **지속적으로 유지되어야** 한다. 바꾸어 말하면 적절한 대상에 대해 긴 시간 동안 집중할 수 있어야 의식이 있다는 것을 나타내는 주의가 될 수 있다는 뜻이다.

외부의 대상을 향해 분명하게 주의를 기울이지 못한다고 해서 반드시 의식이 없다고는 할 수 없다. 오히려 이 상태는 내부의 대상에 주의를 기울이고 있다는 것을 뜻할 수도 있다. 이런 '증상'은 정신이 나간 교수와 공상에 빠진 청소년에게 흔히 나타난다. 다행히도 이런 증상은 대개 일시적이다. 주의를 기울일 수 없는 상태가 지속되는 것은 기면 상태, 혼돈 상태, 혼미 상태에서 나타나는 의식의 해체와 관련 있다.

의식이 있는 생명체는 특정 대상에 집중하며 특정 자극에 주의를 기울인다. 이 대상과 자극은, 어떤 상황에서 우리 마음속에 떠오르는 것에 대해 생각할 때 안으로부터의 우리 관점에 딱 들어맞는 어떤 것을 말한다. 주의와 의식이 연결되어 있다는 데는 모두가 동의한다. 하지만 이 연결 관계의 속성에 대해서는 아직 논의가 이루어져야 하는 상황이다. 내 생각에 의식과 주의에는 모두 단계와 등급이 있다. 하나의 단일체가 아닌 것이다. 의식과 주의는 일종의 상향 나선 모양을 만들면서 서로에게 영향을 미친다. 낮은 수준의 주의는 의식에 선행한다. 그것은 핵심 의식을 만들어 내는 과정을 시작하는 데 필수적이기 때문이다. 하지만 핵심 의식의 과정은 하나의 초점을 향한 더 높은 수준의 주의를 유도한다. 사무실에 방금 들어온 지인에게 내가 주의를 기울인다면 그것은 핵심 의식이 영향을 미친 결과다. 내가 그런 의식을 만들어 낼 수 있었던 것은 내 유기체가 낮은 수준의 자동적인 주의의 지시에 의해 내 유기체와 비슷한 유기체, 즉 인간의 얼굴을 한 움직이는 생명체에게 중요한 환경의 어떤 특징을 처리했기 때문이다. 이런 처리가 계속되면서 핵심 의식이 애초에 유기체를 관여하게 한 특정한 대상에 대해 주의를 집중하도록 도움을 준 것이다.

위니 이야기로 돌아가 보자. 위니는 자신이 집중하는 자극을 향해 목적을 가지고 행동했다는 것에 주목하자. 위니는 그렇게 하지 않았을 수도 있지만 그렇게 했다. 실제로 위니의 행동은 자신의 과거와 현재에 대해 알고 미래를 예측하는 유기체에 의해서만 형성될 수 있는, 즉각적으로 인식이 가능한 계획의 일부라고 할 수 있다. 위니의 행동은 오랜 기간, 실제로는 몇 시간에 걸친 계획에 따른 것이었다. 위니의 행동이 목적성과 적절함을 지속적으로 유지하려면 의식이 존재해야 한다. 물론 의식이 있다고 해서 반드시 목적성과 적절함이 유지되는 것은 아니다. 예를 들어 백치들은 완전한 의식을 가지고 있지만 매우 부적절한 행동을 한다.

적절한 행동이 지속적으로 유지되는 것에 대해서는 특히

주목해야 할 점이 있다. 특정한 행동은 정서 상태가 흐를 때 그 흐름의 일부로서 동반된다는 점이다. 관찰 대상의 행동을 계속적으로 드러나게 하는 것은 지난 장에서 언급한 배경 정서다. 그 분명한 신호에는 몸의 전체적인 자세 변화, 몸통에 비례한 팔다리의 운동 범위 변화, 팔다리 움직임의 공간적 특징 변화(부드러워지거나 갑작스러워짐), 움직임의 속도 변화, 얼굴, 손, 다리 같은 몸의 다른 층위에서 일어나는 움직임의 적합성 변화, 그리고 가장 중요할 수도 있는 얼굴 움직임의 변화 등이 포함된다. 반면 관찰 대상이 말을 할 때는 의사소통의 정서적인 측면이 말해지는 단어와 문장의 내용과 분리될 수 있다. '그렇다', '아니다', '안녕?' 같은 간단한 단어나 문장은 보통 배경 정서가 굴절되면서 발화된다. 굴절은 단어를 구성하는 음성들에 운율, 톤, 음악적 특성 등이 동반되는 것을 말한다. 운율이나 톤은 배경 정서를 나타낼 뿐만 아니라 특정한 정서도 나타낸다. 예를 들어 아주 사랑스러운 톤으로 "가 버려!"라고 말할 수도 있으며, 확실하게 무관심한 운율로 "만나서 반가워"라고 말할 수도 있다.

　게다가 관찰자의 관점에서 판단할 때, 특정한 정서는 대개 관찰 대상에서 그 정서를 발생하게 하는 것으로 보이는 자극이나 행동 뒤에 발생한다. 실제로 정상적인 인간의 행동에서는 사고의 연속성에 의해 유도되는 정서의 연속성이 관찰된다. 이런 사고의 내용에는 유기체가 실제로 관여하는 대상이나 기억에서 소환된 대상, 방금 발생한 정서에 대한 느낌 등이 포함되며, 이런 내용은 같이, 즉 동시에 나타나기도 한다.

또한 실제 대상, 회상된 대상, 느낌에 대한 사고의 이런 '흐름' 대부분은 우리의 인식 여부에 상관없이 배경 정서에서 이차 정서에 이르기까지 정서를 유발할 수 있다. 정서가 연속적으로 드러나는 이유는 알려진 것이든 아니든, 간단하든 그렇지 않든 이렇게 이런 유도체가 지나치게 풍부하기 때문이다.

배경 정서의 멜로디 라인이 연속적이라는 것은 평범한 인간의 행동을 관찰할 때 중요한 요소가 된다. 핵심 의식이 손상되지 않은 사람이 어떤 말을 하기 훨씬 전에 관찰할 경우 우리는 이 사람의 마음 상태에 대해 어떤 가정을 하게 된다. 맞든 그렇지 않든 이런 가정의 일부는 관찰 대상의 행동에서 볼 수 있는 정서 신호의 연속성에 기초한다.

혼란을 줄 수 있는 용어에 대해 정리를 하고 넘어가야겠다. **명료함**alertness과 **각성**arousal은 **각성 상태**wakefulness, **주의**attention, 심지어는 **의식**consciousness과도 비슷한 말로 사용될 때가 있다. 하지만 그래서는 안 된다. **명료함**은 **각성 상태**라는 말 대신 쓰일 때가 많다. 우리가 자신 또는 다른 사람에 대해 '매우 명료함'을 느낀다고 말할 때가 그런 경우다. 나는 이렇게 생각한다. **명료함**이라는 용어는 주체가 단지 깨어 있는 상태에 그치지 않고 지각하고 행동하겠다는 마음이 분명히 있는 상태를 나타낸다. **명료한**alert이라는 용어의 정확한 의미는 '깨어 있는'과 '주의를 기울이는'의 중간 정도에 위치한다.

각성이라는 용어를 정의하는 것은 더 쉽다. 이 용어는 피부 색깔 변화(피부 색깔이 빨갛거나 창백하게 변하는 것), 피부에 난 털의 움직임(털이 곤두섬), 동공 지름의 변화(동공의 확

장 또는 수축), 발한, 성기 발기 등 흔히 **흥분**이라는 말로 설명
되는 자율신경계 활성화 신호의 존재를 뜻한다. 따라서 이런
의미에서는 '각성'되지 않으면서도 깨어 있거나, 명료하거나,
완전히 의식이 있을 수 있다. 반면 우리 유기체는 깨어 있지
않거나 주의를 기울이지 않거나 의식이 없는 잠든 상태에서
도 '각성'될 수 있다는 것을 우리는 모두 알고 있다. 심지어는
혼수상태에 있는 환자도 각성될 수 있다. 다만 환자 자신만
모를 뿐이다. 이해하기 쉽지 않은 개념이기는 하다.

의식의 부재 현상을 이용한 의식 연구

앎과 자아가 존재하지 않으면 우리는 앎과 자아가 존재하지
않는다는 것 자체를 아예 경험할 수 없다. 그 점을 생각하면
의식이 존재하지 않는 것에 대해 개인적 관점에서 어떻게 말
할 수 있을까? 답은 이렇다. 우리는 몇몇 상황에서 의식의 부
재를 경험하는 데 근접할 수 있다. 기절하거나 마취를 통해
의식을 잃은 다음 다시 의식을 찾게 되는 짧은 순간이나, 피
곤에 지쳐 깊은 수면을 취한 다음 완전히 깨어나기 전의 짧
은 순간을 생각해 보자. 이렇게 전이가 일어나는 순간에 우리
는 그 직전의 심적 상태를 엿볼 수 있다. (의식이 부재 상태에
서 존재 상태로 바뀔 때) 우리 주변의 사람들, 대상, 장소에 대
한 이미지가 (다시) 형성되는 과정에는 자아 감각이 존재하
지 않으며 생각의 주인도 없는 아주 짧은 순간이 존재한다.

그 후 우리의 자아 감각이 '켜지는' 순간까지는 1초도 걸리지 않는다. 그 짧은 순간 동안 우리는 이미지들이 우리에게 속해 있다는 것을 희미하게 짐작하지만, 아직 세세한 모든 것이 확실하게 들어맞지는 않는다. 자서전적 자아가 과정으로서 회복되고 상황이 완벽하게 설명되기 위해선 더 많은 시간이 필요하다.

하지만 우리가 이런 상태를 겪는 동안 우리에게 의식이 완벽하게 존재하지 않는다면, 우리가 어떻게 이런 비의식적인 심적 상태를 들여다볼 수 있는지에 대한 문제는 여전히 남는다. 우리가 그 상태를 들여다볼 수 있는 것은 확실하다. 나는 우리가 그 상태를 들여다보는 이유가 이 짧은 순간 동안 전이가 일어나기 직전의 순간에 대한 기억이 우리에게 없기 때문이라고 생각하지 않는다. 우리의 의식적인 경험에는 우리가 '그 직전'이라고 느끼는 것에 대한 짧은 기억이 보통 포함된다. 그 직전의 순간은 우리가 '지금'이라고 순진하게 생각하는 것에 붙어 있는 순간이다. 이 기억은 특정한 지식의 근원이 되는 자아 감각에 대한 것이다. 하지만 깨어난 직후부터는 현재 순간을 위해 그 이전의 순간을 보존해야 할 짧은 기억을 더 이상 이용할 수 없다. 기억되어야 할 의식적인 경험이 없기 때문이다. 그렇다면 이런 이상 상태에 대한 고찰을 통해 중요한 사실을 알 수 있다. 정상적인 의식이 계속되려면 짧은 기억이 필요하다는 것이다. 이 짧은 기억은 1초의 몇 분의 1 수준의 시간 동안 지속되는 것으로, 사실에 대한 인간 뇌의 단기 기억이 60초 정도인 것을 생각해 보면 별로 어려운 일도 아니다.

　의식 손상의 가장 극적인 형태인 혼수상태, 지속적인 식물인간 상태, 깊은 수면, 깊은 마취 등으로는 행동 분석을 하기가 어렵다. 우리가 살펴본 '행동 점수표'에 있는 거의 모든 발현이 이루어지지 않기 때문이다.[2] 따라서 행동 점수표에 대응하는 '인지 점수표'에 있는 내부 발현도 거의 이루어지지 않는다. 의식 현상과 마음 현상이 이런 상황에서 중지될 것이라는 것은 직관으로 알 수 있으며, 그 직관은 우리 자신의 상태에 대한 확고한 생각과 다른 사람들의 행동에 대한 확고한 관찰 결과에 기초한다. 이런 생각은 혼수상태에서 의식을 회복한 극히 드문 환자들에게서 확실하게 확인할 수 있다. 이 환자들은 우리가 전신마취에 들어가던 순간을 기억하듯이 혼수상태로 빠지던 순간과 앎으로 돌아오던 순간을 기억할 수 있다. 하지만 몇 주가 되었든 몇 달이 되었든 그 사이는 기억하지 못한다. 모든 증거를 참고할 때 이 상황에서는 마음속에서 실제로 거의 아무 일도 일어나지 않는다고 생각하는 것이 맞다.[3]

　하지만 내가 행동 분석을 할 수 있도록 수많은 기회를 제공했으며 나의 의식 연구에 지대한 영향을 미친 또 다른 두 집단이 있다. 하나는 간질성 자동증epileptic automatism으로 알려진 복잡한 증상을 가진 환자 집단이다. 다른 하나는 다양한 신경질환 때문에 무동성 무언증akinetic mutism이라는 포괄적 용어로 알려진 증상을 가진 환자 집단이다. 이 두 집단 모두에서 핵심 의식과 확장 의식이 크게 손상이 되었지만, '행동 점수표'에 있는 행동 모두가 없어지지는 않았다. 관찰자에 의한 일정 정도의 개입과 나머지 행동을 분석할 여지가 남게 된 셈이다.[4]

간질성 자동증은 의식과 의식 안에 존재하는 것을 칼같이 분리한다. 자동증은 발작의 일부로 또는 발작 직후 나타난다. 자동증은 측두엽 발작과도 관련해서도 관찰되지만, 내가 관심을 가장 많이 가진 사례는 결여 발작absence seizure 증상을 가진 환자들이었다. 결여 발작은 간질의 주요 증상 중 하나로, 의식과 함께 정서, 주의, 적절한 행동이 일시적으로 중지되는 것이다. 이 증상은 뇌전도에서 특유의 전기적 이상을 동반한다. 결여 발작은 의식 연구자들에게 매우 유용한 증상이며, 실제로 그 전형적인 증상은 의식의 손실을 가장 극명하게 보여 주는 예 중 하나다. **결여**라는 말은 '의식의 결여'를 줄인 말이다. 이런 예 중 가장 순수한 형태는 특히 오래 지속되는 결여 발작 뒤에 발생하는 결여 자동증일 것이다.

결여 발작과 결여 자동증이 잘 발생하는 사람과 이야기를 하다 보면 다음과 같은 일이 발생할 수 있다. 완전히 합리적인 이야기를 하다가 갑자기 문장 중간에서 그때까지 자신의 움직임과 상관없이 움직임을 멈추고, 눈빛이 멍해지고, 눈은 어디에도 초점을 맞추지 못하고, 얼굴에서 표정이 없어질 수 있다. 얼굴에서 어떤 의미도 읽을 수 없게 되는 것이다. 하지만 이 환자는 깨어 있는 상태를 유지한다. 근육의 탄력도 그대로다. 넘어지거나 경련을 일으키지도 않으며, 손에 잡고 있던 것도 떨어뜨리지 않는다. 움직임이 멈춘 이 상태는 짧게는 3초 정도(실제로 옆에서 보면 더 길게 느껴진다), 길게는 수십 초까지도 지속된다. 이 상태가 오래 지속될수록 결여 자동증이 뒤따를 확률이 높아지며, 이 자동증 상태도 몇 초에서 수십 초까지 지속될 수 있다. 자동증이 시작되면 상황은 훨씬 더 흥미로워진다. 이 상황은 영사기에 필름이 엉켜 상영되던 영화가 멈추었다가 다시 상영되는 것과 비슷하다. 잠깐 멈추기는 하지만 영화는 계속 상영되는 것이다. 환자는 멈추어 있던 상태에서 풀어지면서 주변의 사물을 둘러볼 것이다. 얼굴은 멍해 보이고, 도대체 알 수 없는 표정을 짓고, 탁자 위의 컵으로 물을 마시고, 입술을 핥고, 옷을 더듬거리다가 일어나 한 바퀴 돈 다음, 문 쪽으로 가서 문을 열고, 머뭇거리다 문을 열고 복도로 따라 걸어갈 것이다. 이때쯤이면 당신은 일어나서 그 환자를 따라갈 것이고, 그렇게 상황은 일단락될 것이다. 이쯤 되면 여러 가지 상황이 펼쳐질 수도 있다. 그중 가능성이 가장 높은 것은 환자가 복도에서 멈추어 어리둥절하게 서 있게 되는 상황이다. 아마 환자는 벤치가 있었다면 거기 앉아 있을 수도 있을 것이다. 다른 방에 들어가거나 계속 걸어갈 수도 있다. 이런 일 중에서 가장 극적인 경우는 '간질성 둔주epileptic fugue'로 알려진 것으로, 이 증상을 보이는 환자는 건물 밖으로 나가 거리를 걸어 다니기도 한다. 자세히 관찰하면 이 환자는 이상하고 혼란스러워 보이지만 남한테 해를 끼치지는 않는다. 대부분 몇 초 만에 끝나지만 드물게는 몇 분 동안 지속되기도 하는 이런 상태가 끝나면 환자는 자기가 어디에 있든 당황하는 듯해 보일 것이다. 의식은 사라질 때처럼 갑자기 다시 돌아오며, 그러고 나면 환자에게 상황을 설명하고 그를 원래 있던 곳으로 데려다주어야 할 수도 있다.

환자는 그 사이에 일어난 일은 전혀 기억하지 못한다. 그는 그 사이에 그의 유기체가 무엇을 했는지 당시에도 모르고 그 후에도 알지 못한다. 이런 환자들은 발작이 진행되는 동안이나 발작의 확장으로 자동증 증상이 나타나는 동안 어떤 일이 있는지 그 후에 전혀 기억하지 못한다. 이들은 발작 전에 어떤 일이 일어났는지는 기억하며, 그 내용은 기억으로부터 소환할 수 있다. 발작 전에는 이들의 학습 메커니즘에 문제가 없었다는 것을 보여 주는 확실한 증거다. 이들은 발작이 끝난 뒤에 일어나는 일도 즉각적으로 학습한다. 발작이 학습 능력을 영구적으로 손상하지 않았다는 증거다. 하지만 발작이 일어나는 동안 일어난 사건은 기억에 저장되지 않으며, 저장되었다고 해도 소환이 불가능하다.

발작이 진행되는 동안 환자의 움직임을 방해하면 환자는 아주 당황하거나 무심하게 당신을 쳐다볼 것이다. 그는 당신이 누구인지 바로 알지 못하며, 구체적으로 물어도 그럴 것이다. 그는 자신이 누구인지도, 무엇을 하고 있는지도 모른다. 그는 아주 조금씩 움직이면서 당신을 거의 쳐다보지도 않을 것이다. 의식 있는 마음을 구성하는 내용이 없으며, 따라서 고도로 지적인 행동이나 언어 표현도 하지 않는다. 환자는 깨어 있으며, 그의 지각적 범위 안으로 그다음에 들어온 대상을 처리할 수 있을 정도로 주의를 기울인다. 하지만 그 상황에서 유추할 수 있듯이 그것이 전부다. 계획도, 사전 숙고도, 뭔가를 바라거나 원하거나 생각하거나 믿는 개인적인 유기체에 대한 감각이 전혀 없다. 자아 감각도, 과거를 가지고 미래를 예상하는 사람의 모습도 전혀 없다. 구체적으로 말하면 핵심 자아와 자서전적 자아가 모두 없는 것이다.

이런 상황에서 대상의 존재는 다음 행동을 촉진하며, 이 행동은 그 순간의 미세한 상황맥락에 적절할 수 있다. 예를 들어 컵으로 물을 마시거나 문을 여는 행동 등이다. 하지만 이 행동 그리고 다른 행동은 환자가 작동하고 있는 더 큰 상황맥락에서는 적당하지 않은 것이다. 이런 행동이 벌어지는 것을 보게 되면 환자의 그런 행동이 궁극적인 목표가 없으며 그 상황에 있는 개인이 하는 행동으로는 부적절하다는 것을 알 수 있다.

하지만 이 상태가 각성 상태인 것은 분명하다. 눈을 크게 뜨고 있고 근육의 탄력도 유지되기 때문이다. 신경 패턴과 이미지를 만드는 능력도 부분적으로 존재할 것이다. 환자 주변의 대상은 시각적이나 촉각적으로 충분히 지도화되어 환자는 성공적으로 행동할 수 있는 상태에 있다. 또한 주의도 기울인다. 우리가 지금 기울이고 있는 것처럼 높은 수준의 주의는 아니지만, 유기체의 지각 장치와 운동 장치가 벽의 시각이미지, 환자가 물을 마시는 컵의 촉각 이미지 같은 것에 대해 감각 이미지가 적절하게 형성되고 움직임이 정확하게 실행될 수 있을 정도로 오랫동안 제대로 특정한 대상에 집중할 수 있는 수준은 된다.

바꾸어 말하면 환자는 마음의 기초적인 부분을 일부 가지고 있으며, 자신을 둘러싼 대상과 관련해 마음속에서 어느 정도 내용을 가지고 있지만, 정상적인 의식은 가지고 있지 않은 것이다. 환자는 주위 대상의 이미지와 함께 자신이 중심이 되는 앎의 이미지, 자신과 상호작용하고 있는 대상의 강화된 이미지, 어떤 순간 전에 일어난 일 또는 일어났을 수 있는 일과 관련된 적절한 연결 감각도 가지고 있다.

놀랍게도 의식 손상과 대상의 신경 패턴을 만드는 능력이 분리될 수 있다는 것도 새로운 증거로 입증할 수 있다. 지속적인 식물인간 상태(각성 상태에 있다는 신호가 존재하지만 의식이 상당히 많이 손상된 상태)에 있는 환자를 대상으로 기능 영상 촬영을 시행했다. 촬영을 하는 동안 낯익은 사람의 얼굴 사진들을 이 환자의 망막에 투사했다. 정상적이고, 깨어 있고, 의식이 있는 사람의 얼굴을 함으로써 활성화되는 것으로 알려진 후두측두골피질occipitotemporal cortices의 한 영역이 활성화되는 결과가 나왔다. 따라서 의식이 없어도 뇌는 다양한 신경 시스템에 걸쳐 감각 신호를 처리하고 지각 처리에 일반적으로 참여하는 영역 중 적어도 일부를 활성화한다고 할 수 있다.[5]

결여 자동증 증상이 나타나는 것을 관찰하면 확장 의식이 모두 사라지고 핵심 의식의 가장 희미한 형태를 제외하고는 모든 것이 사라진 유기체의 정교한 행동을 보게 된다. 자아와 앎이 제거된 마음에서 무엇이 남아 있을지는 상상에 맡길 수밖에 없다. 알려져야 하지만 결코 알려지지 않는 사물의 이미지가 흩어져 있는 마음, 실제로 소유하는 것이 없는 마음, 의도적인 행동을 하는 데 필요한 엔진이 없는 마음일 것이다.

이런 증상이 발현하는 동안 내내 정서가 없었다는 사실을 언급하면서 이야기를 마무리 지어야겠다. 정서의 중단은 결여 발작과 결여 자동증의 중요한 신호다. 정서는 앞으로 다룰 무동성 무언증 환자에게서도 상실된다. 정서의 결핍, 즉 배경 정서와 구체적인 정서의 부재가 두드러지지만 관련 논문에서는 이 사실이 주목받지 못하고 있다. 이 연구 결과에 대해 생각하면서 나는 이 연구를 시작한 지 수십 년 만에 정서의 부재가 핵심 의식 결핍의 확실한 상관물일 수 있다는 과감한 추론을 하게 되었다. 연속적으로 정서가 어느 정도 존재하는 것이 의식 상태와 거의 항상 관련이 있다는 점과 비슷할 것이다. 우리가 잠이라고 부르는, 의식에 대한 자연적인 실험의 결과로 이와 관련된 결과가 계속 나오고 있다. 깊은 수면에는 정서 표현이 수반되지 않는다. 하지만 꿈을 꾸는 수면, 즉 의식이 이상한 방식으로 돌아오는 수면 동안에는 인간과 동물에서 쉽게 정서 표현이 감지된다.

핵심 의식은 그대로이지만 확장 의식이 손상된 환자들에게서 배경 정서와 일차 정서가 놀라울 정도로 손상이 없다는 것을 고려하면, 의식과 정서가 모두 손상된 예를 찾으면 매우 주목할 만한 것이 될 것이다. 정서와 핵심 의식은 같이 존재하거나 같이 부재함으로써 대개 함께 움직인다.[6]

정서가 비의식적으로, 즉 주의가 집중되지 않는 생각이나 알려지지 않은 기질 그리고 지각이 불가능한 우리 몸의 상태에 촉발될 수 있다는 사실을 감안하면 정서의 결핍이 있다는 것은 매우 놀랍다. 핵심 의식이 사라질 때 정서가 사라지는 것은 정서와 핵심 의식 모두가 부분적으로는 동일한 신경적 기질을 필요로 하며, 전략적으로 일으킨 기능 부전은 두 종류 모두의 처리 과정을 훼손할 수 있다는 생각에 의해 아주 일부분 설명이 가능하다. 공유된 기질에는 원초적 자아(5장에서 다룬다)를 지원하는 신경 구조 앙상블 같은 것이 있다. 이런 신경 구조는 몸의 내부 상태를 조절하고 나타내는 구조를 말한다. 나는 배경 정서로부터 더 높은 수준의 정서에 이르는 정서의 결핍을 몸을 조절하는 중요한 메커니즘이 훼손되었다는 신호로 본다. 핵심 의식은 이렇게 붕괴된 메커니즘과 기능적으로 가까우며, 이 메커니즘과 서로 엮여 있어 같이 훼손된다. 정서적 처리와 확장 의식 사이에는 이런 기능적 밀접성이 존재하지 않는다. 7장에서 다루겠지만 확장 의식의 손상이 정서의 붕괴를 수반하지 않는 이유가 여기에 있다.

의식이 손상되지 않은 사람들은 느낌의 형태로 자신의 정서를 쌓아 둘 수 있다. 그리고 이렇게 쌓인 느낌은 다시 우리가 지각 있는 삶의 특징으로 쉽게 인지하는 특징을 행동에 부여하는 새로운 멜로디 라인의 정서를 생성한다. 병적인 상태에서는 정서-느낌-정서로 이어지는 주기가 정지되어 지각이 나타내는 중요한 신호가 없어지고, 이 상태를 관찰하는 사람들에게는 관찰 대상의 마음속에서 뭔가 이상한 일이 일어나고 있다는 생각이 든다. 일부 동물, 특히 집에서 기르는 동물의 마음에 의식이 있다고 자신 있게 우리가 말하는 이유가 이들 동물이 나타내는 정서의 확실히 동기화된 흐름과, 이런 정서가 지각 있는 생물체의 행동에만 영향을 미칠 수 있는 느낌에 의해서 실제로 생성된다는 합리적 가정에 의한 것이라는 점은 별로 놀랍지 않다.

　의식 손상과 관련한 정보의 또 다른 중요한 출처는 **무동성 무언증**이라는 포괄적인 용어로 부르는 증상을 보이는 환자들에 대한 연구다. **무동증**은 통상 움직임을 시작할 수 있는 능력이 없기 때문에 나타나는 움직임 결핍을 나타내는 전문 용어다. 움직임이 느려지는 경우도 보통 무동증 증상에 포함된다. **무언증**은 말 그대로 말을 하지 못하는 증상이다. 보통의 경우 이 용어들은 외부적으로 일어나거나 일어나지 않는 일을 암시하지만, 내부의 일에 대해서는 말해 주지 않는다. 동원할 수 있는 모든 증거로 볼 때, 내부적으로 의식은 심하게 축소되었거나 완전히 중지된 상태라고 할 수 있다. 무동성 무언증 문제는 지난 수십 년 동안 내 관심의 대상이었으며, 나는 병상과 연구실에서 이런 환자들을 대상으로 촬영과 뇌전도 검사를 진행했다. 나는 이들의 무언증이 치료되기를 끈기 있게 기다렸다. 증상이 호전되면 혹시 이들과 말을 해 볼 수 있지 않을까 하는 기대를 했던 것이다. 이런 증상을 가진 환자 중 한 명의 이야기를 통해 이들에게 어떤 일이 일어나는지 알아보자.

　이 환자의 이름은 L이라고 부르자. 그는 뇌졸중으로 양쪽 대뇌반구 전두엽 모두의 내부와 위쪽 영역이 손상을 입었다. 대상피질 영역과 주변 부위도 손상된 상태였다. 이 환자는 어느 날 갑자기 움직이지도 말을 할 수도 없게 되었으며, 그 후 6개월 동안 그 상태가 지속되었다. 그는 눈은 뜨고 있지만 멍한 표정을 지은 채 병상에 누워 있었다. 가끔 움직이는 물체, 예를 들면 병상 주위에서 움직이는 나를 쳐다보기도 했다. 몇 초 동안 눈과 머리를 내 쪽으로 움직이다 이내 다시 멍한 표정으로 허공을 응시했다. 이 환자의 표현이 보여 주는 침착함에 대해서는 **중립적**이라는 말을 사용할 수 있겠지만, 그의 눈을 집중해서 들여다보면 **공허한**이라는 말이 더 어울린다고 생각할 것이다. 그는 그곳에 있었지만 있는 것이 아니었다.

환자의 몸도 얼굴도 생기를 잃은 상태였다. 환자는 팔과 손을 움직여 침대 커버 정도는 당길 수는 있었지만, 팔다리는 전체적으로 움직이지 않는 상태였다. 환자의 몸과 얼굴은 의사나 간호사, 친구들, 친척들이 매일 대화를 시도하거나 가벼운 이야기를 해 주는 등 정서를 유도하려고 했음에도 불구하고 배경 정서, 일차 정서, 이차 정서 중 어느 것도 나타내지 않았다. 정서적인 중립 상태가 주를 이루었다. 외부 유도체에 대한 반응이 없었으며, 환자의 생각 안에 존재할 수도 있는 내부의 유도체에 대한 반응도 나중에 알고 보니 전혀 없었다.

상태가 어떤지 환자에게 물어보면 그는 거의 항상 아무 말도 하지 않았다. 수없이 많은 설득을 통해 환자는 딱 한 번 자신의 이름을 말한 적이 있기는 하지만 바로 입을 다물어 버렸다. 환자는 입원을 하게 만든 일에 대해서도 아무 말도 하지 않았으며, 자신의 과거나 현재에 대해서도 침묵을 지켰다. 그는 친척이나 친구가 찾아와도 반응하지 않았으며, 의사나 간호사에게도 마찬가지였다. 사진이나 노래, 어둠이나 밝은 빛, 천둥소리나 빗소리 중 아무것에도 반응하지 않았다. 환자는 내가 아무리 집요하고 반복적으로 물어도 전혀 동요하지 않았으며, 자신 또는 다른 어떤 것에 대해서도 전혀 걱정하는 표정을 짓지도 않았다.

몇 달 뒤 환자는 이런 폐쇄 상태에서 벗어나 조금씩 질문에 답을 하기 시작했다. 자기 마음 상태의 수수께끼가 풀리기 직전이었다. 일상적인 관찰자들의 생각과는 반대로 환자의 마음은 자신의 부동성이라는 감옥에 갇혀 있지 않았다. 그렇기보다 환자에게는 마음이라는 것이 별로 없었던 것으로 보인다. 확장 의식은 고사하고 핵심 의식과 비슷한 것도 전혀 없었던 것 같다. 환자의 얼굴과 몸의 수동성은 마음의 활동성이 없기 때문에 나타난 적절한 결과였다. 환자는 자신이 침묵을 지키는 긴 기간 동안 일어난 일을 전혀 기억하지 못했다. 공포나 불안을 느끼지도 못했고, 의사소통을 하고 싶어 하지도 않았다. 환자는 처음 내게 대답을 하기 직전의 며칠 동안 자신이 질문을 받고 있다는 것을 흐릿하게 느꼈지만 할 말이 정말 없었고, 그렇다고 해서 고통스럽지는 않았다고 했다. 환자가 자신의 마음을 말하지 못하게 만든 것은 아무것도 없었다.

감금증후군 환자(8장에서 다룬다)와 달리 이 환자에게는 이 오랜 동안의 깨어 있으면서도 잠을 자는 상태 대부분에서 자아 감각, 앎의 감각이 전혀 없어 보였다. 서서히 깨어나는 동안에도 환자의 자아 감각은 손상된 상태였을 것이다. 감금증후군 환자와는 달리 이 환자에게 앞에서 다룬 간질 환자들처럼 계획을 세우고 움직임 명령을 내릴 의식적인 마음이 있었다면 그는 사지, 눈, 발성기관을 완벽하게 움직일 수 있었을 것이다. 하지만 이 환자는 그러지 않았다. 일부 이미지가 형성되고 있었겠지만 환자는 차별화된 생각, 추론, 계획을 생성해 내지 않았을 것이고, 심적 내용에 대해서도 전혀 반응하지 않았을 것이다. 환자가 반사에만 의존해 대상을 어떻게 추적하고 침대 커버를 어떻게 만져서 정확하게 끌어당겼는지 상상하기는 어렵다. 환자의 이런 내적 상태가 중립적인 얼굴 표정, 몸 움직임의 사실상 정지, 무언증의 형태로 표현된 것이다. 이 경우에도 역시 정서가 결핍되어 있었다.

알츠하이머병이 상당히 진행된 상태의 환자들 일부에서는 의식도 손상된다. 방금 언급한 무동성 무언증 환자와 비슷한 증상이 나타나는 것이다. 알츠하이머병 초기에는 기억력 상실이 주요 증상으로 나타나지만 의식은 보존된다. 하지만 병이 진행될수록 의식은 점차적으로 퇴화한다. 불행히도 일반 교과서는 알츠하이머병이 기억력 상실을 동반하고 초기에는 의식이 보존된다고 기술하면서도 이 병의 이런 중요한 측면은 대부분 다루지 않는다.

의식의 퇴화는 자서전적 자아와 비슷한 거의 모든 것이 사라지는 시점까지 의식의 범위를 좁힘으로써 먼저 확장 의식에 영향을 미친다. 결국 간단한 자아 감각도 존재하지 않게 되는 정도까지 핵심 의식이 축소되는 시점이 온다. 각성 상태는 유지되지만 환자들은 사람과 대상에 기초적인 방식, 즉 보거나 만지거나 잡는 방식으로 반응한다. 하지만 이런 반응이 진짜로 알아서 나오는 것이라는 신호는 없다. 단 몇 초 만에 환자의 주의 연속성은 붕괴하고 전반적인 목표가 없다는 것이 명백해진다.

나는 이런 식의 해체가 알츠하이머병 환자들에게서 일어나는 것을 많이 보았다. 하지만 당대의 가장 주목할 만한 철학자 중 한 명이었던 내 친구에게서 이런 일을 보는 것만큼 고통스러운 적은 없었다. 그는 뛰어난 지적 능력으로 자신의 정신적 퇴화를 숨겼지만 가까운 사람들은 알고 있었다. 마지막으로 보았을 때 그는 아무 말도 하지 않았고 아내도 나도 알아보지 못했다. 눈은 안으로부터 텅 빈 것 같았고, 시선은 주변 사람이나 사물에 몇 초간 머물기도 했지만 얼굴이나 몸에서 그에 따른 반응은 전혀 나타나지 않았다. 긍정적이든 부정적이든 정서의 신호는 전혀 발생하지 않았다. 하지만 그는 휠체어를 움직여 방 여기저기를 돌아다닐 수는 있었다. 예상과는 달리 휠체어를 창가로 움직여 멍하니 밖을 보기도 했다.

한번은 그가 거의 텅 빈 책장의 의자 팔걸이 높이 칸 근처로 움직여 접힌 사진을 집어 든 적이 있다. 두 번 접힌 작은 액자 크기의 사진이었다. 그는 사진을 무릎 위에 올려놓더니 접힌 사진을 천천히 펴고는 사진 속의 아름다운 얼굴을 한참을 들여다보았다. 아내의 웃는 얼굴이었다. 사진은 수없이 접었다 폈다 해서 이제는 접힌 부분이 다 해진 상태였다. 그는 사진을 들여다보았지만 실제로는 보고 있지 않았다. 그는 그 사진을 보는 동안 그 사진과 사진 속 모델인 살아 있는 아내,

자신의 바로 맞은편에 앉아 있는 아내를 전혀 연결하지 못했다. 10년 전 그 사진을 찍고 같이 좋아했던 나도 기억하지 못했다. 그는 질병 초기부터 사진을 접었다 펴기 시작했다. 그때까지만 해도 그는 자신에게 뭔가가 잘못되고 있다는 것을 알고 있는 상태에서 과거의 확실성을 붙잡으려고 필사적인 노력을 한 것으로 보인다. 하지만 병이 더 진행되면서 사진을 펴 보는 일은 일종의 비의식적인 의례 같은 것이 되었다. 아무 말 없이 천천히 사진을 펴 보면서 감정적인 반향은 전혀 일어나지 않는 의례가 된 것이다. 이렇게 슬픈 장면을 보면서 나는 오히려 그가 이제 아무것도 알지 못한다는 것이 다행이라고 생각했다.

의식이 이렇게 흐트러진 사례에 대해 생각해 보면 다음의 사실을 알 수 있다.

첫째, 의식이 흐트러진 이후에도 계속되는 각성 상태, 낮은 수준의 주의, 간단하고 적절한 행동과, 앎과 자아에 대한 감각이 사라지면서 같이 사라지는 정서 사이에는 확실한 구분이 있다. 앎과 자아가 사라지는 것과 분명하게 동기화되는 정서는 계획, 높은 수준의 주의, 지속적이고 적절한 행동의 사라짐과 같이 일어난다. 이런 사례에서 우리가 관찰할 수 있는 기능들의 분리는 신경질환 환자들을 수술을 통해 연구하지 않고도 하부 구성 요소의 층을 볼 수 있게 해 준다. 이런 사례가 아니었다면 이런 층은 분리해 내기는커녕 존재 자체를 관찰하기도 힘들었을 것이다.

둘째, 실용적인 목적으로 우리는 핵심 의식이 붕괴되는 신경학적 사례를 다음과 같이 분류할 수 있다.

○ 각성 상태와 최소한의 주의/행동이 보존되면서 핵심 의식이 붕괴하는 사례. 대표적인 예는 무동성 무언증과 간질성 자동증이다. 무동성 무언증은 대상피질, 기저전뇌, 시상, 대상회 주위 내측 두정엽피질의 이상에 의해 발생한다.

○ 각성 상태는 보존되지만 최소한의 주의/행동이 사라지면서 핵심 의식이 붕괴하는 사례. 결여 발작과 지속적인 식물인간 상태가 대표적인 예다. 결여 발작은 시상이나 전측 대상피질 이상과 관련되어 있다. 지속적인 식물인간 상태는 보통 혼수상태와 헛갈리기 쉽지만, 식물인간 상태의 환자는 수면 주기를 가지고 각성 상태에 있다는 점에서 혼수상태 환자와 구별된다. 이 각성 상태는 눈을 뜨고 감는 동작과 뇌전도 패턴으로 확인할 수 있다. 지속적인 식물인간 상태는 8장에서 다룬다. 보통 이 상태는 상부 뇌관, 시상하부, 시상의 특정 구조 이상으로 유발된다.

○ 각성 상태가 붕괴하면서 핵심 의식이 붕괴하는 사례. 혼수상태, 머리 부상이나 기절에 의한 일시적인 의식 손실, 깊은 (꿈을 꾸지 않는) 수면, 깊은 마취 상태 등을 예로 들 수 있다. 혼수상태와 관련한 측면은 8장에서 다루겠지만, 이 상태는 주로 상부 뇌간, 시상하부, 시상의 특정 구조 이상으로 유발된다는 것만 먼저 말해 두겠다. 수면 상태와 각성 상태도 비슷한 영역에 의해 통제되며 일부 마취제는 이

영역에서도 작용한다고 알려져 있다.

셋째, (6장과 8장에서) 의식의 신경해부학적 상관물에 대해 다룰 때 구체적으로 다루겠지만 핵심 의식의 심각한 붕괴와 관련한 뇌 손상 부위의 거의 대부분은 하나의 중요한 특징을 공유한다. 이 부위들은 뇌의 정중선 근처에 위치하며, 정중선을 중심으로 뇌의 양쪽에서 서로 마주 보는 거울 이미지처럼 닮아 있다는 점이다. 뇌간과 간뇌(시상과 시상하부를 아우르는 부위) 수준에서 보면 손상된 부위들은 중추신경계의 정중선을 이루는 척추관과 뇌실이 길게 이어진 구조와 가까운 위치에 있다. 피질 수준에서 보면 이 부위들은 뇌의 내측(내부) 표면에 위치한다. 이 부위들은 뇌의 외측(외부)을 관찰해도 볼 수 없으며, 모두 신기하게도 '중앙'에 위치해 있다. 진화의 오래된 유산인 이 부위들은 인간이 아닌 수많은 종들에게도 존재하며, 개인의 발달 과정에서도 초기에 형성된다.

4장

반쯤 추측된 암시

언어와 의식

의대를 다니고 수련의 과정을 거치면서 주변에서 가장 똑똑한 사람들에게 우리가 의식을 어떻게 만들어 내는지 물어본 적이 여러 번 있다. 신기하게도 이들은 항상 똑같은 대답을 했다. 언어 때문이라는 것이었다. 이들은 언어가 없는 생물체는 의식이 없지만 다행히도 우리 인간은 그렇지 않다고 대답했다. 우리에게 앎을 주는 것은 언어이고, 의식은 현재 진행되고 있는 심적 과정을 언어로 해석한 것이며, 또한 언어는 사물을 적절한 거리에서 볼 수 있게 하는 데 필수적인 간격을 제공한다는 것이었다. 하지만 내게는 너무 쉬운 대답으로 들렸다. 내가 동물원에서 관찰한 바에 비추어 보면 이해하기 불가능할 정도로 복잡한 이유가 있을 것이라고 생각한 내게는 너무 간단한 대답이었다. 나는 이 대답을 믿지 않았고, 그때 그러기를 잘했다는 생각이 지금도 든다.

언어, 즉 단어와 문장은 다른 어떤 것을 번역한 것이다. 실체, 사건, 관계, 추론을 나타내는 비언어적 이미지로부터의 전환 결과인 것이다. 언어가 다른 모든 것에 대해 작동하는 방식, 즉 비언어적인 형태로 처음 존재하는 것을 단어와 문장 형태로 상징화하는 방식과 동일한 방식으로 자아와 의식에 대해 작동한다면, 모든 언어에서 '내가', '나를', '나는 안다'로 번역되는 것이 적절한 비언어적 자아와 앎이 있어야 한다. 나는 '나는 안다'라는 문장에서 언어로 표현되는 이 문장보다 먼저 존재하며 이것을 말하게 한, 자신이 중심이 되는 앎의 비언어적 이미지의 존재를 유추하는 것이 맞다고 생각한다.

자아와 의식이 언어가 생긴 후에 생겼으며 언어에 의해 직접 만들어진 것이라는 생각은 옳지 않을 것이다. 언어는 무에서 발생하지 않는다. 언어는 우리가 사물의 이름을 부를 수 있게 한다. 자아와 의식이 처음부터 언어로부터 생겼다면 자아와 의식은 그 기초를 이루는 개념이 없이 말로만 존재했을 것이다.

우리의 뛰어난 언어능력을 생각할 때, 대상에서 추론에 이르기까지 의식의 구성 요소 대부분은 언어로 번역될 수 있다. 또한 인간이 의지만 있다면 자연의 역사와 각 개인의 역사의 이 시점에서 의식의 기본 과정은 끊임없이 언어에 의해 번역되고 다루어진다. 언어는 지금 이 순간 우리가 이용하고 있는 높은 수준의 의식을 만드는 데 가장 큰 기여를 하고 있으며,

나는 이 의식을 확장 의식이라고 부른다. 이 확장 의식 때문에 언어 뒤에 무엇이 있는지 상상하기가 매우 힘들어지지만, 이런 노력은 반드시 해야 한다.

당신이 그렇게 돈이 많다면: 언어와 의식에 관한 이야기 신경질환에 의해 심한 언어장애를 가지게 된 환자들을 연구하면서 알게 된 것이 있다. 언어능력 손상이 아무리 심한 환자라도 그의 사고 과정은 본질적으로 그대로 유지된다는 것이며, 더 중요한 것은 자신의 상황에 대한 그의 의식은 보통 사람과 전혀 다르지 않아 보인다는 것이다. 언어는 마음에 놀라울 정도로 큰 기여를 하지만, 핵심 의식에는 전혀 기여를 하지 않았다.

정신적 능력이라는 큰 영역에서 언어가 차지하는 위치를 생각해 보면 이는 놀라운 일이 아닐 것이다. 자아, 타인, 주변에 대한 감각이 전혀 없는 사람들에게서 언어가 발화될 수 있다고 생각할 수 있을까?

내가 아는 모든 사례에서 심각한 언어장애를 가진 환자들은 깨어 있는 상태를 유지하고 주의를 기울일 수 있으며 목적을 가지고 행동할 수 있었다. 더 중요한 것은 이 환자들이 자신이 특정한 대상을 경험하고 있거나, 어떤 상황이 재미있거나 슬프다는 것을 감지하거나, 관찰자가 예상하는 결과를 묘사할 수 있다는 신호를 보낼 만한 충분한 능력을 가지고 있다는 점이다. 이런 신호 보내기는 불완전한 언어, 손동작, 몸의 움직임, 얼굴 표정을 통해 이루어지지만, 신호 보내기 자체는 매우 즉각적으로 이루어진다. 이 못지않게 중요한 것은 정서가 배경 정서, 일차 정서, 이차 정서의 형태로 풍부하게 존재하고, 이런 정서는 현재 일어나고 있는 사건과 밀접하게 연결되어 있으며 그 사건에 의해 유발된 것이라는 점이다. 정상인들이 특정 상황에서 특정한 정서를 가지게 되는 것과 상당히 유사한 현상이다.

이런 측면에서 가장 좋은 증거는 완전실어증 환자에게서 발견할 수 있다. 이것은 모든 언어기능이 심각하게 붕괴하는 질환이다. 이 환자들은 청각적이든 시각적이든 언어를 이해하지 못한다. 바꾸어 말하면 이들은 누가 말을 해도 전혀 알아듣지 못하며, 단어 하나, 글자 하나도 읽을 수 없다. 욕처럼 판에 박힌 말을 제외하고는 말을 전혀 하지 못한다. 다른 사람이 이런 환자들에게 단어나 소리를 반복해 보라고 말해도 전혀 그렇게 하지 못한다. 마음이 깨어 있고 주의를 기울이는 상태에서도 단어나 문장이 마음속에서 형성되고 있다는 증거가 전혀 없다. 오히려 많은 증거에 따르면 이들은 언어가 없는 사고 과정을 따른다는 추측이 가능하다.

그럼에도 불구하고 완전실어증 환자와 정상적인 대화를 나누는 것은 불가능하지만 이들이 나타낼 수 있는 제한적이고 즉흥적인 비언어 신호를 참을성 있게 이해하려고 노력한다면 충분히 인간적인 의사소통을 하는 것이 가능하다. 환자가 사용할 수 있는 이런 수단에 익숙해진다면 이런 환자에게 의식이 있는지 없는지 물어보게 되지는 않을 것이다. 핵심 의식 측면에서 이 환자들은 보통 사람과 전혀 다르지 않다. 생각을 언어로, 언어를 생각으로 번역하는 능력이 없을 뿐이다.

이번에는 나와는 반대 입장에 있는 사람들 편에서 이야기해 보자. 완전실어증 환자에게서 손상은 왼쪽 대뇌반구의 넓은 영역에서 일어나지만, 이 영역 전체가 완전히 손상되지는 않는다. 완전실어증 환자는 잘 알려진 두 개의 언어 영역인 브로카 영역과 베르니케 영역이 손상된 사람이다. 왼쪽 대뇌반구의 전두엽과 측두엽에 위치한 영역이다. 이 환자들은 대개 브로카 영역과 베르니케 영역 사이의 전두엽피질, 두정엽피질, 측두엽피질 영역과 이런 피질들 바로 밑 백질이 상당히 손상되어 있으며, 왼쪽 대뇌반구의 기저핵 회색질이 손상된 경우도 있다. 하지만 완전실어증이 최악의 상태일 때도 왼쪽 대뇌반구의 전전두 영역과 후두 영역은 그대로 보존된다고 주장하는 사람들도 있다. 제대로 말을 할 수 없는 상태에서 이런 영역들이 '언어가 발생시키는' 의식이 나타나는 데 필요한 '언어와 연관된' 능력 중 일부를 유지하는 것이 가능할까?

특정한 뇌종양 치료를 위해 왼쪽 반구 전체를 잘라 내는 수술을 받은 환자들의 행동을 연구하면 이럴 가능성이 있는지 바로 알아볼 수 있다. 이런 수술은 현재는 행해지고 있지 않지만 빠르게 퍼지는 치명적인 악성 뇌종양을 치료하기 위한 마지막 수단으로 한때 채택된 적이 있었다. 종양이 있는 반구 전체를 제거하는 수술 방법으로, 이 수술을 받으면 대뇌피질이 모두 제거된다. 즉 내 의견에 반대하는 사람들이 말하는 영역에서도 대뇌피질이 모두 제거되는 것이다. 예상할 수 있겠지만 왼쪽 대뇌반구 절제술은 언어능력 면에서 보면 가장

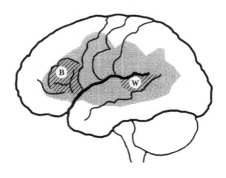

그림 4-1 전형적인 완전실어증 환자에게서 보이는 왼쪽 대뇌반구의 최소 손상 부분

브로카 영역(B)과 베르니케 영역(W)이 파괴되어 있으며, 언어 처리와 관련된 다른 몇몇 영역의 피질과 피질하 부위도 파괴되어 있다.

심각한 형태의 완전실어증을 유발하는 치명적인 수술이었다. 하지만 나는 이 수술을 받은 환자들 일부를 똑똑하게 기억하고 있으며, 그 환자들 중 한 명인 얼이라는 사람에 대해 이야기할 예정이다. 1960년대 중반 노먼 게슈빈트(미국의 행동신경학자)가 연구한 환자다.

당시에는 얼의 핵심 의식이 온전하다는 것에 의심할 여지가 전혀 없었고, 지금 확인한다고 해도 그럴 것이다. 얼의 언어 발화는 사실상 감탄사 몇 마디에 국한되어 있었지만, 그는 자신이 받은 질문, 검사 내용의 일부, 심각하게 제한된 자신의 언어능력에 대해 자신이 생각한 바를 완벽한 의도를 가지고 나타내는 데 이 감탄사를 사용했다. 그는 단지 깨어 있는 상태에서 주의를 기울이는 정도가 아니라 자신에게 닥친 비참함에 적합한 행동을 하기도 했다. 그는 생각과 의식이 없이 단지 반사 반응을 보이는 것이 아니었다. 그는 다른 사람이 한 질문에 반응하려고 동작을 시도했으며, 관찰자의 동작이 무슨 뜻인지 알아내고 자신이 답을 할 수 없다는 결론을 내리기까지 생각하는 시간을 가지기도 했다. 그는 머리를 움직이거나 얼굴 표정을 지음으로써 반응하려고도 했다. 반응을 포기할 수밖에 없는 데서 오는 좌절감을 손동작으로 표현하기도 했다. 그의 정서 흐름은 그 순간에 맞추어 미세 조정되어 있었던 것이다.

언어는 인간이 감사해야 할 중요한 능력 중 하나로서의 의식을 거의 필요로 하지 않는다. 언어의 진가는 다른 곳에 있다. 생각을 단어와 문장으로, 단어와 문장을 생각으로 정확하게 번역하는 능력, 지식을 단어라는 보호 우산 아래 빠르고 효율적으로 분류하는 능력, 상상으로 만들어진 것과 추상적인 개념을 효율적이고 간단한 단어로 표현하는 능력에 있는 것이다. 하지만 인간의 마음이 지식, 지능, 창의성 면에서 자라게 하고 오늘날 우리가 가지고 있는 확장 의식이라는 정교한 형태의 의식을 강화한 이런 놀라운 능력 중 그 어떤 것도 핵심 의식의 생성과 아무 관련이 없다. 정서나 지각의 생성과도 역시 아무 관련이 없다.

뇌졸중 때문에 심각한 실어증이 발생한 한 할머니가 지금도 생각난다. 이 할머니는 의지와 지능이 있는 상태에서 실어증을 극복하려는 마음이 강했다. 그 후 많이 좋아지기는 했지만 할머니의 언어능력은 과거에 비해서는 보잘것없는 상태에 머물렀고, 제대로 말을 한다고 보기 어려웠다. 할머니가 특정한 사람들의 이름을 말할 수 있는지 검사하던 날이었다. 나는 유명한 사람들의 사진을 보여 주고 이름을 말하도록 했다. 낸시 레이건이 화려한 영화배우의 모습으로 나온 사진과 레이건 미국 대통령의 영부인이었을 때 찍은 사진을 보여 주었을 때다. 영부인이었을 때 남편을 올려다보는 낸시는 빛나는 은색 옷을 입고, 머리카락은 빛이 났으며, 눈빛은 반짝였다. 할머니의 주름진 얼굴이 어두워졌다. 낸시의 이름을 생각해 내지는 못했지만 할머니는 이렇게 말했다. "당신이 그렇게 돈이 많다면 나는 그렇게 할 거예요." 이 얼마나 의식이 풍부한 말인가. 할머니는 낸시의 이 유명한 사진이 가진 여러 가지 의미를 순간적으로 파악한 것이었다. 몇 단어는 제대로 사용하고 문장에 가정법을 쓰기까지 했지만 자신을 나타내는 적절한 대명사를 일관적으로 사용하지는 못했다. 언어는 그녀 자신 또는 다른 사람에 대한 안정적인 번역을 제공하지 못했고, 그녀 자신의 사고 과정이 가진 정교함을 따라갈 수 없었다. 하지만 그녀는 풍부한 자서전적 자아를 여전히 가지고 있었다.

기억과 의식

언어가 핵심 의식을 만드는 데 전혀 역할을 하지 않는 것처럼 일반적인 기억도 마찬가지다. 핵심 의식은 광범위한 기억에서 발견되지 않는다. 핵심 의식은 작업기억에서도 발견되지 않지만, 작업기억은 확장 의식 생성에 필수적이다. 기억 측면에서 보면 핵심 의식에 필요한 것은 매우 짧은 단기 기억뿐이다. 핵심 의식을 갖기 위해 과거의 수많은 개인적인 기억이 있어야 할 필요는 없다. 이런 자서전적 기억은 확장 의식이라는 고등한 수준의 의식 형성에 기여한다. 이 주제에 대한 내 생각은 심각한 학습장애와 기억장애, 즉 기억상실증이 있는 환자들을 연구한 결과로 형성된 것이다. 내 환자였던 데이비드를 예로 들어 설명해 보겠다. 역사상 기억상실 증세가 가장 심하다고 할 수 있는 데이비드는 내가 20년 넘게 연구한 환자다. 그에 대해서는 좋은 사람/나쁜 사람 실험의 결과를 설명할 때 잠깐 다룬 바 있다. 이제 이 환자에 대해 자세히 알아보자.

아무것도 떠오르지 않는 마음

내 친구 데이비드가 방금 도착했다. 나는 그를 안고 웃는다. 데이비드도 그렇게 한다. 나도 그를 보아서 반갑고 그도 나를 보아서 반갑다. 누가 먼저 웃고 상대방에게 접근했는지는 말 안 해도 알 수 있을 것이다. 별로 중요한 문제는 아니다. 데이비드와 나는 여기 있는 것이 좋다. 우리는 오랜 친구처럼 앉아서 이야기를 나누기 시작한다. 나는 데이비드에게 커피를 권하고 나도 좀 따라 마신다. 창밖에서 우리를 보면 너무나 자연스럽게 보일 것이다.

하지만 이제 곧 장면이 바뀔 것이다. 친구들끼리 하는 정다운 인사말이 끝나자 나는 데이비드에게 내가 누구인지 묻는다. 데이비드는 아무렇지도 않게 내가 자기 친구라고 답한다. 나도 아무렇지도 않게 말한다.

"물론 그렇지. 그런데 내가 진짜 누구인지 알아? 내 이름이 뭐지?"

"모르겠는데? 지금은 생각이 안 나. 생각이 전혀 안 나네."

"내 이름 정말 모르겠어?"

그러자 데이비드가 대답한다. "당신은 내 사촌 조지야."

"조지라고? 성이 뭐지?"

"내 사촌 조지 매켄지야." 자신 있는 목소리이지만 당혹스러운 듯 눈썹이 살짝 찡그려진다.

내가 데이비드의 사촌 조지 매켄지가 아니라는 것은 누구나 알고 있다. 데이비드만 모르고 있는 것이다. 겉으로 보이는 것과 달리 데이비드는 내가 누구인지 모른다. 내가 무슨 일을 하는지도, 그전에 나를 본 적이 있는지도, 언제 나를 마지막으로 보았는지도, 내 이름이 무엇인지도 모른다. 자기가 사는 도시, 거리, 건물의 이름도 모른다. 시간도 모른다. 내가 시간을 물으면 손목시계를 보고는 2시 45분이라고 정확하게 말하지만, 날짜를 물으면 시계를 다시 보고는 6일이라고 대답한다. 데이비드의 시계에는 날짜 표시창이 있지만 달이 표시되지는 않는다.

"좋아. 완벽해. 그런데 지금이 몇 월이지?"

그 질문에 데이비드는 방을 여기저기 불안하게 훑어보고는 창에 빼곡하게 쳐진 커튼을 쳐다보고 말한다. "2월이나 3

월인 것 같은데. 좀 추운 걸 보니." 그렇게 말하면서 그는 창문 쪽으로 가서 커튼을 걷고는 말한다. "세상에! 6월이나 7월인가 보네. 날씨가 진짜 여름이야."

"진짜 그래." 내가 말한다. "지금은 6월이고 밖은 30도쯤 돼."

내 말을 데이비드가 받으면서 말한다. "영상 30도라고? 신나는데? 밖에 나가 봐야겠어."

데이비드가 의자로 다시 오고 우리 대화는 계속된다. 구체적인 사람, 장소, 사건, 시간에 대해서만 말하지 않으면 대화는 정상으로 돌아온다. 데이비드는 구체적인 내용이 나오는 대화를 피해 가는 법을 알고 있다. 그는 단어를 잘 선택한다. 말도 유연하게 잘한다. 상황에 맞게 정서가 풍부한 운율도 잘 구사한다. 의자에 앉아 쉴 때 보이는 표정, 손과 팔의 동작, 몸의 자세도 상황에 딱 들어맞는다. 그의 배경 정서는 크고 넓은 강처럼 흐른다. 하지만 그의 즉흥적인 대화 내용은 일반적이며, 일반적이지 않은 구체적인 내용을 말하라고 하면 대부분 거부한다. 그런 뒤에는 아주 솔직하게 마음속에 아무것도 떠오르지 않는다고 고백한다. 어떤 사건에 대해 구체적으로 기술하라고 하면, 즉 특정한 사람의 이름을 말하라는 요구 같은 것을 하면 아무렇지도 않게 이야기를 꾸며 낸다.

데이비드의 기억은 심한 뇌염에 걸리기 전까지는 완벽하게 정상이었다. 그의 뇌염은 제1형 단순포진 바이러스 감염에 의한 것이었다. 보통 사람들도 대부분 이 바이러스를 가지고 있지만, 이 바이러스가 뇌염을 일으키는 경우는 극소수에 불과하다. 이 극소수의 불행한 사람들에게서 왜 이 바이러스가 갑자기 공격적으로 행동하는지는 알려져 있지 않다.

데이비드가 뇌염 증상을 나타낸 것은 마흔여섯 살 때였다. 뇌염은 그의 뇌 일부, 즉 왼쪽과 오른쪽 측두엽에서 심각한 손상을 일으켰다. 몇 주 만에 뇌염 증상이 끝났을 때 그는 새로운 사실을 학습할 수 없는 상태가 된 것이 분명해졌다. 그는 새로운 것은 전혀 학습할 수 없었다. 새로운 사람을 만나거나, 새로운 풍경을 보거나, 새로운 사건을 목격하거나, 새로운 단어를 기억해야 할 때 그는 어떠한 사실도 기억에 저장하지 못했다. 그가 기억할 수 있는 시간의 범위는 1분 미만이었다. 그 짧은 시간 동안에는 새로운 사실을 기억할 수 있었다. 그에게 내가 누구인지 말하고 방에서 나갔다 20초 만에 돌아와서 다시 내가 누구인지 묻는다면 그는 바로 내 이름을 말하고, 나를 방금 만났는데 방에서 나갔다 다시 돌아왔다고 할 것이다. 하지만 3분 뒤에 돌아온다면 그는 내가 누구인지 전혀 기억하지 못할 것이다. 내가 누구인지 말하라고 다그치면 그는 아무나 나라고, 이를테면 조지 매켄지가 나라고 말할 것이다.

새로운 사실을 학습하는 능력이 심각하게 떨어지는 데이비드는 HM이라는 환자와 비슷하다. 심리학자인 브렌다 밀너가 처음 자세하게 연구한 환자다. HM은 1950년대 중반부터 새로운 사실을 학습할 수 없는 상태가 되었다(신기하게도 HM은 데이비드와 나이가 같다). 하지만 데이비드의 기억장애는 HM의 그것보다 더 범위가 넓다. 새로운 사실을 기억할 수 없을 뿐만 아니라 과거의 일도 대부분 기억하지 못하기 때문이다. 그는 자신의 전 생애에 걸쳐 일어난 구체적인 사건, 만난 사람이나 본 사물을 거의 기억하지 못한다. HM의 기억력 상실은 유아기까지 거슬러 올라간다.

이런 심각한 증상에는 거의 예외가 없다. 그는 자신의 이름, 아내와 아이들의 이름은 기억한다. 하지만 그들이 어떻게 생겼는지, 목소리가 어떤지는 기억하지 못한다. 따라서 그는 오래된 것이든 최근에 찍은 것이든 가족의 사진을 보고도 알아보지 못한다. 실제로 그는 젊었을 때 찍은 사진 몇 장을 제외하고는 자기 사진도 대부분 알아보지 못한다. 데이비드와 HM이 둘 다 새로운 사실을 학습할 수 없다는 점에서는 비슷하지만 오래된 사실을 기억하는 능력 면에서 다른 이유는 이렇다. 이들은 공통적으로 해마에 손상을 입었지만, 데이비드에게서만 손상된 다른 부위가 있기 때문이다. 측두엽의 나머지 부분에 위치한 피질, 특히 하측두엽과 극 영역 피질이 그 부위다.

데이비드는 자신의 예전 직업과 삶의 거의 대부분을 살았던 도시 이름을 알고 있지만, 과거에 살던 집, 운전하던 자동차, 아끼던 반려동물, 소중하게 여기던 물건들의 사진을 알아보지 못한다. 이렇게 구체적인 것에 대해 물을 때 그의 마음속에는 특정하게 떠오르는 것이 없으며, 이런 것을 찍은 사진을 보여 줄 때 그의 마음속에 떠오르는 것은 개념적인 범주의 한 구성 요소로서의 물건에 대한 지식이다. 열네 살 된 아들의 사진을 보여 주면 데이비드는 미소가 멋진 학생이라고 말하지만, 그 학생이 자기 아들이라는 생각은 전혀 하지 못한다. 위의 대화에서 보듯이 그가 기억하는 것은 자신을 둘러싸고 있는 세계의 거의 모든 것에 대한 일반적인 사항뿐이다. 그는 도시, 거리, 건물의 뜻은 알고 있으며 병원과 호텔이 어떻게 다른지도 안다. 가구, 옷, 교통수단의 다양한 종류에 대해서도 알고 있으며, 이런 사물이나 살아 있는 존재가 흔히 포함되는 사건의 일반적인 흐름에 대해서도 알고 있다. 하지만 마흔여섯 살까지 그가 알게 된 구체적인 사실에 대한 기억을 잃었다는 것, 그때 이후로 새로운 사실을 습득할 수 없게 되었다는 것을 당신이 알게 된다면 이런 기억 손상이 얼마나 엄청난 것인지 느낄 수 있을 것이다. 그 손상의 정도는 너무나 크기 때문에 이런 사람의 내부에 있는 마음이 어떤 것인지 알기는 매우 힘들다. 데이비드는 철학자들이 사고실험에서 만들어 낸 철학적 좀비 같은 것일까? 좀 더 정확하게 의문을 제기해 보자. 데이비드에게 의식이 있을까?

데이비드의 의식

데이비드는 핵심 의식 면에서 보면 완벽하다. 우선 그는 각성 상태를 유지하고 있다. 신경학자들의 전통적인 표현으로는 '깨어 있고 명료한' 상태다. 또한 활동일 주기가 정상이고, 정상적으로 수면을 취하며, 전체 수면 시간 중 꿈을 꾸는 시간인 렘수면(급속 안구 운동 수면) 지속 시간도 정상적이다. 우리가 제공한 자극에 대해서도 주의를 기울이며 행동하기도 한다. 문장이나 음악을 들으라고 하거나, 사진이나 영화를 보여 주면 보통 사람처럼 반응한다. 어떤 때는 매우 열정적으로, 또 어떤 때는 덜 열정적으로 반응하기는 하지만, 자극을 처리하기에 충분히 적절할 정도로 항상 반응하며 그 자극에 대한 느낌을 만들어 낸다. 또한 그 자극에 대한 질문에 대답할 준비도 되어 있다. 자극이나 상황이 흥미를 자극한다면 데이비드는 주의를 집중할 수 있으며, 상당히 오랜 시간 동안 그 집중 상태를 유지할 수 있다. 예를 들어 데이비드는 체스 게임을 할 수도 있으며 심지어는 이기기도 한다. 자신이 하고 있는 게임의 이름도 모르고, 규칙도 하나도 모르며, 언제 그 게임을 마지막으로 했는지도 기억하지 못하면서 그렇게 한다. 배경 정서가 끊임없이 흐르며, 다는 아니지만 수많은 일차 정서와 이차 정서도 끊임없이 흐른다. 게임에서 이겼을 때 기뻐하는 그의 모습을 보면 기분이 참 좋다. 게임이 결정적인 순간에 이를 때 그의 목소리가 감정적으로 변하는 현상은 인간 정서의 기본을 보여 준다. 마지막으로 데이비드의 즉흥적인 행동에는 목적이 있다. 그는 앉기 좋은 의자, 먹고 마시기 좋은 음식과 음료, 세상 돌아가는 것을 보여 주는 텔레비전이나 창을 잘 찾아낸다. 자신이 하는 일이 재미만 있다면 그는 스스로의 힘으로 자신이 몇십 분, 몇십 시간 동안 처해 있는 상황에 어울리는 목적 있는 행동을 계속해서 한다.

내가 앞에서 언급한 환자들과 데이비드의 차이점은 극명하다. 간질성 자동증 환자들도 깨어 있는 것은 마찬가지이지만 이들의 주의 지속 시간은 대부분 짧고, 대상에 대해서 지속되지도 않으며, 이미지를 만들어 내고 다음 행동을 촉발하는 데 필요한 시간 동안만 대상에 집중된다. 자동증 환자들의 행동이 목적을 갖는 것은 각각의 행동(컵으로 물 마시기)이 이루어지는 동안뿐이거나 몇몇 연속적인 행동(일어나서 걸어 나가기)을 할 때뿐이며, 목적의 연속성은 없다. 이런 행동은 상황의 전반적인 맥락에 비추어 적절하지 않다.

정상적인 각성 상태, 주의, 목적 있는 행동이 존재하다는 전제하에서 의식에 대한 외부적 정의를 선택하는 사람이라면 데이비드가 정상적인 의식을 가지고 있다는 결론을 내릴 것이다. 물론 나도 동의한다. 또한 외부주의자들의 진단에 힘을 싣기 위해 나는 데이비드가 자기 자신과 주변의 관계에 대해 매우 잘 의식하고 있다는 점도 덧붙이고 싶다. 이 점은 그가 자기 주변의 사물과 사건에 대해 개인적으로 말한 내용을 들어 보면 확실히 알 수 있다. 그의 마음에 들어가서 볼 수는 없지만 그가 자신이 경험하고 있는 세계에 대해 항상 하는 말을 분석할 수는 있다. "이거 멋진데!", "이게 마음에 들어", "너희하고 같이 여기 앉아서 사진을 보니 기분이 좋아", "엉망이야!", "나는 맛있어. 나 이런 거 좋아해", "그런 말은 사람 많은 곳에서 하면 좋지 않다고 생각해" 같은 말이다. 우리는 같은 종에 속한 유기체이고, 이런 말은 비슷한 상황에서 우리가 하는 말과 명백하게 다르지 않기 때문에 그의 이런 말은 우리가 비슷한 판단을 하는 정신적인 상태에서 나온다고 할 수 있다. 거의 아무것도 마음속에 떠오르지 않을 때도 그의 자아 감각은 마음속에 있는 것이다.

데이비드의 단기 기억이 지속되는 시간(45초 정도)은 수많은 것에 대한 핵심 의식이 생성되기에 충분한 시간이다. 그가 다양한 감각 양식(시각, 청각, 촉각) 형태로 만들어 내는 이미지들은 그의 유기체의 관점에서 만들어지는 것이라는 증거가 있다. 그는 이런 이미지들을 다른 누군가의 것이 아닌 자신의 것으로 다루는 것이 확실하다. 또한 그가 이런 이미지들에 기초해 행동할 수 있으며, 그것들의 내용과 밀접하게 연결된 행동 의지를 밝힌다는 것은 쉽게 관찰이 가능하다. 결론적으로 데이비드는 좀비가 아니다. 핵심 의식 측면에서 보면 그는 당신이나 나처럼 의식을 가지고 있다.

데이비드의 마음이 나나 당신의 마음과 완전히 같지 않다는 것은 말할 필요도 없다. 중요한 것은 그의 마음에 무엇이 없는지를 알아내는 것이다. 그의 마음은 다양한 감각 양식의 이미지를 가지고 있다는 점에서, 이런 이미지가 협조적이고 논리적으로 서로 연결된 집합 형태로 나타난다는 점에서, 이런 이미지의 집합이 시간이 지나면서 순방향으로 변화한다는 점에서, 이런 이미지의 새로운 집합이 그 전 집합을 승계한다는 점에서 우리의 마음과 비슷하다. 데이비드는 이런 이미지 집합의 흐름을 가지고 있다. 이 흐름은 셰익스피어와 제임스 조이스가 자신의 작품에서 독백 형태로 변환한 과정, 윌리엄 제임스가 의식의 흐름이라고 이름 지은 과정이다. 하지만 데이비드의 의식 흐름 안에 있는 이미지의 내용은 전혀 다르다. 우리는 그의 이미지가 특정한 것이 아닌 일반적인 것을 구현한다는 것을 확실히 알고 있다. 이 일반적인 것은 우리가 데이비드에게 보여 주는 자극에 관한 일반적인 지식, 데이비드라는 사람, 그의 몸, 현재 그의 물리적 · 정신적 상태, 그의 호불호에 관한 일반적인 지식이다. 우리와는 달리 데이비드는 특정한 사물, 사람, 장소, 사건과 관련한 구체적인 것을 만들어 낼 수 없다. 당신과 나는 매 순간 불가피하게 일반적인 지식의 이미지와 특정한 지식의 이미지를 혼합할 수밖에 없지만 데이비드는 일반적인 것 안에만 머물 수밖에 없다. 그의 마음에서 단위 시간당 처리하는 이미지의 수는 우리보다 적을 것이다.

특정한 내용의 결핍만으로는 대상에 대한 이해와 그동안 삶을 살아온 역사적 개인이라는 광범위한 영역을 연결하는 능력이 훼손되지는 않는다. 데이비드는 대상의 실제 의미를 감지하고 그 대상으로 인해 쾌락을 느낄 수는 있지만, 대상의 실제 의미나 느낌을 어떻게 감지하는지는 설명할 수 없으며, 자신의 과거 삶에서 어떤 특정한 사건이 자신이 만들어 내는 이미지를 만들게 했는지 떠올릴 수도 없다. 그는 대상이 자신이 예상한 미래와 어떻게 연결되거나 연결되지 않는지도 설명할 수 없다. 그는 우리처럼 미래를 계획한 기억이 없다는 단순한 이유에서다. 그는 미리 계획을 세우지 못했고 지금도 그렇다. 미래를 계획하려면 과거의 특정 이미지를 지적으로 조작해야 하는데, 그는 특정한 이미지를 불러낼 수 없기 때문이다. 모든 것을 종합해 볼 때 그는 현 시점에서 보통의 자아 감각을 가지고 있지만, 그의 자서전적 기억은 뼈대만 남은 수준으로 축소되었으며, 그에 따라 어떤 순간에서라도 구축될 수 있는 그의 자서전적 자아는 심각하게 약해진 상태다.

이렇게 구체적인 것이 없어진 결과로 데이비드의 확장 의식은 손상을 입었다. 그가 자서전적 기억에서 없어진 특정한 내용을 만들어 낼 수 있다면 확장 의식을 가능하게 하는 메커니즘의 일부가 실제로 기능할 가능성이 있다. 그에게 몇몇 심상을 동시에 만들어 내는 능력, 여러 감각 양상의 다양한 이미지를 마음속에 가지고 있을 수 있는 능력이 없다는 증거는 존재하지 않는다. 이러한 능력은 작업기억에 의해 생기며 확장 의식 생성에 필수적이다. 예를 들어 그는 색깔, 모양, 크기의 조합 능력이 필요한 일을 어려움 없이 할 수 있다.

데이비드에게는 특정한 것을 정의하는 데 필요한 구체성이 없기 때문에 사회적인 인지와 행동과 관련한 확장 의식의 측면도 결핍되어 있다. 상황에 대한 높은 수준의 인식은 특정한 사회적 상황에 대한 방대한 지식을 기초로 구축되는데, 그는 그런 지식을 불러낼 수가 없다. 그는 다른 사람과 인사를 나누고, 대화에서 번갈아 자신의 이야기를 하고, 거리나 복도에서 걸어 다니면서 예의를 지키는 등 수많은 사회적 관습을 준수한다. 또한 인도적이고 친절한 행동이 무엇인지에 대한 개념도 가지고 있다. 하지만 사회 공동체의 작동에 대한 포괄적인 지식은 전혀 가지고 있지 않다.

데이비드의 사례는 두 가지 결론을 뒷받침하는 증거를 제공한다. 첫째, 구체적인 수준에서의 사실적 지식은 핵심 의식의 전제 조건이 아니다. 둘째, 데이비드는 해마, 해마를 덮고 있는 내측 피질, 측두엽 극 영역, 측두엽 외측 영역과 하부 영역의 상당 부분을 포함한 측두엽 영역과 편도체 모두에 광범

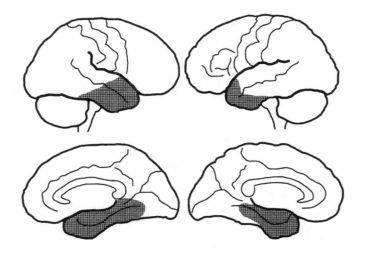

그림 4-2 데이비드의 측두엽 손상 부위

이 손상은 양쪽 대뇌반구의 해마 등 측두엽의 많은 부분을 파괴했다. 새로운 사실 학습 능력과 오래된 사실 회상 능력이 심각하게 손상된 상태다.

위한 손상을 입은 상태다. 따라서 핵심 의식은 이런 뇌의 넓은 영역에 전혀 의존하지 않는다는 것을 알 수 있다.

발견된 사실 정리

의식이 손상되거나 그대로 보존되는 상황에 대한 간단한 조사를 통해 얻을 수 있는 예비적 사실은 꽤 많다.

첫째, 의식은 단일체가 아니다. 의식은 여러 종류로 구분하는 것이 합리적이다. 최소한 간단하고 기본적인 종류의 의식과 복잡하고 확장된 종류의 의식은 자연스럽게 구분된다. 또한 확장 의식도 여러 단계나 수준으로 나누는 것이 합리적이다. 신경질환의 결과를 보면 핵심 의식과 확장 의식이 확실히 구별된다는 것을 알 수 있다. 기초적인 종류의 의식인 핵심 의식은 무동성 무언증, 결여 발작, 간질성 자동증, 지속적인 식물인간 상태, 혼수상태, (꿈을 꾸지 않는) 깊은 수면 상태, 깊은 마취 상태에서 붕괴된다. 핵심 의식은 기본적인 의식이기 때문에 그것이 무너지면 확장 의식도 무너진다. 반면 확장 의식이 붕괴된다고 해도 자서전적 기억이 심각하게 와해된 환자의 예에서 보듯이 핵심 의식은 그대로 보존된다(확장 의식 관련 장애는 7장에서 다룬다).

둘째, 각성 상태, 낮은 수준의 주의, 작업기억, 일반적인 기억, 언어, 추론 같은 기능과 전반적인 의식을 분리하는 것이 가능하다. 핵심 의식이 정상적으로 작동하려면 각성 상태와 낮은 수준의 주의가 둘 다 필요하지만, 핵심 의식은 각성 상태나 낮은 수준의 주의와 동일한 것이 아니다. 앞에서 살펴보았듯이 결여 발작, 자동증, 무동성 무언증 환자는 엄밀하게 말하면 깨어 있지만 그에게 의식이 있지는 않다. 반면 각성 상태를 잃은 사람에게는(렘수면의 부분적 예외를 제외하면) 더 이상 의식이 없다.

핵심 의식은 시간이 지나면서 이미지를 계속 가지고 있는 것, 즉 작업기억과도 같지 않다. 자아와 앎에 대한 감각은 너무나 짧은 시간 동안 아주 풍부하게 생성되기 때문에 그 감각이 유효하도록 하기 위해 시간이 지나면서 이미지를 계속 가지고 있을 필요가 없다. 반면 작업기억은 확장 의식 과정의 필수적인 요소다.

앞에서 말했듯이 핵심 의식은 이미지에 대한 안정적인 기억을 만들거나 그 이미지를 다시 떠올리는 과정에 의존하지 않는다. 즉 핵심 의식은 일반적인 학습과 기억 능력 과정에 의존하지 않는다. 그것은 언어에 기초를 두고 있지도 않다. 마지막으로 핵심 의식은 계획 세우기, 문제 풀기, 창의적인 활동 같은 과정에서 이미지를 지적으로 조작하는 것과 같지 않다. 추론과 계획 능력이 심각하게 결핍된 환자들도 완벽하게 정상적인 핵심 의식을 나타낸다. 확장 의식의 최상층부가 결핍되어도 그렇다(『데카르트의 오류』 참조).

인지의 이 모든 다양한 요소들, 즉 각성 상태, 이미지 생성, 주의, 작업기억, 일반적인 기억, 언어, 지능 등은 의식과의 완벽한 협력을 하면서 매우 조화롭고 능숙한 방식으로 함께 작동하지만, 적절한 분석에 의해 분리할 수 있으며 독립적으로 연구할 수 있다.

셋째, 정서와 핵심 의식은 확실하게 연관되어 있다. 핵심 의식이 손상된 환자는 표정, 몸짓, 발성에 의해 정서를 드러내지 않는다. 보통 이런 환자들에게서는 배경 정서에서 이차 정서에 이르기까지 모든 정서가 결핍되어 있다.[1] 이와는 대조적으로, 7장에서 확장 의식을 다룰 때 설명하겠지만, 핵심 의식은 보존된 상태이지만 확장 의식이 손상된 환자는 정상적인 배경 정서와 일차 정서를 가지고 있다. 이런 결합 양상은 정서와 핵심 의식 모두가 의존하는 신경 장치의 일부가 최소한 같은 영역에 위치한다는 것을 암시한다. 하지만 정서와 핵심 의식의 연결 관계는 이들이 의존하는 신경 장치가 단지 서로 가까운 곳에 있다는 것 이상의 의미를 가진다고 말할 수 있다.

넷째, 핵심 의식이 교란되면 정신 활동의 전체 영역과 감각 양상 전체가 영향을 받는다. 혼수상태, 지속적인 식물인간 상태에 있는 환자, 간질성 자동증, 무동성 무언증, 결여 발작 환자 등 핵심 의식이 교란된 환자에게는 의식이 있을 수가 없다. 핵심 의식 손상은 모든 감각 양상으로 확장된다. 핵심 의식은 의식적이 될 수 있는 모든 생각, 알려져야 하는 모든 것을 위해 작동한다. 핵심 의식은 가장 중요한 자원이다.

반면 다음 장에서 다루겠지만 시각 또는 청각 같은 하나의 감각 양상 안에서 이미지 생성 능력이 손상되면 대상의 한 측면(시각적 측면이나 청각적 측면)을 의식적으로 이해하는 능력만 훼손된다. 하지만 전반적인 핵심 의식은 훼손되지 않으며, 후각이나 촉각 같은 다른 감각 채널을 통해 같은 대상을 인식하는 능력도 훼손되지 않는다. 따라서 모든 종류의 이미지 생성 능력이 손상되면 의식이 모두 사라진다. 의식은 이미지에 의존해 작동하기 때문이다.

위의 관찰 결과는 의식이 감각 영역에 의해 나누어진다는 생각에 부합하지 않는다. 뇌 손상이 특정 종류의, 예를 들면 시각 또는 청각 이미지 처리를 방해하는 사례가 있다. 이런 경우 그 감각 양상의 감각 처리 능력은 거의 소실될 수 있다. 피질맹이 그 예다. 또는 감각 양상의 한 측면이 소실될 수도 있다. 완전색맹으로 알려진 색깔 처리 능력 소실 상태다. 특정 과정의 상당 부분이 붕괴하는 경우도 있다. 사람들의 얼굴을 잘 알아보지 못하는 질환인 안면인식장애가 그 예다. 내 생각에 이런 환자들은 '알려져야 하는 어떤 것'이 교란된 이들이다. 하지만 이들은 시각을 제외한 다른 감각 양상 형태로 형성되는 모든 이미지에 대해서는 정상적인 핵심 의식을 가지고 있다. 게다가 자신들이 정상적으로 처리하지 못하는 특정한 자극에 대해서도 정상적인 핵심 의식을 가지고 있다. 바꾸어 말하면 그전에 알고 있던 얼굴을 인식하지 못하는 환자들은 자신이 마주하는 자극에 대해 정상적인 핵심 의식을 가지고 있으며, 자신들이 얼굴을 인식해야 하는데 그렇지 못하다는 것을 확실하게 알고 있다. 이 환자들은 자신에게 결핍된 부분을 제외한다면 정상적인 핵심 의식과 확장 의식을 가지고 있다. 이 환자들의 상태는 핵심 의식과 그 핵심 의식의 작용 결과인 자아 감각이 가장 중요한 자원이라는 사실을 선명하게 드러낸다. 이런 관찰 결과는 의식이 유기체 전체에 봉사하고 있다는 생각에 기대지 않고 시각 같은 하나의 감각 양상의 영역 안에서 의식을 종합적으로 이해하려는 시도에 대해 의문을 불러일으킬 수도 있다. 이런 시도는 1장에서 다룬 의식의 두 가지 문제 중 첫째 문제, 즉 뇌 안의 영화 문제를 해결하는 데 도움을 줄 수는 있지만, 둘째 문제인 앎의 행위에서의 자아 감각 문제는 해결하지 못한다.[2]

핵심 의식을 다른 인지 과정으로부터 분리할 수 있다는 사실이, 의식이 그 인지 과정에 영향을 미치지 않는다는 것을 의미하지는 않는다. 반면 6장에서 다루겠지만 핵심 의식은 이런 다른 인지 과정에 지대한 영향을 미친다. 핵심 의식은 주의와 작업기억을 집중시키고 강화하며, 기억의 구축을 선호하고, 언어의 정상적인 작동에 필수적이다. 또한 그것은 우리가 계획 세우기, 문제 풀기, 창의적인 활동이라고 부르는 지적인 조작의 범위를 확장한다.

결론적으로 말하면 광범위한 기억 능력과 지능을 가진 우리 같은 개인들은 언어의 도움이 있든 없든 사실을 논리적으로 다룰 수 있으며, 사실로부터 추론을 할 수 있다. 하지만 나는 핵심 의식이 핵심 의식의 내용과 관련해 우리가 하는 추론과 구별된다고 생각한다. 우리 마음속의 생각은 우리의 개인적인 관점에서 만들어지며, 우리는 그 생각을 소유하고, 그 생각에 기초해 행동하며, 대상과의 관계를 주도하는 것은 분명히 우리 유기체라고 추론할 수 있다. 하지만 나는 핵심 의식이 이런 추론 이전에 시작된다고 생각한다. 앎의 행위를 하는 우리의 개인적인 유기체에 대한 있는 그대로의 감각이 바로 그 증거다.

앞에서 다룬 모든 인지적 특성은 핵심 의식에 의해 강화된 뒤 핵심 의식이라는 기초 위에 확장 의식을 구축하는 데 도움을 준 것이다. 이런 연결 관계는 한 번도 끊긴 적이 없다. 확장 의식 뒤에는 언제나 핵심 의식이 작용하고 있기 때문이다. 놀라워 보일 수도 있지만 그럴 일이 아니다. 속이 편해야 바흐의 음악도 즐길 수 있다.

마음이라는 무대의 뒤편

지금까지 우리는 핵심 의식이 사라지거나, 다른 중요한 인지적 교란이 나타남에도 불구하고 핵심 의식이 보존되는 상황에 대해 다루었다. 좀 더 이야기를 진행해 보자.

이 책 초반부에서 나는 이미지에 기초한 내부적인 감각이 핵심 의식에 포함된다고 말했다. 또한 특정한 이미지는 느낌의 이미지라고도 했다. 이 내부적인 감각은 유기체와 대상 사이의 관계에 대한 강력한 비언어적 메시지를 전달한다. 이 관계에는 순간에 대한 지식을 생성하는 것으로 보이는, 일시적으로 구축되는 실체인 개인적인 주체가 있다는 메시지다. 이 메시지는 현재 처리되고 있는 대상의 이미지가 우리의 개인적인 관점에서 생성되었으며, 이 사고 과정의 주인은 우리이며, 우리는 이 사고 과정의 내용에 기초해 행동한다는 내용을 포함하고 있다. 핵심 의식 과정의 맨 끝은 핵심 의식을 유발한 대상에 대한 강화 과정이다. 이 과정이 있어야 대상이 대상을 알고 있는 유기체와 유지하는 관계의 일부로 두드러지기 때문이다.

내가 취하고 있는 의식에 대한 관점은 존 로크, 프란츠 브렌타노, 이마누엘 칸트, 프로이트, 윌리엄 제임스 같은 학자들의 생각과 역사적으로 연결되어 있다. 이들은 나처럼 의식이 '내부적인 감각'이라고 생각했다. 신기하게도 의식을 내부적인 감각이라고 보는 견해는 의식 연구에서 더 이상 주류에 속하지 않는다.[3] 내 관점에 보면 의식은 제임스가 제시한 기본적인 속성을 가지고 있다. 의식은 선택적이고 연속적이며, 의식 자체 외에도 대상과 관계되어 있으며, 개인적이다. 제임스는 핵심 의식과 확장 의식을 구분하지 않았지만 지금도 별 문제는 없다. 그가 제시한 속성은 이 두 종류의 의식 모두에 잘 적용되기 때문이다.[4]

핵심 의식은 맥박처럼 생성된다. 우리는 핵심 의식 각각의 내용에 의식하게 되기 때문이다. 핵심 의식은 우리가 대상을 접해 그 대상의 신경 패턴을 구축하고, 그로 인해 두드러지게 된 대상의 이미지가 우리의 관점에서 생성되고, 우리에게 속해 있고, 우리가 그 이미지에 기초해 행동할 수 있다는 것을 자동적으로 발견하게 될 때 발생하는 지식이다. 이런 지식은 즉각적으로 얻는 것이다(나는 발견이라고 표현하고 싶다). 딱히 추론 과정도 없으며 그 발견에 이르게 하는 논리적인 과정도 없으며, 언어의 작용도 없다. 사물의 이미지가 생기고 그 직후에 그 이미지를 우리가 소유하고 있다는 감각이 생기는 것이 전부다.

우리가 직접적으로 알 수 없는 것은 이 발견 뒤에 있는 메커니즘, 즉 이미지에 대한 핵심 의식이 발생하게 하고 그 이미지를 우리 것으로 만들기 위해 열려 있는 것으로 보이는 우리 마음의 무대 뒤에서 일어나야 하는 과정이다. 전체적으로 보면 무대 뒤에서 이 과정이 일어나려면 시간이 필요하다. 시간은 대상의 이미지와 그 이미지에 대한 우리의 소유 사이의 인과관계 구축에 핵심적인 요소다. 이 시간은 미세한 스톱워치로 측정해야 할 만큼 짧지만, 이 과정을 가능하게 하는 뉴

2부 느낌과 앎

런의 관점에서 보면 매우 긴 시간이기도 하다. 뉴런의 시간 단위는 의식 있는 우리 마음의 시간 단위보다 훨씬 짧기 때문이다. 뉴런이 활성화되어 작동하는 시간은 몇백만 분의 1초 정도에 불과한 반면 우리 마음속에서 우리가 의식하는 사건은 이 시간의 수십, 수백, 수천 배의 시간 동안 발생한다. 특정한 대상에 대한 의식을 '배달'받을 때면 우리 뇌의 장치에서는 분자 수준에서 보면 영원에 가까운 시간이 이미 흐른 상태다. 분자가 생각할 수 있다면 그렇다는 뜻이다. 의식은 늘 이렇게 늦는다. 하지만 다른 사람도 다 마찬가지이기 때문에 아무도 늦는다는 것을 알아차리지 못한다. 의식 과정을 유발하는 실체에 비해 의식이 늦는다는 생각은 벤저민 리벳의 선구자적인 실험에 의해 뒷받침된다. 자극이 의식되려면 시간이 걸린다는 것을 증명한 실험이다. 우리의 의식은 500밀리초 정도 늦는다.[5] 세포의 시간과 진화가 우리를 여기까지 데려오는 데 걸린 시간 사이 어딘가에 우리의 정신적 자아가 위치한다는 것은 신기한 일이다. 또한 우리가 이 두 종류의 시간이 어느 정도의 시간인지 제대로 상상할 수 없다는 것도 역시 신기한 일이다.

이 페이지에서 단어들을 보는 동안 당신은 원하든 그렇지 않든 당신이 읽고 있다는 것을 자동적으로 그리고 끊임없이 감지한다. 이 글을 쓰고 있는 나 다마지오가 책을 읽는 것도, 다른 누군가가 책을 읽는 것도 아니다. 당신이 읽고 있는 것이다. 당신은 현재 지각하고 있는 대상, 즉 책, 당신이 있는 방, 창밖의 거리가 당신의 관점에서 파악되고 있으며, 당신의 마음속에서 형성된 생각이 다른 누군가의 것이 아니라 당신의 것임을 감지하고 있다. 또한 당신은 원한다면 상황에 기초해 행동할 수 있다는 것을 감지하고 있다. 읽기를 멈추거나 생각을 하거나 일어나서 산책을 나갈 수 있는 것이다. 의식은 관찰되는 대상의 관찰자 또는 그 대상을 아는 사람으로서의 당신, 당신의 관점에서 형성된 생각의 소유주로서의 당신, 어떤 상황에서 잠재적인 행위자로서의 당신이 기묘하게 혼합되게 만드는 정신 현상을 가리키는 포괄적 용어다. 의식은 당신의 심적 과정의 일부이지 그 심적 과정 외부의 과정이 아니다. 개인적인 관점, 생각에 대한 개인적인 소유, 개인적인 행위는 핵심 의식이 당신의 유기체 안에서 현재 펼쳐지고 있는 심적 과정에 기여하는 결정적인 요소다. 핵심 의식의 본질은 당신의 고유한 존재와 다른 사람들의 존재를 아는 행위를 하는 개인적인 존재로서의 당신에 대한 생각, 당신에 대한 느낌이다. 진짜 정신적 실체인 앎과 자아가 생물학적으로 완벽하게 실존하지만 우리가 직관적으로 상상하는 것과는 매우 다르다는 것이 밝혀질 것이라는 사실은 지금은 생각하지 말자.

당신은 지금 이 텍스트를 읽어 나가면서 개념적인 흐름을 따라 단어들의 의미를 번역하고 있다. 이 페이지에 있는 단어와 문장은 나의 개념을 번역한 것이며, 당신의 마음속에서는 비언어적 이미지에 의해 다시 해석된다. 이런 이미지의 집합은 원래 내 마음속에 있었던 개념을 정의한다. 하지만 인쇄된 단어를 감지하고 그 단어를 이해하는 데 필요한 개념적 지식을 나타내면서 마음은 책을 읽고 이해를 하고 있는 당신도 순간순간 표상한다. 당신의 마음에는 외부적으로 감지된 것의 이미지 또는 감지되고 있는 것과 관련한 것의 이미지만 있는 것이 아니다. 당신의 마음에는 당신도 포함되어 있다.

앎과 자아 감각, 즉 앎의 느낌을 구성하는 이미지는 당신의 마음이라는 무대에서 중심적인 위치를 차지하고 있지 않다. 이 이미지는 마음에 가장 큰 영향을 미치지만 대개는 마음 한편에 머무른다. 신중하게 움직이는 이미지라고 할 수 있다. 보통 앎과 자아 감각은 적극적이기보다는 미묘한 상태에 있다. 앎과 자아 감각을 구성하는 이런 미묘한 정신적 내용은 놓치는 것이 운명이기도 하다.

당신이 지금 하고 있는 것을 생각해 보자. 이 페이지에 있는 단어들과 그 단어들이 생성하는 생각은 전통적인 심리학 용어로 말하면 주의라는 절차를 필요로 한다. 실시간으로 이루어지는 정신적인 처리 측면에서 보면 주의는 일종의 유한한 재화 같은 것이다. 지금 당신이 가진 처리 능력의 거의 대부분은 나의 말과 당신의 생각에 사용되고 있다. 십중팔구 당신은 이 텍스트를 분석하면서 당신이 소환하고 있는 모든 이미지에 대해 동시에 주의를 기울이고 있지는 않을 것이다. 그렇기 때문에 당신의 생각 중 어떤 것은 부각되고 또 어떤 것들은 정신의 뒤로 물러나는 것이다. 예를 들어 이 페이지의 단어들은 당신의 사고 과정 안에 있는 다른 이미지를 생각하는 동안 한꺼번에 흐릿해지거나 사라지지는 않는다. 따라서 신중함과 미묘함은 당신의 기표signifier에 불공정하게 집중되지 않는다. 이들은 마음의 표준 작동 모드이다.

어떤 주제든 그 주제에 관해 형성된 이미지 중의 상당수는 거의 간과되거나 한두 번밖에는 주의를 끌지 못한다. 바로 몇 분 전 다음과 같은 일이 일어났다. 나는 왼손에는 책을 들고 오른손에는 커피 잔을 들고 서재로 올라가고 있었다. 계단 중간쯤에는 내가 흘린 펜 두 자루가 있었다. 계단을 올라가면서 나는 아무 생각 없이 커피 잔을 빠르고 침착하게 왼쪽으로 옮겨 잡았다. 커피가 쏟아지지 않게 하기 위한 정교한 움직임이 필요한 동작이자, 책을 손에 놓아 내 왼쪽 겨드랑이 끼우기 위한 노련한 동작이었다. 그리고 나서 나는 오른손으로 펜을 집어 들었다. 지금 생각해 보니 이런 행동은 늘 하는 것이 아닌데도 깔끔하게 그리고 겉으로 보기에는 아무 생각 없이 일어났다. 하지만 사실은 내 이런 행동 뒤에는 일종의 '계획'이 있었다는 것을 알게 되었다. 나는 펜을 발견했을 때 펜의 공간적인 위치를 감안해 오른손이 펜을 집어 들 수 있도록 어떤 모양을 취해야 하는지 계획을 세운 것이었다. 1초도 안 되는 순간에 나는 마음의 초점을 바로 그 순간이 아니라 방금 전에 일어난 일에 맞추면서 이 사소하지만 복잡한 사건 뒤의 감각-운동 과정의 일부를 재구축한 것이다.

마음속에서 일어나는 일 중에서 주목을 받을 수 있을 정도로 아주 선명한 것은 극소수에 불과하다. 하지만 이 극소수의 일은 엄연히 존재하며, 아주 멀리서 일어나는 일이 아니기 때문에 노력만 한다면 이용이 가능할 것이다. 신기하게도 우리의 상황은 마음의 주변부에서 얼마나 우리가 많은 것에 주목하는지에 영향을 미치지 않는다. 핵심 자아가 미묘하게 존재한다는 생각을 하지 않았다면 나는 이 사건에 전혀 주목하지 않았을 것이고, 이런 별것도 아닌 행동에 수반되는 수많은 심적 요소에 대해 생각하려고 하지도 않았을 것이다.[6]

당신이 당신 자신이 안다는 것을 알아차리지 못한다고 생각한다면 좀 더 주의를 기울여 보기를 바란다. 알아차리게 될 것이다. 하지만 나는 당신 자신이 안다는 것을 알아차리지 못하는 것이 더 유리하다고 말하고 싶다. 생각해 보니 심적인 순간의 특정 목표가 당신의 유기체의 특정 상태에 대해 생각하는 것이 아닌 한, 그 순간의 당신을 구성하는 정신적 내용 중 일부에 주의를 할당해 보아야 별 이득이 없다. 당신에게만 처리 능력을 낭비할 필요가 없는 것이다. 그냥 지금처럼 두면 된다.

당신을 나타내는 기표가 신중하다는 사실이 그 기표가 중요하거나 필수적이지 않다는 것을 의미하지는 않는다. 당신은 어느 정도 의지대로 자서전적 자아라는 더 정교한 감각의 활동을 통제할 수 있다. 또한 당신은 자서전적 자아가 당신의 마음에서 펼쳐지는 파노라마를 지배하거나 자서전적 자아를 최소화할 수도 있다. 하지만 핵심인 당신의 존재에 대해서는 별로 할 수 있는 것이 없다. 당신은 핵심인 당신을 사라지게 만들 수 없다. 핵심인 당신의 존재는 항상 유지되며, 그것은 좋은 일이기도 하다. 앞에서 살펴보았듯이 핵심 의식이 제거되는 것은 잠이나 마취에 의한 상황을 제외하면 질병의 신호다. 핵심 의식 제거가 부분적인 정도에 그친다면 다른 사람들이 쉽게 보통 사람과 다른 것을 알아볼 수 있지만 당신은 모르는 보통 사람과 다른 상태를 일으킨다. 앎의 과정이 없으면 당신은 알지 못하는 것이다. 중요한 것은 각성 상태가 제거되지 않는 상황에서 앎과 자아가 제거되면 유기체는 심각한 위험에 빠진다는 사실이다. 이렇게 되면 자기 행동의 결과를 알지 못하고 행동할 수 있는 상태가 된다. 앎의 행위에서 자아 감각이 없다면 우리가 생성하는 생각은 주인이 없어진다. 그 생각의 정당한 소유주가 없는 셈이다. 자아가 결핍된 유기체는 이런 생각이 누구에게 속해 있는지 알 수가 없다.

3부

앎의 생물학

5장

유기체와 대상

자아 뒤에 있는 몸

의식 연구의 초점을 자아 문제에 맞춤으로써 연구 자체는 훨씬 흥미진진해졌지만 복잡해지기도 했다. 하지만 의식을 **유기체**와 **대상**이라는 두 요소, 이 요소들의 **관계** 측면에서 보게 되자 문제는 선명해졌다. 의식은 두 가지 사실에 대한 지식을 구축하는 것으로 구성된다는 것이 보이기 시작했다. 첫째 사실은 유기체가 특정 대상과의 관계 맺기에 관여한다는 것이고, 둘째 사실은 이 관계 안에 있는 대상은 유기체의 변화를 일으킨다는 것이다. 앞에서 다루었듯이 의식에 대한 생물학적 구명은 위의 두 요소와 그 요소의 관계를 지도화하는 신경 패턴을 뇌가 어떻게 구축하는지 알아내는 문제가 되었다.

대상의 표상 문제는 유기체의 표상 문제보다 덜 난해해 보인다. 신경과학은 대상의 표상이라는 신경적 기초를 이해하는 데 상당히 많은 노력을 기울여 왔다. 지각, 학습과 기억, 언어에 대한 광범위한 연구를 통해 우리는 뇌가 감각과 운동 측면에서 대상을 어떻게 처리하는지, 대상에 대한 지식이 어떻게 기억에 저장된 뒤 개념적 또는 언어학적으로 분류되어 회상이나 인지를 할 때 소환되는지 알게 되었다. 예를 들어 대상의 시각적 측면의 경우 적절한 신경 패턴이 시각피질의 다양한 영역에서 구축된다. 한두 영역이 아니라 많은 영역에서다. 이 신경 패턴은 시각적인 면에서 대상의 다양한 측면을 협조적으로 지도화한다. 대상의 표상에 대해서는 이 장 뒷부분에서 다시 다룰 것이다.

하지만 유기체 입장에서는 문제가 다르다. 뇌에서 유기체가 어떻게 표상되는지에 대해서는 많은 것이 알려져 있지만, 이런 표상이 마음과 자아에 대한 생각에 연결될 수 있다는 발상은 거의 주목받지 못했다. 우리가 자아라고 부르는, 단일하고 안정적인 대상을 만들어 내는 자연적인 수단을 뇌에 부여할 수 있는 것이 무엇인지에 대해서는 아직 답을 얻지 못한 상태다. 나는 아주 오랫동안 그 답이 유기체와 유기체의 잠재적인 행동의 특정한 표상의 집합에 있다고 믿었다.『데카르트의 오류』에서 나는 우리가 자아라고 부르는 마음의 일부가 생물학적으로는 우리가 몸 본체라고 부르는 유기체의 부분을 나타내는 비의식적인 신경 패턴의 집합에 기초한 것이라고 말했다.[1] 처음에는 너무 이상하게 들리겠지만 내 설명을 들어 보면 그럴듯하게 들릴 것이다.

안정성 욕구 단순한 핵심 자아로부터 정교한 자서전적 자아로의 진행을 생물학적으로 설명하기 위해 내가 처음 고려한 것은 이 두 자아의 공통적인 특징이다. 이 특징 중 가장 중요한 것은 안정성이다. 그 이유는 다음과 같다. 우리가 어떤 종류의 자아를 생각하든 그 중심에는 시간이 흐르는 사이에 계속 변화하지만 어떤 방식으로든 그대로 유지되는 것으로 보이는, 경계에 갇힌 단일한 개인이 있다는 개념이 항상 위치한다. 여기서 안정성이라는 말은 어떤 종류의 자아든 그 자아가 불변의 인지적 또는 신경적 실체라는 뜻을 내포하고 있지는 않다. 그렇다기보다는 안정성이라는 말에는 자아가 오랜 시간에 걸쳐 언급의 연속성을 제공할 수 있을 정도의 구조적 불변성을 가져야 한다는 뜻이 포함되어 있다. 실제로 언급의 연속성은 자아가 반드시 제공해야 하는 것이다.

상대적인 안정성은 가장 간단한 처리 수준부터 가장 복잡한 처리 수준까지 모든 수준에서 필요하다. 안정성은 우리가 공간에서 다양한 대상과 연결 관계를 맺거나, 특정한 상황에서 특정한 방식으로 정서적인 반응을 일관되게 할 경우에 반드시 확보되어야 한다. 또한 안정성은 복잡한 생각을 할 때도 존재한다. "나는 기업에 대한 생각을 바꾸었어"라는 말을 한다고 치자. 이 말은 기업에 대해 내가 가지고 있던 특정한 생각을 지금은 가지고 있지 않다는 뜻이다. 지금 기업을 묘사하는 내 마음의 내용과 기업의 행위에 대한 지금의 내 개념은 변화한 것이지만 나의 '자아'는 변화하지 않았거나, 적어도 기업에 대한 내 생각의 변화만큼은 변하지 않았다. 상대적인 안정성은 언급의 연속성을 뒷받침함으로써 자아의 필요조건이 된다. 자아 생성에 필요한 생물학적 기질에 대한 우리의 연구는 이런 안정성을 제공할 수 있는 구조를 밝혀내야 한다.

자아 개념의 이면을 들추어 보면 단일한 개인이라는 개념이 보인다. 또한 단일한 개인 뒤에는 안정성이 있다. 그렇다면 자아의 생물학적 근원을 찾는 문제는 다음과 같은 질문으로 요약할 수 있다. 마음에 튼튼한 뼈대를 제공하는 단일하고 동일한 것은 무엇인가?

자아의 전구체로서의
내부 환경

의식은 살아 있는 유기체의 중요한 특성이며, 의식 연구에 생명을 포함하는 것은 도움이 될 수 있다. 의식은 생명과 유기체의 생명 유지를 위한 기본적인 장치보다 나중에 생긴 것이 분명해 보이며, 생명을 가장 아름답게 지원한다는 바로 그 이유만으로 진화 과정에서 살아남는 데 성공한 것이 거의 분명하다.

단세포생물에서 수십억 개의 세포로 이루어진 생물에 이르기까지 살아 있는 유기체를 이해하는 데 핵심적인 요소는 유기체가 가지고 있는 경계다. 그것은 유기체 **안에** 있는 것과 **밖에** 있는 것 사이의 경계를 말한다. 유기체의 구조는 경계 안에 존재하며, 유기체의 생명은 그 경계의 내부 상태 유지에 의해 정의된다. 개체의 단일성은 이 경계에 의존한다.

어떤 상황에서도, 심지어는 유기체를 둘러싸고 있는 환경

3부 앎의 생물학

에서 대규모의 변이가 일어날 때도 유기체의 구조 안에서는 그 내부 작동을 수정하는 기질적 장치가 존재한다. 이 기질적 장치는 환경 변이가 유기체 내부에 대규모 변이 또는 지나친 변이 작용을 일으키지 않도록 해 준다. 유기체 내부에서 위험한 범위로 진입하는 변이가 일어나려고 하면 일종의 선제적 작용에 의해 방지된다. 위험한 변이가 이미 일어났다고 해도 이 변이는 적절한 작용에 의해 바로잡힐 수 있다.

여기서 설명하는 생존의 상세 요소에는 경계, 내부 구조, 생명 유지 명령을 비롯한 내부 상태 조절을 위한 기질적 장치, 내부 상태가 상대적으로 안정되도록 가변성의 범위를 줄이기 등이 포함된다. 이제 이 상세 요소에 대해 생각해 보자. 내가 지금 말하고 있는 것은 간단한 생명체의 생존을 위한 상세 요소에 **불과할까**, 아니면 생명을 유지하기 위해 안정성을 유지하느라 노력하는, 경계가 있는 단일한 생명체의 자아 감각의 생물학적 전구체 일부도 포함하는 것일까? 나는 둘 다라고 말하고 싶다. 나는 내부 환경의 불변성이 생명을 유지하는 데 필수적이며, 이 불변성은 궁극적으로 마음속에서 자아가 될 것의 청사진이자 지지대일 수도 있다는 생각을 한다.

내부 환경에 대해   아메바처럼 세포 하나로 이루어진 간단한 유기체는 단지 살아 있는 것이 아니다. 살려고 애를 쓰고 있는 것이다. 뇌도 마음도 없는 아메바는 우리가 자신의 의도에 대해 아는 것처럼 제 유기체의 의도를 알지 못한다. 그럼에도 의도의 형태는 존재한다.

이 형태는 이 작은 생명체가 외부의 환경에 대항해 내부 환경의 화학적 성분의 균형을 유지하는 방식으로 표현된다.

내가 여기서 주장하고 싶은 것은 살아 있으려는 욕구가 현대에 출현한 것이 아니라는 점이다. 이 욕구는 인간만 가진 것도 아니다. 간단하든 복잡하든 살아 있는 유기체 대부분은 어떤 방식으로든 이 욕구를 나타낸다. 다른 것은 유기체가 이 욕구에 대해 **아는** 정도다. 실제로 이 욕구에 대해 아는 유기체는 거의 없다. 하지만 이 욕구는 유기체가 그것에 대해 알든 모르든 존재한다. 의식 덕분에 인간은 이 욕구를 명확하게 지각한다.

생명은 몸을 정의하는 경계 안에서 구현된다. 생명과 생명 욕구는 경계 안에 존재한다. 이 경계는 외부 환경으로부터 내부 환경을 분리하는, 선택적 투과 가능한 장벽이다. 유기체의 생각은 이 경계의 존재를 중심으로 이루어진다. 세포 하나를 두고 보면 이 경계는 세포막이다. 인간처럼 복잡한 생명체에게서는 이 경계가 여러 가지 형태를 띤다. 우리 몸의 대부분을 덮고 있는 피부, 빛을 받아들이는 눈동자의 일부를 덮고 있는 각막, 입을 덮고 있는 점막 등이 그 예다. 경계가 없으면 몸도 없으며, 몸이 없으면 유기체도 없다. 생명에는 경계가 필요하다. 나는 진화 과정에서 결국 출현한 마음과 의식이 경계 안의 생명과 생명 욕구에 가장 중요한 존재가 되었다고 생각한다. 마음과 의식은 지금도 여전히 상당히 중요한 위치를 차지하고 있다.

이제 세포 안을 들여다보자. 세포 핵은 걸쭉한 욕조 물 같은 세포질 안에 잠겨 있다. 이 세포질 안에는 세포소기관도 잠겨 있다. 세포소기관은 미토콘드리아나 미세소관 같은 세포의 하부 구조를 말한다. 생명은 이 욕조 물의 화학적 구성이 특정한 변이 범위 안에서 움직일 때만 계속된다. 화학적 구성 성분의 변이가 특정한 범위에 못 미치거나 그 범위를 넘어가면 생명 은 중지된다. 신기하게도 생명은 끊임없는 변이로 구성되지 만 생명이 유지되는 것은 그 변이가 특정한 범위 안에서 유지 될 때뿐이다. 이 경계 안을 자세히 들여다보면 생명은 연속적 인 커다란 변화로 구성되는 것으로 보인다. 집채만 한 파도가 계속해서 이는 바다와도 비슷하다. 하지만 거리를 두고 보면 이런 변화는 별로 커 보이지 않는다. 하늘 높이 나는 비행기 에서 바다를 보면 세찬 파도가 치는 바다도 반짝이는 유리처 럼 보이는 것과 비슷하다. 훨씬 더 멀리 떨어져서 세포 전체 와 주변 환경을 같이 본다면 주변이 아무리 요동을 쳐도 세포 안에서의 생명은 대체로 안정성과 동일성을 유지하고 있는 것이 보일 것이다.

외부 요인에 대항해 변화의 폭을 조절하고 내부의 균형을 잡는 것은 쉬운 일이 아니다. 끊임없이 진행되는 이 일은 세 포핵, 세포소기관, 세포질 전체에 걸쳐 분포하는, 목적이 분 명한 정교한 명령과 통제 기능 때문에 가능하다. 1865년, 프 랑스의 생물학자 클로드 베르나르는 유기체 내부의 환경에 **내부 환경**이라는 이름을 붙였다. 베르나르는 세포가 들어 있는 유동체를 구성하는 물질의 화학적 구성은 유기체 주변의 환경이 아무리 많이 변하더라도 아주 적은 범위 안에서만 변화가 일어나며 따라서 매우 안정적이라는 것에 주목했다. 그는 독립적인 생명체가 생명을 유지하려면 내부 환경이 안정적이어야 한다는 직관적 판단을 내렸다. 20세기 초반 W. B. 캐넌은 자신이 항상성이라고 명명한 생물학적 기능에 대해 기술하면서 베르나르의 이런 생각을 뒷받침했다. 그에 따르면 항상성은 "안정적인 몸 상태의 대부분을 유지시키는, 살아 있는 유기체 특유의 조직화된 생리학적 반응"이다.[2]

생명을 유지하려는 무의식적인 욕구는 경계 내부의 화학적 구성 상태에 대한 '감지'와 무엇을 해야 하는지에 대한 '무의식적인 지식'을 요구하는, 간단한 세포 내부의 복잡한 작용에서 드러난다. 화학적으로 말하면 이 '감지'로 인해 특정한 위치 또는 시점에서 세포의 구성 요소 일부를 너무 적게 혹은 너무 많이 드러낼 때를 말한다. 바꾸어 말하면 이 욕구는 불균형을 감지하기 위해 지각과 다르지 않은 어떤 것을 필요로 하며, 기술적인 노하우를 유지하기 위해 행동을 위한 기질의 형태로 암묵 기억과 다르지 않은 어떤 것을 필요로 하며, 선제 행동 또는 수정 행동을 수행하는 능력과 다르지 않은 어떤 것을 필요로 한다는 뜻이다. 이 모든 설명이 우리 뇌의 중요한 기능에 대한 묘사처럼 들린다면 제대로 들은 것이다. 하지만 나는 뇌에 대해 이야기하고 있지 않다는 것이 사실이다. 이 작은 세포 안에는 신경계가 없기 때문이다. 게다가 뇌와 비슷하지만 실제는 뇌가 아닌 메커니즘은 자연이 뇌의 특성을 모방한 결과일 수도 없다. 그와는 반대로 환경 조건을 감지하고, 기질 안에 노하우를 보존하고, 이런 기질에 기초해 행동하는 것은 뇌를 **가진** 다세포 유기체는 말할 것도 없고, 단세포생물이 다세포 유기체의 일부가 되기 전부터 단세포생물에 존재하던 특성이다.

생명체 그리고 유기체를 둘러싸는 경계 안에서의 생명 욕구는 신경계와 뇌가 출현하기 전에 발생했다. 하지만 뇌가 등장한 뒤에도 생명체와 이 생명 욕구는 여전히 생명과 연계되어 있으며, 내부 상태를 감지하는 능력, 기질 안에 노하우를 보존하는 능력, 그 기질을 이용해 뇌 주변의 환경 변화에 대응하는 능력을 보존하고 확장하고 있다. 뇌는 이 생명 욕구가 매우 효율적으로 조절되도록 만들고 있으며, 진화 과정의 어떤 시점부터는 알면서 그렇게 했을 것이다.

생명 관리)   생명 관리는 서로 다른 환경에 있는 각양각색의 유기체에게 각각 다른 문제가 된다. 우호적인 환경 안에 있는 단순한 유기체에게는 적절하게 반응하면서 생명을 유지하기 위해 지식이 거의 필요 없고 계획도 전혀 필요 없다. 필요한 것은 몇몇의 감지 장치, 감지되는 것에 따라 반응하는 기질, 반응으로 선택된 행동을 수행할 수 있는 수단뿐이다. 이와는 대조적으로 복잡한 환경에 있는 유기체에게는 상당히 다양한 지식, 사용 가능한 반응 중에서 선택할 수 있는 가능성, 반응을 새롭게 조합할 수 있는 능력, 불리한 상황을 피해 유리한 상황을 선택하기 위해 미리 계획을 세울 수 있는 능력이 필요하다.

　이런 힘든 과정을 수행하는 데 필요한 메커니즘은 복잡하며 신경계를 필요로 한다. 또한 이 메커니즘은 매우 다양한 기질도 필요로 하며, 이 기질 중 상당 부분은 유전체에 의해 제공되는 선천적인 것이다. 물론 이 기질 중 일부는 학습에 의해 수정되기도 하고 경험에 의해 새로운 기질이 추가되기도 한다. 앞에서 다룬 정서의 조절은 이런 기질의 일부다. 일부 감각기관도 필요하다. 이 감각기관은 뇌 외부의 환경(몸)과 몸 외부의 환경(외부 세계)으로부터 오는 다양한 신호를 탐지해 낼 수 있어야 한다. 결국 생명 관리에는 근육에 의해 수행되는 행동을 수반하는 반응 수단뿐만 아니라 유기체의 내부 상태, 실체, 행동, 관계를 묘사할 수 있는 이미지를 수반하는 반응 수단도 필요하다고 할 수 있다.

　따라서 복잡하지만 꼭 우호적이라고 할 수는 없는 복잡한 환경에 있는 복잡한 유기체가 생명을 유지하려면 간단한 환경에 있는 간단한 유기체에 비해 선천적인 노하우, 감지 가능성, 가능한 반응의 다양성이 더 많이 필요하다. 하지만 문제는 양에 국한되지 않는다. 새로운 접근이 필요하며, 자연은 두 가지 해부학적, 기능적 장치를 개발함으로써 그 새로운 접근 방법을 가능하게 했다. 첫째는 유기체 생명의 다양한 측면을 관리하는 데 필요한 뇌 구조를, 통합되었지만 여러 요소로 구성된 시스템에 연결하는 장치다. 공학에서 비유를 찾자면 서로 연결된 조절판의 조합이라고 할 수 있다. 생물학적으로 이 조절판은 실제로 존재한다. 이 조절판은 뇌간, 시상하부,

기저전뇌의 핵 몇몇에 위치한다. 둘째는 유기체의 모든 부분에서 발생하는 순간순간의 신호를 이런 관리 영역에 제공하는 장치다. 이런 신호는 관리 영역(조절판)에 유기체의 상태에 대해 끊임없이 정보를 업데이트해 제공한다.

이 신호 중 일부는 신경 경로로 전달되어 (심장, 혈관, 피부 등) 체내 기관 또는 근육의 상태를 나타낸다. 다른 신호는 혈류 안에서 호르몬 농도, 산소와 이산화탄소 농도, 혈장의 pH 농도의 차이에 의해 전달된다. 이런 신호는 수많은 신경 감지 장치에 의해 '읽히며', 이 장치는 자신만의 '읽기 등급'에 따라 설정된 값에 의해 다르게 반응한다. 비슷한 예로는 실내 온도에 따라 냉난방 정도를 자동으로 조절하는 자동 온도 조절 장치를 들 수 있다. 이 장치는 실내 온도가 정해진 온도 범위보다 높거나 낮으면 작동하지만 적당하면 반응을 나타내지 않는다. 중추신경계의 일부인 뇌간과 시상하부도 자동 온도 조절 장치 같은 탐지기로 생각할 수 있다. 뇌간과 시상하부의 다양한 활동 상태도 지도화할 수 있기 때문이다. 하지만 이런 비유는 약간 맞지 않을 수도 있다. 살아 있는 유기체의 설정 값은 살면서 변화할 수 있으며 감지 장치가 작동하는 상황에 의해 부분적으로 영향을 받을 수 있기 때문이다. 결국 자동 온도 조절 장치와 비슷한 우리 몸의 탐지기는 금속이나 실리콘이 아닌, 살아 있는 조직으로 만들어져 있다는 점에서 그렇다. 이런 이유 때문에 스티븐 로즈 같은 학자는 항상성보다는 항동성homeodynamics이라는 말을 써야 한다고 주장한다.[3] 그렇다고 해도 이 비유는 본질적으로 매우 적절하다고 할 수 있다.

몸의 표상이 안정성을 나
타내는 데 매우 적절한 이
유는 몸의 구조와 작동의
불변성이 놀라울 정도로 크다는 데 있다. 발달 시기, 성인 시
기, 심지어는 노년 시기에도 몸의 **설계**는 대부분 변화하지 않
고 유지된다. 발달 시기 동안 몸의 크기는 커지지만 기본적인
시스템과 기관은 평생 동일하며, 몸의 구성 요소 대부분의 작
동이 거의 또는 전혀 변하지 않는 것은 확실하다. 뼈, 관절,
근육이 일반적으로 그렇고, 체내 기관과 내부 환경은 특히 더
그렇다. 내부 환경과 체내 기관의 가능한 상태 범위는 매우
제한적이다. 이런 제한은 유기체의 세부 구성 요소 안에 미리
장착되어 있다. 생명을 유지할 수 있는 상태의 범위는 매우
좁기 때문이다. 허용 가능한 범위가 매우 좁고 생존을 위해서
는 그 제한 안에서 움직여야 하기 때문에 유기체는 생명을 위
협하는 이탈이 일어나지 않거나 일어난다고 해도 신속하게
수정할 수 있는 자동 조절 시스템을 가지고 태어난다.

요약하면 몸의 상당 부분은 변이의 최소화(상대적인 동일
성 유지라고까지 표현하는 사람도 있다)를 위해 상당한 노력을
하며, 살아 있는 유기체는 변이를 제한하기 위해 또는 원한
다면 동일성을 유지하기 위해 설계된 장치를 선천적으로 장
착하고 있다는 뜻이다. 이런 장치는 모든 생명체에 유전적으
로 심어져 있으며, 생명체가 원하든 그렇지 않든 자신들의 기
본적인 역할을 한다. 생명체 대부분은 어떤 것도 '원하지' 않
지만, 생명체가 원한다고 해도 달라지는 것은 전혀 없다. 원한

다고 해도 조절 장치는 동일한 방식으로 작동하기 때문이다.

따라서 우리 뇌의 세계처럼 끊임없이 변화하는 세계 속에서 안정성의 도피처를 찾는다면 생명체의 균형을 유지하는 조절 장치 그리고 내부 환경, 체내 기관, 생명 상태를 나타내는 근골격계 틀의 통합된 신경적 표상이 그것이라 할 수 있을 것이다. 내부 환경, 체내 기관, 근골격계 틀은 동적이지만 좁은 범위에서 끊임없이 표상을 생성하는 반면 우리 주변의 세계는 극적이고, 심대하고, 대부분 예측 불가능하게 변화한다. 매 순간 뇌는 가능한 상태의 범위가 한정적인 실체, 즉 몸의 동적인 표상을 이용할 수 있다.[4]

하나의 몸, 하나의 개인: 자아 단일성의 뿌리

이제 흥미로운 증거 하나를 검토해 보자. 당신이 아는 모든 사람에게는 몸이 있다. 이 단순한 관계에 대해서 한 번도 생각해 본 적이 없을지도 모르지만 그 관계는 확실하게 존재한다. '하나의 몸, 하나의 개인' 그리고 '하나의 마음, 하나의 몸'. 첫째 원칙이다. 몸이 없는 사람은 본 적이 없을 것이다. 몸이 두 개이거나 여러 개인 사람도 본 적이 없을 것이다. 샴쌍둥이도 이 경우에는 해당하지 않는다. 그런 일은 있을 수 없다. 가끔 두 사람 이상이 사는 몸에 대해서는 들어 본 적이 있을 것이다. 다중인격장애라는 질환이다(요즘은 해리성정체장애라고 부른다). 하지만 이 경우에도 위에서 말한 원칙은 그

대로 지켜진다. 주어진 시간에서 보면 여러 개의 인격 중에서 하나의 인격만 몸을 이용해 생각하고 행동하며, 한 사람이 **되어서** 자신을 표현할 수 있을 정도의 통제권을 가지는 것도 한 번에 한 인격뿐이다(**그 인격의** 자아를 표현할 수 있다면 그나마 나은 경우다). 다중인격이 보통 사람과 다르게 여겨진다는 사실은 하나의 몸에는 하나의 자아만 있다는 일반적인 생각을 반영한다.

훌륭한 배우들을 우리가 존경하는 이유 중 하나는 그들이 다른 사람이며 다른 마음과 자아를 가지고 있다고 믿게 만들 수 있는 그들의 능력에 있다. 하지만 실제로 그렇지 않다는 것을 우리는 안다. 우리는 그들이 정교한 위장을 위한 장치일 뿐이라는 것을 알고 있다. 우리가 그들의 연기를 높이 평가하는 이유는 그 연기가 자연적인 것도 쉬운 것도 아니기 때문이다.

의문이 생기지 않는가? 하나의 몸에 왜 두 사람 또는 세 사람이 있을 수 없을까? 생물학적 조직의 경제성은 무엇일까? 엄청난 지적 능력이나 상상력을 가진 사람은 왜 두 개 또는 세 개의 몸에 살 수 없는 것일까? 가능성으로 가득 찬 세계에서 왜 이런 일이 일어나지 않는 것일까? 몸이 없는 사람은 왜 없는 것일까? 귀신, 유령, 무게나 색깔이 없는 생명체는 왜 없는 것일까? 공간의 효율성은 다 어디로 간 것일까? 하지만 확실한 것은 이런 존재는 현재 존재하지 않으며, 이전에 한 번이라도 존재했다는 증거도 없다는 점이다. 이들이 존재하지 않는다고 할 수 있는 합리적인 이유는 사람을 정의하는 마음에는 몸이 필요하며 몸은, 확실히 인간의 몸은 자연스럽게 하나의 마음을 생성한다는 데 있다. 마음은 몸에 의해 정교하게 형성되어 몸에 봉사하도록 운명 지워져 있기 때문에 오직 하나의 마음만이 몸 안에서 발생할 수 있다. 몸이 없으면 마음도 없다. 어떤 몸이든 두 개 이상의 마음을 가질 수는 없다.

　몸 중심적인 마음body-minded body은 몸을 구하는 데 도움을 준다. 몸과 의식 있는 마음을 가진 우리 같은 생명체가 나타났을 때 그 생명체는 프리드리히 니체가 말했듯이 "식물과 유령의 잡종", 즉 경계가 있고, 공간이 극히 한정되고, 쉽게 구별이 가능한 살아 있는 물체와 경계가 없어 보이고, 내부적이고, 위치를 특정하기가 어려운 정신적인 존재의 조합이었다. 니체는 이런 생명체를 '불협화음'이라고도 칭했다. 확실하게 물질적인 것과 확실하게 실체가 없어 보이는 것의 기묘한 결합이었기 때문이다. 이 결합은 수천 년 동안 사람들을 당혹스럽게 했으며, 그전보다 약간 더 이해의 폭이 넓어졌겠지만 지금도 아마 그럴 것이다.[5]

유기체의 불변성과 영속성의 비영속성

하나의 마음과 하나의 자아 뒤에서 겉보기에 견고해 보이는 안정성은, 그 자체가 매우 일시적이며 세포와 분자 수준에서 끊임없이 재구축된다. 이 이상한 상황(진짜 역설이라기보다는 역설적으로 보이는 상황)은 간단하게 설명할 수 있다. 우리 유기체의 구축을 위한 구성 요소는 자주 바뀌지만 유기체의 다양한 구조를 만들기 위한 전체 설계는 조심스럽게 유지된다. 생명을 위한 **설계도**Bauplan가 있고 우리 몸은 그 **결과물**Bauhaus 인 것이다. 이야기를 더 발전시켜 보자.

우리는 생명이 끝날 때 바로 소멸하지 않는다. 살아 있는 동안 우리를 구성하는 대부분은 역시 소멸할 수 있는 부분에 의해 대체된다. 죽음과 탄생으로 이루어지는 주기는 일생 동안 수없이 반복된다. 우리 몸의 세포 중에는 일주일 정도만 생존하는 것도 있지만, 세포 대부분은 1년 이상 생존하지 못한다. 우리 뇌의 뉴런, 심장의 근육세포, 눈의 수정체포 등은 예외다. 뉴런처럼 대체되지 않는 구성 요소 대부분은 학습에 의해 변화된다(사실 뉴런 중의 일부도 대체될 수 있다). 생명은 뉴런이 다른 뉴런과 연결되는 방식을 바꾸는 방법 등으로 뉴런의 행동을 변화시킨다. 그 어떤 구성 요소도 아주 오랫동안 그대로 유지되지 않으며, 현재 우리 몸을 구성하는 세포와 조직 대부분은 어릴 적 우리 몸을 구성하고 있던 것과는 다르다. 동일하게 유지되는 것은 우리 유기체 구조를 위한 구축 계획과 몸의 구성 요소의 작동 범위를 정하는 설정 값뿐이다. 형태의 정신과 기능의 정신이라고 해 두자.[6]

우리가 무엇으로 그리고 어떤 방식으로 구성되는지 안다면 끊임없는 구축과 붕괴 과정이 있다는 것을 알 수 있고, 생명이 이 끝없는 과정에 의해 결정된다는 것도 알 수 있다. 어린 시절 바닷가에서 만들던 모래성처럼 생명은 언제든지 사라질 수 있다. 우리가 자아 감각을 가지고 있고, 정체성을 구성하는 구조와 기능의 연속성을 어느 정도 가지고 있으며, 개

3부 앎의 생물학

성이라고 부르는 안정적인 행동 특성을 얼마간 가지고 있다는 것은 놀라운 일이다. 하지만 정말 놀라운 사실은 당신이 당신이고 내가 나라는 것이다.

하지만 문제는 소멸 가능성과 재생 가능성 수준을 넘어선다. 죽음과 삶의 주기가 계획에 따라 유기체와 그 구성 요소를 재구축하듯이 뇌도 순간순간 자아 감각을 재구축한다. 우리는 돌로 조각한 자아, 돌처럼 시간의 파괴에 저항하는 자아를 가지고 있지 않다. 우리의 자아 감각은 유기체의 상태, 즉 특정한 구성 요소가 특정한 범위 내에서 특정한 방식으로 작동한 결과다. 자아 감각은 일종의 구축물, 즉 살아 있는 개별적인 존재의 심적 표상을 생성하는 통합된 작용의 가변적인 패턴이다. 세포, 조직, 기관에서부터 시스템과 이미지에 이르기까지 생물학적 구축물 전체는 구축 계획의 끊임없는 실행에 의해 생명을 유지하며, 이 계획은 재구축과 재생 과정이 무너지면 언제든지 부분적 또는 전체적으로 붕괴할 가능성이 있다. 이런 구축 계획은 이 가능성으로부터 될 수 있으면 멀리 떨어져야 할 필요를 중심으로 짜여 있다.

개인적인 관점, 소유, 행위 주체의 뿌리

당신의 마음속에서 일어나는 일은 당신 몸이 존재하는 순간과 몸이 점유한 공간 영역과 관련된 시간과 공간 안에서 일어난다. 사물은 당신 안에 있거나 밖에 있다. 당신 밖의 사물은 정지해 있거나 움직인다. 정지해 있는 사물은 당신과 가깝거나 먼 곳 또는 그 사이 어딘가에 있을 수 있다. 움직이는 사물은 당신에게 다가올 수도 있고 멀어질 수 있으며, 당신을 비껴가는 궤적 안에서 움직일 수도 있지만 그 기준은 항상 당신이다. 게다가 경험적인 관점은 실제 대상의 위치를 파악하는 데 도움을 줄 뿐만 아니라 추상적이든 구체적이든 생각을 위치시키는 데도 도움을 줄 수 있다. 경험적 관점은 일반 기억력, 작업기억력, 언어능력 같은 다양한 인지적 능력과 지능이라는 용어로 말할 수 있는 조작 능력을 가지고 있는 유기체에서 비유의 원천이 된다. 예를 들어 자아 개념은 '내 마음에 가까운' 어떤 것이지만, 호문쿨루스 개념은 '내가 좋아하는 것과는 먼' 것이다. 마찬가지로 소유와 행위 주체도 특정 순간, 특정 공간에서의 몸과 전적으로 관련된 것이다. 당신이 소유하는 것은 당신의 몸과 가까운 것이거나 그래야 한다. 그래야 그것은 당신의 것으로 남아 있을 수 있으며, 이 원칙은 사물, 연인, 생각에도 적용된다. 물론 행위 주체는 시간과 공간에서 움직이는 몸을 필요로 하며, 시간과 공간이 없으면 의미가 없다.

길을 건너고 있는데 갑자기 차가 당신 쪽으로 빠르게 다가온다고 생각해 보자. 당신에게 차가 다가온다는 관점은 당신 몸의 관점이다. 다른 누군가의 관점이 될 수 없다. 근처 건물 3층에서 창밖으로 이 장면을 지켜보는 사람은 다른 관점을 가진다. 자기 몸의 관점을 가지는 것이다. 차가 당신에게 접근해 오면서 당신은 그 방향으로 향하게 되고 머리와 목의 위치가 변화한다. 이때 눈도 같이 움직이면서 망막에서 형성되어 빠르게 떠오르는 패턴에 집중하게 된다. 평형감각과 관계있으며 공간 속에서 몸의 위치를 알려 주는 귀 안쪽 전정계에서부터 뇌간핵의 도움으로 눈, 머리, 목의 움직임을 방향을 설정해 주는 소구(둔덕), 위에서부터 이 과정을 조절해 주는 후두엽피질, 두정엽피질에 이르기까지 모든 조정 장치가 총동원된다. 하지만 이것이 전부가 아니다. 차가 당신 쪽으로 다가오는 것은 당신이 원하든 아니든 공포라는 정서를 일으키며 당신의 유기체 상태에 수많은 변화를 일으킨다. 우선 내장, 심장, 피부가 빠르게 반응한다. 나는 앞에서 열거한 모든 변화의 신호가 당신 마음속에서 개인적인 유기체의 관점을 실행하기 위한 수단이라고 생각한다. 나는 이 신호가 당신이 유기체의 관점을 **경험하기** 위한 수단이 아직 아니라고 말하고 있는 것이다. 유기체의 관점을 경험하는 것은 그 관점을 **아는** 것과 같은 뜻일 것이다. 어떤 것에 대한 경험이나 지식, 즉 의식은 나중에 나타난다. 차가 다가오면서 나타나는 변화의 대부분은 몸 본체에 대한 다차원적인 뇌의 표상에 일어나는 것이며, 이 표상은 사건이 펼쳐지기 직전의 순간 아주 잠깐 동안 존재한 것이다. 이 변화는 당신의 유기체 안에 있는 **원초적 자아**에 일어나는 것이다. 3층 창문을 통해 이 장면을 보는 사람은 다른 관점을 가지고 있다. 하지만 그 사람의 원초적 자아도 비슷한 형태의 변화를 겪는다.

나는 관점이 다양한 원천에서 오는 신호의 처리에 의해 연속적 그리고 비가역적으로 구축된다고 생각한다. 첫째, 특정한 감각기관으로부터 오는 신호다. 위의 예에서 보면 시각적 이미지가 두 개의 망막에서 형성된다. 둘째, 몸의 다양한 근육 영역과 전정계에 의해 동시에 실행되는 다양한 조정으로부터 오는 신호다. 위의 예에서는 물체가 다가옴에 따라 망막 이미지가 빠르게 변화하지만, 그 이미지가 초점에서 벗어나지 않기 위해서는 수정체와 동공을 조절하는 근육, 안구의 위치를 조절하는 근육, 머리, 목, 몸통을 조절하는 근육이 조정되어야 한다.[7] 최종적으로는 특정 대상에 대한 정서 반응에서 기인하는 신호가 존재한다. 이런 신호는 빠르게 접근하는 차를 보는 경우에 매우 두드러지며, 몸의 다양한 영역에 걸쳐 있는 체내 기관의 평활근의 변화도 이 신호에 포함된다. 대상에 따라 어떤 근골격계와 어떤 정서가 달라지는지는 다를 수 있지만 이 두 부분은 항상 변화를 일으킨다. 이 모든 신호(위의 예에서는 망막 이미지, 근육·자세 조정, 근육·체내 기관·내분비 조정으로 인한 신호)의 존재는 **유기체를 향해** 다가오는 대상과 **대상을 향해** 자신을 조절해 만족할 만한 수준으로 대상을 계속 처리하는 유기체의 반응 가운데 일부를 설명해 준다.

시각 같은 감각 채널 안에서는 대상에 대한 **순수한** 지각 같은 것이 존재하지 않는다. 앞에서 언급한 동시적인 변화는 선택적으로 수반되는 것이 **아니다**. 시각적으로든 다른 방식으로든 유기체가 대상을 지각하려면 특화된 감각 신호 그리고 몸의 조정에 기인한 신호가 **둘 다** 필요하다. 지각이 발생하려면 이러한 신호가 모두 필요한 것이다.[8]

3부 앎의 생물학

순수한 지각 같은 것은 없다는 말은 움직임을 방해받는 상황에도 적용된다. 쿠라레 같은 식물성 독이 당신에게 주입되었다고 생각해 보자. 이 독이 주입되면 골격근이 움직일 수 없게 된다. 신경전달물질인 아세틸콜린의 니코틴성수용체를 차단하기 때문이다. 하지만 정서와 관련된 '체내 기관' 근육은 자유롭게 움직일 수 있다. 쿠라레는 아세틸콜린의 무스카린 수용체에는 영향을 미치지 않기 때문이다.

순수한 지각이 없다는 말은 당신의 유기체 밖의 세상에서 실제로 대상을 지각하지 않고 대상에 대해 생각만 하는 경우에도 적용된다. 그 이유는 이렇다. 우리가 이전에 지각한 대상과 사건에 대해 가지고 있는 기록에는 기본적으로 그 지각을 얻기 위해 우리가 한 운동 조정에 대한 기록과 그 당시 우리의 정서 반응에 대한 기록도 포함되기 때문이다. 이 모든 기록은 각기 다른 영역이기는 하지만 기억에 같이 등록되어 있다. 따라서 우리는 대상에 대해 **생각만 해도** 모양이나 색깔에 대한 기억뿐만 아니라 그 정도가 아무리 적더라도 대상이 요구한 지각의 관여와 그에 수반된 정서 반응에 대한 기억도 다시 구축하게 된다. 쿠라레 독이 주입되거나 어둠 속에서 몽상에 빠져 몸이 움직이지 않을 때도 마음속에서 당신이 만드는 이미지는 **항상** 당신의 유기체에 유기체 자신이 이미지를 만드는 데 참여하고 있다는 신호를 보내며, 특정한 정서 반응을 유발한다. 당신은 당신 유기체의 **감응**affection으로부터 결코 벗어날 수 없다. 이 감응은 주로 운동과 정서가 미치는 영향이며, 마음을 가지는 것의 핵심적인 부분이다.

당신이 듣는 멜로디나 만지는 대상에 대한 관점은 당연히 당신 유기체의 관점이다. 그 관점은 듣거나 만지는 사건이 일어나는 동안 당신의 유기체가 겪는 변화에 기초하기 때문이다. 이미지를 소유하고 있다는 감각과 이미지를 만드는 행위 주체라는 감각 또한 관점을 생성하는 장치가 작동한 직접적인 결과다. 이 감각은 기본적인 감각 증거로서 이런 장치에 내재해 있으며, 그 이후에 우리의 창의적이고 학습된 뇌는 결국 추후 추론의 형태로 그 증거를 확실하게 만드는데, 이 과정 또한 우리에게 알려진다.

이미지로 형성되는 유기체의 관점은 이미지에서 묘사된 대상을 포함하는 행동을 준비하는 데 필수적이다. 다가오는 자동차와 관련된 올바른 관점은 그 자동차를 피하기 위한 움직임을 설계하는 데 중요하며, 손으로 공을 잡으려고 할 때도 같은 원칙이 적용된다. 개인적인 행위 주체에 대한 자동적인 감각은 그 순간 그 자리에서 생성된다. 당신이 같은 내용의 추론을 할 수 있게 되는 것은 그 이후다. 대상의 이미지를 만들기 위해 그 이전에 대상과 상호작용을 했다는 사실은 대상에 **기초해 행동한다는** 생각을 더 쉽게 할 수 있게 만든다.

중요한 것은 이 모든 변화가 일어난다고 해도 의식이 발생하기에는 충분하지 않다는 사실이다. 의식은 우리가 알 때 발생한다. 그리고 우리는 대상과 유기체의 관계를 지도화할 때만 알 수 있다. 지도화가 가능해야 우리는 앞에서 언급한 모든 반응적 변화가 우리 유기체 안에서 일어나며 그 변화가 대상에 의한 것임을 알 수 있을 것이다.

신체 신호의 지도화

이 책에서 다루는 생각을 이해하기 힘들게 만드는 요인 중 하나는 신호를 전달하는 신체 신호 전달 시스템과 신체감각 시스템과 관련해 널리 쓰이고 있는 불완전하고 혼란스러운 개념일 것이다. **신체감각**somatosensory이라는 말의 어원을 살펴보면 '신체'를 뜻하는 그리스어 **소마**soma에서 연원했음을 알 수 있다. 하지만 이 소마라는 말은 원래의 의미보다 더 좁은 의미로 받아들여지는 경우가 많다. 불행히도 **신체의**somatic 또는 **신체감각**이라는 말을 들었을 때 대부분 떠오르는 생각은 접촉 또는 근육과 관절의 감각에 관한 것이다. 하지만 신체감각 시스템은 그보다 넓은 의미를 가지며 단일한 시스템도 결코 아니라는 것이 밝혀진 상태다. 신체감각 시스템은 몇몇 하부 시스템의 조합이며, 각각의 하부 시스템은 매우 다양한 신체 상태에 대한 신호를 뇌에 보내는 역할을 한다. 이런 다양한 신호 전달 시스템은 진화 과정의 다양한 시점에서 나타난 것이 분명하다. 이 시스템은 몸에서 중추신경계로 신호를 전달하는 신경섬유를 비롯해 다양한 장치를 이용하며, 이 시스템 고유의 신호가 지도화되는 중추신경계 중계 장치의 숫자, 유형, 위치도 서로 다르다. 실제로 신체감각 신호 전달의 어떤 과정은 뉴런을 전혀 이용하지 않으며 혈류에 있는 화학물질을 이용하기도 한다. 이런 차이점에도 불구하고 신체감각 신호 전달의 다양한 과정은 병행적으로 일어나며, 척수에서 뇌간, 대뇌피질에 이르기까지 중추신경계의 다양한 수준에서 서로 절묘하게 협력해 매 순간 몸 상태의 다차원적 측면의 지도를 수없이 많이 만들어 낸다.

하부 시스템이 어떤 일을 하고 어떻게 구성되는지 설명하기 위해서 신호 전달을 세 개의 핵심 영역으로 나누어 설명해 보자. 내부 환경과 체내 기관 영역, 전정계와 근골격계 영역, 미세 조정 영역이다.

이 세 개 영역은 모두 밀접한 협력 관계를 맺고 있지만 독립성도 비교적 높다. 질감이 즐거움을 주는 대상을 만질 때 이 세 개 영역에서 나오는 신호는 전부 중추신경계의 지도로 옮겨지게 된다. 이 지도는 중추신경계의 수많은 차원에 걸쳐 현재 진행되고 있는 상호작용을 나타낸다. 이 상호작용에는 당신이 대상을 탐구하는 움직임, 촉각 기관을 활성화하는 성질, 대상에 대한 기분을 좋게 만드는 체액과 체내 기관의 반응이 포함된다. 하지만 이 영역은 독립적으로 움직일 수도 있다. 예를 들어 둘째 영역의 도움이 거의 없이 첫째 영역이 움직일 수 있고, 셋째 영역의 도움이 전혀 없이 첫째와 둘째 영역이 움직일 수도 있다. 중요한 것은 유기체의 내부와 관련된 첫째 영역이 영구적으로 활성화되어 있다는 점이다. 이 영역은 몸 본체의 거의 모든 내부 요소의 상태에 대한 신호를 뇌에 전달한다. 정상 상태에서는 내부 환경과 체내 기관의 상태에 대해서 항상 뇌에 신호가 전달되며, 적극적인 움직임이 수행되지 않을 때를 포함한 거의 모든 상태에서 뇌는 근골격계 장치의 상태에 대해 보고를 받는다. 뇌는 앞에서 언급했듯이 몸의 포로로 잡힌 관객이 분명하다.

내부 환경과 체내 기관 영역은 몸 전체에 걸친 세포의 화학적 환경 변화를 감지하는 역할을 한다. **내수용**interoceptive이라는 말은 이런 작용을 포괄적으로 나타낸다. 이런 신호의 특징 중 하나는 신경섬유와 신경 경로를 한꺼번에 생략해 버린다는 것이다. 혈류에 흐르는 화학물질은 뇌간, 시상하부, 종뇌의 특정 영역에 있는 신경핵에 의해 감지된다. 화학물질의 농도가 허용 가능한 범위에 있으면 아무 일도 일어나지 않는다. 이 농도가 너무 높거나 낮으면 뉴런이 반응한다. 불균형을 바로잡기 위해 뉴런이 다양한 행동을 시작하는 것이다. 예를 들어 뉴런은 당신을 조용하게 만들 수도 있고, 초조하게 만들 수도 있다. 배가 고프거나 섹스를 하고 싶게 만들 수도 있다. 뉴런은 이렇게 매력적인 존재이지만 중요한 것은 이 신호가 매 순간 내부 환경에 대해 수많은 지도를 만든다는 사실이다. 이 특정한 방법으로 측정할 수 있는 내부 상태의 종류만큼 많은 수의 지도가 만들어지며, 내부 상태의 종류는 **수없이 많다**.

뇌는 혈류 안에서 순환하는 화학물질에 상당히 많이 노출된다. 뇌는 혈액-뇌 장벽이라고 부르는 일종의 생물학적 필터에 의해 특정한 분자의 투과로부터 보호된다. 이 혈액-뇌 장벽은 뇌 조직에 영양분을 전달하는 혈관 대부분을 감싸고 있으며, 혈액에서 뇌 조직으로 어떤 것을 통과시킬지에 대해 매우 선택적이다. 하지만 몇몇 뇌 영역은 이 혈액-뇌 장벽이 없기 때문에 뇌의 나머지 영역에서라면 신경조직에 직접 영향을 끼칠 수 없는 큰 분자를 그냥 받아들인다. 혈액-뇌 영역

을 통과하는 분자는 시상하부 같은 뇌 영역에 직접적인 영향
을 미친다. 혈액-뇌 장벽을 통과할 수 없는 큰 분자는 이 장
벽이 없는 특정한 영역, 즉 뇌실주위기관에서만 영향을 미치
는 것이다. 이런 영역으로는 (뇌간에 위치한) 최하구역, (좌우
뇌활 사이 뇌실 사이 구멍 가까이에 있는) 뇌활밑기관 등이 있
다. 이들 영역에서 화학적으로 활성화된 뉴런은 자신의 메시
지를 다른 뉴런에 전달한다. 섹스, 유대 관계 형성, 출산 등
다양한 행동에 필수적인 옥시토신 같은 물질의 작용은 이런
과정에 의존한다. 뇌가 이런 화학적 환경에 완전히 빠지면 심
각한 문제가 발생한다.

내부 환경과 체내 기관 영역은 신경 경로를 이용해 우리가
궁극적으로 고통이라고 지각하는 신호를 전달한다. 이 신호
는 복부 내장, 관절, 근육 등 몸의 거의 모든 부분에서 시작될
수 있다. 이 영역은 유기체의 화학적 구성이 혈류뿐만 아니라
신경 경로를 통해서도 지도화될 수 있도록 내부 환경의 측면
과 연결된 신경 신호를 전달한다. pH 농도와 산소/이산화탄
소 농도가 모두 이중으로 지도화되는 것이 그 예다.

마지막으로 이 영역은 체내 기관 전체에 걸쳐 풍부하게 분
포되어 있으며, 자율 조절이 되는 평활근의 상태에 대한 신호
도 보낸다. **자율**이라는 말은 특정한 과정이 대뇌피질이 아니
라 뇌간, 시상하부, 변연계핵에 위치한, 우리 의지와 무관한
장치에 의해 사실상 전적으로 통제된다는 뜻이다. 혈관을 비
롯해 우리 몸의 어디에나 존재하는 평활근은 혈액순환과 그
부속 기능을 조절하기 위해 팽창 또는 수축한다. 전신의 혈압

이 올라가거나 내려갈 때, 피부가 창백하거나 붉어질 때 우리는 평활근이 팽창 또는 수축한다는 것을 확실하게 알 수 있다. 한편 모든 체내 기관 중 가장 큰 체내 기관은 피부다. 여기서 피부란 촉각에서 핵심적인 역할을 하는 피부의 표면을 말하는 것이 아니라 온도 조절에 필수적인 '피부의 층'을 의미한다. 광범위한 화상으로 목숨을 잃는 이유는 촉각 기능을 잃어서가 아니라 항상성 조절 기능이 심각하게 붕괴하기 때문이다. 피부 기능의 핵심적인 부분은 피부층 전체에 분포하는 수많은 혈관의 지름을 변화시키는 능력에 있다. 뮤지컬 작곡가인 콜 포터의 〈당신은 내 피부 밑에 있어I've got you under my skin〉라는 제목의 노래가 있다. 이 말은 상대방에 대한 깊은 그리움 또는 애착을 나타내는 관용적 표현이다. 우연히도 이 표현은 피부의 생리학적 의미를 잘 담고 있다. 만약 포터가 '당신은 내 피부층 안에 있어'라고 썼다면 더 의미가 정확했겠지만 별로 낭만적이지는 않았을 것이다. 참고로 프랑스인들은 같은 의미를 표현할 때 '내 피부 **안에** 당신이 있어Je t'ai dans la peau'라고 한다.

내가 말하는 신호는 척수의 특정 영역(후각부의 고리판 I, II)과 삼차 신경의 특정 영역(꼬리 부분)을 통해 이동한다. 하지만 이 모든 신호를 하나의 커다란 영역으로 분류하는 것이 편리하기는 하지만 이렇게 하면 채널 하위 분류 측면에서는 드러나지 않는 것이 많아진다는 점도 짚고 지나가야겠다. 예를 들어 우리는 A. 크레이그의 연구를 통해 통각(통증)과 관련된 신호를 전달하는 뉴런과 몸 감각의 다른 측면을 매개하

는 뉴런이 모두 C 섬유와 A-δ 섬유에 의존하지만 서로 다르
다는 것을 알고 있다.[9] 반면 우리는 또한 몸과 관련된 신호가
신경계의 고위 수준에 서로 독립적으로 전달될 뿐만 아니라
중추신경계에 진입한 직후에 서로 섞이고 한데 모인다는 것
도 알고 있다. 각 척수 영역의 심층부에서 일어나는 일이 그
예다.[10] 신체감각 시스템의 이런 분류에 대한 추가적인 정보
는 체내 기관에서 기원하며, 척수에 이르는 내장구심로內臟求
心路와 미주신경 같은 신경에 의해 전달된다(미주신경은 척수
를 완전히 우회해 뇌간에 직접 연결된다).

  둘째 영역인 근골격계는 골격의 움직이는 부분인 뼈들을
연결하는 근육의 상태를 중추신경계에 전달한다. 근육섬유
가 수축하면 근육의 길이가 줄어들고 적절하게 연결된 뼈들
이 움직이기 시작한다. 근육섬유가 이완되면 그 반대 과정이
일어난다. 골격의 움직이는 모든 근육은 우리 의지로 조절되
는 횡문근이다(심장과 관련된 근육은 예외다. 심장의 근육섬유
는 평활근이 아니라 횡문근이지만 자율 조절이 되지도 뼈를 움직
이지도 않는다). 이 신체감각 시스템 내 이 영역의 기능은 **고
유수용성** 또는 **운동감각**이라는 말로 포괄적으로 설명된다.
내부 환경과 체내 기관에서 발생하는 내수용 신호처럼 고유
수용성/운동감각 신호도 자신이 조사하는 몸의 상태로 수많
은 지도를 만든다. 이런 지도는 척수에서 대뇌피질에 이르기
까지 중추신경계의 다양한 수준에 배치된다. 공간 내 몸의 좌
표를 지도화하는 전정계는 이 영역에서 신체감각 정보를 완
성한다.

신체감각 시스템의 셋째 영역은 **미세 촉각**을 전달한다. 이 영역의 신호는 우리가 다른 대상과 접촉해 그 질감, 형태, 무게, 온도 등을 알아내려고 할 때 피부 내 특화된 센서가 겪는 변화를 나타낸다. 내부 환경과 체내 기관이 주로 내부 상태를 나타내는 데 반해 미세 촉각 영역은 몸 표면에서 생성되는 신호에 기초해 주로 외부의 대상을 나타낸다. 중간쯤에 위치한 근골격계 영역은 내부 상태를 표현하고 외부 세계를 기술하는 데 모두 이용된다.

신경적 자아

자아 감각은 핵심 자아에 대한 감각이든 자서전적 자아에 대한 감각이든 처음부터 자아 감각의 형태는 아니었을 가능성이 높다. 나는 자아 감각이 전의식적preconscious 전구체, 즉 **원초적 자아**로부터 비롯되었으며, 가장 단순한 최초의 자아는 핵심 의식을 만들어 내는 메커니즘이 이 비의식적 전구체에 기초해 작동할 때 나타났다고 생각한다.

　원초적 자아는 여러 차원에서 유기체의 물리적 구조의 상태를 매 순간 지도화하는 신경 패턴의 정합적 집합이다. 이렇게 끊임없이 유지되는 신경 패턴의 일차적 집합은 뇌의 어떤 한 영역에서가 아니라 뇌간에서 대뇌피질에 이르기까지 다양한 수준의 많은 영역에서 신경 경로에 의해 서로 연결되는 구조 형태로 형성된다. 또한 이런 구조는 유기체의 상태를 조절하는 과정과 밀접하게 관련되어 있다. 유기체에 기초해 작용하는 것과 유기체의 상태를 감지하는 것은 밀접하게 연결되어 있다. 원초적 자아는 이 순간 우리 앎의 중심이 되는 풍부한 자아 감각과 혼동해서는 안 된다. **우리는 원초적 자아를 의식하지 않기 때문이다.** 언어는 원초적 자아를 이루는 구조의 일부분이 아니다. 원초적 자아는 지각 능력이 없으며 지식도 전혀 가지고 있지 않다.[11]

원초적 자아는 옛날 신경학 개념인 호문쿨루스와도 혼동해서는 안 된다. 원초적 자아는 한곳에서만 나타나지 않으며, 신경계의 다양한 차원에 걸쳐 다양하게 상호작용하는 신호로부터 활발하고 끊임없이 나타난다. 또한 원초적 자아는 그어떤 것도 해석하지 않는다. 그것은 원초적 자아가 속해 있는지점에서 기준점 역할을 한다.

이 가설은 원초적 자아처럼 뇌 영역과 기능 사이의 관계에서 중요한 요소의 입장에서 고려되어야 한다. 이런 기능은 뇌의 한 영역이나 영역의 집합 안에 '위치하는' 것이 아니라 영역의 집합 안에서 신경 신호와 화학 신호가 상호작용한 결과물이다. 이는 내가 앞으로 설명할 영역의 집합과 관련된 비의식적 원초적 자아에도 적용되며, 나중에 다룰 핵심 자아와 자서전적 자아 같은 기능에도 적용되는 말이다. 어쨌든 두개골의 모양이나 크기로는 어떤 판단도 해서는 안 된다.

원초적 자아가 나타나는 데 필요한 구조와 필요하지 않은 구조를 두 개의 리스트로 정리해 보았다. 이 리스트를 참조하면 다양한 방법으로 위의 가설을 검증할 수 있다. 가장 직접적인 방법은 이 두 리스트에 있는 핵심 구조 일부가 손상되어 나타날 효과에 대한 예측을 하는 것이다. 일부 병변은 원초적 자아를 붕괴시켜 그 결과로 의식을 어느 정도 붕괴시켜야 하는 반면 다른 일부 병변은 의식을 손상하지 않아야 한다. 이런 예측의 유효성은 현재의 신경병리학적, 신경생리학적 증거에 의해 미리 평가하는 것이 가능하지만 확실한 결론을 얻으려면 추후 연구가 필요할 것이다.

> **원초적 자아가 나타나는 데 필요한 뇌 구조**

1) 몸 상태를 조절하고 몸 신호를 지도화하는 **몇몇 뇌간핵**. 몸에서 시작되어 뇌의 가장 높고 가장 말단에 위치한 구조에서 끝나는 신경 전달 고리에 걸쳐 위치하는 이 영역은 척수 경로, 삼차 신경, 미주 신경 다발, 최하구역의 중재를 통해 핵의 집합이 현재의 전반적인 몸 상태에 대한 신호를 제일 먼저 보내는 영역이다.[12] 이 영역에는 망상핵, 모노아민핵, 아세틸콜린핵이 위치한다.
2) 1)에서 살펴본 구조 근처에 위치하고 이 구조와 밀접하게 상호 연결된 **시상하부**, 시상하부 근처에 위치하고 시상하부, 뇌간과 모두 연결되어 있으며 이런 하부 구조가 전뇌 안으로 연장된 부분인 **기저전뇌**. 시상하부는 포도당 같은 순환 영양분의 수준, 다양한 이온의 농도, 물의 상대적인 농도, pH, 다양한 순환 호르몬의 농도 등 여러 차원에 걸쳐 내부 환경의 현재 상태를 계속 나타냄으로써 현재의 몸이 표상되는 것에 기여한다. 시상하부는 이런 지도에 기초해

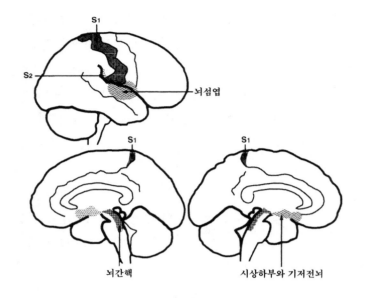

S₁

S₂

뇌섬엽

S₁

S₁

뇌간핵

시상하부와 기저전뇌

그림 5-1 원초적 자아 구조 일부의 위치

뇌섬엽 영역은 실비우스열 안에 묻혀 있어 피질 표면에서 드러나지 않는
다는 점에 주목하자.

작용함으로써 내부 환경의 조절을 돕는다.

3) **섬피질**, S₂로 알려진 **피질**, 뇌량팽대 뒤에 위치한 **내측
두정피질**. 이들 영역은 모두 신체감각 피질의 일부다. 인간
에게서 이 피질의 기능은 비대칭적이다. 내 임상 경험에 따
라 나는 오른쪽 대뇌반구 내 이 피질의 앙상블이 대뇌반구
수준에서 현재 유기체의 내부 상태에 대한 가장 통합된 표
상과 근골격계 틀의 변하지 않는 설계에 대한 표상을 가진
다고 생각한다. 야크 판크세프도 최근 발표한 논문에서 뇌

간에서 몸이 선천적으로 표상됨으로써 몸과 자아가 연결된다고 주장했다. 판크세프의 생각은 몇몇 측면에서 나의 원초적 자아 개념과 유사하지만, 이런 표상이 의식에 기여하는 방식에 대한 생각은 나와 완전히 다르다.[13]

원초적 자아가 나타나는 데 필요 없는 뇌 구조

앞으로 열거할 구조는 원초적 자아가 나타나는 데 필요 없는 것이다. 이 리스트에는 중추신경계의 대부분, 외부 감각 양상을 위한 모든 초기 감각피질이 포함되어 있다. 이는 이 리스트에 시각피질, 청각피질, 미세 촉각과 관련된 신체감각 피질의 영역, 측두 고차원 피질 전부와 전두 고차원 피질 대부분(고차원 피질은 하나의 감각 양상에만 관련된 피질이 아니라 초기 감각피질과 연관된 신호의, 감각 양상을 초월하는 통합과 관련된 피질을 말한다), 해마와 그와 상호 연결된 피질, 즉 내후각피질(영역 28)과 후각주위피질(영역 35)이 포함되어 있다는 뜻이다. 자세한 항목은 다음과 같다.

1) 시각을 담당하는 몇몇 초기 감각피질인 영역 17, 18, 19, 청각을 담당하는 영역 41/42, 22, 부분적으로 시각을 담당하지만 고차원 피질이기도 한 영역 37(아래의 2항 참조)과 미세 촉각과 관련된 S_1의 일부. 이들 피질은 양상에 따른 감각 패턴을 만드는 데 관여하며, 이 감각 패턴은 우리 마음속에 있는 다양한 감각 양상의 심상을 뒷받침한다.

알려져야 하는 대상이 이 영역으로부터 조립된다는 점을 고려하면 이 피질은 핵심 의식과 확장 의식 모두에서 역할을 한다고 할 수 있지만, 원초적 자아에서는 역할을 하지 않는다.

2) 하측두엽 피질 전부, 즉 영역 20, 21, 영역 37의 일부, 영역 36, 38. 이들 피질은 명시적인 감각 패턴과 심상의 형태로 회상 속에서 재구축되는 기질적(암묵적) 기억의 기초다. 또한 이 기질은 자서전적 자아 조립과 확장 의식 구현의 기초인 자서전적 기록의 많은 부분을 뒷받침한다.

3) 동시에 나타나는 여러 자극의 '온라인' 지도화에 필수적인 구조인 해마. 해마는 모든 감각피질에서 일어나는 활동과 관련된 신호를 받는다. 신호는 여러 시냅스를 가진 사슬의 몇몇 돌기의 끝에 간접적으로 도착한다. 해마는 같은 고리를 따라 돌기의 역방향으로 신호를 다시 내보낸다. 사실을 가지고 새로운 기억을 만들어 내는 것은 매우 중요한 일이지만 지각 운동능력으로 새로운 기억을 만들어 내는 것은 그렇지 않다. 해마는 기억을 일시적으로는 자체 저장하지만 영구적인 자체 저장은 하지 못하는 것으로 보인다. 더 중요한 것은 해마가 해마 자신과 연결된 회로에서는 기억을 구축하는 데 도움을 주는 것으로 보인다는 점이다.

4) 해마와 관련된 피질인 영역 28, 35. 이 피질은 위 2)의 피질보다 훨씬 더 복잡한 기질적 기억을 가지고 있을 수 있다.

5) 전전두피질. 다양한 형태를 가진 고차원 피질이다. 이 피질 중 일부는 특정한 시공간 상황을 포함하는 개인적 기

억, 특정 범주의 사건 또는 실체와 몸 상태 사이의 관계에 대한 기억, 추상적인 개념에 대한 기억을 위한 매우 복잡한 기질을 가지고 있다. 이 피질 중 일부는 공간적, 시간적, 언어적 기능에 대한 높은 수준의 작업기억에 간여한다. 전전두피질은 작업기억에서 역할을 하기 때문에 높은 수준의 확장 의식에서 핵심적 역할을 하며, 자서전적 기억에서도 역할을 하기 때문에 자서전적 자아와 확장 의식과도 관련된다.

6) 소뇌. 가장 투명하지만 가장 이해하기 어렵기도 한 뇌 영역이다. 소뇌는 미세한 움직임의 구조와 확실하게 관련되어 있다. 소뇌 없이는 똑바로 물체를 던질 수도, 노래를 하거나 악기를 연주할 수도, 테니스를 칠 수도 없다. 또한 소뇌는 감정 과정과 인지 과정에도 간여한다. 내 생각에는 인간의 발달 시기에 특히 이 부분이 두드러진다. 소뇌는 정서 과정과 특정한 단어나 비언어적인 대상을 기억 속에서 찾는 정신적 탐색 과정에도 간여하는 것으로 보인다. 소뇌가 절제되거나 비활성화된 후에도 심각한 이상이 발생하지 않는 것을 보면 소뇌가 인지 과정에서 하는 역할이 분명하지 않을 수 있다는 추론이 가능하다. 하지만 최근에는 이런 추론이 관찰 부족으로 인한 오해에서 비롯된 것일 수 있다는 주장이 나오고 있으며, 이런 주장은 소뇌의 해부학적이고 기능적인 중복이 심하다는 사실에 의해 더 신빙성을 얻고 있다.

알려져야 하는 어떤 것

우리는 지금까지 신경 구조의 특정한 집합이 현재의 몸 상태
에 대한 일차적 표상, 즉 원초적 자아를 어떻게 뒷받침하고 그
과정에서 자아의 뿌리, 즉 '앎의 원인이 되는 어떤 것'을 어떻
게 제공하는지 살펴보았다. 이제 이 과정의 또 다른 핵심 요
소의 뿌리, 즉 '알려져야 하는 어떤 것'에 대해 말할 차례다.

  이 알려져야 할 어떤 것을 뇌가 어떻게 표상하는지에 대한
우리의 지식을 뒷받침하는 배경은 매우 광범위하다. 주요 감
각 양상(시각, 청각, 촉각 등)에서의 감각 표상이 눈이나 내이
內耳 같은 주변 감각기관에서 발생하는 신호와 어떻게 연결되
는지에 대해, 이런 신호가 시상핵 같은 피질하핵을 통해 대뇌
피질 내 일차감각 영역 각각에 어떻게 중계되는지에 대해 우
리는 불완전하지만 상당히 많은 지식을 가지고 있다. 일차 감
각피질 수준을 넘어서는, 명백한 심적 표상(명백한 구조를 가
진 표상)이 다양한 신경 지도에 어떻게 연관되어 있는지, 이
런 표상에 대한 기억의 일부가 암묵적인 방식으로 어떻게 저
장될 수 있는지도 조금 알고 있다. 예를 들어 우리는 형태, 색
깔, 움직임, 소리 같은 대상의 다양한 측면이 각각의 일차 시
각피질 또는 일차 청각피질의 아래쪽에 위치한 피질 영역에
의해 비교적 독립적인 방식으로 처리된다는 것을 알고 있다.
우리는 특정한 종류의 신경 통합 과정이 각각의 감각 양상과
관련된 종합적인 영역(초기 감각피질) 안에서, 우리가 경험하
는 통합된 이미지를 뒷받침하는 신경 활동의 합성물을 만들

어 내는 데 도움을 주지 않을까 생각한다.[14] 그렇지만 우리는 신경 패턴과 심적 패턴 사이의 모든 중간 단계에 대해서는 모른다. 우리가 알고 있는 것은 동일한 종합적인 영역이 (뇌 외부의 실제 장면으로부터 우리가 구축하는, 즉 외부로부터 내부로 구축하는) 지각과 (우리가 마음속에서 내부적으로 재구축하는 즉 내부로부터 외부로 구축하는) 회상 모두를 위해 이미지를 생성하는 것을 지원한다는 것뿐이다. 우리에게는 감각 양상 (예를 들어 시각과 청각, 시각과 촉각) 전반에 걸친 감각 표상이 뇌의 넓은 영역에 걸친 활동을 조율하는 시간 조절 메커니즘에 의존할 가능성이 있으며, 그 자체가 또 다른 단일한 통합 공간인 데카르트적 극장을 필요로 하지는 않을 것이라고 생각할 수 있는 근거가 있다. 또한 우리는 기본적인 감각 통합을 하기 위해 전방측두피질과 전전두피질에 위치한 더 고차원의 피질이 필요하지 않다는 것을 확실하게 알고 있다(이 주제에 대한 더 자세한 내용은 부록 참조).[15]

이제 실제로 알려져야 하는 어떤 것, 즉 실제 대상의 상황에 대해 살펴보자. 이 대상은 초기 감각피질, 즉 시각, 청각, 촉각 같은 다양한 감각 채널에서 발생하는 신호가 색깔, 모양, 움직임, 청각 주파수 등 대상의 여러 차원에 걸쳐 처리되는 피질의 집합에서 구현된다.

실제 대상에서 발생하는 이런 신호의 존재는 이 장 앞부분에서 언급한 종류의 반응을 유기체에서 촉발한다. 이 반응이란 대상에 관한 신호를 계속 수집하는 데 필요한 운동 조정과 대상의 몇몇 부분에 대한 정서 반응의 집합을 뜻한다. 다시 말해서 알려져야 하는 어떤 것이 구현되면 불가피하게 원초적 자아에 복잡한 영향이 미친다. '앎의 원인이 되는 어떤 것'의 신경적 기초 자체에 영향이 미친다는 뜻이다. 다시 한번 강조하지만 이 과정은 **존재**를 위해서는 충분하지만 **앎**을 위해서는 충분하지 않다. 의식을 가지기에는 충분하지 않은 것이다. 앞으로 살펴보겠지만 의식은 대상, 유기체 그리고 이들의 관계가 다시 표상될 수 있을 때만 발생할 수 있다.

이제 실제로 존재하지 않지만 이전에 기억에 저장된 대상의 경우를 생각해 보자. 나는 이 대상에 대한 기억이 기질 형태로 저장되었다고 생각한다. 기질은 이미지처럼 활성화되고 명시적인 것이 아니라 휴지 상태의 암묵적인 것이다. 이전에 실제로 지각되었던 대상에 대한 이 기질적 기억에는 색깔, 모양, 소리 같은 대상의 감각적 측면에 관한 기록뿐만 아니라 감각 신호를 모을 때 필연적으로 수반된 운동 조정에 대한 기록도 포함된다. 또한 이 기억에는 대상에 대한 어쩔 수 없는 정서 반응의 기록도 포함된다. 그 결과 우리가 어떤 대상을 떠올릴 때, 기질이 자신의 암묵적인 정보를 명시적으로 만들도록 허용할 때, 우리는 감각 데이터만 꺼내는 것이 아니라 그에 수반되는 운동과 정서 데이터도 같이 꺼내는 것이다. 대상을 떠올릴 때 우리는 실제 대상의 감각적 특징만 떠올리는 것이 아니라 그 대상에 대한 유기체의 과거 반응도 같이 떠올린다.

실제 대상과 기억된 대상을 구분하는 것의 중요성은 다음 장에서 분명해질 것이다. 지금은 이런 구분이 기억된 대상

3부 앎의 생물학

이 실제로 지각된 대상과 같은 방식으로 핵심 의식을 생성하도록 해 준다는 것만 말해 두자. 현재 우리가 실제로 보고, 듣고, 만지는 것을 의식하듯이 우리가 기억하는 것을 의식할 수 있는 이유가 여기에 있다. 이런 놀라운 과정이 없었다면 우리는 결코 자서전적 자아를 발달시킬 수 없었을 것이다.

알려져야 하는 어떤 것과 관련된 장애

알려져야 하는 어떤 것에 관련된 장애는 크게 두 부류로 나뉜다. 지각장애와 실인증이다. 지각장애는 시각이나 청각 같은 감각 양상 또는 촉각의 신체감각 부분에서 신호가 결핍되어 대상의 감각 표상이 형성되지 못하는 상태를 말한다. 후천성 시각 상실, 후천성 청각 상실이 그 예다. 이 상태에서는 특정한 감각 채널에 의해 표상되어야 할 대상 X가 표상되지 못하고, 유기체를 정상적인 방법으로 관여시키지 못하며, 원초적 자아를 관여시키지 못한다. 따라서 핵심 의식이 발생하지 않는다.

또 다른 부류인 **실인증**은 대상이 지각되고 있을 때 그 대상에 적합한 종류의 지식을 기억으로부터 떠올릴 수 없는 상태를 말한다. 지각되는 대상이 의미를 가지지 못하는 것이다. 실인증의 대표적인 예는 **연상적 실인증**이다. 이것은 주요 감각 양상과 관련해 발생한다. 시각 실인증, 청각 실인증, 촉각 실인증이 그 예다. 이런 실인증은 매우 특수한 경우에 해당하기 때문에 신경학에서도 가장 흥미로운 주제에 속한다. 아래의 사례를 보면 알겠지만 정신이 온전하고 지적인 사람에게서도 친한 사람을 소리로는 인식하지만 모습으로는 인식하지 못하는 현상이 나타날 수 있다(그 반대의 경우도 있다).

내가 여기 있으니 내가 틀림없겠지요

이 말은 거울 앞에 서서 자기 얼굴을 한참 들여다보면서 조심스럽게 에밀리가 한 것이다. 거울에 비친 모습은 에밀리여야 했다. 에밀리는 자신의 의지로 거울 앞으로 다가갔기 때문이다. 에밀리가 아니면 누구겠는가? 하지만 그녀는 거울에 비친 자신의 얼굴을 알아보지 못했다. "여자 얼굴인 것은 맞는데, 누구 얼굴이지?" 에밀리는 그 얼굴이 자기의 것이라고 생각하지 않았다. 자기 얼굴을 마음의 눈으로 다시 가져올 수 없었기 때문에 그녀는 거울에 비친 얼굴을 자기 얼굴이라고 확신할 수 없었던 것이다. 그녀가 보고 있던 얼굴은 그녀의 마음속에서 구체적인 그 어떤 것도 떠오르게 하지 못했다. 그녀가 거울 속 얼굴이 자기 것이라고 믿을 수 있었던 것은 상황 때문이었다. 그녀가 진료실에 들어왔을 때 나는 그녀에게 거울로 가서 누가 거기 있는지 말해 보라고 했다. 나는 그녀에게 거울 속 얼굴이 다른 누군가가 아닌 그녀의 얼굴이라는 것을 확실하게 말해 주었고, 그렇기 때문에 그녀는 거울 속 얼굴을 자신의 얼굴로 당연히 받아들인 것이다.

하지만 내가 카세트테이프를 틀어서 그녀의 목소리를 들려주자 그녀는 바로 자기 목소리라는 것을 인식했다. 자기 얼굴은 알아보지 못했지만 자기 목소리는 전혀 어려움 없이 인식했다. 이런 괴리는 다른 사람들의 얼굴과 목소리에도 똑같이 적용되었다. 그녀는 남편, 자녀, 친척, 친구, 지인의 얼굴을 알아보지 못했지만, 그들의 목소리는 쉽게 인식할 수 있었다.

에밀리는 특정한 사물을 보여 주었을 때 '아무것도 마음속에 떠오르지 않는다는' 점에서는 앞에서 다룬 환자 데이비드와 다르지 않았다. 하지만 문제가 시각적 세계에만 국한된다는 점에서는 매우 달랐다. 에밀리는 사람 얼굴, 어떤 집, 어떤 자동차처럼 자신이 확실하게 알고 있는 특정한 자극의 **시각적 측면을 보여 주었을 때만** 아무것도 떠올리지 못했다. 이 자극의 비시각적인 측면, 이를테면 소리나 촉감 등은 정상적으로 모든 것을 마음속에서 떠오르게 만들었다.[16]

에밀리는 특정한 대상이 아닌 경우는 증상이 덜했다. 그녀는 자신이 알아보지 못하게 된 얼굴이 어떤 정서를 나타낸다고 쉽게 말할 수 있었다. 특정한 얼굴을 가진 사람의 나이와 성별도 쉽게 맞추었다.[17] 그녀의 문제는 시각 측면에서 특정한 대상에게만 국한된 것이었다.

내가 만든 핵심 의식 체크리스트를 에밀리에게 적용하면 그녀의 핵심 의식은 완벽하다는 것을 알 수 있다. 모든 면에서 에밀리는 깨어 있고 주의를 기울이고 있다. 그녀는 쉽게 주의를 집중할 수 있으며, 모든 종류의 일에 대해 그 주의 상태를 유지할 수 있다. 그녀가 스스로 말하는 자신의 정서와 느낌도 완전히 정상이다. 행동은 확실한 목적을 가지고 있고 어떤 상황에서도 적절하며, 즉각적이며 장기적이다. 시각적인 문제에 의해서만 제한을 받을 뿐이다. 실제로 그녀는 자신의 이런 문제에도 불구하고 매우 지적인 행동을 할 수 있다. 앉아서 몇 시간 동안 사람들의 걸음걸이를 관찰해 누구인지 추측할 수 있으며, 그 추측은 대부분 맞다. 시각적으로는 모르는 사람들의 이름을 남편이 옆에서 속삭여 주기만 한다면 자신이 주최한 파티에 온 사람들과 완벽한 대화를 나눌 수도 있다. 마트 주차장에서도 차 번호판들을 체계적으로 살펴봄으로써 자신이 시각적으로 알아볼 수 없는 자기 차를 찾아낼 수도 있다.

하지만 놀랄 만한 일은 따로 있다. 에밀리는 자신이 완벽하게 아는 것을 의식하고 있을 뿐만 아니라 자신이 모르는 것도 의식한다는 것이다. 그녀는 자신에게 다가오는 모든 자극에 대해 자신이 떠올릴 수 있는 지식의 양에 상관없이 핵심 의식을 생성한다. 그녀는 내가 수십 년 동안 연구한 유사한 환자들과 마찬가지로 자신이 **알지 못하는** 사물을 완벽하게 의식하며, 아는 자아knowing self를 참조해 자신이 아는 사물을 관찰하는 방식과 동일하게 사물을 관찰한다. 에밀리에 맞추어 실시한 다음의 실험에 대해 살펴보자.

다양한 사람들에 대한 그녀의 인식을 테스트하기 위해 여러 장의 사진을 보여 주다가 우리는 아주 우연한 발견을 했다. 윗니 중 하나가 다른 윗니보다 살짝 색이 짙은 모르는 여성의 사진을 보던 에밀리가 자기 딸이라고 조심스럽게 말했다.

"왜 딸이라고 생각하지요?" 내가 물었다.

"윗니 하나가 색이 짙어서요. 분명히 딸 사진이에요."

물론 그것은 그녀의 딸 사진이 아니었다. 하지만 에밀리의 이 말은 똑똑한 우리의 그녀가 사용한 전략을 드러냈다. 전체적인 모양이나 얼굴 구성 요소의 조합을 보고는 누구인지 알 수 없었기 때문에 에밀리는 우리가 인식해 보라고 요청할 수도 있는 사람과 관련이 있을 수 있는 것을 떠올리게 할 수 있는 간단한 특징에 의존했던 것이다. 색이 짙은 윗니는 자신의 딸을 떠올리게 했고, 이 특징에 기초해 에밀리는 사진 속 얼굴이 딸이라는, 정보에 입각한 추측을 한 것으로 보였다.

우리는 이 해석이 맞는지 검토하기 위해 간단한 실험을 설계했다. 웃는 남성과 여성 사진 몇 장을 수정해 위 앞니의 색깔을 약간 짙게 만들고 다른 사진과 무작위로 섞었다. 에밀리는 윗니 색깔이 짙은 젊은 여성의 사진을 볼 때마다 자기 딸이라고 말했다(윗니가 짙은 남성이나 나이 든 여성의 사진을 볼 때는 이런 반응을 보이지 않았다). 그녀는 자기가 보는 사진의 전체와 부분에 대해 정밀하게 의식하고 있었다. 그렇지 않았다면 그녀는 사진 한 장 한 장에 대해 늘 그랬듯이 지적인 추론을 할 수 있는 가능성도, 목표 자극을 찾아낼 가능성도 가지지 못했을 것이다. 최소한 에밀리나 그녀와 비슷한 환자들은 어떤 사물에 대한 핵심 의식을 가지기 위해 특정 수준에서 그 사물에 대한 특정한 지식을 가질 필요는 없다는 사실을 증명해 준다고 할 수 있다.

안면실인증 환자가 자기 앞에 있는 친숙한 사람의 얼굴을 알아보지 못하고 본 적이 없는 얼굴이며 그 사람과 관련된 것이 전혀 기억나지 않는다고 말한다면, 그 환자는 의식적인 탐사를 하는 데 필요한 관련 지식이 동원되지 못하는 상황에서 핵심 의식은 온전하게 유지되는 상태에 있는 것이다. 실제로 이 환자에게 자신 앞에 있는 얼굴이 친한 친구의 것이라는 사실을 말해 주면, 일반적인 의식이 있는 이 환자는 자신이 얼굴을 알아보지 못했다는 것, 친한 친구를 알아보는 데 필요한 어떤 지식도 떠올리지 못했다는 것도 의식한다. 이 환자의 문제는 의식이 아니라 기억에 있었다. 알려져야 하는 특정한 어떤 것이 없는 상태다. 이 환자는 자신이 보고 있는 사람이 누구인지에 대한 지식을 표상하지 못하며, 현재 존재하는 어떤 것을 의식하지 못하는 것이다. 하지만 알려져야 하는 어떤 것의 다른 층위에 의해 생성되는 핵심 의식은 존재한다. 예를 들어 특정한 사람의 얼굴이 아닌 일반적인 얼굴은 얼굴로 의식되는 것이다. 이런 현상이 나타나는 정확한 이유는 인식 공백이 인정된다는 것에 대한 정상적인 핵심 의식이 존재하기 때문이다.

에밀리의 문제는 양쪽 초기 시각피질의 손상에 의한 것이었다. 구체적으로는 뇌의 복측 부분의 후두엽과 측두엽이 만나는 부분에 위치한 시각연합피질 손상이다. 가장 큰 손상을 입은 영역은 방추상회 내의 브로드만 영역 19와 37이다.

거의 20년 전, 초창기 신경 영상 기법으로 안면실인증의 상관물을 밝혀낸 결과에 기초해 우리는 얼굴을 비롯해 얼굴과 비슷한 정도로 뇌 활동을 요구하는 시각적으로 모호한 기타 자극을 처리하는 과정에 이 피질이 연관되어 있다고 추정

그림 5-2 에밀리의 병변 부위

에밀리에게서 안면실인증을 일으킨 병변 부위는 양쪽 대뇌반구 모두에서 후두엽과 측두엽이 만나는 곳에 위치해 있었다. 연상적 안면실인증 환자들의 전형적인 병변 부위다.

한 바 있다.[18] 현재의 기능적 신경 영상 기법에 의해 뒷받침 받고 있는 이 추정의 내용은 얼굴을 처리한다는 것을 알고 있을 때 보통 사람은 에밀리의 뇌에서 손상된 영역을 끊임없이 활성화한다는 것이다.[19] 중요한 것은 기능적 신경 영상 기법을 이용한 실험에서 이 영역을 활성화한 결과를 '얼굴에 대한 의식'이 이른바 얼굴 영역에서 발생한다는 뜻으로 해석해서는 안 된다는 점이다. 실험 대상자가 의식하는 얼굴 이미지는 얼굴 영역에서 만들어지는 신경 패턴 없이는 발생하지 않지만, **그 얼굴을 안다는 감각을 생성하고 그 신경 패턴에 주의를 기울이게 만드는 나머지 과정은 다른 곳, 즉 시스템의 다른 구성 요소 안에서 일어난다.**

지금 말한 원리는 다음의 사실을 생각해 보면 그 중요성이 가장 확실하게 드러날 것이다. 지속적인 식물인간 상태에 있는 의식 없는 환자에게 익숙한 얼굴을 보여 주면 기능적 영상 촬영 화면에서 이른바 (후두엽과 측두엽이 만나는 방추상회 안의) '얼굴 영역'이 지각 있는 보통 사람에게서처럼 반짝거린다.[20] 이 이야기의 교훈은 간단하다. 알려져야 하는 어떤 것의 신경 패턴을 만드는 힘은 의식이 더 이상 생성되고 있지 않아도 보존된다는 것이다.

핵심 의식에 관련해서는 양측 청각피질이 손상되면 시각피질이 손상되는 것과 동일한 효과가 발생한다. 에밀리가 그전에 잘 알던 사람이나 대상과 관련된 지식을 떠올리지 못하는 것과 동일한 방식으로 대뇌피질의 청각 영역 중 일부가 손상된 환자들은 특정한 지식, 예를 들면 이전에는 익숙했던 멜로디나 어떤 사람의 익숙한 목소리 등을 떠올리는 능력을 상실하게 된다. 내 환자 중 한 명인 X가 이 경우였다. 상당히 유명한 오페라 가수인 환자는 뇌졸중 때문에 세계 곳곳을 같이 돌며 공연하던 동료 오페라 가수들의 노래 목소리를 인식하는 능력을 잃었으며, 자신의 노래 목소리 역시 인식하지 못하게 되었다. 그는 이전에 수백 번도 넘게 부르던 아리아를 포함해 익숙한 멜로디도 알아들을 수 없게 되었다. 에밀리의 경우처럼 이 환자도 청각을 제외한 나머지 부분에서는 아무 문제가 없었다. 또한 역시 이 환자도 에밀리의 경우처럼 자신이 더 이상 알 수 없게 된 자극에 대해 적절하고 완벽한 핵심 의식을 생성했다. 이 환자는 확실한 자각 상태에서 자신이 이제는 알지 못하게 된 곡을 세심하게 들으면서 음조, 음색, 발성 등을 일일이 분석해 누가 불렀는지 단서를 찾아내려고 했다.

3부 앎의 생물학

하지만 이 환자가 한 번도 틀리지 않고 맞힌 가수는 마리아 칼라스 한 명밖에 없었다. 칼라스는 정말 독보적인 존재였던 모양이다.

에밀리와 환자 X는 모두 연합피질 내부가 손상된 사람들이다. 에밀리는 시각, X는 청각을 담당하는 부분이 손상을 입었다. 그렇다면 이 두 환자에 대한 연구와 수없이 많은 유사한 연구를 통해 나온 결과로부터 이 감각피질의 광범위한 손상이 핵심 의식을 훼손하지 않는다는 것이 분명해진다. 초기 감각피질의 광범위한 손상 면에서 보면 신체감각 영역의 손상만이 의식을 붕괴시킨다. 그 이유는 앞에서도 설명했지만 신체감각 영역은 원초적 자아를 이루는 기초의 일부분이며, 이 영역이 손상되면 핵심 의식의 기본적인 메커니즘이 쉽게 변화될 수 있기 때문이다.

지금까지 우리는 대상을 표상하는 신경 패턴, 개인적인 유기체를 표상하는 신경 패턴을 뇌가 어떻게 조립하는지 살펴보았다. 이제 대상과 유기체 사이의 관계를 표상하기 위해 뇌가 어떤 메커니즘을 이용하는지 살펴볼 차례다. 대상이 유기체에 원인이 되는 작용을 하고 그 결과로 유기체가 대상을 소유하게 되는 관계를 말한다.

6장

핵심 의식의 생성

의식의 탄생

우리는 어떻게 의식을 갖게 되는가? 더 명확하게는 앎의 행위에서 우리는 어떻게 자아 감각을 갖는가? 이 의문에 대한 답을 얻기 위해 일종의 트릭을 써 보자. 이 트릭은 유기체가 대상과 상호작용을 할 때 유기체 안에서 어떤 일이 일어나는지에 대해 먼저 설명하는 것이다. 그 대상이 실제로 지각되는 것이든 회상되는 것이든, 몸의 경계 안에 있는 것(예를 들어 고통)이든 밖에 있는 것(예를 들어 풍경)이든 상관없다. 이 설명은 말로 하지 않는 간단한 이야기다. 이 이야기에는 확실한 등장인물(유기체, 대상)이 있고, 시간을 따라 전개되며, 시작과 중간과 끝이 있다. 중간은 대상이 나타나는 부분이다. 끝은 유기체의 상태 변화를 일으키는 반응으로 구성된다.

그렇다면 우리가 의식을 갖게 되는 것은 유기체가 대상에 의해 변화되었다는 특정한 종류의 비언어적 지식을 우리 유기체가 내부적으로 구축하고 드러낼 때, 이런 지식이 대상을 내부적으로 두드러지게 드러내면서 나타날 때다. 이 지식의 가장 간단한 발생 형태는 앎의 느낌feeling of knowing이며, 우리가 풀어야 할 수수께끼는 다음의 질문으로 요약된다. 어떤 메커니즘으로 이런 지식이 수집되며, 이런 지식은 왜 느낌의 형태로 처음 나타나는가?

이 질문에 대해 내가 추론한 구체적인 답은 다음의 가설에서 찾을 수 있다. **핵심 의식은 대상을 처리하는 과정에 의해 유기체 자체의 상태가 어떻게 영향을 받는지에 대한 이미지화된 비언어적인 설명을 뇌의 표상 장치가 만들어 내고, 원인이 되는 대상의 이미지가 이 과정에 의해 강화되어 공간적이고 시간적인 상황에 두드러지게 배치될 때 발생한다.** 이 가설은 두 가지 메커니즘으로 구성된다. 대상-유기체 관계에 대한 이미지화된 비언어적 설명(앞의 행위에서 자아 감각의 원천)과 대상 이미지의 강화다. 자아 감각과 관련해서 이 가설은 다음의 전제 위에 세워진 것이다.

1) 의식은 유기체와 대상 사이의 상호작용에 관한 새로운 지식의 내부적 구축과 드러냄에 의존한다.

2) 유기체는 그것의 뇌에서, 즉 유기체의 생명을 조절하고 내부 상태에 대해 끊임없이 신호를 보내는 구조 안에서 하나의 단위로서 지도화된다. 대상도 뇌 내에서, 즉 유기체와

대상의 상호작용에 의해 활성화되는 감각 구조와 운동 구조 안에서 지도화된다. 유기체와 대상 모두 일차 지도에 신경 패턴 형태로 지도화된다. 이 모든 신경 패턴은 이미지가 될 수 있다.

3) 대상에 관계된 감각운동 지도는 유기체에 관계된 지도에 변화를 일으킨다.

4) 3)에서 기술된 변화는 대상과 유기체를 표상하는 또 다른 지도(이차 지도)에서 재표상될 수 있다.

5) 이차 지도에서 일시적으로 생성된 신경 패턴도 일차 지도의 신경 패턴처럼 심상이 될 수 있다.

6) 유기체 지도와 이차 지도는 모두 몸과 관련된 속성을 가지고 있기 때문에 그 관계를 기술하는 심상은 느낌이 된다.

어떤 지도에서든 신경 패턴이 어떻게 심적 패턴, 즉 이미지가 되는지는 여기서 집중적으로 다루지 않겠다. 그 문제는 1장에서 다룬 의식의 **첫째** 문제이기 때문이다. 여기서는 의식의 **둘째** 문제, 즉 자아의 문제에 집중하자.

뇌에 관한 한 이 가설에서 다루는 유기체는 원초적 자아에 의해 표상된다. 이 설명에서 다루는 유기체의 핵심적인 측면은, 내가 원초적 자아에서 제공된다고 말했던 측면, 즉 내부 환경, 체내 기관, 전정계, 근골격계 들이다. 이 설명은 변화하는 핵심 자아와 그 변화를 일으키는 대상의 감각운동 지도 사이의 관계를 설명한다. 요약하자면 이렇다. 뇌가 얼굴, 멜로디, 두통, 사건에 대한 기억 같은 대상의 이미지를 생성하고,

대상의 이미지가 유기체의 상태에 **영향을 미치면서** 또 다른 수준의 뇌 구조는 대상-유기체 상호작용의 결과로 활성화되는 다양한 뇌 영역에서 일어나는 사건에 대한 신속하고 비언어적인 설명을 만들어 낸다. 대상과 관련된 결과의 지도화는 원초적 자아와 대상을 표상하는 일차 신경 지도에서 이루어진다. 대상과 유기체 사이의 **인과관계**에 대한 설명은 이차 신 신경 지도에서만 포착될 수 있다. 다시 비유적으로 말하자면 **신속한 비언어적 이차 설명은 다른 것을 표상하다 자신의 변화하는 상태를 표상하는 행위에 사로잡힌 유기체의 이야기를 들려준다**고 할 수 있다. 하지만 놀라운 사실은 포착 과정을 이야기하는 과정에서 포착자의 인식 가능한 실체가 막 생겨났다는 사실이다.

이 과정은 뇌가 표상하는 모든 대상에 대해 끊임없이 반복되며, 그 대상은 존재해 유기체와 상호작용을 하는 대상이든 과거의 기억에서 소환되는 대상이든 상관없다. 그 대상이 실제로 무엇인지도 상관없다. 건강한 사람은 뇌가 깨어 있는 한 이미지 생성 장치와 의식이 '켜져 있다'. 또한 명상 같은 것으로 우리의 심적 상태를 조작할 수도 없다. '실제' 대상이나 '생각 속의' 대상이 부족해지는 것은 불가능하며, 따라서 핵심 의식이라는 풍부하게 널린 재화가 부족해지는 것도 불가능하다. 실재하는 것이든 회상된 것이든 대상은 너무나 많으며, 대략 같은 시간에 두 개 이상의 대상이 존재하는 경우도 흔하다. 이미지화되는 이 동일한 과정은 우리가 생각이라고 부르는, 흐름의 과정에 풍부하게 제공된다.[1]

내가 말하는 비언어적 이야기는 이미지가 되는 신경 패턴
에 기초를 두고 있으며, 그 이미지는 의식을 일으키는 대상을
기술하기 위해 사용되는 것과 동일한 기본 수단이 된다. 가
장 중요한 것은 이 이야기를 구성하는 이미지가 생각의 흐름
에 편입된다는 것이다. 의식 이야기의 이미지는 대상의 이미
지와 함께 그림자처럼 움직이면서, 요청받지 않은 의견을 자
신도 모르게 대상의 이미지에 제공한다. 뇌 안의 영화 비유로
돌아가 보면 이 이미지는 영화 **안에** 있는 것이다. 외부 관객
은 없다.[2]

이제 이 가설의 둘째 구성 요소를 살펴봄으로써 핵심 의식
의 발생에 대한 설명을 정리해 보자. 첫째 과정, 즉 대상과 유
기체 사이의 관계에 대한 이미지화되는 비언어적 설명은 두
가지 확실한 결과를 낳는다. 하나는 이미 설명한 대로 앎의
절묘한 이미지, 즉 우리 자아 감각의 핵심인 느낌 부분의 생
성이다. 다른 하나는 원인이 되는 대상 이미지의 강화로, 이
는 핵심 의식의 가장 큰 특징이 된다. 대상에 주의가 집중되
고, 그 결과로 그 마음속 대상의 이미지가 부각되는 과정이
다. 이 대상은 덜 운이 좋은 대상으로부터 **구별된다.** 모호하
든 명확하든 이 대상은 특정한 **계기**occasion로 선택되는 것이
다. 이 대상은 사실이 되기 위한 여러 가지 선행 과정을 거친
뒤 결국 **사실**이 되며, 이 모든 일이 일어나는 유기체와의 관
계의 일부가 된다.

당신은 당신에게 의식이 있다는 것을 알고 있다. 또한 당신은 앎의 행위

> 음악이 계속되는 동안 당신은
> 음악이다: 일시적인 핵심 자아

안에 있다는 것도 느낀다. 그 이유는 당신의 유기체가 하는 생각의 흐름 안에서 현재 흐르고 있는 이미지화되는 절묘한 설명이, 당신의 원초적 자아가 방금 전에 마음속에서 두드러지게 된 대상에 의해 변화되었다는 지식을 드러내기 때문이다. 당신이 존재한다는 것을 아는 것은 그 이야기가 앎의 행위의 주인공으로 당신을 드러내기 때문이다. 당신은 **느껴지는** 핵심 자아로서 앎의 수면 위로 일시적이지만 계속 반복해서 떠오른다. 뇌의 외부로부터 감각 장치로 들어가는 것이나, 뇌의 기억 저장 장소에서 감각, 운동, 자율 소환에 응답하는 것 덕분에 계속해서 새로운 모습의 핵심 자아로 떠오른다. 당신은 보고 있는 것이 **당신**이라는 것을 안다. 등장인물이 보는 행위를 하고 있다는 것을 이야기가 묘사하고 있기 때문이다. 의식 있는 당신의 첫째 기초가 되는 것은 변화의 원인을 구축하는 설명 안에서 **변화되는 과정 안에 있는 비의식적 원초적 자아**가 재표상되면서 나타나는 느낌이다. 의식 뒤에 있는 첫째 트릭은 바로 이 설명의 생성이며, 그 첫째 결과는 앎의 느낌이다.

이 이야기에서 앎이 갑자기 활발해진다. 앎은 새로 구축된 신경 패턴, 즉 비언어적 설명을 구성하는 신경 패턴에 내재해 있다. 당신이 이 이야기 과정을 거의 눈치채지 못하는 이유는 심적 표현을 지배하는 이미지가 앎의 행위에 있는 당신의 느

낌을 빠르게 구성하는 이미지가 아니라, 현재 당신이 의식하는 것(당신이 보거나 듣는 대상)의 이미지이기 때문이다. 당신이 알아차리는 것은 설명에 관련된 추론을 그 이후에 언어로 번역한 것의 아주 일부에 불과할 것이다. 물론 보거나 듣거나 만지는 것은 내가 맞다. 하지만 반쯤 암시된 힌트가 대부분 그렇듯이 매우 모호하기는 하지만, 이야기를 들려주는 과정이 신경질환에 의해 중지되면 당신의 의식도 중지되며, 그 차이는 엄청나다.[3]

엘리엇이 『네 개의 사중주』에서 말한 것이 지금 설명한 과정일지도 모른다. 이 시에서 엘리엇은 "너무 심오하게 들리는 음악이기에 아무것도 들리지 않지만, 그 음악이 계속되는 동안 당신은 음악이다"라고 했다. 적어도 엘리엇은 깊은 지식이 위로 떠오르는 매우 짧은 순간에 대해 생각하고 있었던 것으로 보인다. 그는 이 순간에 대해 '합일union', 즉 '성육신 incarnation'이라고 표현했다.

> 일시적인 핵심 자아를
> 넘어서: 자서전적 자아

하지만 음악이 끝나도 남아 있는 것이 있다. 핵심 자아가 수도 없이 나타났다 사라진 뒤에도 잔여물은 반드시 남는다. 방대한 기억 능력이 있는 우리 같은 복잡한 유기체에게서 우리가 우리의 존재를 발견하는 찰나적 순간이 있다는 것은 사실이 기억에 저장되어 적절하게 분류되고, 과거와 관련되어 있고 미래와 관련될 다른 기억과 연계된다는 뜻이다. 자서전적 기억의 발달은 이 복잡한 학습 과정의 결과다. 자서전적 기억은 우리가 물리적으로 어떤 상태였는지, 보통 어떻게 행동해 왔는지, 미래에 어떻게 되려고 계획하고 있는지에 대한 기질적 기록의 집합체다. 우리는 이런 기억의 집합체를 확장할 수도 있고, 살면서 그 집합체를 다시 만들 수도 있다. 많든 적든 특정한 개인적 기록이 재건된 이미지에서 필요에 의해 명백해질 때 이 기록은 **자서전적 자아**가 된다. 내가 보기에 진짜 기적은 자서전적 기억이 삶의 순간에서 비의식적 원초적 자아와 떠오르는 의식적 핵심 자아에 신경적, 인지적인 면에서 구조적으로 연결되어 있다는 것이다. 이 연결은 일시적일 수밖에 없는 핵심 자아 과정과 점차적으로 규모가 커지는 개인 특유의 과거 사실 및 일관된 성격에 관련된 기존의 확고한 기억 사이에서 다리 역할을 한다. 바꾸어 말하면 몸을 기반으로 하며 순간순간 그 자리에서 재구축되는 비의식적 원초적 자아의 동적 범위 안정성, 대상이 변화시키는 이차적 비언어 설명 안에서 떠오르는 의식적인 핵심 자아는 기억된 불변의 사실이 같이 드러남에 따라 강화된다고 할 수 있다. 여기서 불변의 사실이란 당신의 출생장소, 부모, 인생에서 중요한 사건, 호불호, 자신의 이름 등을 말한다. 자서전적 자아의 기초는 안정적이며 변하지 않지만, 이 자아의 범위는 경험이 쌓임에 따라 계속 확장된다. 따라서 자서전적 자아가 드러나는 형태는 일생에 걸쳐 본질적으로 같은 형태로 계속 다시 생성되는 핵심 자아에 비해 다시 만들어지기 더 쉽다.

원초적인 이야기에서 주인공으로서 내재하는 핵심 자아와

자서전적 자아	개인의 과거 경험과 미래 예측에 대한 수많은 암묵적 기억으로 구성되는 자서전적 기억에 기초한다. 자서전적 기억의 기초는 개인의 일생에서 변하지 않는 측면으로 구성된다. 자서전적 기억은 삶에서 경험이 쌓이면서 늘어나지만 새로운 경험을 반영하기 위해 부분적으로 새로 구축될 수 있다. 정체성과 개인을 기술하는 기억의 집합은 신경 패턴의 형태로 재활성화될 수 있으며, 필요하면 언제든지 이미지 형태로 명백하게 만들어질 수 있다. 재활성화된 각각의 기억은 '알려져야 할 어떤 것'으로서 기능하며, 특유의 핵심 의식 파동을 만들어 낸다. 그 결과가 우리가 의식하는 자서전적 자아다.
핵심 자아	핵심 자아는 대상이 원초적 자아를 변화시킬 때마다 생성되는 이차적 비언어 설명에 내재되어 있다. 핵심 자아는 모든 종류의 대상에 의해 촉발된다. 핵심 자아의 생성 메커니즘은 일생 동안 최소한으로만 변화한다. 우리는 핵심 자아를 의식한다.
의식	
원초적 자아	유기체의 상태를 표상하는 신경 패턴이 뇌의 여러 차원에서 순간순간 일시적으로 서로 연결되어 만들어지는 정합적인 집합이다. 우리는 원초적 자아를 **의식하지 않는다**.

표 6-1 **자아의 종류**

는 달리, 그리고 유기체 상태에 대한 현재의 표상인 원초적 자아와도 달리, 자서전적 자아는 진정한 인지적, 신경생물학적 개념에 기초를 두고 있다.

핵심 자아	자서전적 자아
의식의 일시적인 주인공. 핵심 의식 메커니즘을 유발하는 모든 대상에 대해 생성된다. 핵심 의식을 유발하는 대상들은 끝없이 있기 때문에 핵심 의식은 끊임없이 생성되며 따라서 시간 속에서 연속적으로 나타난다.	핵심 자아 경험의 영구적이지만 기질적인 기록들에 기초한다. 이 기록들은 신경 패턴 형태로 활성화돼 명시적인 이미지로 전환될 수 있다. 이 기록들은 경험이 더 쌓이면 부분적으로 변화가 가능하다.
핵심 자아 메커니즘은 원초적 자아의 존재를 필요로 한다. 핵심 자아의 생물학적 본질은 변화되고 있는 원초적 자아의 이차 지도 안에서의 표상이다.	자서전적 자아가 점진적으로 발달하기 위해서는 핵심 자아의 존재가 필요하다. 자서전적 자아는 그 기억들이 활성화돼 핵심 자아를 생성할 수 있도록 하기 위해 핵심 자아 메커니즘도 필요로 한다.

표 6-2 핵심 자아와 자서전적 자아의 비교

이들 개념은 특정한 방식으로 서로 연결된 뇌의 네트워크에 포함된 기질적이고 암묵적인 기억의 형태로 존재하며, 이런 암묵적인 기억 대부분은 어느 때고 동시에 명백한 기억으로 만들어질 수 있다.[4] 이 기억이 이미지 형태로 활성화되는 것은 매 순간 건강한 정신적 삶의 배경이 된다. 핵심 자아나 앎처럼 암시 수준으로 반쯤 추측되는 이 과정은 대개 주의가 집중되지 않지만, 우리가 누구인지 확인해야 할 필요가 생기면 더 핵심적인 과정으로 만들어질 준비를 하고 있다. 이 과정은 우리가 우리의 성격이나 다른 사람이 존재하는 방식을 기술할 때 사용하는 도구다. 더 자세한 내용은 다음 장에서 확장 의식, 정체성과 인간성 뒤에 존재하는 메커니즘에 대해 설명할 때 다룰 예정이다.

추측하건대 발달 측면에서 보면 우리 존재의 초기 단계에서는 거의 핵심 자아만 반복적으로 나타난다. 하지만 경험이 쌓이면서 자서전적 기억이 확장되고 자서전적 자아가 배치된다. 아동의 발달 시기에 보이는 특징은 자서전적 기억의 고르지 않은 팽창과 자서전적 자아의 고르지 않은 배치의 결과일 것이다.[5]

자서전적 기억이 얼마나 잘 확장되고 자서전적 자아가 얼마나 튼실하게 변하는지와 무관하게 분명한 사실은, 그 주인에게 자서전적 기억과 자아가 중요성을 가지려면 핵심 의식이 계속 공급되어야 한다는 것이다. 자서전적 자아의 내용은 핵심 자아와 그 자서전적 자아 각각의 내용에 대한 앎이 새롭게 구축될 때만 알려질 수 있다. 간질성 자동증을 앓는 환자들은 자서전적 기억이 붕괴하지 않았지만 그 내용에 접근할 수는 없는 사람들이다. 하지만 환자의 발작이 끝나고 핵심 의식이 돌아오면 그 연결 고리가 복원되고 필요할 때마다 자서전적 자아가 소환될 수 있다. 바꾸어 말하면 자서전적 자아의 내용은 매우 고유한 방식으로 개인에게 속해 있지만, 이 내용은 알려져야 하는 다른 어떤 것의 경우처럼 핵심 의식이 살아나는 능력에 의존한다는 뜻이다. 이상하게 들리겠지만 이렇게 되는 것이 분명하다.

핵심 의식의 조합

나는 핵심 의식이 파동 형태로 생성된다고 생각한다. 이 파동 하나하나는 우리가 상호작용을 하거나 회상하는 모든 대상 하나하나에 의해 촉발되는 것이다. 이 의식의 파동은 새로운 대상이 원초적 자아를 변화시키는 과정을 촉발하기 직전에 시작되며, 이 새로운 대상이 고유의 변화를 일으키기 시작할 때 끝난다고 할 수 있다. 이렇게 되면 최초의 대상에 의해 변화된 원초적 자아는 새로운 대상에 대한 **초기**inaugural 원초적 자아가 된다. 새로운 핵심 의식 파동이 시작되는 것이다.

의식의 연속성은 실제 대상이든 끊임없이 회상되는 대상이든 수많은 대상과 그것들의 상호작용을 끊임없이 처리해 원초적 자아를 변화시키는 과정에 해당하는 연속적인 의식 파동의 생성에 의존한다. 의식의 연속성은 핵심 의식의 비언어적 이야기가 풍성하게 흐르는 현상에서 비롯되는 것이다.

이런 이야기는 동시에 두 가지 이상 생성되는 것이 거의 확실하다. 그 이유는 많은 대상이 동시에 관여될 수는 없지만 두 개 이상의 대상이 거의 동시에 관여될 수 있으며, 따라서 두 개 이상의 대상이 원초적 자아 상태의 변화를 유도할 수 있기 때문이다. 생각이 하나의 경로를 따라 한 줄로 흐른다는 것을 묘사한 '의식의 흐름'이라는 비유는 의식을 실어 나르는 흐름의 일부가 단 하나의 대상이 아니라 여러 개의 대상에서 발생할 가능성이 높다는 뜻이다. 게다가 대상의 상호작용도 각각 두 개 이상의 이야기를 만들어 낼 가능성이 높다. 뇌의 여러 수준이 관련되어 있기 때문이다. 또한 이런 상황은 득이 되는 것으로 보인다. 핵심 의식이 풍부하게 생성되고 '앎'의 상태가 연속적으로 유지될 수 있기 때문이다. 핵심 의식이 여러 개의 실체에 의해 만들어진다는 이야기는 앞으로 더 자세하게 다룰 예정이다.

이차 신경 패턴의 필요성

유기체와 대상의 상호작용이 초기 원초적 자아에 미친 변화에 대해 이야기할 수 있으려면 원초적 자아 자체의 과정과 신경적 기초가 있어야 한다. 아주 간단하게 설명하면 다음과 같다. 원인이 되는 대상과 원초적 자아의 변화가 따로따로 표상되는 수많은 신경 구조 너머에는 원초적 자아와 대상 둘 다를 시간 관계로 **재표상해** 유기체에 실제로 일어나는 일, 즉 **초기 순간에서 원초적 자아의 발생, 감각 표상으로 대상의 진입, 초기 원초적 자아가 대상에 의해 원초적 자아로 바뀌는 과정을** 표상하는 다른 구조가 적어도 하나는 있다는 것이 내 생각이다. 더 나아가 나는 인간의 뇌 안에는 일차 발생을 재표상하는 이차 신경 패턴을 만들어 내는 능력을 가진 구조가 몇 개 있다고 생각한다. 유기체-대상 관계에 대한 이미지화되는 비언어적 설명에 대응되는 이차 신경 패턴은 몇몇 '이차' 구조 사이에서 이루어지는 정교한 교차 신호 전달에 기초를 두고 있을 가능성이 매우 높다. 하나의 뇌 영역이 이차 신경 패턴을 **전적으로** 지배하고 있을 가능성은 낮다.

이차 지도를 생성하는 이차 구조 사이의 상호작용이 가진 특징은 다음과 같다. 이차 구조는 1) 원초적 자아의 표상에 관련된 영역과 대상을 표상할 가능성이 있는 영역 모두로부터 오는 신호를 축삭돌기 경로를 통해 받을 수 있어야 하고 2) 일차 지도에서 나타나는 사건을 시간 순서에 따라 '기술하는' 신경 패턴을 생성할 수 있어야 하며 3) 우리가 생각이라고 부르는 이미지의 전반적인 흐름 안의 신경 패턴으로부터 생성되는 이미지를 직접적이든 간접적이든 도입할 수 있어야 하고 4) 대상 이미지가 강화될 수 있도록, 대상을 처리하는 구조로 직접적이든 간접적이든 다시 신호를 되돌려 보낼 수 있어야 한다.

이 생각의 개요는 다음 페이지의 그림 6-1에 제시되어 있다. 이차 구조는 다양한 뇌 영역에서 전개되는 사건과 관련된 일련의 신호를 받는다. 대상 X에 대한 이미지 형성, 대상 X의 이미지가 형성되기 시작할 때의 원초적 자아의 상태, 대상 X를 처리함으로써 발생하는 원초적 자아의 변화에 관한 신호다. 이런 일련의 재표상된 결과는 대상 X와 대상 X에 의해 변화된 원초적 자아 사이의 관계에 대한 이미지의 직간접적 기초가 되는 신경 패턴을 이룬다. 다시 말하지만 이는 내 생각을 간략하게 설명한 것에 불과하다. 이차 구조는 여러 가지가 있기 때문에 관계의 신경 패턴과 이미지는 이 이차 구조의 교차 신호 전달의 결과일 가능성이 매우 높다. 또한 앞에서도 말했지만 핵심 의식 과정은 이렇게 이미지화되는 설명을 만

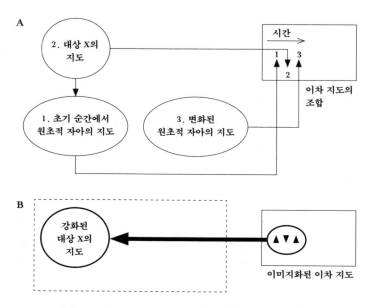

A

2. 대상 X의
지도

시간 →

1 3
2

이차 지도의
조합

1. 초기 순간에서
원초적 자아의 지도

3. 변화된
원초적 자아의 지도

B

강화된
대상 X의
지도

▲▽▲

이미지화된 이차 지도

그림 6-1 **이차 구조에서 시간 순서로 조립된 이차 신경 패턴의 요소(A)
와, 이차 지도 이미지의 발생과 강화된 대상 X의 지도(B)**

들어 내는 것에 국한되지 않는다는 점에도 주목해야 한다. 이
렇게 이차 신경 패턴 형태로 설명 패턴이 존재함으로써 중요
한 결과가 발생한다. 이런 설명 패턴의 존재는 대상의 신경
지도의 활동을 조절함으로써 그것에 영향을 미치고 그 결과
로 짧은 시간 동안 이 신경 패턴을 더욱 두드러지게 한다.

이차 신경 패턴은
어디에 존재하는가?

이차 패턴이 생성되는 해부학적
위치가 어디일지 생각해 보는
것은 중요한 의미가 있다. 내 생

각에 이차 신경 패턴은 몇몇 영역 사이의 상호작용에서 일시적으로 발생한다. 이 패턴은 뇌의 어떤 한 영역, 즉 두개골의 형태로 보았을 때 의식의 중심이라고 생각되는 영역에 있는 것이 아닐 것이다. 뇌 전체에 있는 것도 아니고 뇌의 어떤 한 영역에 있는 것도 아닐 것이다. 이차 신경 패턴이 두 개 영역 이상에서 발생한다는 사실은 놀랍게 들리겠지만 실은 별로 놀라워할 일이 아니다. 나는 이 사실이 예외적이 아니라 일반적인 뇌 관련 규칙을 따른다고 생각한다. 예를 들면 움직임과 함께 어떤 일이 일어나는지 생각해 보자.

　방에 있는데 친구가 들어와 책을 빌려 달라고 하는 상황이다. 당신은 일어나서 걸어가 책을 집어 들면서 말하기 시작한다. 친구가 뭔가 재밌는 말을 하고 당신은 웃기 시작한다. 일어나서 경로를 따라가기 시작하면서 목적에 맞는 특정 자세를 취한다. 당신은 온몸으로 움직임을 만들어 내고 있는 것이다. 다리가 움직이고 오른팔도 움직인다. 웃는 동안 발성기관의 일부도 움직이고, 얼굴 근육, 흉곽, 횡격막도 움직인다. 행동을 오케스트라 연주에 비유했을 때처럼, 이 상황에서도 **독립된** 운동 생성자 여섯 개가 자신의 역할을 하고 있다. 어떤 생성자는 내 의지에 따라 행동하고(책을 집어 드는 데 도움을 준 생성자), 어떤 생성자는 그렇지 않다(몸의 자세나 웃음을 통제하는 생성자). 하지만 이 모든 생성자는 당신의 움직임이 부드럽게 이루어지고 단 하나의 원천과 의지에 의해 생성된 것으로 보이도록 시간과 공간 속에서 아름답게 조화를 이루고 있다. 어떻게 이런 움직임이 매끄럽게 잘 섞이는지, 어디서 이런 일이 일어나는지에 대한 단서는 거의 없다. 하지만 이런 일이 뇌간, 소뇌, 기저핵 내 회로의 수많은 상호작용의 도움으로 일어나는 데는 의심의 여지가 없다. 다만 정확하게 어떤 방식으로 일어나는지는 모른다.

이제 위에서 설명한 내용을 핵심 의식에 대한 내 생각에 적용해 보자. 여기서도 나는 뇌의 여러 수준에서 여러 의식 생성자가 있지만, 그 통합 과정은 아는 사람 하나와 대상 하나와 관련해 부드럽게 진행되는 것으로 보인다고 생각한다. 정상적인 상황에서는 대상 처리의 다양한 측면과 관련된 여러 이차 지도가 거의 동시에 병행해서 생성된다고 가정하는 것이 합리적이다. 이 대상에 대한 핵심 의식은 이차 지도의 집합체, 즉 내가 앞에서 말한 이미지화된 설명을 발생시키고 대상을 강화하는 통합된 신경 패턴으로부터 발생할 것이다. 이런 융합, 섞임, 유연화가 어떻게 이루어지는지는 모른다. 하지만 중요한 것은 이 미스터리가 의식에만 국한되는 것이 아니라는 점이다. 이런 미스터리는 운동 같은 다른 기능에도 있다. 운동의 미스터리가 풀리면 의식의 미스터리도 풀릴 것이다.

다양한 원천으로부터 수렴하는 신호를 받아들여 이차 지도화를 할 수 있는 것으로 보이는 뇌 구조는 여럿 있다. 내 가설의 관점에서 보면 이차 구조는 '전체 유기체 지도'와 '대상 지도'에서 오는 신호의 특정한 조합을 이루어야 한다. 신호의 원천과 관련된 이 요건을 만족시키는 것을 찾다 보면 여러 후보를 제외할 수 있다. 두정엽과 측두엽에 위치한 더 높은 차

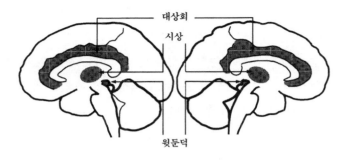

그림 6-2 가설에서 언급한 주요 이차 지도 구조의 위치

원의 피질, 해마, 소뇌는 일차 지도화를 담당하므로 제외된다. 게다가 이 가설이 요구하는 이차 구조는 대상 이미지가 강화되고 일관성을 갖도록 일차 지도에 영향을 미칠 수 있어야 한다. 이 추가적인 요건도 생각한다면 이차 구조가 될 수 있는 진짜 후보는 윗둔덕(중뇌 뒷부분의 중뇌개에 있는 쌍둥이 산처럼 생긴 구조), 대상피질 전 영역, 시상, 전전두피질 일부밖에는 없다. 나는 이 후보 모두가 의식에서 역할을 하고, 이후보 중 어느 하나가 단독으로 작용하지 않으며, 이 후보가 기여하는 몫이 다양하다고 생각한다. 예를 들어 나는 윗둔덕이 인간의 의식에 특히 중요하다고 생각하지 않으며, 전전두피질은 확장 의식에서만 역할을 할 것이라고 생각한다. 그림 6-2를 보면 이런 구조의 대략적인 위치를 알 수 있다.

　내 가설의 핵심에는 이런 구조가 상호작용을 한다는 생각이 있다. 예를 들어 핵심 의식과 관련해서 나는 윗둔덕과 대상피질은 둘 다 독립적으로 이차 지도를 조립한다고 생각한다. 하지만 내 가설에서 앎의 느낌의 기초로 가정한 이차 지도는 영역을 뛰어넘는 존재다. 이 이차 지도는 시상의 조정을 따르는 윗둔덕과 대상회의 앙상블 연주에 따른 결과다. 따라서 대상회와 시상이 이 앙상블에서 핵심적인 위치를 차지한다고 생각하는 것이 합리적이다.

이차 신경 패턴이 대상 이미지 강화에 미치는 추후 영향은 시상피질 조절, 기저전뇌 내 아세틸콜린과 모노아민핵 활성화 등 여러 가지 과정을 통해 구현되며, 이 모든 과정은 다시 피질 처리에 영향을 미친다. 내가 주장하는 이차 구조가 이런 영향을 미칠 수 있는 수단을 실제로 가지고 있을지 더 연구해 볼 예정이다.

의식을 구현하는 데 필요한 신경해부학적 장치의 종류는 계속 늘어나고 있기는 하지만 다행히도 그 범위는 한정되어 있다. 이 장치의 목록에는 원초적 자아를 구현하는 데 필요한 일부 구조(일부 뇌간핵, 시상하부와 기저전뇌, 일부 신체감각피질)와 이차 지도화 영역 후보로 앞에서 언급한 구조가 포함된다. 8장에서는 의식의 형성에 이 모든 구조가 참여한다는 생각이 얼마나 설득력이 있을지 살펴볼 예정이다.

앎의 이미지

유기체-대상 관계에 대한 이미지화되는 설명은 유기체에게 유기체 자신이 무엇을 하고 있는지 알려 줄 때, 다시 말하면 유기체가 한 번도 제기한 적이 없는 다음과 같은 의문에 답을 줄 때 일차적으로 사용된다. 무슨 일이 일어나고 있는가? 사물의 이미지와 이 몸 사이의 관계는 무엇인가? 답의 시작은 앎의 느낌이다. 나는 앞서 이렇게 원하지 않은 지식을 획득한 결과에 대해 언급한 바 있다. 그 결과는 상황에 대한 자유로운 이해의 시작이다. 즉 자연은 결국 뒤샹의 '레디메이드' 작품이 반응을 이끌어 내는 방식을 초월하는 더 자유로운 방식으로 반응을 이끌어 내기 시작한다.

하지만 앞에서도 말했지만 이미지화되는 설명을 생성하는 과정은 이차적으로도 바로 이용된다. 각성 상태에 있는 유기체의 정상적인 뇌가 핵심 의식을 생성할 때 그 첫째 결과는 각성 성태의 **확장**이다. 유기체는 이미 어느 정도 각성 상태에 있다는 것에 주목하자. 일이 시작되려면 이 정도의 각성 상태는 필수적이다. 둘째 결과는 원인이 되는 대상에 대한 주의 집중의 **심화**다. 이 경우에도 어느 정도의 주의는 집중되고 있는 상태다. 이 두 결과는 대상을 표상하는 일차 지도를 강화함으로써 발생한다.

의식 상태에 함축된 메시지는 대략 'X에 관심을 집중해야 한다'는 내용이다. 의식은 각성 상태를 강화하고 주의를 집중시킨다. 이 두 과정 모두 특정한 내용에 대한 이미지 처리를 개선해 즉각적인 반응과 계획된 반응을 최적화하는 데 도움을 준다. 대상에 대한 유기체의 관여는 대상을 감각 측면에서 처리하는 능력을 강화하며, 다른 대상에 의해 관여될 확률을 높인다. 유기체는 더 많은 대상과의 만남, 더 세세한 상호작용을 할 준비를 하게 되는 것이다. 이 과정의 전체적인 결과로 명료함은 증가하고, 집중은 더 예리해지며, 이미지 처리 과정의 질이 높아진다.

앎의 느낌을 제공하고 대상을 강화하는 것을 넘어서 기억과 추론의 도움을 받는 앎의 이미지는 핵심 의식 과정을 강화하는 간단한 비언어적 추론의 기초가 된다. 이런 추론은 생명 조절과 개인의 관점에 대한 감각 안에서 드러나지 않는 이미지의 처리 사이의 밀접한 연결 관계 등을 드러내 준다. 소유 관계는, 예를 들어 관점의 감각 안에서 숨어 추후의 추론이 이루어질 때 분명하게 드러날 준비를 하고 있는 것이다. 이런 이미지가 내가 지금 느끼는 몸의 관점을 가진다면 그 이미지는 내 몸 안에 있는 것이다. 내가 소유하는 이미지인 것이다. 한편 행동에 대한 감각은 특정한 이미지가 운동 반응의 특정한 선택과 밀접하게 연결되어 있다는 사실 안에 포함되어 있다. 그 사실 안에는 행위 주체에 대한 감각도 있다. 그 이미지가 나의 것이고 나는 그 이미지를 발생시킨 대상에 기초해 행동할 수 있는 것이다.

지각되는 대상과 회상된 과거의 지각으로부터의 의식

핵심 의식은, 대상이 우리 주변에 가깝게 있기 때문이 아니라 우리가 기억으로부터 대상을 소환함으로써 그 대상이 마음속에 나타나는 경우에도 생성된다. 그 이유는 우리가 대상의 물리적 구조 측면(모양, 색깔, 소리, 운동 양태, 냄새 등을 재구축할 수 있는 가능성)뿐만 아니라 그런 측면을 파악하는 과정에 관계된 유기체의 운동 측면, 대상에 대한 우리의 정서 반응, 대상을 파악하는 시점에서 우리의 더 넓은 물리적, 정신적 상태도 기억에 저장하기 때문이다. 그 결과로 대상의 회상과 마음속 그 대상의 이미지 배치는 대상과 관계된 측면을 표상하는 이미지의 최소한 일부를 재구축하는 과정을 수반하게 된다. 당신이 떠올리는 대상에 대한 유기체의 수용 반응은, 외부 대상을 직접 지각할 때 발생하는 상황과 비슷한 상황을 만들어 낸다.[6]

그 최종 결과는 대상에 대해 생각할 때, 과거에 그 대상을 지각하는 데 필요했던 수용 반응의 일부와 그 대상에 대한 과거의 정서 반응이 재구축됨으로써 앞서 말했듯이 외부 대상을 직접 맞닥뜨릴 때와 동일한 방식으로 원초적 자아가 변화되는 것이다. 직접 지각할 때와 회상할 때 당신이 의식하게 되는 대상의 직접적인 원천은 다르다. 하지만 어떤 것을 파악한다는 의식은 동일하다. 쿠라레로 마비가 된 환자들, 즉 대상을 지각하는 데 필요한 신체 운동 자세 조정을 할 수 없게 된 환자들도 움직일 수 없게 된 자신의 감각 장치에 도착한 대상을 마음속으로는 지각할 수 있다. 미래의 지각 운동 수용 반응을 계획하는 것만으로도 원초적 자아가 변화하고 그에 따라 이차 설명의 생산자가 변화하는 것이 거의 확실하다. 행동 자체와 행동 계획 둘 다 이차 지도의 원천이 될 수 있다면, 핵심 의식은 움직임을 위한 계획이 움직임 전에 필연적으로 존재하기 훨씬 앞서 발생할 수 있다. 궁극적으로 정서를 유발하는 반응이 그 정서가 나타나기 전에 펼쳐지는 것과 매우 비슷하다.

우리 뇌는 신체감각 지도에 행동 계획과 행동 자체 모두를 표상할 수 있는 가능성을 가지고 있고 이런 계획은 이차 지도가 이용할 수 있기 때문에 뇌는 의식의 원초적인 이야기를 구축하는 메커니즘을 이중으로 가지고 있다고 할 수 있다.

핵심 의식의 비언어적 속성

내 설명에서 서술 또는 이야기를 한다는 것은 무슨 뜻인지 분명하게 밝혀 보자. 이야기를 한다는 말은 내가 단어의 측면에서 생각하지 말라고 당부한 언어와 밀접한 관련이 있다. 내 관점에서 서술이나 이야기는 문장이나 절 형태로 단어나 기호를 조합한다는 뜻이 아니다. 서술이나 이야기를 한다는 것은 논리적으로 연결된 사건의 비언어적 지도를 만든다는 뜻이다. (완벽한 비유가 되지는 않겠지만) 영화나 마임을 생각해 보면 이해가 잘될 수도 있다. 마임 예술가이자 배우인 장 루이 바로가 영화 〈천국의 아이들〉에서 시계를 훔치는 행동을 마임으로 묘사하던 장면을 생각해 보면 된다. 미국의 시인 존 애시베리의 다음과 같은 시 구절에도 내가 말한 개념이 들어 있다. "이것은 말로 하지 않는 노래, 말은 추측에 불과하다 (추측speculation이라는 말은 '거울'이라는 뜻의 라틴어 'speculum'

에서 유래했다)."7

인간의 경우 의식에 대한 비언어적 이차 설명은 바로 언어로 전환될 수 있다. 그 전환 결과를 삼차 설명이라고 할 수도 있을 것이다. 앎의 행위를 나타내며 새로 만들어진 핵심 의식이 그 원인이 되는 이야기 외에도 인간의 뇌는 이 이야기의 자동적인 언어적 버전을 생성한다. 언어로 번역되는 것을 막을 수 있는 방법은 내게도 없고 당신에게도 없다. 우리 마음속 비언어적 경로를 따라 움직이는 모든 것은 단어와 문장으로 빠르게 번역된다. 이 과정은 언어를 가진 인간의 속성 중 일부다. 언어로 번역되는 것이 억제 불가능하다는 것, 즉 **앎과 핵심 자아도** 우리가 보통 그것에 집중하게 되는 시점에 언어적으로 우리 마음속에 존재하게 된다는 사실은 의식이 언어에 의해서만 설명될 수 있을 것이라는 생각의 원천이 되는 것 같다. 지금까지도 많은 사람들은 언어가 우리의 심적 상황에 대해 의견을 밝힐 때만, 오직 그때만 의식이 발생한다고 생각한다. 앞서 언급했듯이 이런 생각에 기초해 의식을 보는 관점은 언어라는 도구를 상당히 자유롭게 사용할 수 있는 인간만이 의식 상태를 가질 수 있다는 것을 암시한다. 그렇다면 언어가 없는 동물과 인간의 유아는 불행히도 의식이 없는 상태에서 계속 살아야 할 것이다.

언어로 의식을 설명하는 것은 현실성이 없다. 우리는 언어라는 가면을 뚫고 들어가 더 합리적인 대안을 찾아야 한다. 신기하게도 언어가 의식에서 핵심적인 역할을 한다는 생각을 반박하는 것은 바로 언어 자체의 속성이다. 단어와 문장은 실체, 행동, 사건, 관계를 나타낸다. 그것은 개념을 번역하고 개념은 사물, 행동, 사건, 관계가 무엇인지에 대한 비언어적 생각으로 구성된다. 개념은 종들의 진화와 우리 각자가 매일 하는 경험 모두에서 단어와 문장보다 먼저 나타난다. 제정신을 가진 건강한 사람의 단어와 문장은 그냥 튀어나오는 것이 아니며, 단어와 문장이 존재하기 전에는 존재하지 않았던 것을 다시 번역한 결과가 될 수는 없다. 따라서 내 마음이 '내가' 또는 '나를'이라고 말할 때, 내 마음은 아무 노력 없이 쉽게 내 것인 유기체, 내 것인 자아의 비언어적 개념을 번역하고 있는 것이다. 영구적으로 활성화된 핵심 자아 구조물이 자리 잡고 있지 않다면 마음은 핵심 자아를 '내가' 또는 '나를'이라고, 또는 마음이 알고 있는 언어의 다른 표현으로 번역할 수 없을 것이다. 핵심 자아가 적합한 단어로 번역되려면 먼저 자리를 잡고 있어야 한다.

실제로 의식의 **언어적** 이야기의 내용이 그 형태가 아무리 다양하더라도 일관적이라면 내가 의식의 기초라고 생각하는, 같은 정도로 일관적인 **이미지화된 비언어적** 이야기가 존재할 것이라는 추정이 가능하다.

대상과의 상호작용에 의해 변화되고 있는 원초적 자아의 상태에 대한 서술이 적절한 단어로 번역되려면 먼저 비언어적 형태로 발행되어야 한다. '나는 차가 오는 것을 본다'라는 문장에서 '본다'라는 말은 내 유기체에 의해 이루어지고 내 자아가 관계된 특정한 지각 행위를 나타낸다. 또한 '본다'라는 말은 '나'라는 단어에 적절하게 연계되어, 내 마음속에서 말없이 펼쳐지고 있는 작용을 번역하기 위해 그 자리에 있는 것이다.

그렇다면 다음과 같은 측면에서 내 생각에 대해 의문이 들 수 있다. 핵심 의식의 말 없는 작용, 즉 앎의 비언어적 서술이 의식 수준 밑에서 일어나고 그 서술이 일어나고 있다는 증거를 제시하는 것이 언어밖에 없다면? 핵심 의식은 언어적 번역이 이루어질 때만 발생할 것이고 그 이전, 즉 이야기의 비언어적 단계에서는 발생하지 않을 것이다. 그렇다면 내가 별 설득력이 없다고 생각하는 관점이 여기서 다시 등장해야 할 것이다. 약간 변형된 형태다. 앎의 행위 안에 있는 배우와 사건을 기술하기 위해 내가 설명한 메커니즘은 그대로지만, 비언어적 서술만이 우리가 앎에 접근할 수 있게 해 줄 가능성이 배제되는 형태다.

이 대안적인 관점은 흥미롭기는 하지만 난 아직 인정할 준비가 안 되어 있다. 가장 큰 이유는 의식을 가지기 위해서는 언어language와 언어의 힘에 의존해야 한다는 점에 있다. 일단 언어적verbal 번역이 억제될 수 없다고 해도 언어적 번역은 수반되지 않을 때가 많으며 상당한 문학적 허용에 의해 수행된다. 창의적인 마음은 마음속에서 일어나는 사건을 하나의 정형화된 방식이 아니라 매우 다양한 방식으로 번역한다. 게다가 창의적이고 '언어화된' 마음은 허구를 꾸며 내기 쉽다. 인간의 뇌에 대한 분할 연구로 밝혀진 가장 중요한 사실 중 하나는 왼쪽 대뇌반구가 반드시 사실에 부합하는 언어적 이야기를 만들어 내는 것은 아니라는 것이다.[8]

나는 의식이 다양한 언어적 번역과 그 언어적 번역에 대한 예측 불가능한 주의 집중 수준에 의존한다고 생각하지 않는다. 의식의 존재가 언어적 번역에 의존한다면 우리는 진실에 충실한 의식, 그렇지 않은 의식 등 다양한 종류의 의식을 가지고 있을 것이다. 의식의 수준과 강도도 다양해서 어떤 의식은 효과적이고 또 어떤 의식은 그렇지 않을 것이며, 최악의 경우 의식이 있다 없어지는 일이 반복될 수도 있다. 하지만 제정신의 건강한 사람에게서 이런 일은 일어나지 않는다. 자아와 앎의 원초적인 이야기는 일관성 있게 전달된다. 대상에 대한 **주의 집중** 정도는 다양하지만 일반적인 의식의 수준은 한 대상에서 다른 대상으로 주의를 돌려도 일정한 한계 밑으로 떨어지지 않는다. 혼미 상태가 되거나 발작을 일으키지도 않는다. 아무것도 의식하지 않고 있는 것이 아니라 다른 사물을 의식하고 있는 것일 뿐이다. 의식의 한계는 잠에서 깰 때 도달한다. 잠에서 깬 뒤 의식은 꺼질 때까지 켜진 상태로 유지된다. 쓸 단어와 문장이 떨어진다고 해도 잠에 빠지지는 않는다. 그냥 듣거나 볼 뿐이다.

핵심 의식의 이미지화되는 비언어적 이야기는 움직임이 빠르고, 검토되지 않은 그 이야기의 자세한 내용은 오랫동안 알려지지 않고 있으며, 그 이야기는 거의 드러나지 않고 반쯤 추측되기 때문에 그 이야기의 표현은 거의 믿음의 분출 수준에 이른다고 생각한다. 하지만 이야기의 일부 측면은 우리 마음속에서 걸러져 아는 마음의 시작과 자아의 시작을 일으킨다. 자아와 앎에 대한 느낌에 포착된 이 측면은 수면 위로 올라온 최초의 의식이며, 그에 해당하는 언어적 번역보다 앞선다.

의식이 언어의 존재에 의존해야 한다면 내가 여기서 말하는 핵심 의식은 존재할 수 없게 된다. 언어 의존 의식 가설에 따르면 의식은 언어의 숙달 이후에 발생하므로 언어 숙달이 되어 있지 않은 유기체에서는 발생할 수 없다. 줄리언 제인스의 흥미로운 의식 이론은 언어 이후의 의식에 관한 것으로, 내가 말하는 핵심 의식에 관련된 것은 아니다. 대니얼 데닛, 움베르토 마투라나, 프란시스코 바렐라 같은 학자들이 주로 말하는 의식은 언어 이후에 나타나는 현상으로서의 의식이다. 내 생각에 이들은 생물학적 진화의 현재 단계, 즉 지금 존재하고 있는 확장 의식의 더 높은 한계에 대해 말하고 있다.[9] 나는 그들의 생각에 문제가 있다고 생각하지 않는다. 하지만 내가 확실하게 말하고 싶은 것은 확장 의식은 우리와 다른 종들이 오랫동안 가졌고 앞으로도 계속 가지게 될 근본적인 핵심 의식 위에서 작동하는 것이다.

말로 하지 않는 이야기의 자연스러움

말없이 이야기를 하는 것은 자연스럽다. 이야기는 우리 뇌보다 간단한 뇌에서 일어나는 사건의 이미지 표상을 재료로 사용한다. 우리가 드라마를 만들고 책을 쓰는 이유, 사람들 대부분이 영화배우나 연예인에 열광하는 이유는 이야기하기가 언어 이전에 나타나는 자연스러운 현상이기 때문일 것이다. 영화는 우리 마음속에서 흐르고 있는 지배적인 이야기에 대한 가장 가까운 외적 표상이다. 각각의 숏 안에서 일어나는 일, 카메라 움직임이 만들어 낼 수 있는 대상의 다양한 움직임, 편집에 의해 숏이 전환될 때 일어나는 일, 숏들의 특정한 배치에 의해 구축되는 이야기 안에서 일어나는 일은 우리 마음속에서 일어나는 일과 일부분 비슷하다. 시각적, 청각적 이미지를 만드는 장치와 다양한 수준의 주의와 작업기억 같은 장치가 비슷하기 때문이다.

하지만 정말 놀라운 것은 의식 이야기를 구축한 최초의 뇌가, 생명체가 그전에는 한 번도 제기한 적 없는 다음과 같은 의문에 답을 주고 있었다는 생각이다. 방금 전까지 나타나고 있었던 이미지를 누가 만들고 있는가? 누가 이 이미지를 소유하고 있는가? 『햄릿』의 첫 대사인 "거기 누구냐?"는 자신의 상태의 기원에 관한 인간의 당혹감을 강력하고 집약적으로 나타낸다.[10] 이 의문에 대한 답이 우선 나와야 했다. 유기체는 답으로 보이는 종류의 지식을 제일 먼저 구축해야만 했다는 뜻이다. 유기체는 앎의 과정의 기초가 구축될 수 있도록 이런 원하지 않은 원초적 지식을 만들어 내야만 했던 것이다.

간단한 지식부터 복잡한 지식, 이미지화되는 비언어적 지식부터 언어적이고 문학적인 지식에 이르기까지 모든 지식의 구축은 시간의 축을 따라 우리 유기체 **안에서**, 우리 유기체 **주위에서**, 우리 유기체**에** 그리고 우리 유기체와 **함께** 발생하는 일을 지도화하는 능력에 의존한다. 하나의 일이 일어난

다음에 다른 일이 일어나고, 그 일은 다시 다른 일을 일으키는 과정이 끝없이 이어진다.

일어나는 일을 뇌 지도 형태로 나타낸다는 면에서 뇌는 이야기하기에 집착하고 있는 것으로 보인다. 또한 이야기하기는 진화 과정과 이야기를 만드는 데 필요한 신경 구조의 복잡성 모두를 고려할 때 상대적으로 일찍 시작되었을 것이다. 이야기하기는 언어에 선행한다. 이야기하기는 언어 발생을 위한 조건이며, 대뇌피질뿐만 아니라 뇌의 다른 영역 어딘가와 양쪽 대뇌반구에도 기초하고 있기 때문이다.[11]

철학에는 이른바 '지향성intentionality'에 관한 난해한 문제가 있다. 마음속 내용은 마음 밖의 사물에 '관한' 것이라는 흥미로운 개념이다. 나는 마음에 퍼져 있는 '관함aboutness'이 이야기를 하는 뇌의 태도에 기초한다고 생각한다. 뇌는 생래적으로 유기체의 구조와 상태를 표상하며, 자신의 역할에 따라 유기체를 조절하면서, 환경 속에 잠겨 있는 유기체에게 일어나는 일에 관해 말없는 이야기를 자연스럽게 만들어 낸다.

호문쿨루스에 대한 최종 의견

이제 자아 문제에 대한 악명 높은 호문쿨루스 솔루션과 왜 그 방법이 실패했는지 짚어 보자. 호문쿨루스 솔루션은 뇌의 일부분, 이른바 '인식자knower 부분'이 뇌에서 형성되는 이미지를 해석하는 데 필요한 지식을 가지고 있다는 가정에 바탕을 두고 있다. 이미지가 인식자에게 제시되면 인식자는 그 이미지로 무엇을 해야 할지 안다는 것이다. 이 솔루션에서 인식자는 공간적인 한계를 가진 일종의 용기, 즉 호문쿨루스다. 호문쿨루스라는 말이 존재한다는 것은 실제로 많은 사람들이 그것의 물리적 구조에 대해 상상했다는 뜻이다. 뇌 안에 들어 있는 작은 사람이라는 상상 말이다. 대뇌피질의 운동과 신체감각 영역을 묘사한, 옛날 교과서에 있던 익숙한 그림, 손이 큰 사람이 혀를 쭉 내밀고 있는 그림이 호문쿨루스를 상상해서 그린 그림 중 하나다.

호문쿨루스 솔루션의 문제는 모든 것을 알아내는 작은 사람이 우리 각자를 위해 그 알아내는 일을 하지만, 그 작은 사람도 애초에 우리가 부딪히던 문제에 직면하게 된다는 데 있다. **그 호문쿨루스의** 알아내는 일은 누가 하는지에 관한 문제다. 물론 더 작은 다른 호문쿨루스가 할지도 모른다. 그렇다면 그 더 작은 호문쿨루스가 인식자가 되려면 그 안에 또 하나의 더 작은 호문쿨루스가 있어야 한다. 무한한 퇴행으로 알려진 이런 고리는 끝이 없었고, 호문쿨루스 솔루션은 해결 방법으로서의 자격을 확실하게 상실하게 되었다. 이 호문쿨루스 이론은 뇌의 '중심'이 앎처럼 복잡한 무엇인가의 원인이 된다는 전통적인 설명이 적절하지 않다는 점을 드러냈다는 점에서는 의미가 있다. 하지만 문제는 다른 설명이 나오는 데 이 이론이 악영향을 끼쳤다는 데 있다. 이 이론은 비행에 대한 두려움보다도 더 큰 호문쿨루스에 대한 두려움을 일으켰고, 결국에는 아는 자아를 인지적이고 신경해부학적으로 구체화하는 것에 대한 두려움을 일으켰다. 간단하게 말하면 앎의 행위와 자아가 뇌 안의 작은 사람에게서 벗어나기는 했지만 도대체 어디서 발생을 하는 것인지 모르게 되어 버린 것이다.

호문쿨루스 이론이 우리가 어떻게 아는지에 대한 설명을 제공하는 데 실패함으로써 자아라는 개념 자체에 대한 의심이 일기 시작했다. 불행한 일이었다. 사실 완전한 지식을 가진, 뇌의 특정한 한 부분에 위치한 호문쿨루스 같은 인식자에 대한 의심은 정당한 것이다. 생리학적으로 전혀 말이 되지 않기 때문이다. 호문쿨루스 같은 것이 존재한다는 증거는 어디에도 없다. 그렇다고 해서 자아라는 개념이 사라져야 한다거나 사라질 수 있다고 할 수는 없다. 우리가 자아라는 개념을 좋아하든 아니든 자아 감각 같은 무엇인가는 사물을 알게 되는 과정에서 평범한 인간의 마음에 분명히 존재한다. 우리가 그 개념을 좋아하든 말든 인간의 마음은 알려진 것을 나타내는 부분과 인식자를 나타내는 부분으로 끊임없이 쪼개지고 있다.

핵심 의식의 이미지 안에 포함된 이야기는 똑똑한 호문쿨루스 같은 것이 하지 않는다. 그 이야기는 자아로서의 **당신**이 실제로 하는 것도 아니다. 핵심적인 **당신**은 그 이야기가 **그 이야기 자체 안에서** 들려올 때만 생겨날 수 있기 때문이다. 당신은 원시적인 이야기가 들려오는 동안에만 정신적인 존재로서 존재한다. 원초적인 이야기가 들려오는 동안에만, 오직 그 동안에만 존재하는 것이다. 당신은 음악이 계속되는 동안 음악이다.

우리가 잘 아는 감각과 운동 장치 외에도 적절한 장치를 가지고 있는 뇌는 다른 사물의 이미지를 형성하고 그 이미지에 반응하는 과정 중에 있는 유기체의 이미지를 형성할 수 있다. 이런 추가적인 장치는 안정적인 원초적 자아를 표상하는 능력과, 몸 본체 안에서 그리고 몸 본체에게 일어날 수 있는 수많은 일을 표상하는 능력을 갖춘 유기체 안에서 앎의 행위가 가능하도록 해 준다. 이 과정에서 호문쿨루스는 포함되지 않는다. 어떤 종류든 무한한 퇴행은 일어나지 않으며, 그 반대 과정도 마찬가지다. 호문쿨루스-인식자 이론은 앎을 수행하는 특별한 행위 주체에게 일어나고 있는 일에 대한 설명을 요구하는 것이다. 신경적-정신적 인식자인 호문쿨루스는 이 호문쿨루스가 봉사하는 뇌/마음보다 더 많은 것을 알아야 한다. 하지만 그다음에는 이 호문쿨루스보다 더 많이 알아야 하는 인식자 호문쿨루스가 있어야 한다. 이런 식으로 **끝없이** 그리고 **터무니없이** 계속 흘러간다. 내 이론에서는 그 어떤 행위 주체, 그 어떤 인식자도 필요하지 않다. 답은 매 순간 유기체에게 제공된다. 이 답은 원초적 자아에 의해 표상되는 것이며, 추후에 언어로 번역될 수 있는 비언어적 이야기의 형태를 먼저 취하는 것이다. 설명이 요구되기 전에 설명이 제시되는 것이다.

원초적 자아는 지식 저장소나 지적인 인지자가 아니라 참조 기준이다. 그 자아는 매우 관대한 뇌가 그전에는 한 번도 제기되지 않았던 다음과 같은 의문에 대한 답을 함으로써 무슨 일이 일어나는지 설명하기를 참을성 있게 기다리면서 앎의 과정에 참여한다. **누가 행위자인가? 누가 아는가?** 답이 처음 도착하면 자아 감각이 발생한다. 그리고 현재의 우리, 즉 원초적 이야기 하기가 처음 시작된 지 수백만 년이 지나 풍성한 지식과 자서전적 자아를 가지게 된 우리 같은 생명체에게는 이 의문이 과거에 제기된 적이 있으며 아는 주체는 자아인 것처럼 보인다.

그다음부터는 의문이 제기되지 않는다. 상황에 대해 핵심 자아에게 물어볼 필요가 없어지며, 핵심 자아는 그 어떤 것도 해석하지 않게 된다. 앎은 공짜로 풍부하게 제공되는 것이다.

최종 검토

나는 핵심 의식이 앎의 행위에서 끊임없이 생성되는 이미지에 의존한다고 계속 말했다. 알려져야 하는 대상의 심적 이미지와 관련한 앎의 느낌으로 먼저 표현되는 이미지다. 또한 나는 앎의 느낌이 대상 이미지의 강화를 일으키고 그것을 수반한다고도 말했다.

핵심 의식의 생물학적 배경에 대해서는 자아 감각과 앎의 감각의 발생을 지원할 수 있는 신경 구조와 작용의 집합체가 있을 것이라고 말했다. 가설 형태의 이런 내 생각은 의식의 생물학적 역할과 마음속 출현을 설명하기 위해, 신경해부학과 신경생리학의 기존 연구 결과에 일치시키기 위해 만들어

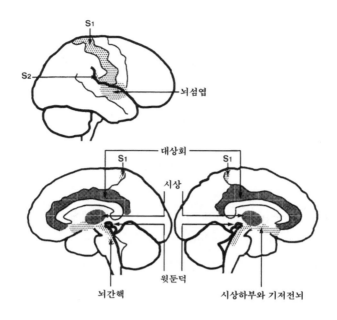

그림 6-3 원초적 자아와 이차 지도 구조의 주요 위치

이 구조 대부분이 뇌의 정중선 근처에 위치한다는 점에 주목하자.

진 것이다. 이 가설은, 대상의 처리가 유기체에 어떤 인과관
계적인 영향을 미치는지에 대한 이미지화되는 비언어적 이
차 설명을 뇌가 만들어 낼 때 핵심 의식이 발생한다는 내용이
다. 이 이미지화되는 설명은 유기체(원초적 자아)와 대상 모
두를 표상하는 다른 지도로부터 오는 신호를 수용할 수 있는
구조에서 생성되는 이차 신경 패턴에 기초하고 있다.[12]

대상-유기체 관계를 나타내는 이차 신경 패턴의 조합은,
대상을 나타내 그 대상의 이미지를 강화하는 신경 패턴을 조
절한다. 대상에 대한 앎의 행위에서의 포괄적인 자아 감각은

이미지화되는 설명의 내용과 대상의 강화 모두로부터 발생한다. 이 두 요소를 정합적으로 결합하는 대규모 패턴의 형태일 것이다.

내 가설의 신경해부학적 구조에는 원초적 자아를 지원하는 구조, 대상 처리에 필요한 구조, 관계에 대한 이미지화되는 설명을 생성하고 그 관계 형성의 결과를 만들어 내는 데 필요한 구조가 포함된다.

(5장에서 설명한) 원초적 자아와 대상 뒤의 과정의 기초를 이루는 신경해부학적 요소에는 뇌간핵, 시상하부, 신체감각피질 등이 있다. (이 장 앞부분에서 설명한) 대상의 강화와 관계에 대한 이미화되는 설명의 기초를 이루는 신경해부학적 요소에는 대상피질, 시상, 윗둔덕 등이 있다. 그 이후에 일어나는 이미지 강화는 기저전뇌/뇌간 아세틸콜린핵과 모노아민핵의 조절, 시상피질의 조절을 통해 이루어진다.

결론적으로 말하면 평범하면서 최적인 상태인 핵심 의식은 대상의 패턴, 유기체의 패턴, 이 둘 사이 관계의 패턴을 거의 동시에 한데 묶는 신경적, 심적 패턴을 만들어 내는 과정이라고 할 수 있다. 이런 패턴이 각각 발생해 시간의 흐름 속에서 합쳐지려면 뇌의 개별 영역의 긴밀한 협력이 필요하다. 또한 이 장에서 나는 유기체와 대상 사이의 관계 패턴 구축과 관련된 전체적인 과정의 한 측면을 다루었다.

핵심 의식의 거대한 패턴이 나타난다면 그때 이미 뇌의 영역 일부는 상당한 양의 뇌 조직을 가동시키는 데 성공한 상태다. 이 과정의 규모가 엄청나다고 생각할 수 있다. 하지만 핵

심 의식의 이 거대한 패턴도 다음 장에서 다룰 확장 의식의
훨씬 더 거대한 패턴에 비해서는 아무것도 아니다. 의식 상태
에는 뇌의 거의 전부가 관여한다. 윌리엄 제임스도 그러기를
바랐을 것이다.

7장

확장 의식

의식의 절정

핵심 의식이 의식의 필수적인 기초라면 확장 의식은 그 절정이다. 의식의 위대함에 대해 생각할 때 우리는 확장 의식을 염두에 두고 있는 것이다. 의식이 인간 고유의 특징이라는 말을 할 때 우리는 핵심 의식이 아니라 최고조에 이른 확장 의식에 대해 말하고 생각하고 있는 것이다. 그 정도는 교만해져도 된다. 핵심 의식은 실제로 엄청난 기능이며, 최고조에 이른 확장 의식은 인간만이 가지고 있는 것이기 때문이다.

확장 의식은 핵심 의식의 '지금 그리고 여기'를 뛰어넘는다. 과거로든 미래로든 그렇다. '지금 그리고 여기'는 그대로이지만, 지금을 효과적으로 밝히는 데 필요할 수 있는 만큼의 과거 그리고 그만큼 중요한 예상된 미래에 둘러싸여 있다.

최고조에 있을 때 확장 의식의 범위는 유아 시절에서 미래까지 개인의 삶 전체에 걸칠 수 있으며, 그 삶과 연결된 외부 세계를 포함할 수 있다. 당신이 확장 의식이 펼쳐지도록 한다면 언제든지 확장 의식은 당신을 대하소설의 등장인물로 만들 수 있으며, 확장 의식을 잘 이용하면 창작의 문을 활짝 열 수도 있다.

모든 핵심 의식은 확장 의식이다. 단지 더 크고 더 좋은 것이라는 점에서만 다르다. 확장 의식은 진화 과정과 개인의 일생에 거쳐 계속 더 커진다. 핵심 의식이 날아가는 새를 보거나 고통의 감각을 느끼는 것이 당신이라는 것을 잠시 동안 알게 해 준다면, 확장 의식은 이런 경험을 더 넓은 캔버스에 더 오랜 시간 동안 배치한다. 확장 의식 역시 동일한 핵심적 '당신'에 의존하지만, 그 '당신'은 자서전적 기록의 일부인, 당신이 살아온 과거와 예상되는 미래다. 단순히 당신에게 고통이 있다는 사실에 접근하는 것이 아니라 고통이 있는 위치(팔꿈치), 고통의 원인(테니스), 고통을 마지막으로 겪은 시점(3년 전? 4년 전?), 같은 고통을 겪었던 사람(매기 고모), 고모가 찾아간 의사(메이 박사? 니콜스 박사?)와 관련된 사실, 내일 잭하고 놀지 못하게 될 것이라는 사실도 당신은 같이 떠올리게 된다. 확장 의식이 현재의 당신에게 접근을 허용하는 지식은 광대한 파노라마를 이룬다. 이 광대한 풍경을 보는 자아는 진정한 의미에서 튼튼하다고 할 수 있는 개념이다. 이 자아가 바로 자서전적 자아다.

자서전적 자아는 자서전적 기억의 선택적인 집합의 일관

적인 재활성화와 드러남에 의존한다. 핵심 의식에서의 자아 감각은 핵심 의식의 각 파동에서 새롭게 구축되어 순식간에 희미하게 흘러가는 앎의 느낌에서 발생한다. 하지만 확장 의식에서의 자아 감각은 우리의 개인적인 기억 중 일부, **개인적 과거의 대상**, 즉 매 순간 우리의 정체성을 쉽게 입증할 수 있는 대상 그리고 우리의 인간성이 일관적이고 반복적으로 드러남으로써 발생한다.

확장 의식의 비밀은 다음과 같은 조건에서 드러난다. 자서전적 기억이 **대상**이고, 뇌가 그 기억을 대상으로 다루면서 핵심 의식에서의 방식으로 그 대상 각각이 유기체와 연결되도록 만들고, 그로 인해 그 대상 각각이 핵심 의식의 파동, 즉 아는 자아에 대한 감각을 만들어 낼 때다. 바꾸어 말하면 확장 의식은 다음의 두 가지 능력이 작용한 소중한 결과라고 할 수 있다. 첫째는 학습을 하고, 핵심 의식의 힘에 의해 알려진 수많은 경험의 기록을 계속 유지할 수 있는 능력이다. 둘째는 기억 역시 대상으로서 '아는 자아에 대한 감각'을 생성할 수 있도록 재활성화해 알려지게 할 수 있는 능력이다.

생물학적으로 말하면 일반적인 자아 감각을 수반하는 간단한 수준의 핵심 의식에서 복잡한 수준의 확장 의식으로 이동할 때 생리학적으로 새롭게 나타나는 것은 사실에 대한 기억이다. 이 기억은 같은 것이 여럿 합쳐져 구성된다고 할 수 있다. 알려져야 하는 어떤 것과 영구적으로 되살아난, 앎의 원인이 되는 복잡한 어떤 것, 즉 자서전적 자아 **모두에** 적용된 단순한 '아는 자아에 대한 감각'이 여러 번 생성된 상태인 것이다. 마지막으로 작용하는 요소는 작업기억이다. 작업기억은 상당히 긴 시간 동안 어떤 순간의 많은 '대상'을 활성화 상태로 가지고 있을 수 있는 능력이다. 이 대상은 알려지고 있는 것이며, 그 대상의 드러남이 우리의 자서전적 자아를 구성한다. 여기서의 시간 단위는 핵심 의식의 시간 단위인 1초의 몇 분의 1 수준을 넘어선다. 이제 우리는 초와 분 단위로 들어선 것이다. 이런 시간 단위는 우리 대부분의 개인적인 삶이 이루어지고 시간과 연으로 쉽게 확장할 수 있는 단위다.

요약하자면 확장 의식은 두 가지 과정을 통해 발생한다고 할 수 있다. 첫째는 특정한 종류의 대상이 여러 번 나타났던 기억이 점차적으로 축적되는 과정이다. 이 '대상'은 우리의 과거에서 펼쳐지면서 핵심 의식의 조명을 받은 유기체의 삶에, 즉 우리 삶의 경험에 등장한 것이다. 자서전적 기억이 형성되면 이 대상은 어떤 것이든 그 대상이 처리되는 동안에 소환될 수 있다. 그다음으로 이런 자서전적 기억 하나하나는 뇌에 의해 대상으로 취급되어, 처리되고 있는 자아가 아닌 특정한 대상과 함께 핵심 의식의 유도체가 된다. 핵심 의식과 동일한 기본 메커니즘(유기체와 대상 사이에서 현재 진행되고 있는 관계에 대한 지도화된 설명의 생성)에 의존하지만 확장 의식은 이 메커니즘을 자아가 아닌 하나의 대상 X에 적용할 뿐만 아니라 유기체의 역사와 관련된, 이전에 기억된 대상의 일관성 있는 집합에도 적용한다. 유기체의 확장 의식에 의한 끊임없는 소환은 핵심 의식에 의해 일관되게 밝혀지며 자서전적 자아를 구성한다.

둘째는 자서전적 자아를 정의하는 수많은 이미지의 집합과 대상을 정의하는 이미지를 활성화 상태에서 동시에 그리고 상당히 긴 시간 동안 유지하는 과정이다. 자서전적 자아와 대상을 반복적으로 이루는 구성 요소가 핵심 의식에서 발생하는 앎의 느낌 안에 빠지게 되는 것이다.

그렇다면 확장 의식은 넓은 범위의 실체와 사건을 인식하는 능력, 즉 핵심 의식에서 참조하는 지식보다 더 넓은 범위에 걸쳐 개인의 관점, 소유, 행위 주체에 대한 감각을 생성하는 능력이라고 할 수 있다. 이 넓은 범위에 걸친 지식의 근원이 되는 자서전적 자아에 대한 감각에는 개인 특유의 인생 정보가 포함된다.

자서전적 자아는 상당한 기억 용량과 추론 능력을 가진 유기체에서만 나타나지만, 언어를 필요로 하지는 않는다. 제롬 케이건 같은 발달심리학자들은 인간에게서 '자아'는 생후 18개월 또는 그보다 더 일찍 나타난다고 주장한다. 나는 이들이 말하는 자아가 자서전적 자아라고 본다.[1] 나는 보노보 같은 침팬지도 자서전적 자아를 가지며, 더 나아가 내가 알고 있는 몇몇 개들도 그러하다고 생각한다. 이 동물들은 자서전적 자아를 가지지만 사람은 아니다. 당신과 나는 기억력, 추론 능력, 언어라는 핵심적인 능력이 이 동물들보다 훨씬 뛰어나기 때문에 자서전적 자아를 갖고 있는 동시에 사람이기도 하다. 진화 과정과 개인적인 시간을 거치면서 우리의 자서전적 자아는 유기체의 물리적, 사회적 환경의 복잡한 측면과, 복잡한 우주에서 유기체의 행동과 잠재적인 행동 범위에 대해 우리

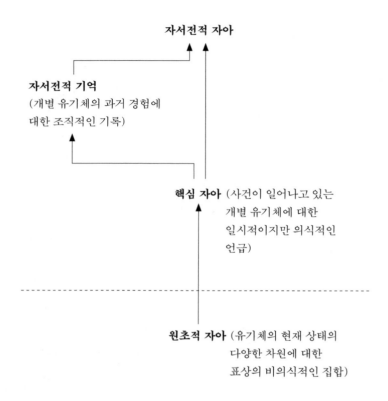

자서전적 자아

자서전적 기억
(개별 유기체의 과거 경험에
대한 조직적인 기록)

핵심 자아 (사건이 일어나고 있는
개별 유기체에 대한
일시적이지만 의식적인
언급)

원초적 자아 (유기체의 현재 상태의
다양한 차원에 대한
표상의 비의식적인 집합)

표 7-1 자아의 종류

비의식적인 원초적 자아와 의식적인 핵심 자아 사이의 화살표는 핵심 의
식 메커니즘의 결과로 일어나는 전환을 나타낸다. 자서전적 기억 방향의
화살표는 핵심 자아 경험의 반복된 예들이 기억되는 것을 뜻한다. 자서
전적 자아 방향의 화살표 두 개는 자서전적 자아가 핵심 의식의 연속적
인 파동과 자서전적 기억의 연속적인 재활성화에 모두 의존한다는 것을
나타낸다.

가 점점 더 많이 알 수 있도록 해 왔다.

확장 의식은 지능과는 다른 것이다. 확장 의식은 유기체가 최대한 넓은 범위의 지식을 인식하도록 만드는 것과 관련 있는 반면 지능은 새로운 반응이 계획되고 실현될 수 있도록 지식을 능숙하게 다루는 능력과 관계있다. 확장 의식은 지적인 처리가 일어날 수 있도록 지식을 드러내고 그것을 확실하고 효율적으로 보여 주는 것과 관련 있다. 확장 의식은 지능의 전제 조건이다. 확장 의식이 광활한 범위의 지식을 한눈에 살펴볼 수 없다면 지적으로 행동하는 것이 어떻게 가능하겠는가?

확장 의식은 작업기억과도 다르다. 작업기억은 확장 의식 과정에서 중요한 도구이기는 하지만 확장 의식이 작업기억은 아니다. 확장 의식은 자서전적 자아를 만드는 다중 신경 패턴을 상당히 오랜 시간 동안 마음속에 유지하는 과정에 의존한다. 반면 작업기억은 이미지가 지적으로 조작될 수 있도록 이미지를 오래 마음속에서 유지할 수 있는 능력만을 가리킨다. 작업기억이 무엇인지 이해하기 위해 이렇게 해 보자. 연필과 종이를 쓰지 않고 전화번호 또는 특정 장소에 가는 자세한 방법을 마음속에 계속 품고 있으려면 어떻게 해야 하는지 생각해 보자. 당신의 작업기억을 테스트해 볼 수 있는 기회이기도 하다. 일곱 자리 숫자를 기억한 뒤 뒷자리부터 정확하게 서너 개를 다시 기억해 낼 수 있는 시간이 작업기억의 용량이다.[2] 풍부한 작업기억은 확장 의식의 필수 조건이다. 그 정도의 작업기억이 있어야 여러 표상이 오랜 시간 동안 마음속에서 유지될 수 있다. 반면 핵심 기억 수준에서 작업기억의 역할은 미미해 보인다. 심리학자 버나드 바스의 '전역 작업 공간global working space' 개념은 작업기억이나 주의 집중 같은 기능이 확장 의식에 기여할 수 있는 조건을 잘 묘사한다.[3]

핵심 의식은 우리처럼 복잡한 유기체가 갖춘 표준적인 도구의 일부다. 그것은 초기 환경으로부터 약간의 도움을 받아 유전체에 의해 배치된다. 문화가 핵심 의식을 어느 정도 변화시킬 수는 있겠지만 그 정도는 크지 않을 것이다. 확장 의식도 유전체에 의해 배치된다. 하지만 개인의 확장 의식 발달은 문화의 영향을 상당히 많이 받을 수 있다.

⸨ 확장 의식의 평가 ⸩ 확장 의식은 오랜 시간에 걸쳐 발달하는 것뿐만 아니라 순간순간 발생하는 것도 핵심 의식에 의존한다. 신경질환 환자들에 대한 연구에 따르면 핵심 의식이 제거되면 확장 의식도 사라진다. 앞에서 살펴보았듯이 결여 발작, 간질성 자동증, 무동성 무언증 증상이 있거나 지속적인 식물인간 상태에 있는 환자들에게는 핵심 의식도 확장 의식도 없다. 그 반대는 성립하지 않는다. 앞서 살펴보았듯이 확장 의식이 손상되어도 핵심 의식은 보존된다.

확장 의식은 핵심 의식보다 큰 주제이지만 과학적으로 다루기는 더 쉽다. 우리는 확장 의식이 인지적으로 어떻게 구성되는지 잘 알고 있으며, 확장 의식의 행동적 특성도 알고 있다. 확장 의식을 가진 유기체는 외부 환경뿐만 아니라 내부적인, 즉 마음의 환경에 있는 광범위한 정보에 대해 주의를 기울인다는 증거를 제시한다. 예를 들어 확장 의식의 소유자로서 당신은 수많은 종류의 마음속 내용, 즉 인쇄된 글자, 그 글자가 불러일으키는 생각과 의문, 음악이나 집 어딘가에서 나는 특정한 소음, 인식자로서의 당신 자신에 주의를 기울이고 있을 것이다. 이 모든 내용은 다 같은 정도로 두드러지거나 분명하게 나타나지는 않지만, 모두 무대 위에 있으며, 어떤 시점이나 다른 시점에 몇 초에서 몇 분 동안 그 내용 중 하나 또는 몇 개가 조명을 받게 된다.

확장 의식을 가진 유기체는 순간적으로 그리고 더 긴 시간, 즉 몇 시간, 며칠 또는 몇 달에 걸쳐 복잡한 행동을 계획한다는 증거를 제시한다. 관찰자는 이런 복잡하면서 적절한 행동이 개인의 역사와 현재의 상황을 감안해 계획되었다는 것을 추론할 수 있다. 바꾸어 말하면 사람이 하는 일은 즉각적으로뿐만 아니라 더 큰 맥락의 측면에서도 타당해야 한다는 뜻이다.

한스 쿠머의 개코원숭이 연구와 마크 하우저의 침팬지 연구는 내가 확장 의식이라고 부르는 것이 인간이 아닌 종에서도 존재한다는 것을 암시한다. 쿠머의 성실한 현장 연구와 하우저의 기발한 실험은 앞에서 말한 인지 작용을 요구하는 행동을 잘 보여 준다. 물을 마셔야 하는 곳을 선택하는 개코원숭이 무리의 정교하고 시간이 걸리는 결정 행동이 그 예다. 이 결정에는 수많은 요소가 영향을 미친다. 물을 마셔야 하는 곳에 물이 존재할 가능성, 포식자와 마주칠 위험, 거리 등이다. 이런 요소에 주의를 기울이게 되고 또한 이런 요소가 개체의 항상성 욕구와 연계되어 있다는 것을 암시하는 증거도 존재한다.[4]

확장 의식은 다양한 감각 시스템과 감각 양상에서 소환되는 상당한 양의 지식을 내적으로 배치하는 데 필수적이며, 이후 문제 해결 과정에서 그 지식을 조작하는 능력 또는 문제에 대해 보고하는 능력에도 필수적이다. 이 모든 능력이 정상적으로 발휘되는 것은 확장된 지식이 존재한다는 증거가 된다. 확장 의식에 대한 평가는 핵심 의식이 유지되고 있는 개인의 인식, 소환, 작업기억, 정서와 느낌, 추론과 결정을 긴 시간에 걸쳐 평가함으로써 이루어질 수 있다.

신경학적으로 정상적인 상태에서 확장 의식을 완전히 잃을 수는 없다. 하지만 **핵심 의식만** 가진 사람이 어떤 경험을 할지 상상하기는 어렵지 않다. 한 살짜리 아이의 마음속이 어떨지 생각해 보면 된다. 나는 대상이 마음의 무대에 올라 핵심 자아를 일으킨 다음 무대에 오를 때만큼 빠른 속도로 퇴장한다고 생각한다. 대상 각각은 간단한 자아에 의해 알려지고 저절로 분명해지지만, 공간이나 시간 속의 대상 사이에는 그다지 큰 상관관계가 없으며, 대상과 과거 또는 대상과 예측된 경험 사이에도 뚜렷한 연관 관계가 없다. 앞으로 우리는 신경 질환에서 일어나는 일을 분석해 이 가정을 뒷받침할 수 있는지 살펴볼 것이다. 마음의 문제에서 대부분 그렇듯이 신경학은 이 문제에 대한 특유의 통찰을 제공할 것이다.

확장 의식 관련 장애

핵심 의식의 상실은 확장 의식의 상실을 동반하지만 그 역은 성립하지 않는다. 어떤 형태로든 확장 의식이 손상된 환자라고 해도 핵심 의식은 유지한다. 핵심 의식이 확장 의식에 선행한다는 것은 확립된 사실이다.

(일과성 전기억상실증) 확장 의식 손상의 가장 놀라운 예는 일과성 전기억상실증이라는 극적인 급성 질환이다. 이 상태는 환자들이 정상으로 돌아온다는 점에서는 양성이라고 할 수 있다. 일과성 전기억상실증은 편두통이 나타날 때 발생할 수 있으며, 두통의 전조 증상으로 나타나거나 두통의 뒤를 이어 나타나기도 한다. 갑작스럽게 나타나서 보통 몇 시간에서 하루 동안 지속되는 이것은 완전히 정상인 사람이 최근에 자서전적 기억에 추가된 기록을 갑자기 잃어버리는 증상이다. 방금 전이나 몇 분 또는 몇 시간 전에 일어난 일을 마음이 더 이상 가지고 있지 않게 된다. 때로는 증상이 나타나기 며칠 전에 일어난 일도 전혀 기억하지 못한다.

지금 그리고 여기에 대한 기억에는 우리가 지속적으로 예상하는 사건에 대한 기억(나는 이 기억을 미래의 기억이라고 부르고 싶다)도 포함된다는 점을 생각하면 일과성 전기억상실증이 나타난 환자는 몇 분, 몇 시간, 며칠 뒤에 하려고 한 일에 대한 기억도 가질 수 없는 것이 맞다. 대부분의 경우 일과성 전기억상실증 환자는 이런 미래에 어떤 일이 일어날지 전혀 알지 못한다. 따라서 환자는 개인의 과거와 미래는 모두 잃게 되지만, 지금 그리고 여기에 속하는 사건과 대상에 대한 핵심 의식은 유지한다. 실제로 어떤 환자가 측정한 대상이나 사람을 인식하지 못한다고 해도 특정한 지식이 더 이상 존재하지 않는다는 사실에 대한 핵심 의식은 살아 있다. 하지만 현재의 대상과 행동에 대한 충분한 의식이 있음에도 불구하고 이 환자는 그 상황을 이해하지 못한다. 자서전적 기록이 업데이트되지 않아 지금과 여기도 이해할 수 없기 때문이다.

일과성 전기억상실증은 핵심 의식의 분명한 한계를 여실히 드러낸다. 대상이 현재처럼 배치된 원인과 현재의 행동 동기를 알 수 없기 때문에 현재는 퍼즐에 불과한 것이다. 일과성 전기억상실증 환자들이 거의 예외 없이 불안한 상태에서 같은 질문을 끊임없이 반복하는 이유가 여기에 있을 것이다. "내가 어디 있는 거지?", "내가 여기서 뭘 하고 있지?", "내가 여기 왜 온 거지?", "내가 뭘 해야 하지?" 같은 질문이다. 이런 환자들은 자신이 누구인지는 대부분 묻지 않는다. 이들은 완전히는 아니지만 대개 자신이 누구인지는 기본적으로 알고 있다. 간질성 자동증 환자들이 핵심 의식 정지와 그에 관련된 모든 것(핵심 자아, 자서전적 자아, 확장 의식)을 보여 주는 적절한 예라면, 일과성 전지억상실증 환자들은 핵심 의식과 핵심 자아가 보존되는 상태에서 확장 의식과 자서전적 자아가 정지되는 것을 보여 주는 완벽한 예라고 할 수 있다.

몇 해 전 일과성 전기억상실증이 아주 약하게 온 환자를 연구할 기회가 있었다. 그 환자 이야기를 해 보자. 지능이 높고 교육을 많이 받은 이 환자는 편집자로 성공한 사람이었다. 오랫동안 편두통을 앓아 왔다는 점을 제외하면 건강은 아주 좋은 편이었다. 우리에게 찾아오기 아홉 달 전쯤 이 환자에게 전형적인 편두통 증상이 나타나기 시작했다. 시각 반장visual hemifield 중 하나에서 시각 교란이 일어나기도 했고, 언어 문제가 발생하기도 했다. 두통의 빈도도 높아져 일주일에 한 번 나타나기 시작했다. 우리에게 오기 2주 전, 그녀는 정기검진을 위해 찾아간 병원에서 두통을 호소했고, 그 병원에서는 편두통이 나타나는 양상, 진행 양상, 가능한 유발 원인에 대한 자세한 기록과 함께 그녀를 우리 두통 클리닉으로 보냈다. 그녀는 앞으로 다룰 사건이 일어나기 전에 일어난 네 번의 두통 발작에 대해 자세한 내용을 기록해 두고 있었다. 그러다가 그녀는 '이상한 사건'을 겪게 되었다. 증상이 나타나는 동안 그녀가 깨끗한 필체로 기록한 다음의 내용을 있는 그대로 살펴보자.[5]

– 8월 6일 오전 11시 5분: 책상에 앉아 있는데 갑자기 증상이 나타났다. 기절하거나 아플 것 같다. 눈은 잘 보이는데 몸 전체가 이상한 증상에 집중되고 있다. 책상에서 떨어져 몸을 뒤로 기댄다. 눈을 감는다. 아프지 않으려고 집중을 한다(화장실에 갈지 아니면 가만히 앉아 있을지 생각한다). 주변에 대한 의식을 잃은 것은 아니지만 나 자신과 이

상한 느낌에 집중한다(내 위치에 대한 감각, 소리에 대한 의식을 잃지는 않는다). 그 생각에서 벗어나니 덥게 느껴진다. 사무실 동료에게 실내 온도를 묻는다(5분이 지난 지금 내가 무슨 말을 했는지 기억이 안 난다). 동료는 사무실 온도가 괜찮다고 말한다(그렇게 말했다고 생각한다). 지금은 상태가 좋아진 것 같다. 11시 18분이다. 하지만 일에 집중이 잘 안 된다. 일거리를 들여다본다. 어디까지 편집하고 있었는지 모르겠다. 앞뒤로 쪽을 넘겨 보지만 정확하게 내가 무엇을 하고 있었는지 모르겠다(일의 주 목적은 분명히 알겠는데 몇 쪽까지 했는지, 몇 쪽을 해야 하는지는 알 수가 없다). 이 '사건'에 대해 메모하려고 책상 달력을 들여다본다. 지난 열흘 동안 만난 사람들의 이름이 있다. 왜 만났는지 모르겠다. 그들이 누군지도 확실히 모르겠다. 하지만 적어 놓은 내용은 분명하게 보인다.

- 11시 23분: 원고의 앞 장을 읽어 본다. 제목을 붙이기 시작한 것은 기억이 나는데 그 제목이 무슨 뜻인지는 모르겠다. 머리는 지금 아주 맑은 것 같은데 제목의 의미는 여전히 살짝 혼란스럽다. 내가 방금 경험한 일이 의미가 있을까? 지금 머리는 맑고 정상이다. 약간 무거운 느낌이 드는 것 같기는 하다(두통이라 생각했는데 그것은 아닌 것 같다). 10분 전보다 원고가 잘 이해되는지 확인하기 위해 원고를 보기가 겁난다.

- 11시 25분: 첫 쪽 시작 부분에 내가 써넣은 문장을 다시 읽어 본다. 내가 쓴 단어가 무슨 뜻인지 모르겠다. 쓰기 시

작한 것은 기억이 나는데 처음 쓴 문장이 이상해 보인다는 것이 신경 쓰인다.

- 11시 30분: 지금도 머리는 맑다. 두통도 없다. 눈도 잘 보인다. 지금은 이 메모에 기록한 상황을 떠올리려고 노력하고 있다. 평범한 아침이었다. 오전 10시에 커피를 한 잔 마셨다. 아침 내내 원고를 읽고 편집했다. 커피를 마시고 나서는 책상에 계속 앉아서 일을 했다. 내가 쓴 내용의 일부를 다시 읽을 때마다 뜻을 알 수 없는 문장이 보인다. 그 문장을 썼을 때가 기억나지 않기 때문이다. 소소한 단어들이지만 의미를 알 수가 없다. 그 단어들을 내가 인식하지 못하기 때문이다(참고로 나는 내가 어떤 일을 하는 사람인지, 누구인지, 여기서 무슨 일을 하고 있는지는 확실히 알고 있다).

- 11시 35분: 라디오를 켜서 음악을 듣는다.

- 11시 45분: 이 증상에 대한 메모를 하려고 책상 달력을 처음 들여다봤을 때 보이는 이름 중 몇 개가 누구 이름인지 생각이 나지 않았다. 이 메모를 하기 시작한 이유는 사실 이 증상 때문이었다. 30분 정도 지났는데도 아직도 생각이 나지 않는다. 우리 부서 주소록을 찾아보니 누구인지, 그 사람들과 무슨 일을 했는지 생각이 난다. 하지만 여전히 이름들이 낯설어 신경 쓰인다. 8월 3일에 메모한 "감염 통제에 대한 보고서가 둘 다 들어옴"이 무슨 뜻인지 모르겠다(왜 그런지 모르겠다. 지금은 8월 6일인데 말이다).

- 11시 50분: 보고서를 검토한 것은 기억나는 것 같다. 하지만 보고서 내용은 잘 기억이 안 난다. "감염 통제"가 무

슨 뜻이지?

- 11시 55분: 그 이름들이 누구인지 확인하기 위해 무엇을 찾아보았는지는 기억났다(하지만 그들에게 보여 주려고 내가 검토한 보고서에는 집중이 되지 않는다). 점심 먹으러 나감.

- 12시 5분: 나가는 길에 화장실에 갔다가 여기 이 메모를 다시 읽고 이 상황이 심각한 것인지 생각함. 뭔지는 확실히 모르지만 일시적인 증상 중 하나라고 생각함. 이제 점심 먹으러 진짜 나감. 머리가 전체적으로 좀 무거움.

- 1시: 식당에 제대로 도착함. 식당에서 만난 오래된 친구들이 누구인지 확실하게 생각이 안 났지만 별 문제 없이 대화함. 식당에 들어가기 위해 줄을 서 있으면서 무엇을 쓰고 들어가야 하는지 몰라 순간 당황했지만 곧 기억해 냄. 하지만 확실히 하기 위해 앞사람이 쓰는 것을 봄. 주민등록번호를 쓰면서 제대로 쓰고 있는지 몰라 약간 허둥지둥함. 몸에 좋은 참치 샐러드와 우유를 먹음. 혼자 앉아서 먹음. 잠깐 돌아다니면서 이 증상의 의미에 대해 생각하면서 누군가에게 말해 볼까도 생각함. 집에 가서 쉴까? 무시할까?

- 1시 20분: 커피 한 잔 따라서 자리로 돌아옴. 지금은 아무것도 안 하기로 결정함. 매우 안정적이고, 어디가 손상된 것 같지도 않고, 내가 무엇을 하고 있는지 확실히 알고 있다고 느낀다(좀 무섭기는 하다). 커피 한 잔 따르고 라디오를 켜 상쾌한 음악을 듣는다. 여전히 불안감이 느껴지고, 맥이 뛰는 것이 느껴진다(맥박수를 측정하니 80이 나옴).

- 2시 5분: 계속 일함. 대부분 아침에 하던 일을 다시 들여

다봄. 아주 정상적이라고 느낀다.

- 4시 15분: 아주 정상적이라고 느낌. 4시쯤 도서실에 가서 책을 둘러봄. 1시 20분 이후로는 이 메모를 읽지 않으려고 했고 아침에 불분명했던 것이 다시 명확해지는지 확인하려고 하지 않음.

- 5시 45분: 퇴근하기 전에 책상 달력을 다시 보고 내가 지난 날짜들 칸에 써넣은 항목을 아침에 잘못 이해하고 있었다는 것을 알게 됨. 이제야 무슨 뜻인지 알게 됨. 내가 검토한 보고서, 보고서와 관련된 사람들이 기억남. 오후에 쓴 메모 내용을 훑어본 것도 기억남. 읽을 때마다 다른 내용으로 느껴짐. 신체 불균형 없음.

- 8월 7일 오전 10시 5분: 별 문제 없이 기상. 어제저녁에도 별일 없었음. 머리가 약간 무겁고 불안감이 든다. X한테 말했더니 혈당 문제 아니냐고 함. 아침으로 바나나땅콩빵, 두꺼운 치즈 한 조각, 오렌지주스 약간, 카페인 없는 커피에 설탕 반 스푼 먹음. 오전 9시에 출근. 눈 뒤쪽으로 두통이 시작됨(땀도 남). 9시 30분. 두통이 확실하게 느껴짐, 설탕 두 스푼을 펐다 한 스푼을 덜어 내 커피에 넣어서 마심. 오전 10시 현재 머리는 거의 맑아졌지만 여전히 무거운 느낌. 전화로 업무 관련 회의 시간 약속 정함. 몇 사람과 만나 업무 논의. 괜찮은 것 같은데, 말이 평소보다 좀 느리게 나옴. 단어를 찾느라 그랬나? 이런 일은 그전에도 많았음.

- 1시 25분: 두통이 다시 발생함. 점심은 12시에 먹음. 두통이 멈추지 않음. 여전히 눈 뒷부분에 통증이 있지만, 이

번에는 왼쪽 눈, 왼쪽 관자놀이에서 뒷부분의 왼쪽 아래로
통증이 퍼져 나감.
- 8월 10일 오후 4시 30분: 주말은 좋았음. 오늘도 좋음.

이 독특한 기록이 가능했던 이유는 적절한 조건이 많았다
는 데 있다. 첫째, 증상이 가벼웠고 환자는 통상적인 경우에
비해 불안감을 덜 느꼈다. 둘째, 환자는 두통이 발생한 구체
적인 상황을 기록하라는 의사의 권고를 받아들여 관련된 모
든 사건에 대한 자세한 기록을 남겼다. 마지막으로 환자는 자
신의 경험을 설득력 있게 설명하기 위한 직업적 훈련을 받았
으며, 인간성도 좋은 지적이고 교양 있는 사람이었다.
이 환자의 경우 증상이 나타나는 내내 핵심 의식 과정이 유
지되었기 때문에 생각과 행동을 상당히 일관성 있게 정리할
수 있었다. 이 환자의 상황을 우리가 직접 목격하고 그와 상
호작용을 할 수 있었다면 그의 태도가 어딘지 달라졌다는 것
을 알아낼 수 있었을 것이고, 집중 정도나 모호함의 정도, 또
는 그 두 가지 모두가 달라졌다는 것도 눈치챌 수 있었을 것
이다. 적어도 각성 상태, 주의의 집중과 유지, 적절한 행동의
유지 정도, 특히 동기가 있는 감정의 드러남은 확실히 목격할
수 있었을 것이다. 하지만 이 환자의 행동은 자동증 증상이
나타나는 뇌전증 환자의 좀비 같은 행동과는 전혀 비슷하지
않다. 일과성 전기억상실증과 간질성 자동증의 증상은 둘 다
일시적이고 급성이기 때문에 혼동할 수 있다. 따라서 이런 구
분은 중요한 의미를 지닌다. 일과성 전기억상실증과 간질성

3부 앎의 생물학

자동증은 밤과 낮처럼 다른 질환이다.

이 환자에게서 나타난 자서전적 자아 상실은 다행히도 정도가 약했지만, 그럼에도 그의 상태를 대표적으로 드러낸다. 인물에 대한 희미한 인식이 존재하기는 했지만, 혼란이 일어나기 직전의 기간이 없었고 며칠 전에 일어난 사건도 희미하게 소환되었다. 당사자 입장에서는 매우 극적인 경험인, 인물에 대한 정보를 이용할 수 있는 가능성이 적어지는 현상은 정체성에 관한 정보를 떠올리는 능력이 줄어드는 현상만으로도 알 수 있다. 잠깐 동안이지만 자신의 이름이 떠오르지 않자 환자는 거의 공황 상태에 빠졌다.

하루 동안 펼쳐진 일과성 전기억상실증 드라마는 외상 후 기억상실증 증상에서는 한 시간 이내에 끝나는 경우가 많다. 외상 후 기억상실증은 극심한 머리 부상의 결과로 자주 나타난다. 얼마 전 이런 일을 당한 환자의 예를 살펴보면 많은 것을 알 수 있다. DT라는 환자는 말에서 떨어져 등을 땅에 부딪히면서 그 자리에서 의식을 잃었다. 도움을 주기 위해 달려온 사람들은 그가 거의 10분 동안 의식을 잃었다고 했다. 구급대원이 도착했을 때 DT는 깨어난 상태였다. DT는 혼란스럽고 약간 불안해 보였으며, 무슨 일이 일어났는지 계속해서 물었다. 이 일에 대한 DT의 기억은 이때쯤 시작되고 상태의 분명한 순서로 펼쳐진 것을 떠올린다. 처음에 그는 자신을 내려다보는 사람들을 쳐다보면서 그들이 누구인지, 왜 자신을 보고 있는지 알지 못했다. 또한 그는 자신이 누구인지, 땅바

닥에서 자기가 무엇을 하고 있는지에 대해서도 잘 몰랐다. 그러다 자신이 누구인지에 대한 감각이 어느 정도 그의 마음속에 생겼다. 하지만 여전히 상황을 이해할 수 없었다. 잠시 뒤 자신이 조깅복을 입고 있다는 것을 알게 된 그는 뛰고 싶다고 말했다. 실제로 그는 이 사고를 일으킨 말에서 떨어지기 전에 조깅을 하려고 했다. 그의 정체성 감각은 앰뷸런스에 실려 병원으로 가는 도중에야 돌아오기 시작했다.

한 시간도 안 되는 짧은 시간 동안 DT는 다양한 신경학적 상태를 겪었다. 첫째는 혼수, 꿈 없는 잠, 전신마취와 다르지 않은 상태로, 모든 종류의 의식, 주의, 각성이 중지된다. 둘째는 각성과 최소한의 주의가 돌아오지만 핵심 의식은 여전히 없는 상태로, 무동성 무언증이나 간질성 자동증의 특정 단계와 다르지 않다. 셋째는 일과성 전기억상실증과 다르지 않은 상태다. 핵심 의식은 돌아오지만 확장 의식은 아직 존재하지 않는 상태다. 마지막으로 모든 능력이 다시 이용 가능해지는 상태다.

확장 의식은 알츠하이머병이 진행되는 동안에도 손상된다. 과거 사건에 대한 기억의 상실이 자서전적 기록을 훼손할 정도로 심해지면 자서전적 자아는 점차적으로 사라지고 확장 의식도 붕괴한다. 이런 현상은 3장에서 다룬 핵심 의식의 후속 붕괴에 앞서 나타난다. 앞서 다룬 내 친구와 DT에게서 일어난 사건을 보면 확실히 알 수 있다.

DT는 자신에게로 걸어오는 아내의 모습을 보면서 조용하게 앉아 있었다. 아내를 알아보는 몸짓을 하지는 않았지만 환자는 따뜻하게 웃는 아내에게 따뜻한 웃음으로 화답했다. 환자가 자신을 알아보지 못한다는 것을 아는 아내는 "안녕하세요?"라는 말 뒤에 친절한 목소리로 "내가 당신 아내예요"라고 덧붙였다. 아내의 그 말에 환자는 병이 진행되고 처음으로 "내가 누구라고?"라고 대꾸했다. 이 질문은 진지했고 무미건조했다. 유머도 불안감도 전혀 느껴지지 않는 말이었다. 이전에 있던 그의 자서전적 자아의 호기심 많은 부분이 확실한 흔적으로 살아 있었다. 그 부분이 알기를 원했던 것뿐이다.

이 상태는 새로운 사실 학습과 일반적인 기억 소환이 불가능해진 단계에서 개인의 인물 정보가 안정적으로 표시될 수 없는 단계로 떨어진 것이었다. 자서전적 자아와 그 자서전적 자아에 의존하는 확장 의식이 영원히 사라진 상태였다. 몇 달이 지나자 핵심 의식과 그 핵심 자아의 간단한 자아 감각도 사라졌다.

질병실인증 질병실인증anosognosia은 핵심 의식이 손상되지 않은 상태에서 확장 의식이 손상된 또 하나의 전형적인 예다. 질병실인증이라는 말은 그리스어로 '질병'을 뜻하는 'nosos'와 '알다'를 뜻하는 'gnōsis'에서 유래한 말로, 자신의 유기체에 있는 질병을 인식하지 못하는 상태를 의미한다.

신경질환에는 이상한 것이 수도 없이 많다. 질병실인증의 전형적인 예는 뇌졸중 때문에 몸의 왼쪽이 전부 마비되어 왼쪽의 손과 팔, 다리와 발, 얼굴을 움직일 수 없고 서 있거나 걸을 수도 없는데도 전혀 그것에 대해 알지 못하고, 아무 문제가 없다고 말하는 경우다. 어떻게 느끼는지 물어보면 이런 환자들은 진지하게 '좋다'고 대답한다. 이런 놀라운 상태는 20세기 초반 바빈스키에 의해 처음 기술되었다.[6]

　'심리학적인' 설명을 선호하는 사람들은 이렇게 질병을 부인하는 상태가 정신역학적 원인에 의한 것이며, 비슷한 상황과 관련된 개인의 과거 경험에 영향을 받아 자신이 직면한 심각한 문제에 대해 환자가 적응 반응을 보이는 것에 불과하다고 오랫동안 생각해 오고 있다. 하지만 이들의 생각은 틀렸다. 좌우를 바꾸어서, 즉 몸의 왼쪽이 아니라 오른쪽이 마비된 환자의 예를 생각해 보면 그것을 쉽게 알 수 있다. 이런 환자들에게서는 질병실인증이 나타나지 않는다. 이 환자들은 마비도 실어증도 심하지만 자신의 질병에 대해 완벽하게 인식한다. 질병실인증은 오른쪽 대뇌반구가 손상될 때만 발생한다. 흥미로운 사실은 몸 왼쪽 마비가 질병실인증을 일으키는 뇌 손상 패턴과는 다른 뇌 손상 패턴에 의해 일어나는 환자들은 자신의 질병을 인식할 수 있다는 것이다. 요약하면 질병실인증은 뇌의 특정 영역이 손상되어 체계적으로 발생한다는 뜻이다. 질병에 대한 부인은 특정한 인지 기능의 상실이 원인이며, 이 인지 기능은 신경질환으로 손상된 특정한 뇌 시스템에 의존한다.

　질병실인증이 표현되는 방식은 매우 표준적이다. 내 환자 DJ는 몸 왼쪽이 모두 마비되었지만, 왼팔이 어떠냐고 물으면 처음에는 좋다고 하다가 예전에는 안 움직이다 지금은 움직인다고 말한다. 왼팔을 움직여 보라고 하면 DJ는 왼팔을 더 듬다가 움직이지 않는 것을 알게 된 뒤에는 '진심으로' '왼팔'을 움직여 보기를 원하는지 묻는다. 그때서야 이 환자는 마지못해 "별로 안 움직여지는 것 같네요"라고 인정한다. 하지만 이 환자는 항상 오른손으로 왼팔을 움직이면서 당연한 말을 한다. "오른손으로는 왼팔을 움직일 수 있어요."

몸의 감각 시스템을 통해 결함을 자동적이고 신속하게 내부적으로 감지하지 못하는 것도 놀랍지만, 결함이 있다는 것을 반복적으로 확인한 뒤에도 그것에 대해 감지하지 못하는 것은 훨씬 더 놀랍다. 이런 환자 중 일부는 결함을 확인했던 수많은 상황에서 '외부적으로' 얻은 정보에 의존했다는 것을 서서히 기억해 내고는, 여전히 문제가 있는데도 과거에 문제가 있었던 적이 있기는 하다고 말한다.[7]

질병실인증 환자들은 오른쪽 대뇌반구에 손상이 있다. 손상 영역은 뇌섬엽피질의 일부와 두정엽의 세포구축 영역 3, 1, 2, 실비우스열 깊숙이 위치한 두정엽 내 S_2 영역이다. 이 영역의 손상은 백질에 영향을 미쳐 이 영역 사이의 상호 연결 관계, 시상, 기저핵, 운동피질과 전전두피질과의 연결 관계를 와해한다. 여러 요소로 이루어진 이 시스템의 일부만 손상될 경우는 질병실인증이 발생하지 **않는다**(부록 2 그림 참조).

질병실인증에서 손상된 오른쪽 대뇌반구 부위 전체에서 신호를 주고받는 뇌 영역은 서로 협력적으로 작용해 뇌가 이용할 수 있는 현재의 몸 상태에 대한 가장 광범위하고 통합적인 지도를 만드는 것 같다.[8]

나는 질병실인증이 현재의 몸 상태를 신체감각 시스템의 채널인 적절한 신호 전달 채널을 통해 자동적으로 표상하지 못하게 되는 것이 주 원인인 질환이라고 생각한다. 질병실인증에 관한 여러 가지 설명이 있을 수 있지만 이 설명이 가장 많이 인용된다.[9] 기존의 설명이 이 질환의 가장 큰 원인을 밝히고 있을 수는 있지만, 이는 질병실인증 환자에게 그의 마비 사실을 말해 주어도 몇 분 뒤면 그렇게 중요한 사실을 들었다는 것을 기억하지 못하는 현상의 원인은 밝히지 못하고 있다. 또한 환자가 자신이 마비된 상태라는 것을 알게 되어 왼쪽 팔다리를 오른쪽 팔다리처럼 움직일 수 없다는 것을 인정한 뒤에도 얼마 뒤에 다시 물어보면 눈으로 쉽게 확인할 수 있는 그 사실을 기억하지 못하는 현상도 설명되어야 한다. 자신의 생각과는 반대의 정보를 듣고도 계속해서 잘못된 생각을 유지하는 질병실인증 증상을 설명하려면 신체감각이 업데이트되지 않는 것보다 복잡한 원인을 생각해 내야 한다. 나는 오른쪽 대뇌반구의 신체감각 지도의 훼손이 유기체에서 가장 높은 수준의 통합적인 표상의 핵심에 타격을 줌으로써 핵심 자아의 생물학적 기초의 일부를 붕괴한다고 생각한다. 유기체의 현재 상태에 대한 최고 수준의 표상이 더 이상 넓은 범위를 포함할 수 없게 되고, 그로 인해 의식이 의존하는 유기체-대상 관계에 대한 이차 설명에 사용될 수 없게 되는 것이다. 한편 뇌간 같은 영역에서 낮은 수준의 원초적 자아 표상의 변화로부터도 이차 설명은 생성되므로 핵심 의식은 손상되지 않는다. 하지만 핵심 의식으로부터 생성되는 핵심 자아는 더 이상 자서전적 기억에 기여하지 못하게 된다. 자서전적 기억에 기여하려면 오른쪽 신체감각피질 수준에서 보이는 원초적 자아 영역이 필요하기 때문이다.

이 해석은 신체 표상이 뇌간에서 대뇌피질에 이르기까지 다양한 수준에서 나타나고 그 표상의 기여가 수준에 따라 다양하다는 것을 알고 있을 때만 유효하다. 낮은 수준(뇌간 수준)의 기여는 핵심 의식의 유지에 필수적이다. 뇌간이 기여를 하지 못하면 다른 기여는 아무 소용이 없다. 높은 수준(피질 수준)의 기여는 몸의 최근 변화에 대한 기억을 형성하고 자서전적 기억의 신체 요소를 업데이트하는 데 주로 필요할 가능성이 매우 높다.

질병실인증을 일으키는 병변이 유기체의 모든 표상을 파괴하지는 않는다. 구체적으로 이 병변은 근골격계 틀과 내부 환경, 체내 기관의 상태를 결합하는 표상만 파괴한다. 이런 결합이 일어날 수 있는 가장 높은 수준은 뇌섬엽과 오른쪽 대뇌반구의 S_2, S_1 영역에 위치한 신체감각 지도의 집합이다. 질병실인증에서 수많은 중요한 유기체 표상은 그대로 유지된다. 이런 유기체 표상에는 오른쪽 뇌섬엽, S_2, S_1 영역의 왼쪽 대뇌반구 상동체 내 표상, 교뇌와 중뇌의 뇌간핵 내 표상, 시상하부 내 표상이 포함된다. 이 표상은 협력해 유기체의 상태에 대한 포괄적인 그림이 아닌 부분적인 그림을 제공한다. 당연히 이 표상은 자서전적 기억에 전체 정보가 아닌 부분적인 정보만을 제공한다.

질병실인증은 흔한 의식 질환이다. 환자들에게서는 자서

전적 자아의 결함이 나타나고 확장 의식에는 이상이 생긴다. 또한 병변이 신체 표상의 최고위 요소를 손상하기 때문에 환자들의 핵심 의식도 부분적으로 손상된다.

<table>
<tr><td>신체실인증</td></tr>
</table>

앞에서 살펴보았듯이 원초적 자아는 내부 환경, 체내 기관, 전정 자극, 근골격계 틀에 관련된 유기체 상태의 다양한 표상에 의존한다. 나는 이 표상이 원초적 자아의 출현에서 같은 정도의 가치를 가지는 것은 아니라고 생각한다. 나는 내부 환경과 체내 기관의 표상이 가장 큰 역할을 한다고 본다. 몇 년 전 동료인 스티븐 앤더슨과 함께 연구한 환자 LB의 예는 나의 이런 생각에 힘을 실어 주었다.

이 환자는 **신체실인증**asomatognosia 환자였다. 신체실인증이라는 말은 '몸을 인식하지 못하는 상태'라는 뜻이다. 이 환자는 오른쪽 신체감각피질의 일부와 관련된 약한 뇌졸중을 겪었다. 구체적으로는 이차 감각 영역(S_2)이 손상된 환자다. 이 정도의 손상은 영구적인 감각 결핍이나 운동감각 결핍, 정서적 이상을 일으키지 않는다. 하지만 이 환자는 혈관 손상 부위가 적은 환자들에서처럼 병변 부위의 손상된 조직 때문에 발작을 일으켰다. 발작이 일어날 때는 때때로 놀라운 효과가 발생했다. 자신의 몸을 느낄 수 없다고 환자가 말한 것이다. 팔다리와 몸통에서 근육이 인식되지 않는다는 뜻이 분명했다. 처음 이런 일이 발생했을 때 환자는 경악했다. 마음은 작동하고 있기 때문에 환자는 자신이 살아 있고 생각을 하고 있다는 것을 알고 있었다. 하지만 그는 보통 사람처럼 자신의 몸을 느낄 수 없었다. 심장이 뛰는 것은 느낄 수 있었던 환자는 몸 여기저기의 피부와 근육을 꼬집어 일종의 '시험'을 하기로 했다. 처음에는 아무것도 느껴지지 않았다. 몇 분이 지나자 서서히 느낌이 돌아왔다. 이렇게 10분이 지나자 모든 것이 통상적인 상태로 돌아왔다. 이 상황에 대해 환자는 "내가 내 몸을 느낄 수 없는 이상한 느낌"이었다고 했다. 그는 이상하기는 하지만 자신이 혼란을 겪고 있는 것은 아니라는 사실을 확신했다. 그는 자신이 누구인지, 그리고 어디에 있는지도 완벽하게 알고 있었다.

환자가 병원에 와서 뇌전도 검사를 받는 동안 우리는 그에게 발작이 나타나면 바로 호출해 달라고 말했다. 발작이 일어나는 도중에 간호사가 병실로 서둘러 들어갔고, 우리는 발작 직후에 환자에게 질문을 할 수 있었다. 간호사는 발작이 진행되는 동안 환자가 사람과 장소에 대한 지향성을 유지하고 있는 것을 확인할 수 있었다. 환자는 자신이 '명료한 상태'에 있었다는 사실을 강조하면서 놀라울 정도로 자세하게 상황을 묘사했다. "존재에 대한 감각을 잃지는 않았어요. 몸에 대한 감각만 잃은 거예요."

나는 이런 증상이 발작 때문에 오른쪽 대뇌반구 내 신체감각피질 복합체의 상당 부분이 일시적으로 비활성화된 결과로 해석한다. 발작의 발원 위치는 환자의 S_2 영역 경계였을 것이고, 발작은 중심열 영역 바로 위에 위치한 S_1 영역으로 퍼졌다. 유기체의 현재 상태를 위한 최고 수준의 통합이 일시적으로 정지되었을 것이다. 그럼에도 환자는 뇌간, 시상하부, 오른쪽 뇌섬엽의 남아 있는 독립적인 부분, 왼쪽 신체감각피질에서 자신의 몸에 대한 신호를 계속 받았다. 이 신호는 대상피질로 전송되었을 것이다. 내부 환경, 체내 기관, 전정계의 신호 전달 기능은 유지되었지만, 몸의 근골격계 부분에 관련된 신호는 통합적인 방식으로 적절하게 표상될 수 없었던 것이다. 나는 내부 환경, 체내 기관, 전정계의 신호 전달 기능이 이 환자에게 '존재의 감각'의 기초를 계속 제공했다고 본다. 이 기능은 핵심 의식의 계속적인 생성의 기초가 되는 원초적 자아의 일부를 제공했다.

병변 부위가 비대칭적으로 오른쪽 대뇌반구에만 위치하는데도 몸의 양쪽에서 나타나는 것은 오른쪽 신체감각피질의 지배 효과(이 피질은 몸 전체, 즉 몸 왼쪽과 오른쪽 모두의 몸 정보를 통합한다) 때문이라는 사실에 주목해야 한다.

앞에서 다룬 질병실인증 환자들의 경우 오른쪽 신체감각피질의 손상 부위가 훨씬 넓으며, 그 피질 사이의 연결 관계, 그 피질과 대상피질, 시상, 전두 영역 사이의 연결 관계도 훨씬 더 많이 손상된다. 환자 LB처럼 질병실인증 환자들은 핵심 의식이 있고 자신의 '존재'를 의식한다. 하지만 이런 환자들에게서는 유기체에서 오는 현재의 신호 통합에 계속 문제가 생겨 자서전적 기억의 업데이트에도 계속 문제가 생기고, 그 필연적인 결과로 의식적인 마음의 유연한 흐름이 붕괴한다.

확장 의식의 손상은 작업기억에 심각한 결함이 생긴 환자
들에게서도 나타난다. 작업기억은 양쪽 대뇌반구 모두의 외
부적 측면에 영향을 미치는 전두엽이 포괄적으로 손상을 입
은 뒤에 가장 심각하게 결함을 나타낸다. 이런 환자들이 마음
속에 계속 유지할 수 있는 이미지의 범위는 매우 제한적이다.
따라서 확장 의식의 최고 수준은 더 이상 구현될 수 없다.

확장 의식 손상의 예는 수많은 정신과 질환에서도 찾을 수
있다. 하지만 이 증상의 복잡성을 생각하면 위의 틀에 따른
해석은 잠정적이라고밖에 할 수 없다. 그럼에도 심각한 급성
조증, 우울증 단계에서는 확장 의식의 변화가 일어난다고 말
하는 것이 합리적이다. 조증 상태의 자서전적 자아는 상당히
많은 정도로 팽창하는 반면 심각한 우울증 상태의 자서전적
자아는 축소된다고 말할 수도 있을 것이다. 이를테면 조현병
환자에게서 나타나는 증상의 일부인 사고 투입(외적인 힘에
의해 이질적인 사고가 자신에게 주입되는 느낌), 환청 같은 것은
확장 의식 이상이 부분적인 원인이라고 해석될 수 있다. 확장
의식에 이상이 생긴 환자들은 자서전적 기억에 이상이 생겨
비정상적인 자서전적 자아를 가지게 된다. 하지만 이런 증상
이 나타나는 동안 이 환자들이 지각하는 '대상'은 그 자체가
이례적일 수 있으며, 환자들의 원초적 자아와 핵심 의식도 마
찬가지로 이례적일 수 있다는 것에 주목해야 한다.

손상된 확장 의식은 이인증(스스로 자신의 몸과 마음에서 분
리되어 있거나, 또는 자신의 관찰자가 되는 듯한 증상) 상태, 원
인을 알 수 없는 '자아가 없어지는 느낌'과 관련된 자아 와해

의 원인일 수 있다. 논란의 대상인 다중인격장애(해리성정체 장애)에서도 그럴 것으로 보인다.

핵심 의식에 대해 이야기하면서 나는 우리가 관찰하는 행동과 그 행동 뒤의 의식 있는 마음을 다양한 악기 그룹이 같은 부분을 동시에 연주하게 하는 악보에 비유한 바 있다. 그러면서 나는 핵심 의식이 손상된 사람과 그대로 유지되는 사람의 '행동 점수표'와 '인지 점수표'에 대해서도 말했다. 나는 확장 의식에 대해서도 이 개념을 똑같이 적용할 수 있다고 생각한다.

확장 의식이 변화된 환자들을 관찰하면 그들이 핵심 의식이 손상된 환자와는 매우 다른 '행동 점수표'를 만들어 낸다는 것을 알 수 있다. 각성 상태, 낮은 수준의 주의, 배경 정서, 일상적인 행동과 일부 특정한 정서는 보존된다. 간단한 목적이 있는 행동도 통상적으로 이루어진다. 문제는 과거와 미래에 대한 상당한 지식에 의존하는 매우 특정한 행동 수준에서만 발생한다. 환자들에게서 이런 행동은 확실히 불가능하며 그 행동과 관련된 정서도 그렇다.

확장 의식이 손상된 환자의 '인지 점수표'는 외부 관찰 결과와 매우 잘 대응이 된다. 이런 환자들에게서는 각성 상태에 대한 감각, 이미지가 만들어지고 있으며 그 이미지에 주의를 기울이고 있는지에 대한 감각, 살아 있고 느낄 수 있다는 감각이 존재한다. 하지만 더 높은 수준의 의미 영역은 개인의 마음에 나타나지 않는다. 자서전적 자아가 마음속에서 너무 약하게 표상되어 마음은 이 자아가 어디에서 왔는지, 어디로

가는지를 알지 못한다. 이들에게서 삶은 감지되는 정도이지 자세히 살펴보는 수준은 아닌 것이다.

일시적인 것과 영구적인 것

내가 생각하는 의식의 구성 방식은 윌리엄 제임스가 제기한 모순을 풀어낼 수 있다. 우리 의식의 흐름에 있는 자아는, 우리의 존재가 계속되는 동안 자아가 똑같이 유지된다는 감각을 가지고 있을 때도 시간이 흘러감에 따라 끊임없이 변화한다는 모순이다. 이 모순의 해결 방법은 변화하는 것으로 보이는 자아와 영구적인 것으로 보이는 자아는 밀접하게 연결되어 있지만 하나의 실체가 아니라 다른 두 자아라는 사실에 있다. 제임스가 말한 항상 변화하는 자아는 핵심 자아에 대한 감각이다. 이 자아는 변화하는 자아라기보다는 일시적이고 순간적인 자아이기 때문에 끊임없이 다시 만들어지고 다시 태어나야 한다. 동일하게 유지되는 것으로 보이는 자아는 자서전적 자아다. 자서전적 자아는 부분적으로 재활성화되어 우리 삶에서 연속성과 외관상의 영속성을 제공하는 개인사의 근본적인 사실에 대한 기록의 저장소에 의존한다.

이런 이중적인 구조가 가능하려면 핵심 의식이 작용해야 하고 기억이 동원될 수 있어야 한다. 핵심 의식은 우리에게 핵심 자아를 제공한다. 하지만 자서전적 자아를 구축하려면 일반적인 기억도 필요하며, 자서전적 자아를 명시적으로 만들려면 핵심 의식과 작업기억이 둘 다 필요하다. 기억력이 제한적인 생물체에게는 제임스의 모순이 나타나지 않는다. 이런 생물체는 순수의 세계보다 한 단계 위의 세계에 살고 있다. 이 생물체는 의식 있는 개체성의 순간을 연속적으로 가지고 있는 것으로 보이지만 예상되는 미래의 기억, 개체의 과거 기억 때문에 부담을 느끼거나 개선되지는 않는다.

내 이론에서 핵심 의식은 경계로 둘러싸인 심적, 신경적 시스템이 생성하는 중심적인 자원이다. 하지만 핵심 의식이 중심적이라는 사실이 그것이 하나의 구조에만 의존한다는 뜻은 아니다. 우리는 핵심 의식이 나타나려면 매우 많은 신경 구조가 필요하다는 것을 알고 있다. 하지만 신경 시스템이 복잡하고 그 구성 요소가 다양하며 그 작용이 반드시 협력적이어야 한다는 사실 때문에 다음의 사실을 간과해서는 안 된다. 뇌 전체의 해부학적 규모를 생각할 때, 핵심 의식의 기저를 이루는 기본적인 시스템(원초적 자아를 지원하는 영역들과 이차 설명을 지원하는 영역들의 조합)은 뇌 전체에 골고루 퍼져 있는 것이 아니라 해부학적 부위의 특정한 집합 안에 한정되어 있다는 사실이다. 핵심 의식 생성과 관련되지 않은 뇌 부위도 매우 많다.

핵심 의식의 견고성은 이런 해부학적 집중성과 기능적 중심성으로부터, 그리고 현재 진행되는 상호작용 과정에서 활발하게 처리되고 있는 내용이든 기억으로부터 소환된 내용이든 마음의 **모든** 내용은 핵심 의식 시스템을 가동하고 자극해 그 과정에서 일시적인 핵심 의식의 파동을 생성한다는 사

3부 앎의 생물학

실로부터 기원한다. 핵심 의식은 '시각적' 핵심 의식, '청각적' 핵심 의식 같은 특정한 감각 양상에 의해 조직되지 않는다. 핵심 의식은 모든 감각 양상과 운동 시스템에 의해 **사용되어** 모든 대상 또는 움직임에 대한 지식을 생성할 수 있다.

자서전적 자아의 내용(개인사의 근본적인 사실에 대한 재활성화되고 조직된 기억)에는 핵심 의식이 가장 큰 기여를 한다. 대상 X가 핵심 의식의 파동을 일으키고 대상 X에 관련된 핵심 의식이 발생할 때마다, 암묵적인 자서전적 자아로부터 온 선택된 사실의 집합도 명시적 기억으로 끊임없이 활성화되고 그 사실의 집합에 관한 핵심 의식의 파동을 일으킨다.

그렇다면 지각이 있는 우리 삶의 모든 순간에서 우리는 하나 또는 몇 개의 목표 대상과 **그 대상에 수반되는 재활성화되는 자서전적 기억의 집합에 대해서** 핵심 의식의 파동을 생성한다고 할 수 있다. 이런 자서전적 기억이 없다면 우리는 과거나 미래에 대한 감각을 가지지 못할 것이고, 개인사의 연속성도 존재하지 않을 것이다. 하지만 핵심 의식의 이야기, 핵심 의식 안에서 태어나는 일시적인 핵심 자아가 없다면 우리는 순간에 대한 지식, 기억된 과거에 대한 지식, 기억에 저장한 예상되는 미래에 대한 지식 그 어떤 것도 가지지 못할 것이다. 핵심 의식은 기초가 되는 필수적인 존재다. 그것은 진화적으로나 개인적으로나 현재 우리가 가진 확장 의식에 앞선다. 또한 확장 의식이 없다면 핵심 의식은 과거와 미래에 영향을 미칠 수 없을 것이다. 핵심 의식과 확장 의식, 핵심 자아와 자서전적 자아는 완벽하게 서로 연결되어 있다.

자서전적 자아의 신경해부학적 기초

자서전적 자아의 신경해부학적 기초에 대해 말하기 위해서는 심상과 뇌 사이의 관계를 설명할 때 사용한 이론적인 틀을 다시 꺼내야 한다. 이 틀은 **이미지 공간**image space과 **기질적 공간**dispositional space이라는 개념을 상정하고 있다. 이미지 공간이란 모든 감각 유형의 이미지가 명시적으로 나타나고 핵심 의식이 우리에게 알려 주는 분명한 마음속 내용을 포함하는 공간이며, 기질적 공간은 이미지가 회상 속에서 구축되고, 움직임이 생성되며, 이미지 처리가 일어나기 위한 기초가 되는 암묵적 지식의 기록을 기질적 기억이 가지고 있는 공간이다. 기질은 이전에 지각된 이미지에 대한 기억을 보유하고 있으며, 그 기억으로부터 비슷한 이미지를 재구축하는 데 도움을 준다. 또한 기질은 현재 지각되고 있는 이미지의 처리를 돕는다. 예를 들어 이미지에 주의를 기울이는 정도와 그에 따른 강화의 정도를 높일 수 있다.

　이미지 공간과 기질적 공간은 각각 대응하는 신경 시스템을 가진다. 다양한 감각 양상의 초기 감각피질 같은 구조는 심상의 기초가 될 신경 패턴을 지원한다. 반면 고차원 피질과 다양한 피질하핵은 이미지나 행동 자체 명백한 패턴을 보유하거나 드러내지 않으며, 이미지와 행동을 생성하는 기질을 가지고 있다(초기 감각피질과 고차원 피질의 배치에 대해서는 부록의 그림 A-5 참조). 나는 기질이 **수렴 구역**convergence zone이라는 뉴런 앙상블의 형태로 유지된다고 생각한다.[10] 이미지 공간과 기질적 공간 사이의 인지 경계는 뇌 안의 1) 초기 감각피질, 변연피질, 일부 피질하핵에서 활성화되는 신경 패턴 지도 2) 고차원 피질핵과 일부 피질하핵에 위치한 수렴 구역 사이의 경계에 대응한다.

뇌는 매우 고른 방식으로 기억을 형성한다. 망치를 예로 들어 보자. 뇌에는 **망치**라는 단어가 무슨 뜻인지에 대한 깔끔한 사전적 정의를 내리는 분명한 하나의 영역 같은 것이 없다.[11] 그 대신 현재의 증거에 따르면 우리 뇌에는 망치와의 과거 상호작용의 다양한 측면에 해당하는 수많은 기록이 있다. 그 기록은 망치의 모양, 망치를 다룰 때 필요한 손동작, 그 동작의 결과, 우리가 알고 있는 여러 가지 언어로 망치를 가리키는 말을 뜻한다. 이 기록은 잠자고 있는 기질적이고 암묵적인 것이며, 서로 다른 고차원 피질에 위치한 신경 영역에 기초하고 있다. 이 기록이 이렇게 서로 다른 영역에 기초하는 이유는 뇌의 구조와 우리 환경의 물리적 특성에 있다. 시각적으로 망치의 모양을 이해하는 것은 망치를 만져서 모양을 이해하는 것과 다르다. 망치를 움직이는 데 우리가 사용하는 패턴은 망치를 볼 때 그것의 움직임 패턴을 저장하는 피질과 같은 피질에 저장될 수 없다. 우리가 **망치**라는 단어를 만들 때 사용하는 음소phoneme도 같은 피질에 저장될 수 없다. 기록이 공간적으로 분리되는 것은 아무 문제가 되지 않는다. 모든 기록은 이미지 형태로 명시화될 때 몇몇 영역에서만 드러나고, 기록되는 모든 구성 요소가 빈틈없이 통합되는 것으로 보이도록 시간적으로 조율되기 때문이다.

내가 당신에게 **망치**라는 단어를 제시하고 '망치'가 무슨 뜻이지 말해 보라고 하면 당신은 전혀 어렵지 않게 바로 이 물건에 대한 현실적인 정의를 내릴 수 있을 것이다. 정의의 기초 중 하나는 이런 다양한 측면과 관련된 수많은 명시적인 심적 패턴을 빠르게 배치하는 과정에 있다. 망치와 우리의 상호작용의 다양한 측면에 대한 기억은 뇌의 서로 다른 영역에 잠들어 있기는 하지만 이 다른 영역은 스케치 형태의 이미지로 신속하고 빠른 시간 안에, 잠들어 있는 암묵적인 기록이 명시적 기록으로 전환될 수 있도록 회로에서 조율된다. 그 후 우리는 이런 이미지를 이용해 실체에 대한 언어적 서술을 할 수 있게 되고, 그 언어적 서술은 망치에 대한 정의의 기초가 되는 것이다.

나는 현재 우리의 자서전적 기록을 구성하는 실체와 사건에 대한 기억이 모든 실체와 사건에 대해 우리가 생성하는 기억에 사용되는 틀과 같은 종류의 틀을 사용한다고 생각한다. 자서전적 기억이 다른 기억과 다른 점은 우리의 개인 역사에서 변하지 않는 확실한 사실에 관한 것이라는 점이다.

나는 우리의 개인적인 경험에 대한 기록도 똑같이 고른 방식으로 저장한다고 생각한다. 우리의 현재 상호작용의 다양성을 만족시키는 데 필요한 다양한 고차원 피질을 똑같이 이용한다는 뜻이다. 이 기록은 그 내용이 소환되어 앙상블을 이루면서 빠르고 효율적으로 명시화될 수 있도록 신경 연결에 의해 미세하게 조정된다.

거의 영구적인 방식으로, 안정적으로 활성화되어야 하는 자서전적 기록의 핵심 요소는 우리의 정체성, 최근 경험, 우리가 예상하는 경험, 특히 가까운 미래에 예상하는 경험에 해당하는 것이다. 나는 이런 핵심 요소가 측두엽과 전두엽의 고차원 피질, 편도체핵 같은 피질하핵에 위치한 수렴 구역에 기초한, 끊임없이 재활성화되는 네트워크에서 발생한다고 생각한다. 여러 영역에 걸친 이 네트워크의 협력적인 활성화는 시상핵에 의해 속도가 조절되는 반면 긴 시간 동안 반복되는 요소를 유지하려면 작업기억과 관련된 전전두피질의 지원이 있어야 한다. 요약해서 말하면 자서전적 자아는 여러 영역에 걸친 네트워크에 기초해 개인적인 기억을 활성화하고 드러내는 협력적인 과정이라고 할 수 있다. 이 기억을 명시적으로 표상하는 이미지는 여러 개의 초기 피질에서 드러난다. 결국 이 이미지는 작업기억에 의해 시간이 지나도 유지되는 것이다. 이 이미지는 다른 대상처럼 처리되며, 자신만의 핵심 의식 파동을 생성함으로써 간단한 핵심 자아에게 알려지게 된다.

자서전적 자아의 지속적인 드러남은 확장 의식의 핵심이다. 확장 의식은 작업기억이 특정한 대상과 자서전적 자아 **모두를** 동시에 가지고 있을 때, 다시 말해서 특정한 대상과 자신의 자서전적 기록에 있는 대상 **모두가** 동시에 핵심 의식을 생성할 때 발생한다.

자서전적 자아, 정체성, 개성

앞에서 나는 정체성과 개성이 나타나려면 자서전적 기억이 있어야 하고, 그 기억은 자서전적 자아에서 구체화되어야 한다고 말했다. 이 두 개념은 **자아**에 대해 생각할 때 가장 먼저 떠오르는 말이다. 자서전적 기억에 있는 기록의 저장소는 정체성을 구성하는 기억과 우리의 인간성을 정의하는 데 도움이 되는 기억을 포함하고 있다. 우리가 보통 '인간성 personality'이라고 말하는 것은 여러 가지 구성 요소에 의존한다. 이 구성 요소 중 중요한 것 중 하나가 '특질trait'이다. '성질 temperament'은 이런 특질의 앙상블이며 거의 태어나자마자 관찰이 가능하다. 이런 특질 중 일부는 유전적으로 전달되며, 초기 발달 요인에 의해 형성되기도 한다. 또 다른 중요한 요소는 성장 중인 유기체가 특정한 환경에서 물리적, 인간적, 문화적으로 참여하게 되는 그 유기체만의 독특한 상호작용이다. 앞의 요소에서 끊임없이 영향을 받는 이 요소는 자서전적 기억에 기록되며, 자서전적 자아와 개성의 기초가 된다. 간단한 상황에서 복잡한 상황까지, 유리한 상황에서 위험한 상황까지, 사소한 호불호에서 윤리적인 원칙과 관련된 상황까지 자서전적 기억의 존재는 유기체가 전체적으로 일관성 있는 정서적 반응과 지적인 반응을 할 수 있게 해 준다.

교육과 문화에 의해 사람이 만들어진다고 말할 때, 우리는 다음과 같은 요소가 함께 작용했다는 생각을 한다. 1) 유전적으로 전달된 '특질'과 '기질disposition' 2) 유전자와 환경 둘 다의 영향을 받아 발달 초기에 획득한 '기질' 3) 앞의 두 요소의 영향을 받으면서 살다가 겪은 독특한 개인의 경험(자서전적 기억의 바다으로 가라앉아 끊임없이 재분류된다). 우리는 이 복잡한 과정을 담당하는 신경 부분이, 적절한 자극이 주어졌을 때 뇌가 정서에서 지적인 사실에 이르는 거의 동시적인 반응을 불러일으킬 수 있는 기초가 되는 기질적 기록을 생성한다고 상상할 수 있다. 수렴 구역이라는 개념을 이용하면 이런 반응이 다양한 구조에서 나타나는 반응으로부터 펼쳐지는 것을 지시하는 특정한 뇌 영역에 의해 통제된다고 생각할 수 있다. 이 다양한 구조란 다양한 속성을 가진 감각 이미지의 묘사를 담당하는 초기 감각피질, 정서를 구성하는 행동을 포함해 매우 큰 범위의 운동을 실행하는 운동피질과 변연계 피질, 피질하핵을 말한다.

이런 수렴 구역/기질 영역은 수가 많을 뿐만 아니라 서로 인접해 있지도 않다. 피질에 위치한 것도 있으며 피질하핵에 위치한 것도 있다. 피질에 위치한 것은 측두엽과 전두엽 영역에 분포되어 있다. 표준적인 반응의 측면에서 사람들과 잘 어울리고 매우 성숙한 인간성을 가진 것으로 보이는 사람들을 보면, 몇 개 안 되는 뇌 영역을 이용하는 수준에서 대규모의 협력적 작용을 요하는 단계에 이르기까지 다양한 복잡성 단계에서 반응이 조직될 수 있을 정도로 여러 조절 영역이 서로 연결되어 있지만, 대부분 피질과 피질하 영역 모두가 관련되어 있을 것이라고 나는 생각한다.

정체성이라는 단순한 개념은 바로 이런 배치 상황에 기인한 것이다. 측두엽과 전두엽 양쪽에 있는 수많은 영역에서 수렴 구역은 우리의 개인적, 사회적 정체성을 정의하는 근본적인 데이터를 초기 감각피질 안에서 연속적이고 반복적으로 활성화할 수 있는 기질을 지원한다. 이 데이터는 친족 관계에서부터 친구 관계, 삶에서 중요했던 장소, 우리의 이름에 이르기까지 다양하다. 말하자면 우리의 정체성은 감각피질에서 드러나는 것이다. 우리가 깨어 있는 상태로 의식 있는 삶을 살아가는 모든 순간에, 일관된 정체성 관련 기록이 명시화되어 우리 마음의 배경을 형성하고, 필요한 경우 전면으로 빠르게 옮겨진다고 할 수 있다. 활성화된 기록의 범위는 우리의 개인적인 역사와 예상된 미래까지 확장되는 경우도 있다. 하지만 순간순간 우리가 이런 기억의 범위를 확장하든 그렇지 않든 그 기억은 활성화되어 이용할 수 있게 된다. 우리는 그 기억이 비활성화되면 바로 알 수 있다. 일과성 전기억상실증 종류 중 일부가 이런 비활성화의 결과다.

우리의 정체성 감각 뒤에 있는 과정에 대한 이런 설명을 처음 생각해 냈을 때, 나는 동일한 정보를 드러내기 위해 동일한 감각 패턴이 끊임없이 반복되고 내부적으로 나타나는 것이 너무 버거운 일이 아닐까 생각했다. 뉴런이 이 정도의 부담을 견딜 수 있을지 생각한 것이다. 하지만 엄청나 보이는 부담을 받는 다른 생체 조직이 있다는 것을 생각하니 그럴 수 있다는 결론을 안심하고 내릴 수 있었다. 평생 동안 수축을 반복해야 하는 심장근육세포가 그 예다.

우리 각자가 자신에 대해 하는 생각, 즉 우리가 물리적으로 그리고 정신적으로 누구인지, 사회적으로 어디에 어울리는지에 대해 점차적으로 구축하는 이미지는 수년, 수십 년에 걸친 자서전적 기억에 기초를 두고 있으며, 끊임없이 다시 만들어진다. 나는 이런 구축 작업의 상당 부분이 비의식적으로 일어나며, 다시 만드는 작업도 그렇다고 생각한다(무의식에 대해서는 앞으로 다룰 예정이다). 의식 과정과 무의식 과정은 정도의 차이는 있지만 선천적이거나 후천적인 인간성의 특질, 지능, 지식, 사회적 문화적 환경 등 온갖 종류의 요소에서 영향을 받는다. 지금 이 순간 마음속에서 드러내는 자서전적 자아는 우리의 타고난 편견과 실제 인생 경험의 최종 산물일 뿐만 아니라 이런 요소에서 영향을 받은 경험에 대한 기억을 다시 가동한 최종 산물이기도 하다. 개인의 일생에 걸쳐 자서전적 자아에 일어나는 변화의 원인은 의식적이나 무의식으로 발생한 살아온 과거를 다시 만드는 작업뿐만 아니라 예상된 미래에 대한 설정과 재작업에도 있다. 나는 자아 진화의 핵심 측면이 두 가지 영향 사이의 균형과 관계된다고 생각한다. 살아온 과거와 예상되는 미래가 미치는 영향 사이의 균형 말이다. 개인이 성숙하다는 것은 예상되는, 앞으로 펼쳐질 수 있는 미래에 대한 기억이 매 순간의 자서전적 자아에서 상당한 비중을 차지하고 있다는 뜻이다. 우리가 욕망, 소망, 목표, 의무라고 지각하는 것과 관계된 시나리오에 대한 기억은 매 순간 자아에 영향을 미친다. 또한 이 기억은 살아온 과거를 다시 만드는 데 의식적으로든 무의식적으로든 역할을 하며, 순

간순간 우린 자신이 그럴 것이라고 지각하는 사람을 만드는
데도 역할을 하는 것이 틀림없다.

　우리의 태도와 선택은 유기체가 매 순간 만들어 내는 '개성
의 원인occasion of personhood'의 주요 결과가 된다. 그렇다면 우
리가 변화하고 흔들리고, 허영심에 굴복하고 배신하고, 잘 휘
둘리고 말을 많이 하게 되는 것도 별로 이상한 일이 아니다.
우리가 자신만의 햄릿, 이아고, 팔스타프를 만들어 낼 가능성
은 각자의 내부에 있다. 이런 인물들의 측면은 적절한 상황
에서 짧고 일시적으로 나타날 수 있다. 어떻게 생각하면 그럴
만한 충분한 이유가 있기는 하지만 우리 대부분이 **오직 하나
의** 성격만을 가지고 있다는 것은 매우 놀라울 수도 있다. 우
리의 발달 시기에는 하나로 통합하려는 경향이 지배적이다.
그 이유는 생명을 유지하는 일이 성공적으로 이루어지려면
하나의 자아만 있어야 한다고 유기체가 요구하기 때문일 것
이다. 유기체 하나당 두 개 이상의 자아가 있다면 생존에 별
로 유리하지 않다. 우리 마음은 상상력이 풍부하기 때문에 유
기체의 생명 설계도를 그리기 위해 '여러 초안'을 준비하기는
한다. 대니얼 데닛이 제안한 틀에 맞추자면 그렇다.[12] 하지만
상당히 생물학적인 핵심 자아와 핵심 자아의 영향 아래에서
커지는 자서전적 자아의 그림자는 하나의 통합된 자아에 들
어맞는 '초안들'을 선택하도록 만든다. 게다가 우리 상상력의
정교하게 만들어진 선택적 장치는 동일하고, 역사적으로 연
속적인 자아를 선택할 가능성을 높인다. 우리는 한 주 동안은
햄릿이 될 수 있고 하룻밤 동안은 팔스타프가 될 수 있지만

결국 대부분은 원래 자리로 돌아온다. 우리가 셰익스피어 같은 천재라면 자아의 내적인 전투를 이용해 서양 연극 전체에 등장하는 인물들을 만들어 낼 수 있을 것이다. 아니면 페르난두 페소아처럼 한 사람이 네 명의 전혀 다른 시인 역할을 하도록 만들어 낼 수도 있을 것이다. 하지만 그래도 결국 스트랫퍼드로 조용히 은퇴한 사람, 리스본의 병원에서 술을 마시며 망각에 빠져든 사람은 다름 아닌 원래의 셰익스피어와 페소아 자신이다. 요약하자면 앨프리드 화이트헤드가 『과정과 실재』[13]에서 자아의식에 대해 언급했듯이, 통합적이고 연속적인 하나의 자아에는 한계가 있다. 인간의 결함과 다중인격 같은 이상한 상태는 이런 한계가 존재한다는 증거다. 그럼에도 불구하고 하나의 자아를 향한 경향과 그 경향이 건강한 마음을 가지는 데 도움을 준다는 사실은 부인할 수 없다.[14]

자서전적 자아와 무의식

루트비히 판 베토벤의 오페라 〈피델리오〉에 등장하는 낭만적인 영웅 플로레스탄은 어두운 지하 감옥에 부당하게 갇힌다. "신이여, 이 안은 어둡습니다"라고 그는 외친다. 그는 아마 인간 기억의 바다에 있는 어둠을 말하고 있는지도 모른다.[15] 우리는 어떤 기억을 저장하고 저장하지 않는지, 어떻게 기억을 저장하고 분류하고 조직하는지, 우리가 다양한 감각 유형, 다양한 주제, 다양한 정서적 중요성을 가진 기억을 어떻게 서로 연결하는지 의식하지 않는다. 우리는 기억의 '힘'을 직접적으로 통제하는 것도, 회상 과정에서 기억을 마음대로 소환하는 것도 거의 불가능하다. 또한 우리는 기억의 정서적인 가치, 견고성, 깊이에 대해 흥미로울 정도로 다양한 직관을 가지고 있지만, 기억의 작동 원리에 대해 직접적으로 **알지는 못한다.** 우리는 학습과 기억의 소환을 관장하는 요소, 기억을 지원하고 소환하는 데 필요한 신경 시스템에 대한 연구 결과를 충분히 가지고 있다.[16] 하지만 직접적이고 의식적인 지식은 가지고 있지 않다.

　우리의 자서전적 기록을 구성하는 기억에 대해서도 상황은 같다. 게다가 이런 기억은 그 수가 너무나 많아 정서적인 부담이 크고 그에 따라 뇌는 그 많은 기억을 다르게 취급해야 하기 때문에 우리가 직접적으로 알기는 더욱 어려울 수 있다. 우리는 자서전적 기록으로 들어가는 내용을 경험한다. 즉 그 내용을 의식하고 있다. 하지만 우리는 그 내용이 어떻게 저장되는지, 각 내용 중 얼마만큼이 저장되는지, 얼마나 견고하거나 깊게 또는 가볍게 저장되는지는 모른다. 또한 그 내용이 기억으로서 어떻게 서로 연결되는지, 기억이라는 우물에서 어떻게 분류되고 재조직되는지, 기억 사이의 연결이 어떻게 이루어져 지식이 우리 안에 존재하는 형태인 잠자고 있는, 암묵적이고 기질적인 형태로 시간이 지나도 유지되는지도 모른다. 하지만 이런 것을 직접적으로 경험하지 않는다고 해도 우리는 이 기억을 담고 있는 회로에 대해서는 조금 안다. 이 회로는 고차원 피질, 특히 측두엽과 전두엽 내 고차원 피질

318　　　　　　　　　　　　　　　　　　　　3부 앎의 생물학

안에 위치하고 있으며, 피질과 피질하 변연 영역, 시상과 밀접한 네트워크를 유지하고 있다. 신경생물학적으로 말하면 플로레스탄의 어두운 지하 감옥에도 오래되지 않아 어느 정도 빛이 들어올 것이다.

자서전적 기억의 특정한 집합은 매 순간 간단하고 끊임없이 재활성화되며, 이런 기억은 확장 의식에 우리의 물리적, 정신적, 인구학적 정체성에 관한 사실, 최근 발생한 일의 기원(방금 전에 일어났는지, 몇 분, 몇 시간 전에 일어났는지, 아니면 전날 일어났는지)에 관한 사실, 의도된 근접 미래에 관한 사실(몇 분, 몇 시간 뒤에 무엇을 해야 하는지, 오늘 밤과 내일 어디로 향하고 있는지)을 제공하는 것이 확실하다. 자서전적 자아의 이런 근본적인 측면이 붕괴하면 일과성 전기억상실증 같은 극적인 형태의 신경질환이 발생한다.

하지만 자서전적 기억 중 특정 내용은 오랜 시간 동안 물밑으로 가라앉은 상태를 유지하며, 계속 그 상태를 유지할 수도 있다. 기억이 팩시밀리 같은 방식으로 저장되지 않으며 소환되는 동안 복잡한 재구성 과정을 거쳐야 한다는 사실을 생각하면 자서전적 사건의 일부는 완벽하게 재구성되지 않을 수 있고, 원래의 기억과는 다른 방식으로 재구성될 수도 있으며, 의식의 빛을 다시는 보지 못할 수 있다고 상상하기는 어렵지 않다. 그 대신에 이런 일부 사건은 다른 구체적인 사실이나 정서 상태의 형태로 의식이 되는 다른 기억의 소환을 촉진할 수 있다. 그 순간 확장 의식에서는 이렇게 소환된 사실에 대한 설명이 불가능할 수도 있다. 그때 무대 중앙을 차지하고 있는 의식의 내용과 전혀 연결이 되지 않기 때문이다. 연결의 그물망이 은밀한 형태로 존재하기는 하지만 이 사실은 원인이 없는 것처럼 보일 수도 있다. 이 사실은 과거에 살았던 어떤 순간의 실체를 나타내거나, 은밀하게 저장된 기억의 점차적이고 무의식적인 조직화에 의해 그런 순간을 다시 만들고 있는 것이다.

이제 위에서 언급한 **연결**이라는 말의 다중성과 타당성에 대해 이야기해 보자. 이 말은 시간에 걸쳐 나타나고 발생하는 사물과 사건의 연결, 우리가 경험하는 그 사물과 사건의 이미지화된 심적 표상을 뜻한다. 또한 이 말은 사물과 사건의 기록을 유지하고 그 기록을 명백한 신경 패턴 형태로 재배치하는 데 필요한 뇌 회로 사이의 신경적 연결을 뜻하기도 한다. 정신분석학에서 말하는 무의식의 세계는 자서전적 기억을 뒷받침하는 신경 시스템에 기초를 두고 있으며, 정신분석은 자서전적 기억 안의 복잡한 심리학적 연결망을 들여다보는 수단으로 주로 생각되어 왔다. 하지만 이 세계는 내가 방금 언급한 다른 종류의 연결과도 관련되어 있다.

우리가 흔히 말하는 무의식은 핵심 의식이나 확장 의식 형태로 알려지지 않는, 비의식적으로 계속 남아 있는 방대한 양의 과정과 내용의 일부분에 불과하다. 실제로 '알려지지 않는 것'의 리스트는 놀라울 정도로 방대하다. 어떤 것이 있는지 살펴보자.

1) 우리가 주의를 기울이지 않는, 완벽하게 형성된 이미지 전부.

2) 이미지가 되지 않는 모든 신경 패턴,

3) 경험을 통해 획득되며, 휴면 상태에 있고 명백한 신경 패턴이 되지 않는 모든 기질.

4) 명시적으로 알려지지 않는, 위 기질의 조용한 재구성 전부와 조용한 네트워크 재구성 전부.

5) 자연이 항상성을 유지하는 선천적인 기질에 부여한 모든 숨겨진 지혜와 노하우.

우리가 모르는 것이 이렇게 많다니 놀랍지 않은가?

자연의 자아, 문화의 자아

본성 대 양육 논쟁을 다시 벌이면서 어떤 특정한 인지 기능이 유전자에 의해, 유전자와 관련된 제약을 받아 특정한 방식으로 한 개인에게서 만들어지는지, 문화의 영향을 받아 환경에 의해 만들어지는지 알아내려고 하는 것은 무모한 일이라고 할 수 있다. 신기하게도 내 이론의 틀에서 의식을 살펴보면 이런 구분을 할 수 있는 가능성이 높아진다. 예를 들어 나는 핵심 의식 뒤의 거의 모든 장치와 핵심 의식의 생성은 유전자의 강력한 통제를 받는다고 본다. 초기부터 질병이 뇌 구조를 붕괴시키는 상황을 제외하면 유전체는 신경망과 체액을 통해 적절하게 몸과 뇌를 연결하고, 필수적인 회로를 배치하며, 환경의 도움을 받아 일생 동안 안정적인 방식으로 이런 장치의 작동을 가능하게 한다.

자서전적 자아의 발달은 다른 문제다. 자서전적 기억의 발
달을 지원하는 구조와 핵심 자아 사이의 연결 관계는 유전체
의 통제하에서 체계화되는 것이 확실하다. 수렴 구역과 그 수
렴 구역의 기질이 자리를 잡을 수 있도록 하기 위한 학습의
발생과 피질과 피질하 회로 형성의 기초가 되는 과정도 역시
유전자의 통제를 받는다. 즉 자서전적 기억은 물려받은 생물
학적 조건의 그늘 아래에서 발달하고 성숙한다. 하지만 자서
전적 기억에서는 핵심 자아에서와는 달리 환경에 의존하고
심지어는 환경에 의해 조절되는 일이 발달과 성숙 과정에서
많이 일어난다. 예를 들어 발달 과정에 있는 유아, 어린이, 청
소년에게 보상과 처벌이 시작되는 시점은 집, 학교, 사회적
환경에 따라 다르다. 개인의 역사적인 과거 또는 예상되는 미
래를 구성하는 사건의 형성은 상당 부분 환경에 의해 조절된
다. 자서전적 자아가 발달하는 문화를 지배하는 행동의 규칙
과 원칙은 환경의 지배를 받는다. 개인적 행동의 모범이 되는
예에서부터 특정한 문화의 사실까지, 개인이 자신의 자서전
을 조직하는 데 필요한 지식도 마찬가지다.

한 인간 특유의 존엄성을 언급하기 위해 자아에 대해 말할
때, 우리 삶을 형성한 장소와 사람, 우리에게 속해 있고 우리
안에 산다고 생각되는 장소와 사람을 언급하기 위해 자아에
대해 말할 때, 당연히 우리는 자서전적 자아에 대해서 말하고
있는 것이다. 자서전적 자아는 인류의 문화사가 가장 중요시
하는 뇌의 상태다.

확장 의식을 넘어서

확장 의식은 인간 유기체가 자신의 정신적 능력의 최고치에 이를 수 있게 해 준다. 이런 능력에는 유용한 물건을 만드는 능력, 다른 사람의 마음을 고려할 수 있는 능력, 집단의 마음을 지각하는 능력, 단지 고통을 느끼고 그것에 반응하는 것이 아니라 괴로워하는 능력, 자신과 다른 사람에게서 죽음의 가능성을 지각할 수 있는 능력, 삶을 소중히 여길 수 있는 능력, 쾌락과 고통과는 별개로 선과 악에 대한 감각을 구축할 수 있는 능력, 다른 사람의 이익과 집단의 이익을 고려할 수 있는 능력, 단순히 쾌락을 느끼는 것이 아니라 아름다움을 감지할 수 있는 능력, 느낌의 부조화를 감지하고 추후에 추상적인 생각의 부조화를 감지할 수 있는 능력(진실에 대한 감각의 원천이 되는 능력이다) 등이 있다. 확장 의식이 허용한 이런 뛰어난 능력 중에서 특히 주목해야 하는 것이 둘 있다. 첫째는 생존과 관련된 기질에 의해 내려진, 이익과 손해의 명령을 넘어서는 능력이고, 둘째는 진실을 찾게 만드는 것으로서 부조화를 비판적으로 탐색해 내고, 사실에 대한 분석과 행동을 위해 기준과 이상을 구축하고자 하는 욕구를 가질 수 있는 능력이다. 내 생각에 이 두 능력은 인간이 가진 특수성의 절정이 될 수 있는 가장 유력한 후보이며, **양심**conscience이라는 단어로 완벽하게 잡아낼 수 있는 진정한 인간적 기능이다. 핵심 의식 면에서든 확장 의식 면에서든 나는 의식이 인간이 가진 특징 중 최고라고 생각하지 않는다. 의식은 현재의 절정에 이르기 위한 필요조건이지 충분조건이 아니다.

가장 신기한 것은 발생의 순서다. 개별 유기체의 비의식적인 신경 신호 전달이 **원초적 자아**를 낳고, 원초적 자아는 **핵심 자아**와 **핵심 의식**을 낳는다. 핵심 자아와 핵심 의식은 **자서전적 자아**를 낳고, 자서전적 자아는 **확장 의식**을 낳는다. 이 사슬의 끝에서 확장 의식은 **양심**을 낳는다.

양심, 확장 의식, 핵심 의식에 대한 우리의 이해 수준은 인간이 그 현상의 존재를 알게 되고 그 현상에 대해 호기심을 가지게 된 순서와 일치한다. 인간은 핵심 의식은 제쳐 두고라도 확장 의식을 문제로 인식하기 훨씬 전에 양심의 존재를 인식하고 양심의 작용에 관심을 가졌다. 고대의 신들이 호메로스의 서사시 속 영웅들에게 말한 것은 의식의 문제가 아니라 양심의 문제였다. 『일리아스』에서 소년 아킬레우스의 팔을 잡아 아가멤논을 죽이지 못하게 한 아테나를 생각해 보자. 기원전 10세기에 호메로스의 이야기는 핵심 의식의 존재에 대해서는 가정했지만 명백하게 다루지는 않았다. 이 이야기는 신이 지배하는 의식에 대해 간접적으로 드문드문 다루기는 했지만, 그것의 중심 관심사는 양심이었다.[17] 양심과 의식을 둘 다 언급한 사람은 기원전 7세기의 솔론이었을 것이다. "네 자신을 알라"라는 그의 말에서 단서를 찾을 수 있다.[18] 기원전 500년쯤부터는 그리스인들, 「창세기」의 집필자들과 주인공들, 『마하바라타』(고대 인도의 서사시)의 저자들, 『도덕경』 내용을 수집하던 중국의 학자들도 비슷한 생각을 하기 시작했다. 하지만 이들 중 누구도 현재 우리의 관심을 사로잡고 있는 의식이라는 개념을 다루지는 않았다. 플라톤이나 아리 스토텔레스의 저작에도 의식을 뜻하는 말은 나오지 않으며, **누스**nous(이성, 지성, 정신, 영혼 등을 의미하는 그리스어)나 **프시 케**psyche(마음 또는 영혼을 의미하는 그리스어)라는 말도 의식과 같은 뜻은 아니다. 개념조차 없었던 것이다[**프시케**는 현재 우 리가 의식이라고 부르는 것의 출현에 핵심적이거나(숨, 피) 그 출현과 밀접한 관련이 있다고(마음, 영혼) 내가 생각하는, 유기 체의 특정한 측면을 뜻하기는 하지만, 의식과 정확하게 같은 개 념은 아니었다[19]. 현재 우리가 의식이라고 부르는 것에 대한 관심이 시작된 것은 얼마 되지 않았으며(아마 350년쯤 된 것 같다), 20세기 후반이 되어서야 관심의 전면으로 떠오르기 시작했다.

서양의 사고를 우리에게 전달한 언어에서 '의식 현상'을 뜻 하는 말들의 형성은, 의식 현상에 대한 호기심과 이해가 그것 의 복잡성의 정도와는 반대 순서로 이루어졌음을 보여 준다. 예를 들어 영어의 역사에서 보면 의식과 관련된 중세 영어 단어는 'inwit'다. 이 말은 **내부**in라는 말과 **마음**wit이라는 말 이 합쳐져 만들어진 것이다. **양심**이라는 말('양심'이라는 뜻의 영어 'conscience'는 라틴어 'con'과 'scientia'가 합쳐져 만들어 진 말로, '지식의 수집'이라는 뜻을 암시한다)은 13세기부터 사 용되기 시작했지만 **의식**과 **의식적인**이라는 말은 17세기 전 반이 되어서야 나타났다. 셰익스피어가 사망하고도 한참 뒤 다(**의식**이라는 말이 기록에 처음 등장하는 것은 1632년이다). 1600년이 되자 셰익스피어는 햄릿의 입을 빌려 "그래서 양심은 우리 모두를 겁쟁이로 만든다"라는 말을 한다. 셰익스피어는 양심을 말한 것이지 의식을 말한 것이 아니다. 셰익스피어는 확장 의식의 속성을 깊게 이해했고 서양 문화 속에 문학적인 형태로 그 속성을 사실상 주입했지만, 확장 의식이라는 말을 쓰지는 않았다. 그는 핵심 의식 같은 무언가가 확장 의식 뒤에 숨어 있다는 것을 알았을지도 모른다. 하지만 핵심 의식은 그의 주된 관심사가 아니었다.

영어와 영어의 '모어'인 독일어에서는 양심과 의식을 뜻하는 말이 다르다. 독일어로 '의식'은 'Bewusstein', '양심'은 'Gewissen'이다. 하지만 로망스어 계열 언어에서는 하나의 단어가 양심과 의식을 모두 나타낸다. '무의식적인 unconscious'이라는 말을 프랑스어로 'inconscient', 포르투갈어로 'inconsciente'라고 번역했을 때 그 의미는 '혼수상태' 또는 '비양심적인 행동'이 된다. 영어에는 '무의식적인'과 '비양심적인'이라는 단어가 다 있고, 독일어에도 그에 각각 해당하는 'unbewusst', 'gewissenlos'라는 단어가 있다. 하지만 로망스어 계열 언어에서는 이 두 개념을 구분하려면 문맥에 의존하는 수밖에 없다. 복잡하게 들리지만 흥미롭기도 하다. 프랑스어, 포르투갈어 같은 로망스어 계열 언어에서는 지식을 의미하는 단어를 의식의 뜻으로 사용한다. 프랑스어의 'connaissance'(지식), 포르투갈어의 'conhecimento'(지식)가 그 예다. 이 단어들이 '알려진 사실들'을 뜻한다는 것에 주목하자. 자아가 있고 자아 때문에 지식이 있다는 사실이 이 단어들 속에 숨겨져 있다고 추측할 수 있기 때문이다. 의식을

3부 앎의 생물학

나타내는 말로 어떤 말을 사용하든 우리는 포괄적인 지식이라는 개념에서 결코 멀리 떨어져 있지 않다. 이 말들은 모두 'con'(아우르다)과 'scientia'(과학과 다른 분야의 사실)를 약간 변형한 것이기 때문이다.

의식이라는 말 뒤에 있는 개념이 떠오르기 시작했을 때, 로망스어 계열 언어 사용자들은 새로운 단어를 만들어 내지 않고 **양심**이라는 말을 사용해 그 뜻을 나타냈다. 단어의 의미가 늘어나는 것이 문화적으로 수용되었다는 것이 매우 놀랍다. 아마도 이 현상은 이 문제에 대한 인간의 관심이 진화했다는 증거일 것이고, 그 현상 자체만으로도 연구해 볼 가치가 있을 것이다. 그 과정이 분명하지 않지만 사람들은 양심이라는 개념과 의식이라는 개념이 다르다는 점보다는 서로 연결되어 있다는 점이 더 중요하다고 생각하게 된 것 같다. 신기하게도 영어나 독일어와는 달리 로망스어 계열 언어에는 '자아$_{self}$'에 해당하는 단어도 없다(재귀대명사로는 이 자아의 의미를 나타내기에 충분하지 않다). 이들 언어의 **나는** 또는 **나를** 같은 인칭 대명사가 그 자체의 이름(자아의 직접 번역어)을 가질 수도 있었지만 가지지 않은 실체를 나타내기에 충분하다고 생각되기 때문이다.

양심은 방금 내가 언급한 복잡한 것 중에서도 가장 복잡한 것이기 때문에 그 속성과 작동 면에서 가장 마지막으로 생각되고 이해되어야 할 현상이라는 추측을 할 수도 있다. 하지만 그 반대인 것으로 보인다. 나는 우리가 확장 의식의 작동보다 양심의 작동에 대해 더 많이 알고 있다고 본다. 윤리의 신경

생물학에 대한 장피에르 샹죄의 연구, 의식과 사회의 관계에 대한 로버트 오른슈타인의 연구는 양심에 관한 내 이론을 뒷받침한다. 또한 확장 의식 수준에서 의식을 규명하기 위한 대니얼 데닛, 버나드 바스, 제임스 뉴먼의 연구도 나의 확장 의식 이론을 지지한다.[20] 나는 이 미스터리의 열쇠는 핵심 의식이 쥐고 있다고 생각한다. 양심과 확장 의식이 불완전하게 설명되는 유일한 이유는 그것에 대한 이해가 핵심 의식 문제의 해결에 부분적으로만 의존하기 때문일 것이다.

8장

의식의 신경학

지난 장에서 다룬 내용은 의식의 신경적 기초에 관한 연구의 출발점이라고 할 수 있다. 내가 제안한 이론은 향후 다양한 방법을 동원한 연구를 통해서만 유효성이 검증되겠지만, 그 때까지는 지금까지 발견된 신경과학적 증거를 통해 이 이론을 살펴볼 수 있을 것이다. 이 장의 목적이 여기에 있다.

5~7장에서 나는 핵심 의식과 확장 의식의 메커니즘에 관련된 가설을 제시하면서 원초적 자아와 그것의 메커니즘이 요구하는 이차 지도를 지원하는 데 필요한 해부학적 구조가 어떤 것인지 다루었다. 내 가설에 기초한다면 다음의 내용이 사실이어야 한다.

1) 원초적 자아의 신경적 기초인 신체감각 정보 지도의 양 측 손상은 의식을 붕괴시켜야 한다. 의식의 붕괴 정도는 원

초적 자아 구조가 촘촘하게 모여 있는 뇌간 윗부분과 시상이 손상을 입은 뒤에 가장 커야 하며, 처리 사슬이 공간적으로 서로 더 떨어져 있는 고위 수준(뇌섬엽피질, S_2, S_1, 관련된 두정엽 연합피질)에서는 더 적어야 한다.

2) 유기체-대상 관계에 대한 이미지화되는 이차 설명을 구축하는 데 참여하는 것으로 추정되는 구조의 양측 손상은 부분적 또는 전체적으로 핵심 의식을 붕괴시켜야 한다. 이런 구조에는 시상과 대상피질의 핵 일부가 포함된다.

3) 하측두 영역(IT)과 측두극(TP)을 포함한 측두엽피질의 양측 손상은 핵심 의식을 손상하지 않아야 한다. 이 상황은 원초적 자아를 표상하고, 알려져야 하는 대상 대부분을 처리하며, 유기체-대상 관계에 대한 이미지화된 이차 설명을 생성하는 데 필요한 구조가 하나도 손상되지 않은 상황이기 때문이다. 하지만 측두엽피질 손상은 자서전적 기억 관련 기록의 활성화를 방해해 확장 의식의 범위를 축소한다. 자서전적 자아를 활성화시키는 기록을 지원하기도 하는 방대한 전전두 영역 안에 위치한 일부 고차원 피질에 양측 손상이 발생할 때도 같은 일이 발생한다.

4) 해마의 양측 손상은 핵심 의식을 손상하지 않아야 한다. 하지만 사실을 새로 학습하는 과정이 억제되기 때문에 이 손상은 자서전적 기억의 확장을 중단하고, 그 기억의 유지에 영향을 미치며, 미래에 대한 확장 의식의 질을 변화시킨다.

5) 외부 감각 정보(시각, 청각 등)와 관련된 초기 감각피질

의 양측 손상은 이 감각피질에 의존하는 대상의 측면을 표상하지 못하게 만드는 것 외에는 핵심 의식을 손상하지 않아야 한다. 신체감각피질의 상황은 예외적이다. 이 피질은 원초적 자아의 일부분을 제공하기 때문이다. 신체감각피질 손상에 대해서는 위 1항에서 언급했다.

6) 전전두피질의 양측 손상은 그 범위가 아무리 넓어도 핵심 의식을 변화시키지 않아야 한다.

이제부터는 신경병리학, 신경해부학, 생경생리학, 신경심리학 분야의 증거에 입각해 위 내용의 타당성을 검토해 보자.

원초적 자아 구조가 의식에서 역할을 하는 증거

1항은 원초적 자아의 신경적 기초를 이루는 신체감각 정보 지도가 양측에서 손상되면 의식이 붕괴되어야 한다는 뜻이다. 이 가설은 혼수상태, 지속적인 식물인간 상태, 감금 증후군 상태, 기저전뇌 손상 상태에 있는 환자들의 예에서 수집한 증거에 의해 뒷받침된다. 관련 증거는 너무나 많기 때문에 여기서는 지속적인 혼수상태와 식물인간 상태와 관련된 증거에만 집중해 이 두 상태가 어떻게 보이는지 간단하게 설명하는 것으로 시작해 보자.[1]

자는 것일까? 자는 것처럼 보이거나 들리지만 자는 것이 아니다. 혼수상태에 대해서는 공통적인 설명이 존재해 왔으며, 그 설명은 다음과 같다. 아무런 전조도 없이 환자가 바닥에 쓰러졌다. 호흡곤란이 왔다. 자신의 아내, 자신을 병원으로 호송하기 위해 도착한 구급대원에게 반응을 보이지 않았다. 응급실에 있는 누구에게도 반응하지 않았다. 4일이 지나도 의사에게 반응하지 않았다. 환자를 정교하게 둘러싸고 있는 전선, 튜브, 디지털 표시 장치가 없었다면, 뇌혈관질환을 다루는 최첨단 병동이 아니었다면 문병하러 간 사람은 환자가 그냥 잠들어 있다고 생각할 것이다. 하지만 이 환자는 뇌졸중을 겪고 혼수상태에 빠져 있다. 보통 정도의 자극을 아무리 많이 주더라도 환자를 깨울 수 없는 이례적인 상태다.

말을 하거나, 귀에 속삭이거나, 얼굴을 만지거나, 손을 꼬집거나, 그의 상태를 알아보기 위한 여러 가지 행동을 해도 환자는 깨어나지 않는다. 하지만 그러면서도 심장은 뛰고, 혈액은 순환하며, 폐는 호흡하고, 신장의 기능도 정상이다. 집중 치료의 부분적인 도움으로 당장 생존하는 데 필요한 다른 기관과 시스템도 정상이다. 문제는 뇌다. 뇌졸중 때문에 뇌는 적은 부위이지만 치명적인 손상을 입은 상태다. 관찰 결과에 따르면 각성 상태, 정서, 주의, 목적이 있는 행위가 중지된 상태다. 관찰 결과로부터 추측할 수 있는 결론에 따르면 의식이 중지된 상태다. 환자는 의식 있는 마음이 있다는 징후를 나타내지 못하며, 의식 있는 마음이 있을 수 있다는 간접적인 징후 역시 나타내지 못한다. 환자는 살아 있지만 그 유기체는 근본적으로 변한 상태다.

매일 밤 우리는 잠에 빠지면서 꿈을 꾸지 않는 깊은, 원기를 회복시켜 주는 수면 4단계에 이르게 된다. 의식과 마음의 측면에서 보면 이 환자와 비슷한 상태에 들어가는 것이다. 하지만 우리는 잠에서 깨어나기 때문에 몇 시간 동안 의식과 마음을 놓은 것에 대해 전혀 불안감을 가지지 않는다. 이 혼수상태 환자는 이와 매우 다르다. 이 환자는 자신이 빠져들어야 했던 수면 상태로부터 깨어날 수 없으며, 의식을 회복할 가능성도 높지 않다. 그는 혼수상태가 계속 지속되어 결국 사망할 가능성이 있다. 또한 이 혼수상태가 가벼워져서 결국 지속적인 식물인간 상태가 영구히 지속될 가능성도 있다.

식물인간 상태로 접어든다면 이 환자는 확실한 수면-각성 주기를 보이기 시작해, 수면 상태와 각성 상태가 겉으로 보기에는 정상적인 방식으로 번갈아 나타날 것이다. 두 가지 증거를 살펴보면 알 수 있다. 첫째, 뇌전도EEG 수치가 변화해 하루에 특정한 몇 시간 동안 수면과 각성을 나타내는 패턴을 나타낼 수 있다. 둘째, 환자는 눈을 뜸으로써 자극에 반응하기 시작할 수 있다. 불행하게도 이 두 가지 증거 중 어떤 것도 의식이 돌아오고 있다는 징후는 아니다. 뇌전도 수치가 보여 줄 수 있는 것은 각성 상태가 돌아왔다는 것뿐이다. 앞에서 언급했듯이 각성 상태는 의식의 필요조건이지만(꿈을 꾸는 것은 물론 예외다) 의식과 같은 것은 결코 아니다. 환자가 식물인간 상태가 되면 혈압이나 호흡 같은 자율 기능도 정상으로 돌아올 수 있다. 드문 경우에 머리와 눈이 협력적으로 움직이거나, 정형화된 말을 하거나, 가끔 웃거나 울 수는 있다. 하지만 기본적으로 식물인간 상태의 환자는 각성 상태가 유지되는 것으로 보이는 동안 자발적으로든 자극에 대한 반응으로든 의식의 존재를 드러내는 어떠한 행동도 하지 못한다. 식물인간 상태에서는 정서, 주의, 목적 있는 행동이 돌아오지 않는다. 의식이 돌아온 드문 환자들의 진술에 도움을 받아 합리적인 추측을 하면 이 상태에서 의식은 없다고 할 수 있다.[2]

이 환자의 비극은 뇌간의 아주 적은 일부가 손상되었기 때문에 일어난 것이다. 뇌간은 방대한 대뇌반구에 척수를 연결한다. 뇌간은 척추관 안에서 척추를 따라 위아래로 분포하는 중추신경계의 일부인 척수를 두개골 안의 중추신경계 부분, 즉 보통 뇌라고 하는 부분에 연결하는 나무 몸통 같은 구조다. 뇌간은 몸 본체 전부로부터 신호를 받으며, 그 신호가 몸 위쪽에 위치한 뇌의 일부 쪽으로 움직일 때 통로 역할을 하기도 한다. 또한 뇌간은 그 반대 방향인 뇌에서 몸 본체로 움직이는 신호의 통로가 되기도 한다. 게다가 뇌간에는 작은 핵이 수없이 많이 분포하고 있으며, 수많은 신경섬유가 뇌간 안에서 서로 연결되어 있다. 심장, 폐, 내장의 기능 같은 생명 기능의 조절이 뇌간에 의존하며, 수면과 각성의 조절도 뇌간에 의존한다는 것이 정설이다. 따라서 자연은 화학적, 신경적 사건의 신호를 전달하고 중추신경계에서 몸 본체로 신호를 전달하는 핵심적인 경로의 많은 부분을 뇌의 아주 작은 이 영역에 조밀하게 배치했다고 할 수 있다. 이 핵심적인 경로를 따

3부 앎의 생물학

라 수많은 생명 작용을 조절하는 미세한 통제 센터가 수없이 많이 분포하고 있다.

이 경로나 통제 센터는 무작위로 여기저기 흩어져 있는 것이 아니다. 오히려 그 반대다. 그것은 뇌에서 항상 그렇듯이 모든 인간에게서 일관성 있는 해부학적 패턴을 따라 정렬되어 있다. 모두 완전히 똑같이 정렬되어 있으며, 다른 많은 종들에서도 거의 같은 위치에 정렬되어 있다.[3] 시상 바로 밑 영역이 손상되어 혼수상태가 오는 경우, 뇌교의 중간 부분에서 윗부분을 거쳐 다시 위로 중뇌와 시상하부 쪽으로 붕괴가 진행된다. 게다가 손상 부분은 뇌간의 앞쪽이 아니라 뒤쪽에 위치하는 것이 거의 분명하다.[4]

혼수상태나 지속적인 식물인간 상태를 일으키는 손상은 몇몇 뇌 신경핵이나 긴 하강 통로나 상승 통로에는 보통 영향을 미치지 않지만, 몇몇 종류의 뇌간 피개핵에는 일관되게 영향을 미친다. 영향을 받는 부분에는 설상핵, 교뇌핵 구부 같은 망상핵 등이 있다. 이런 망상핵을 **전형적 망상핵**classical reticular nuclei이라고 하자. 하지만 이 손상은 '비전형적인' 핵에도 영향을 미친다. 학자에 따라 설명이 다를 수 있지만, 이런 핵은 논란의 여지가 있는 '망상체'라는 이름으로 묶이기도 한다. 이 비전형적인 핵에는 모노아민핵(청반, 배쪽 피개부, 흑질, 솔기핵), 아세틸콜린핵과 부완핵과 수도관주위회색질이라는 꽤 큰 핵 덩어리가 포함된다. 나중에는 소구(소둔덕)도 손상될 수 있지만, 소구의 손상 여부와 상관없이 소구로의 입력 통로와 소구에서 나가는 출력 통로가 절단된다. 이 통로의

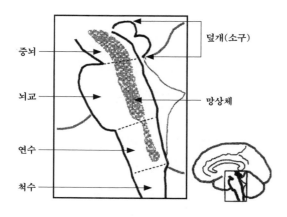

중뇌

덮개(소구)

뇌교

망상체

연수

척수

그림 8-1 뇌 정중선이 통과하는 시상 절단면에서 본 뇌간 주요 부위의 해부학적 위치.

기능 자체가 손상되거나, 그렇지 않더라도 이 기능의 결과물이 뇌간이나 종뇌로 전달되지 않게 되는 것이다(그림 8-1 참조. 회색으로 표시된 부분이 망상체다).

혼수상태나 지속적인 식물인간 상태의 상황이 1항의 가설을 뒷받침할 수 있을까? 몇몇 다른 의견이 있지만 나는 그렇다고 생각한다. 앞서 언급한 것처럼 보통 혼수상태를 일으키는 정도의 뇌간 손상은 각성 상태를 조절하는 전형적 망상핵에서부터 내가 말한 원초적 자아 개념에 잘 들어맞는 비전형적 핵까지 많은 구조를 손상한다. 혼수상태에서 보이는 손상은 전형적 망상핵 손상으로는 거의 설명이 되지 않는다고 주장할 수는 있다. 혼수상태에서 얻을 수 있는 신경병리학적, 신경해부학적 증거가 아직 완전하지 않다는 점은 제쳐 두고

3부 앎의 생물학

라도 이 주장은 문제가 있다. 서로 다르지만 근접해 있는 핵이 서로 완전히 다른 기능을 가지고 있을 가능성은 낮기 때문이다. 이 주장은 전형적 망상핵과 모노아민/아세틸콜린핵의 해부학적 위치와 기능적 유사성을 간과하는 것이다. 이 핵은 현재의 몸 상태를 조절하고 지도화하는 핵과 해부학적, 기능적으로 같이 섞여 있으며, 망상핵과 모노아민/아세틸콜린핵은 몸과 관련된 핵에서 일어나는 사건의 영향을 받는 것이 분명하다.[5] 나는 전형적 망상핵과 모노아민/아세틸콜린핵이 그동안 해 왔고 현재 해야 하는 역할, 즉 시상과 대뇌피질을 자극하고 조절하는 일을 하지 않는다고 말하는 것이 아니다. 나는 이 핵이 몸을 조절하고 뇌간에서 몸 상태를 표상하는 원초적 자아 구조에 의해 상당 부분 설정된 환경에서 이 역할을 한다고 말하고 있는 것이다. 의식과 관련된 뇌간의 지도를 그릴 때 몸을 조절하는 구조를 전체 그림에 포함시켜야 한다. 또한 우리는 원초적 자아의 해부학적 특징의 범위를 넓혀 이 범위 안에 전형적 망상핵도 집어넣어야 할 수도 있다. 이 부분은 앞으로의 연구를 통해 확실해질 것이므로 지금 단언할 수는 없다.

이 주장이 타당하지 않을 수 있는 다른 이유 중 하나는 의식의 징후를 전혀 보이지 않는 일부 혼수상태 환자들이 정상적인 뇌전도 수치를 나타낸다는 사실에 있다. 이는 전형적 망상핵의 기능이 어느 정도 보존되고 있다는 뜻이다(또는 아주 단순하게 생각할 때 이식과 관련된 뇌전도 측정 결과의 해석에 주의해야 한다는 뜻이기도 하다. 의식이 있는 환자들도 통상적인 것

과 다른 뇌전도 수치를 나타낼 수 있기 때문이다).[6]

중뇌 윗부분 손상과 시상하부 손상이 같이 일어나거나, 시상 손상이 일어나 혼수상태가 오는 경우도 있다. 이 두 가지 경우에도 상황은 1항의 가설과 들어맞는다. 중뇌 윗부분과 시상하부 손상은 원초적 자아를 구현하는 데 필요한 구조의 상당 부분을 손상한다. 이 못지않게 중요한 것은 이 손상이 피질 내 원초적 자아 부분과 이차 지도 영역으로 올라가는 경로 안에 있다는 사실이다. 시상 손상의 경우도 마찬가지다.

중요한 사실은 감금증후군처럼 의식이 손상되지 않는 뇌간 손상의 경우, 위에서 말한 부분은 그대로 유지된다는 것이다. 내가 방금 열거한 구조의 거의 대부분은 감금증후군에서 손상되는 영역 밖에 있기 때문이다. 감금증후군의 증상은 따로 다루겠다.

> 혼수상태처럼 보이는 증상

혼수상태를 일으키는 뇌간 병변이 1항의 가설을 평가하는 데 도움이 된다면, 혼수상태를 일으키는 병변과 매우 가깝게 있으면서 혼수상태를 일으키지 않는 병변도 도움이 될 수 있다. 가장 놀라운 예는 혼수상태를 일으킨다고 방금 말한 영역에서 불과 몇 밀리미터밖에 떨어지지 않은 뇌간 영역의 손상이 감금증후군이라는 치명적인 상태를 일으키는 경우다. 정서를 다룬 장에서 언급했듯이 감금증후군 환자들은 자신의 의지대로 움직일 수 있는 능력은 상실하지만 의식은 유지한다. 환자의 예를 들어 설명해 보자.

혼수상태의 경우처럼 감금증후군도 보통 전조 증상 없이 시작된다. 환자는 혼수상태 환자처럼 갑자기 바닥에 쓰러져 움직일 수도 말을 할 수도 없게 되며, 그 이후에도 사는 동안 계속 이 상태를 유지한다. 그의 주변 사람들은 처음에는 뇌졸중을 의심하게 되고, 그는 몇 시간, 며칠, 몇 주 동안 혼수상태에 빠진다. 하지만 입원해 있는 동안 그가 움직이지는 못하지만 깨어 있다는 것이 분명해지는 시점이 온다. 환자가 의식이 있는 것 같다고 생각하는 사람도 생긴다. 몇 가지 단서 때문일 것이다.

예민한 사람이면 환자의 눈 깜빡임에 의미가 있다고 생각할 것이다. 눈 깜빡임 한 번에 환자의 운명이 바뀔 것이다. 자세히 살펴보면 환자가 한 종류의 움직임을 보일 수 있다는 것을 알 수 있을 것이다. 눈동자를 위아래로 움직이고 눈을 깜빡일 수 있는 능력이다. 얼굴을 찌푸리거나 혀를 내밀 수는 없으며, 목, 팔, 다리도 움직일 수 없다. 의지대로 조절할 수 있는 움직임은 눈동자를 위아래로 움직이거나 눈을 깜빡이는 것밖에는 없다. 이 능력은 남아 있기 때문에 환자에게 눈동자를 위아래로 움직이라고 하면 바로 그렇게 한다. 환자는 우리가 말하는 것을 확실하게 듣고 이해할 수 있다. 의식이 있는 것이다. 혼수상태에 있는 것이 아니다. 환자의 이런 상황은 감금증후군으로 알려져 있다. 자신의 마음속에 거의 완전한 고독 상태로 갇혀 있는 상태를 나타내는 적절한 표현이다.

환자는 남아 있는 간단한 운동능력을 이용해 위급한 상황에서 의사소통을 할 수 있다. 눈동자를 위로 움직여 '예', 아래로 움직여 '아니요'를 나타내라고 말하면 된다. 눈의 깜빡임으로는 리스트에 적힌 알파벳을 지적해 단어나 문장을 만들 수 있다. 이렇게 하면 복잡한 생각도 표현할 수 있다. 이 방법을 이용해 환자는 과거의 일이나 현재 상태에 대한 대답을 할 수 있고, 간호사, 의사, 가족과 유용한 대화를 나눌 수 있다. 혼수상태는 비극적인 상황이며, 환자 가족에게 그 끔찍한 결과를 전해야 하는 것은 고통스러운 일이다. 하지만 의식이 있는 마음을 가지고 있지만 간단한 코드로만 자신을 표현할 수밖에 없는 감금증후군 환자를 대하고 그의 눈을 들여다보는 상황은 어떨까? 잔혹함 면에서 이것에 비할 수 있는 상황은 거의 없을 것이다. 신경학 분야에서는 이런 잔혹한 상황이 많다. 루게릭병으로도 알려진 근위축성측삭경화증이 깊게 진행된 환자의 상황도 이보다 더 나을 것이 없다. 감금증후군의 비극적인 현실과 마주하면서 그나마 우리가 위안으로 삼을 수 있는 것은 운동 조절 능력이 심각하게 손상됨에 따라 정서적 반응성이 떨어져 내부적으로는 어느 정도 환자가 평안함을 얻을 수 있다는 점이다.

크기, 일반적인 위치, 원인이 되는 메커니즘 면에서 감금증후군은 혼수상태를 일으키는 것과 비슷한 손상의 결과라고 할 수 있다. 하지만 손상의 **구체적인** 위치와 그 결과는 다르며, 의식의 상실도 뒤따르지 않는다. 감금증후군은 손상 위치가 뇌간 뒤쪽이 아니라 앞쪽일 때만 나타난다(그림 8-2 참조). 또한 몸의 본체 전부에 운동 신호를 전달하는 경로는 하나의 예외를 제외하면 모두 뇌간의 앞쪽에 위치해 있기 때문

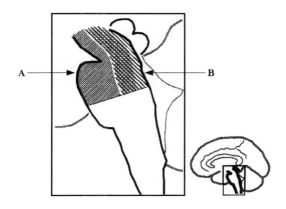

그림 8-2 감금증후군에서의 뇌간 손상 위치(A)와 혼수상태에서의 뇌간 손상 위치(B)

이 해부학적 위치는 그림 8-1과 같은 시상 절단면을 기준으로 한다. 감금증후군을 일으키는 손상 부분은 뇌간의 전면(앞쪽), 혼수상태를 일으키는 손상 부분은 뇌간의 후면(뒤쪽)에 위치해 있다.

에 감금증후군을 일으키는 뇌졸중은 이 경로를 파괴해 몸의 거의 모든 근육에서 운동의 가능성을 완전히 차단한다. 이 하나의 예외가 바로 눈 깜빡임과 눈동자의 위아래 움직임을 조절하는 경로다. 이 경로는 뇌간 뒤쪽에서 독립적으로 위치해 있다. 이런 이유로 이 경로는 감금증후군에서 예외가 되어 어느 정도의 의사소통을 가능하게 하는 것이다. 요약하자면 혼수상태에서 손상된 핵심적인 영역이 감금증후군에서 보존된다는 뜻이다.[7]

혼수상태와 감금증후군의 차이는 의식의 생성에 관계되어

있다고 우리가 생각하고 있는 구조를 구체적으로 밝힐 수 있는 강력한 근거를 제시한다. 하지만 지금은 뇌의 이 영역에 대해 알려진 것을 더 넓게 종합해서 말하는 것이 적절할 것 같다. 이제부터는 상승 망상활성계의 손상 측면에서만 혼수상태와 지속적인 식물인간 상태를 설명해서는 이 영역의 해부학적 기능적 복잡성을 제대로 파악할 수 없다는 점을 이야기할 예정이다.

혼수상태와 지속적인 식물인간
상태의 신경 상관물에 대해

의식의 존재가 뇌간의 완전성에 의존한다는 것을 우리가 어느 정도 확실하게 안 지는 꽤 되었다. 뇌간의 어떤 부분이 손상될 때 의식이 붕괴하고, 어떤 부분이 손상될 때는 의식이 붕괴하지 않는지에 대해서는 그동안 수많은 신경학자들이 밝혀낸 바 있다. 혼수상태, 식물인간 상태, 감금증후군 환자에 대한 연구를 진행한 프레드 플럼과 제롬 포스너가 대표적인 예다. 식물인간 상태와 감금증후군이라는 임상 상태가 확인되고 명명된 것은 대부분 이들의 노력 덕분이다.[8]

혼수상태를 일으키는 데 필요한 뇌간 손상 부분은 보통 망상체로 알려진 영역이다. 이 영역은 뇌간으로, 우리가 알고 있는 나무의 몸통 모양 구조의 중심에서 벗어난 축이라고 생각하면 된다. 망상체는 척수 끝 바로 위 연수 높이에서 시작해 시상 바로 밑 중뇌의 맨 윗부분까지 이어진다.[9] 하지만 우리가 가장 관심을 많이 가지는 망상체의 부분은 뇌교 중간 부

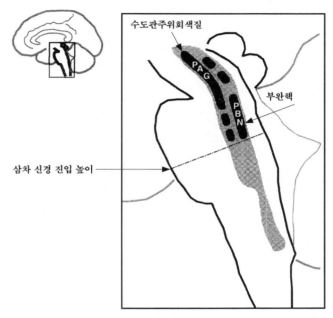

수도관주위회색질

부완핵

삼차 신경 진입 높이

그림 8-3 핵심적인 뇌간핵 일부의 위치

이 해부학적 위치는 그림 8-1, 8-2와 같은 시상 절단면을 기준으로 한다. 수도관주위회색질, 부완핵, 아세틸콜린/모노아민핵의 대부분은 뇌간의 뒤쪽 윗부분에 위치한다. 이 영역은 손상되었을 때 혼수상태를 일으키는 영역과 전반적으로 일치한다.

분 높이에서 시작하는 것이다. 뇌간이 혼수상태를 일으키려면 이 높이 이상에서 손상되어야 하기 때문이다.

'망상체'나 '망상핵'이라는 용어를 꺼리는 학자들이 있다. 이 영역의 구성 요소가 해부학적 구조나 기능 면에서 동질성이 전혀 없다는 연구 결과 때문이다.[10] '변연계'라는 용어에도 같은 문제가 있다. 하지만 과도기에는 '변연'이나 '망상'

같은 용어를 한정적으로 사용해 기존의 관점과 새로운 관점 사이의 연결성을 확보하는 것이 합리적이고 도움이 된다. 어쨌든 패턴이 없는 구조를 이루는 서로 연결된 뉴런의 무정형인 집합, 즉 '망상 조직'이라는 말보다는 망상체라는 말이 식별 가능한 뉴런핵의 집합, 특정한 기능을 가지고 있고 저마다 선호하는 상호 연결 방식이 있는 집합을 더 잘 나타내기 때문이다.

예를 들어 부완핵은 전통적인 망상체 안에서 개별적인 실체로 받아들여지고 있다. 부완핵은 1) 고통 감지 2) 심장, 폐, 내장의 조절에서 역할을 하며 3) 유기체가 맛을 느끼도록 해주는 신경 경로의 일부일 수도 있다. 망상체가 없어지는 것이 아니라 그것이 신경적으로 어떻게 구성되어 있는지를 우리가 알기 시작하는 것이라고 할 수 있다. 앞서 언급한, 주의와 기억에서 필수적인 역할을 하는 일부 모노아민/아세틸콜린핵도 수면에서 역할을 하며 망상체의 일부다.[11] 요약하자면 일부 망상핵은 최근까지 확인이 되고 있지 않으며, 특히 부완핵 같은 핵은 그 기능을 전문적으로 연구하는 학자들을 제외하고는 거의 그 실체를 아는 사람이 없다. 따라서 이런 핵은 언급하는 것만으로도 눈에 띄게 된다. 망상체에 속하는, 이렇게 새로 연구되는 핵 대부분은 내부 환경과 체내 기관의 상태 조절인 항상성 유지에서 그것이 하는 역할과 관련해 실체가 확인된 것이다. 이런 핵을 연구하는 학자들이 중요하게 생각하는 것은 어떻게 이 핵이 심장 기능 조절, 내부 과정 개입, 고통의 매개 등에 기여하는지다. 관련 논문에 따르면 이 핵의 근본적인 기능은 생명 조절과 몸 상태 관리다. 이런 핵 일부는 수면과 관련해서도 연구되기는 했지만, 의식에서 어떤 역할을 하는지에 대해서는 거의 연구가 이루어지지 않았다.

이 전반적인 영역과 관련된 연구는 이상하게도 두 갈래로 갈라진다. 첫째 갈래는 거의 50년 전에 시작되었지만 유감스럽게도 거의 포기한 연구로, 이 영역을 매우 동질성이 높은 하나의 단위로 상정하고 주의, 각성, 수면, 의식과 연결했다. 이 연구는 망상체를 특정한 핵이 아니라 하나의 단위로 여겼다('MRF'는 중뇌를 뜻하는 'midbrain' 또는 'misencephalic'의 'M'과 망상체를 뜻하는 'reticular formation'의 앞 글자인 'RF'를 딴 약자다. 하지만 이 약자는 적절하지 않다. 뇌교 윗부분의 망상체는 이 단위 영역의 일부임에도 약자에 포함되어 있지 않기 때문이다). 둘째 갈래는 항상성 조절 과정에서 역할을 하는 개별적인 핵에 집중한 연구다. 언뜻 보면 이 두 갈래의 연구는 양립이 불가능하다는 생각이 들 수도 있다. 각 갈래의 연구자가 전문 분야와 연구실 면에서 멀리 떨어져 있기 때문이다. 하지만 나는 이 두 갈래 연구가 서로 큰 도움이 된다고 생각한다. 실제로 이 두 갈래의 관점은 처음 의도하지 않게 모두 강력한 메시지를 던진다. 생명 과정 조절과 유기체 표상 과정과 주로 관련된 뇌의 핵은 각성과 수면, 정서와 주의 그리고 궁극적으로는 의식의 과정과 관련된 핵과 매우 가까이 있으며, 심지어는 그 핵과 서로 연결되어 있다는 것이다. 또한 똑같은 핵의 일부가 이런 기능 중 두 가지 이상에 실제로 관여하고 있을 가능성도 매우 높다.

망상체, 그때와 지금 | 망상체에 대한 전통적인 관점은 호러스 마군, 주세페 모루치 그리고 그 동료들이 1940년대 말부터 1950년 초반까지 진행한 뛰어난 실험의 관점과 일치한다. 이 실험은 그 이전 10년 동안 브레머와 재스퍼가 진행한 연구가 꽃을 피운 결과이기도 했다.[12]

이 모든 실험 대부분은 동물, 특히 고양이를 마취해 진행한 것이었다. 이 실험은 주로 1) 병변(예를 들어 연수 높이에서 수평으로 뇌간을 잘라 척수를 분리해 만든 분리뇌, 뇌교와 중뇌가 만나는 부분을 수평으로 잘라 만든 상위이단뇌)을 만드는 과정 2) 특정 부분(예를 들어 신경이나 핵)을 전기로 자극하는 과정 3) 뇌전도의 파동 패턴 변화 면에서 위 조작의 결과를 측정하는 과정으로 이루어졌다. 동물의 실제 행동은 실험의 중심이 아니었다.

이 실험의 결과로 망상체가 활성계를 구성한다는 것이 밝혀졌으며, '상승 망상활성계'라는 이름이 붙게 되었다.

상승 망상활성계의 역할은 깨어 있고 명료한 상태로 대뇌피질을 유지하는 것이다. 이 깨어 있고 명료한 상태는 그때나 지금이나 의식과 같은 상태로 통상 여겨지고 있다. 망상체는 망상체 밑에 위한 신경계의 거의 모든 영역에 강력한 영향을 미쳤지만, 특히 대뇌피질에 미친 영향이 컸다. 영향이 미친 범위는 양측 대뇌반구 전체였으며, 이런 영향을 비유적으로 나타낸 말이 '**각성**' 또는 '**생기 부여**energizing'다. 망상활성계는 대뇌피질을 깨워 지각, 사고, 의도적인 행동이 가능한 상태, 즉 의식이 있는 상태로 만든 것이다. 망상체가 손상되자 대뇌피질이 잠들고, 지각과 사고가 중지되며, 계획된 행동의 실현은 불가능해졌다. 나는 이런 비유가 전체를 설명하지는 않는다고 생각하지만, 그래도 대체적으로는 매우 적절하다고 본다.

망상체와 시상으로의 망상체 확장을 연구한 소수의 현대 과학자들로는 의식과 주의의 신경적 기초를 연구한 미르체아 스테리아데와 로돌포 이나스, 수면 관련 연구를 한 앨런 홉슨 등이 있다.[13] 이들의 연구는 마군과 모루치의 실험 결론을 뒷받침하며, 그에 따라 이제는 망상체가 수면과 각성 상태에 전체적으로 관여하는 것이 확실하다고 할 수 있게 되었다. 또한 망상체 안의 일부 핵은 수면-각성 주기 생성에 특별한 관여를 한다는 것도 분명해졌다. 대뇌각교뇌핵 영역 내의 콜린성 뉴런, 노르에피네프린을 분배하는 핵(청반), 세로토닌을 분배하는 핵(솔기핵)이 그 예다.[14] 이런 다양한 핵이 수면 상태 유도와 종결에 어떻게 구체적으로 관여하는지, 꿈을 꾸는 특정한 종류의 수면(REM 수면 또는 역설적 수면으로 알려진 급속 안구 운동 수면) 동안 어떻게 활성화되고 휴면 상태가 되는지는 매우 흥미로운 주제다. 예를 들어 노르에피네프린 뉴런과 세로토닌 뉴런은 휴면 상태가 되지만 일부 아세틸콜린 뉴런은 매우 크게 활성화되어 이 뉴런의 활동은 PGO파형(뇌교-슬상체-후두엽 파형)의 출현과 연계가 된다. PGO파형은 꿈꾸는 수면 중에 나타나며 깨어 있는 상태에서 나타나는 뇌전도 파형과 비슷한 파형을 말한다.[15]

최근 연구도 처음 관찰 결과의 중요한 측면을 확인해 주고 있다. 깊은 수면 상태의 유기체는 느리고 진폭이 큰 뇌전도 파형을 만들어 낸다. '동조성' 뇌전도 파형이다. 반면 깨어 있으면서 주의를 기울일 수 있는 상태 또는 역설적 REM 수면 상태에 있는 유기체는 빠르고 진폭이 작은 파형을 만들어 낸다. '비동조성' 뇌전도 파형이다. 하지만 최근 연구자들은 이 오래된 결과에 중요한 사실이 숨어 있다는 것을 발견했다. 비동조성 뇌전도 파형 안에 활동이 고도로 조절되는 것으로 보이는, 적은 대뇌피질 영역에 관련된 동조성 영역이 부분적으로 숨어 있다는 사실이다. 바꾸어 말하면 스테리아데와 싱어가 따로따로 제안했듯이 '비동조성 뇌전도'라는 용어는 잘못된 것이라는 뜻이다. 전기생리학적 활동이 고도로 동조화되는 뇌 영역을 이 상태에서 찾을 수 있기 때문이다.[16]

현대의 연구자들에 의해 검증된 가장 중요한 결과는 망상체에 전기 자극을 가하면 비동조성 뇌전도 파형이 나타난다는 것이다. 바꾸어 말하면 망상체에 의한 특정 패턴 생성이 깬 상태나 수면 상태를 만든다는 뜻이다. 이 영역과 의식 생성을 위해 필요한 상태(각성과 주의)의 생성 사이의 밀접한 연결 관계가 있다는 것은 피할 수 없는 사실이다. 하지만 해부학적 영역이나 각성과 주의 상태 중 어떤 것도 의식을 포괄적으로 설명하기에는 충분하지 않다.

또한 일부 특정한 시상핵, 즉 우연히도 망상체로부터 신호를 받는 수질판내핵이 대뇌피질 수준에서 깬 상태나 수면 상태를 생성하는 경로의 필수적인 부분이라는 것도 증명되었다. 실제로 이 핵에서 MRF를 자극하면 대뇌피질에서 그 자극이 일으키는 효과와 동일한 효과가 발생한다.[17]

로돌포 이나스는 이런 결과를 이용해 의식은 깬 상태와 깊은 수면 상태 모두에서 대뇌피질, 시상, 뇌간 망상체 등으로 구성되는 폐쇄 회로 장치 안에서 생성된다고 제안했다. 이 장치는 망상체와 시상 안에서 자동적으로 신호를 보내는 뉴런의 존재에 의존한다. 이런 뉴런은 외부 세계에서 뇌로 신호를 가져오는 감각 뉴런에 의해 활동이 조정되지만, 애초에 신호를 보내기 위해 외부 세계로부터의 신호가 꼭 있어야 하는 것은 아니다. 이 작동 메커니즘은 매우 흥미롭다. 아세틸콜린을 시상에서 피질로 가면 목표 뉴런 내 이온 채널의 행동에 변화가 생기기 때문이다.[18]

정리하자면 의식 상태에서 망상체는 시상과 대뇌피질을 목적지로 연속적인 신호를 쏟아 내 피질적 일관성을 가진 특정한 구조를 구축한다는 것이 현재 가장 뛰어난 망상체 연구자들의 결론이다. 한편 수면 메커니즘 연구도 망상체 내 구조가 수면-각성 주기 조절에 관여한다는 사실을 밝혀냈다. 수면은 자연스러운 무의식 상태이기 때문에 의식과 수면 모두 거의 같은 영역에 뿌리를 둔 생리학적 과정으로부터 발생한다고 생각하는 것이 합리적이다.

위의 발견은 완벽한 일관성을 가지고 있으며, 이 발견에 대한 설명 전체도 일관성과 가치를 가지고 있다. 이 설명은 신경과학에서 중요한 진전을 가능하게 했으며, 나는 이 설명에 의존하지 않고 의식의 신경생물학을 설명할 수는 없다고 생각한다. 하지만 이 설명이 이 뇌 영역과 의식 현상을 연결하는 데 필요한 가장 포괄적인 것이라고 생각하지는 않는다. 또한 의식의 신경생물학이 이 발견에 의해 완전히 설명될 수 있을 것이라고도 생각하지 않는다.

　의식이 있다는 것은 깬 상태에서 주의를 기울이는 것을 넘어선다. 의식이 있으려면 앎의 행위 과정에서의 내적인 자아 감각이 있어야 한다. 따라서 의식이 어떻게 발생하는지에 대한 의문이 깨어나서 대뇌피질에 생기를 부여하는 메커니즘을 제시하는 것으로는 완전한 답을 얻을 수 없다. 깨어 있을 때 대뇌피질이 부분적으로 그리고 전체적으로 일관성 있는 특정한 전기생리학적 활동 패턴을 나타낸다는 것을 구체적으로 보여 준다고 해도 마찬가지다. 이런 패턴이 의식 상태에 필수적이라는 데는 의심의 여지가 없다. 나는 그 패턴이 이미지가 생성, 조작되고 운동 반응이 조직되는 동안의 각성 주의 상태에 대한 신경 상관물을 제공한다고 본다. 하지만 이런 전기생리학적 패턴에 대한 설명만으로는 내가 의식의 핵심이라고 생각하는 자아와 앎의 문제를 풀어낼 수 있다고 보지 않는다. 이 패턴은 내가 의식의 과정이라고 생각하는 것의 가장 마지막 단계, 즉 대상의 지도가 강화되고 대상이 두드러지는 단계에 가장 잘 들어맞는다. 이 전기생리학적 패턴도 자아와 앎 과정의 상관물일 수 있다고 생각할 수 있는 것이다. 진짜 그런지 아닌지는 이 전기생리학적 패턴의 어떤 부분이 자아와 앎에 연결되는지 구체적으로 제시할 수 있는 가설로서 검증되어야 알 수 있을 것이다. 한편 앞에서 언급한 패턴(즉 전체적으로는 '비동조성' 패턴이지만 자세히 살펴보면 그 패턴의 부분 부분에서 부분적이지 않은 동조성이 주기적으로 나타나는 패턴)은 자아와 앎에 직접 관련이 없으며, 알려져야 할 대상과 직접 관련이 있을 가능성이 있다.

이 절 초반에서 망상체에 관한 둘째 줄기의 연구에 대해 언급한 것은 전통적인 설명에 대한 의구심 때문이었다. 전통적인 줄기의 연구에서 망상핵은 각성 상태와 주의 조절에 관여한다. 둘째 줄기에서는 전통적인 연구에서 목표가 되는 망상핵과 정확하게 같지 않으며, 근처에서 밀접하게 접촉하고 있는 핵을 포함하는 망상핵이 뇌가 항상성을 조절하는 선천적 장치의 일부이며 그 조절을 하기 위해 매 순간 유기체 상태를 표상하는 신호를 받아들이는 수용체가 된다.

조용한 미스터리 — 둘째 줄기에 속하는 연구의 중요성은 내가 오랫동안 천착해 온 다음과 같은 미스터리에 대해 생각할 때 분명해진다. 망상체가 척수의 맨 꼭대기에서 시상 높이까지 이어지는 뇌간 전체에 분포하는 길고 수직 방향으로 정렬한 구조라는 점을 생각할 때, 왜 망상체의 특정 부분, 즉 대략 뇌교 윗부분과 그보다 높은 부분의 손상만 의식의 상실을 일으키고 나머지 부분의 손상은 전혀 의식에 변화를 일으키지 않는가? 이 연구 결과는 이미 잘 확립된 것으로 다시 검증할 필요도 없는 것이다. 하지만 이 결과는 논문들 사이에 조용히 묻혀 있다. 의견을 내는 사람도 설명을 하는 사람도 별로 없다. 왜 모든 경우에서 망상체의 오직 한 부분만이 의식의 생성 또는 중지에 관련이 있을까? 또한 망상체에 대한 실험적 연구로 이 미스터리를 다루기 위해서는 왜 '상승 망상활성계'가 망상체의 정확하게 동일한 영역과 관련이 있어야 할까? 그 답을 한번 생각해 보자.

의식을 변화시키는 망상체의 손상 부분과 변화시키지 않는 부분의 경계는 그리 명확하지 않다. 이 경계는 뇌간의 긴 축과 수직을 이루는 절단면이라고 생각할 수 있다. 이 절단면의 높이는 우연히도 5번 뇌신경이라고도 부르는 삼차 신경이 뇌간에 진입하는 높이다. 플럼과 포스너는 혼수상태에 대한 책에서 다음과 같이 썼다. "피질 각성에 필수적인 구조의 꼬리 부분은 삼차 신경 진입 높이보다 많이 낮지 않은 높이까지 뻗어 있을 것이다."(그림 8-3 참조)

이 절단면은 흥미로운 해부학적 사실을 많이 나타낸다. 첫째, 정서 조절을 포함해 높은 수준의 항상성 조절에 관계된 수많은 핵이 이 평면 위에 위치한다. 수도관주위회색질, 부완핵 같은 핵이다. 예를 들어 내부 환경과 체내 기관과 관련한 신호를 몸 본체 전부로부터 받는 부완핵은 이 절단면 바로 위, 즉 뇌교 중간 부분 높이에 위치해 있다. 대뇌피질로부터 중요한 투사를 받아 이 영역에 배포하는 교뇌핵 구부도 이 절단면 바로 위에 있다.[19] 또한 노르에피네프린과 도파민 전달에 관련된 모노아민핵, 아세틸콜린핵도 마찬가지다. 이들 핵은 정확하게 이 평면 높이에서 나타나기 시작해 이 영역을 따라 올라가면서 분포한다. 세로토닌핵도 이 평면 위에 존재한다(다른 세 가지 신경전달물질의 핵과는 달리 세로토닌핵은 이

3부 앎의 생물학

평면보다 낮은 높이에서도 나타난다. 하지만 이런 낮은 위치의 핵으로부터의 투사의 주 목적지는 종뇌가 아니라 척수다).

이제 삼차 신경과의 연결이 왜 중요할 수 있는지 살펴보자. 삼차 신경섬유는 머리에 속한 구조로부터 나오는 감각 신호를 전달한다. 이 구조는 두피와 얼굴 피부, 두피와 얼굴 피부의 근육, 입과 코의 주름으로, 머리의 내부 환경, 체내 기관, 근골격 부분을 포괄적으로 나타내는 부분을 말한다. 요약하면 삼차 신경은 유기체 상태, 즉 머리의 내부 환경, 체내 기관, 근골격 장치에 관한 최종 정보를 아래에서 위로 뇌에 전달한다고 할 수 있다.

뇌간의 아래쪽에서 그리고 척수의 맨 밑에서 위쪽으로 이어지는 부분에는 몸의 다른 부분들 전체, 즉 머리를 제외한 팔다리, 흉부, 복부 등 몸 전체로부터 신호를 전달하는 다른 모든 신경이 진입하는 지점이 분포한다. 몸 전체로부터 오는 신호를 뇌로 전달하려면 척수의 밑 부분에서 뇌교까지 수없이 많은 진입 지점이 있어야 하고, 이 신호가 모두 뇌까지 닿으려면 이 진입 지점이 반드시 원상태로 보존되어 있어야 하는 것이 분명하다.

이런 해부학적 단서가 말해 주는 것은 머리에서 보내는 신호가 삼차 신경 안의 뇌간에 들어간 **뒤에야** 현재의 유기체 상태를 전달하는 몸의 신호 전체가 완전해진다는 사실이다. 더 높은 곳에 위치한 뇌신경, 구체적으로는 4번 뇌신경과 3번 뇌신경은 통합적인 신체 표상에 기여하지 않는다. 이 뇌신경은 뇌간으로부터 운동 명령과 자율 명령을 받으며, 뇌간으로 그 명령을 전달하지는 않는다. 2번 뇌신경과 1번 뇌신경은 각각 시각과 후각에 관련되어 있다. 이 뇌신경은 뇌간 높이에서 중추신경계로 들어가지 않으며 몸의 내부 상태에 대한 신호를 전달하지도 않는다.

진입 지점 위쪽과 약간 아래쪽에 모두 위치한 수많은 핵이 삼차 신경 신호를 이용할 수 있게 되면(삼차 신경핵은 진입 지점 위아래로 뇌간을 따라 수직으로 정렬해 있다) 뇌는 몸 상태를 나타내고 신경 경로를 이용하는 신호 전체를 가질 수 있게 되고, 또한 몸 상태를 나타내고 화학적 경로를 이용하는 신호 일부(이 신호는 뇌의 맨아래 구역을 통해 도착한다)도 가질 수 있게 된다. 현재의 몸 상태와 관련해 뇌가 아직 가지고 있지 않은 것은 시상하부와 뇌활밑기관이 수집하는 화학 신호뿐이다. 흥미롭게도 이 정도 높이에서 뇌는 청각, 전정감각, 미각 정보도 가지고 있으며, 절단면 위쪽 영역에서는 시각 신호도 대부분 가지게 된다. 시각 신호는 중뇌개에 도착하지만 그 후 이 시각 신호에 의한 투사는 망상핵에 배포된다.

이는 지금까지 발견된 뇌 구조와 의식 상태 사이의 강력한 상관관계 중 하나가, 몸 신호가 중추신경계로 진입하는 메커니즘과 밀접하게 연결되어 있다는 것을 암시한다. 절단면 정도 높이나 그보다 **위에서** 몸에서 오는 모든 신경 신호와 일부 화학 신호가 중추신경계로 진입하면 항상성 조절과 관련된 수많은 뇌간핵이 현재의 몸 상태에 대해 '포괄적으로' 볼 수 있게 된다. 조절 과정에는 필수적인 단계다. 삼차 신경 진입 지점은 단서에 불과하다. 정상적인 작동을 위해서는 유기체 전체로부터 오는 데이터에 의존해야 하는 생명 조절 장치를 배치하기 위해 진화가 선택했을 영역의 시작을 알려 줄 뿐이다. 나는 전형적 망상핵 역시 삼차 신경 평면 위에서 생명 조절 핵과 매우 근접해 있을 것이라고 생각한다. 망상핵은 생명 조절 상황의 지배를 받기 때문이다.

삼차 신경 평면 정도 높이나 그보다 위에서 손상이 일어나면 원초적 자아의 기초가 붕괴하며, 원초적 자아의 변화를 이차 지도로 만드는 과정도 무너진다. 원초적 자아의 기초적인 부분이 없어지면 유기체는 더 이상 앎을 위한 핵심적인 기질, 즉 유기체가 실제 대상이든 회상된 대상이든 대상에 관계될 때 겪는 변화가 이어지는 내부 상태를 표상할 수 없게 된다. 이런 상황에서는 전형적 망상핵에 같이 일어나는 손상과는 별개로, 의식의 메커니즘 전체가 붕괴할 것이다. 전형적 망상핵이 실제로 원초적 자아 구조의 지배를 받는다면 당연히 그 손상은 더 커질 것이다.

고전적 실험의 관점에서 본 원초적 자아의 해부학적 구조

망상체에 관한 고전적인 실험의 결과는 원초적 자아의 신경해부학적 기초와 관련해 내가 지금까지 말한 가설과 궤를 같이한다. 기본적으로 네 가지 결과는 반드시 생각해 보아야 한다.

첫째 결과는 고양이의 척수와 연수 사이를 잘라 만든 분리 뇌에서 뇌전도 패턴의 변화가 전혀 나타나지 않았다는 것이다. 실제로 이 결과는 내 가설로 예측할 수 있는 것이며, 연수

나 척수가 손상된 환자의 의식이 손상되지 않는다는 사실에
의해 뒷받침된다.

둘째 결과는 고양이의 뇌간을 뇌교와 중뇌 사이에서 잘라
만든 상위이단뇌에서 얻은 것이다. 그 결과는 **심각한** 의식 손
상이었다. 이 동물은 행동적인 면이나 뇌전도 결과 면에서 깨
어나지 않았다. 이 결과는 내 가설과도 일치하며, 같은 병변
이 자연적으로 나타난 인간에게서도 확인할 수 있었다. 이 영
역이 붕괴하면 우리가 방금 다룬 뇌교 윗부분의 핵심적인 구
조와 그 위 영역의 다른 구조, 즉 시상과 대뇌피질 내 구조 사
이의 교차 신호 전달이 차단된다.[20]

셋째 결과는 특히 흥미를 유발한다. 이것은 고양이의 뇌
교 중간 부분을 두 유형으로 절제해서 얻은 것인데, 삼차 신
경 진입 지점의 바로 윗부분을 절제했을 때와 그 지점에서 4
밀리미터 정도 위쪽을 절제했을 때의 결과다. 바티니, 모루치
등의 논문에 따르면[21] 두 유형의 절제는 서로 다른 결과를 나
타냈다. 뇌전도 결과에 따르면 삼차 신경 진입 지점 근처를
절제했을 때는 깬 상태가 계속 유지된 반면 그보다 좀 위를
절제했을 때는 행동적인 면이나 뇌전도 결과 면에서 각성 상
태가 심각하게 훼손되었다. 뇌교-중뇌 영역을 잘라 만든 상
위이단뇌에서 나타나는 결과와 같다.

둘째 유형의 절제, 즉 삼차 신경 진입 지점이 있는 평면보
다 4밀리미터 정도 윗부분을 절제한 실험을 먼저 자세하게
살펴보자. 이 절제 부위 근처를 손상함으로써 혼수상태를 유
발하는 광범위한 병변처럼 손상의 정도가 크지는 않지만 이

부위의 절제는 적어도 세 가지 결과를 낳았다. 첫째, 이 절제는 절제 부위 높이에 위치한 아세틸콜린핵을 손상함으로써 그 핵이 위쪽으로 투사를 하지 못하게 만들었다. 둘째, 이 절제는 아래쪽으로의 피질 투사를 막아 피질 신호가 뇌교 윗부분의 덮개 영역을 통과하지 못하게 만들었다. 셋째, 이 절제는 부완핵의 일부를 손상했다. 이런 결과는 따로따로든 합쳐져서든 높은 곳에 있는 구조와 낮은 곳에 있는 구조 모두로부터 원초적 자아 구조에 신호가 공급되는 것을 방해하는 등의 방식으로 통상적인 의식 과정을 붕괴했다. 따라서 고양이 실험 결과는 내 가설과 일치한다.

하지만 훨씬 더 흥미로운 것은 위의 절제 지점에서 4밀리미터 아래쪽인 삼차 신경 진입 부분을 절제했을 때의 결과다. 고양이의 의식 상태가 어떻게 변했는지는 알 방법이 없지만, 뇌전도 결과를 보면 각성 상태가 계속 유지되고 있었다. 이 결과는 다음과 같은 해석을 가능하게 한다. 첫째, 이 절제는 절제 부분 아래에 위치해 있으며, 최면 효과를 일으키는 것으로 알려진 고립로핵의 수면 유도 효과를 차단했다. 둘째, 이 절제는 원초적 자아의 기초를 이루는 구조 중 어떤 것도 손상하지 **않았다**. 따라서 피질과 시상으로부터 오는 신호가 핵심적인 영역으로 진입해 원초적 자아의 상태를 변화시킬 수 있었다. 이는 동물들이 시각적 자극을 계속 처리함으로써 시상 피질 영역과 덮개 영역을 활성화하기 때문에 가능한 일이었다. 시각 수용 장치와 눈동자의 위아래 운동 기능은 그대로 보존되었고, 피질 구조로부터 과거의 기억을 소환할 수도 있었으며, 이 모든 과정은 절제 부분 위에 위치한 온전한 뇌간 영역에 정상적으로 신호를 전달할 수 있었다. 마지막으로 전체적인 몸의 상태와 관련된 화학적 정보도 시상하부와 뇌활밑기관을 거쳐 중추신경계로 직접 중계될 수 있었으며, 이 신호 전달의 결과는 절제 단면 위에 위치한 원초적 자아 구조까지 전달될 수 있었다.

요약하면 혼수상태를 유발하는 병변이 있는 환자들과는 달리, 약간 더 위나 훨씬 더 위인 뇌교-중뇌 접합부가 절제된 고양이와도 달리, 이 특정한 부분이 절제된 고양이는 원초적 자아를 구현하는 데 필요한 모든 구조를 그대로 보존하고 있었고, 유기체에서 일어나고 있는 변화를 나타내는 신호를 이 구조로 전달할 수 있는 다른 수단도 그대로 가지고 있었다. 아래로부터 받는 수면 유도 효과가 없는 상태에서의 이 상황은 뇌전도가 깨어 있는 상태를 나타내는 것을 설명하며, 각성 상태와 심지어는 주의까지 계속 유지되는 현상도 설명한다. 이 상황에서 여전히 정상적인 의식 유지가 가능한지는 이 실험만으로는 알 수 없으며, 인간에게서 어떤 결과가 나올지는 결코 알 수 없을 것이다. 이렇게 선택적인 결함을 나타낼 수 있을 정도로 제한적인 자연적 병변은 결코 발생하지 않을 것이기 때문이다.[22]

사실과 해석의 조화

망상체에 대한 이 두 줄기의 연구 결과는 서로 연관이 없는 기능을 설명하고 있는 것으로 보이지만 깊은 수준에서는 서로 연결되어 있다. 이 두 줄기의 연구가 시작된 것은 서로 다른 의문 때문이었지만, 내 생각의 틀에서 보면 이 연구의 연관성을 찾아낼 수 있다. 멍크, 싱어 등의 최근 실험 결과에 대한 내 해석을 예로 들 수 있다.[23] 멍크 등은 고양이에서 '부분적인 동조성' 특징을 나타내는 '비동조성' 뇌전도 파형을 만들어 냈다. 부분적인 동조성은 각성 상태와 주의 상태를 의미한다. 중뇌 망상체 영역에 전기 자극을 해 얻은 결과였다. 하지만 이 연구자들은 각주에서 자신들이 나중에 알고 보니 **실제로는 부완핵을 자극했다는 것**을 언급했다. 실험동물들을 부검해 밝혀진 결과였다(부검을 하면 자극용 전극의 경로를 추적할 수 있으며, 그 경로는 부완핵 내부와 근처에 위치하고 있었다). 요약하면 심장, 폐, 내장의 자율 조절, 고통 같은 몸 상태와 연결되어 있다고 그때까지 생각되던 망상체 핵에 전기 자극을 가한 결과, 각성 상태와 주의를 특징으로 하며 전형적 망상핵과 전통적으로 연결되는 피질의 전기적 상태가 만들어졌다고 할 수 있다.

이 두 줄기 연구 사이의 또 다른 실험적 연관성은 정서 분야를 다루는 내 연구 결과에서 찾을 수 있다. 신경질환이 없는 건강한 사람들을 대상으로 한 일련의 연구를 진행하면서 (앙투안 베차라, 토머스 그라보브스키, 해나 다마지오, 요제프 파르비치와 같이 진행했다) 우리는 다양한 정서를 실험적으로 유도한 다음 양전자 방출 단층촬영 기법을 이용해 망상체 윗부분의 뇌간 구조가 어떤 정서로는 눈에 띄게 활성화되고 또 어떤 정서로는 그렇지 않다는 것을 증명했다.

이런 활성화가 실험 대상이 이런 정서를 경험하기 위해 진입해야 하는 주의 상태의 결과일 수 있을까? 그렇다면 우리의 실험 결과는 흥미롭겠지만 새로운 결과는 아니었을 것이다. 망상체에 관한 전통적인 연구로부터 얻은 결과가, 주의를 필요로 하는 과제를 수행하는 동안 망상체가 활성화된다는 것을 밝힌 퍼 롤런드 등의 연구 결과가 이미 존재하기 때문이다.[24] 하지만 주의만으로는 우리의 연구 결과를 설명할 수 없다. 우선 우리가 사용한 통제 과제가 이미지에 대한 상당한 정도의 주의를 요구했다. 우리가 정서 때문에 발생했다고 생각한 결과가 주의 때문에 일어났다면 활성화는 통제 과제를 제거했을 때 나타나지 않았어야 한다. 게다가 결과는 정서의 종류에 따라 달랐다. 우리는 슬픔이나 분노 같은 정서에서 최대치의 뇌간 활성화가 일어나고, 행복 같은 정서에서는 활성화가 거의 일어나지 않는 것을 발견했다. 하지만 실험 대상은 모든 정서에 대해서 동일한 과정을 수행하고 있었고, 내적인 주의에 대한 요구가 이런 정서에 따라 달라진다고 할 수 있는 근거는 전혀 없었다. 망상체 윗부분의 활성화가 특정한 정서를 처리하고 이런 정서를 궁극적으로 느끼는 데 필요한 신경 과정과 관련되어 있을 가능성이 높은 것이다.

이 발견은 수면-각성 주기, 주의와 전통적으로 연결되어 있던 망상체 구조가 정서와 느낌, 내부 환경과 체내 기관의 상태에 대한 표상, 자율 조절과도 연결되어 있을 수 있다고 보여 주는 추가적인 증거를 제공한다. 특히 수도관주위회색질과 관련해서는 수많은 증거가 있다. 실제로 몇몇 정서를 정의하는 몸의 변화는 이 수도관주위회색질에 의해 조절된다.[25] 간단하게 말하면 뇌교 윗부분과 중뇌의 망상체 구조는 앞서 내가 말한 원초적 자아 개념에 확실히 연결된다고 할 수 있다. 이 구조가 정서, 주의 그리고 궁극적으로 의식 같은 다양해 보이지만 서로 밀접하게 연결된 기능과도 관련 있을 수 있는 이유가 여기에 있을 수 있다.

우리 연구 그룹의 또 다른 흥미로운 결과는 요제프 파르비치, 게리 W. 반 호에센과 같이 낸 것이다.[26] 이 연구는 알츠하이머병 환자와 같은 연령의 정상인의 망상체핵을 자세하게 지도화해 새롭고 놀라운 사실을 밝힌 것이다. 그 결과에 따르면 알츠하이머병이 깊게 진행된 환자들 대부분은 뇌간의 오른쪽과 왼쪽 모두에서 부완핵이 심각하게 손상된 상태였다. 부완핵은 아주 심각한 알츠하이머병 형태인 조기 발병 알츠하이머병 환자들 **모두에서**, 노년 발병 환자들에게서는 80퍼센트에서 손상된 상태였다.

알츠하이머병이 깊게 진행된 환자들에게서 상당한 정도의 의식 손상이 일어나는 점을 생각하면(3장 참조), 부완핵 손상이 의식 저하와 관련이 있을 수 있다는 의심은 합리적일 수 있다. 이 환자들의 의식 저하는 내후각피질과 그 근처의 측두엽피질과 관련된다는 잘 알려진 사실로는 설명할 수 없는 것이 확실하다.[27] 불행히도 현재로서는 이런 의심 수준을 넘어서는 것이 불가능하다. 알츠하이머병은 특정한 손상과 특정한 신경 퇴화 영역 사이의 상관관계를 확정하기에는 병리학적 초점이 되는 영역이 너무 많기 때문이다. 예를 들어 알츠하이머병에서는 후측 대상피질과 내측 두정엽 연합피질도 심각하게 손상되며, 이 피질은 앞에서 언급했듯이 이차 지도를 만들 수 있는 후보 영역이다.[28]

결론적으로 우리가 계속 다루고 있는 뇌간의 핵심적인 영역과 관련해 하나의 강력한 사실이 떠오르고 있다는 것이 내 생각이다. 이 영역은 각성 상태, 항상성 조절, 정서와 느낌, 주의, 의식과 관련된 과정에 동시에 연결된다는 사실이다. 언뜻 보면 기능이 여기저기서 무작위로 겹치는 것 같지만, 지난 장에서 발전시킨 틀에서 자세히 살펴보면 이해가 될 것이다. 정서를 포함하는 항상성 조절에는 각성 상태(에너지 수집 목적), 수면 시간(뉴런 활동에 필요한 화학물질이 고갈되었을 때 보충하기 위한 목적[29]), 주의(환경과의 적절한 상호작용 목적), 의식(개별적인 유기체와 관련된 반응을 높은 수준으로 계획하기 위한 목적)이 필요하다. 이 모든 기능의 몸 연관성과 그 기능을 보조하는 핵의 해부학적 근접성은 매우 명백하다.

이 관점은 시상과 피질에서 특별한 유형의 전기생리학적 상태를 만들 수 있는 뇌간 윗부분 영역에 일종의 장치가 있다는 고전적인 생각과 일치한다. 실제로 내 이론은 이 고전적인 생각을 포함하고 있지만 다음과 같은 면에서 차별성을 갖는다. 첫째, 내 이론은 이 장치의 기원과 해부학적 배치에 대한 생물학적 논리를 제공한다. 둘째, 내 이론은 이 장치의 작동이 현재 기술되고 있는 것처럼 의식 상태에 중요한 기여를 하지만 의식을 정의하는 주관적인 측면은 만들어 내지 않는다고 가정한다.

이차 구조가 의식에서 역할을 하는 증거

이제 2항의 가설을 살펴보자. 핵심 의식에 대응하는 이차 신경 패턴에 관여하는 것으로 가정되는 영역, 즉 대상회, 시상핵, 윗둔덕의 손상에 관한 가설이다. 다시 말하지만 골상학적인 사고는 하지 말기 바란다. 나는 이런 영역 중 어느 한 영역이 단독으로 의식 발생에 핵심적인 신경 패턴을 만들어 낸다고 생각하지 않는다. 핵심적인 신경 패턴은 영역 간 상호작용에 기초하고 있는 것이 거의 분명하기 때문이다.

이차 구조로 내가 처음 선택한 것은 대상피질로 알려진 방대한 대뇌피질 영역이다. 정중선 근처에서 대뇌반구당 하나씩 위치하고 있는 대상피질은 수많은 세포구축 영역으로 나뉜다(부록 그림 A-4, A-5 참조). 대상회의 전측 영역은 주로 영역 24와 25로 구성된다. 뇌량의 전측 부분 주변에서 쉽게 관찰되는 영역이다. 하지만 또 다른 세포구축 영역인 영역 33과 32는 매우 넓지만 고랑 안에 박혀 있어 거의 보이지 않는다. 대상피질의 후측 부분은 대상회의 커다란 왕관 모양 부분에 위치해 있어 매우 잘 보이는 영역 23, 역시 매우 넓지만 고랑에 박혀서 보이지 않는 영역 31, 29, 30으로 구성된다.

대상피질의 알려진 기능을 요약하는 가장 쉬운 방법은 이 기능이 감각 역할과 운동 역할의 이상한 조합으로 구성된다고 말하는 것이다. 대상회는 5장에서 언급한 신체감각 시스템의 모든 부분으로부터 오는 입력 신호를 받는 거대한 신체감각 구조다. 이 입력 신호에는 엄청난 양의 내부 환경과 체내 기관 신호뿐만 아니라 근골격계 영역에서 오는 중요한 신호도 포함된다. 하지만 대상회는 발성 관련 움직임에서부터 독립적이든 협력적이든 팔다리의 움직임, 체내 기관 관련 움직임에 이르기까지 매우 다양하고 복잡한 움직임의 수행에 직간접적으로 관련된 운동 구조이기도 하다. 하지만 그것이 다가 아니다. 대상회는 주의 과정에도, 정서 과정에도, **의식**에도 확실하게 관여한다. 이런 기능의 중첩은 매우 정도가 크며, 중추신경계의 다른 영역을 떠올리게 한다. 즉, 뇌간 윗부분이다.

대상회에 대해 우리는 많이 알지만 그렇다고 너무 많이 아는 것은 아니라고 말하는 것이 합리적이다. 뛰어난 신경해부학 연구가 있었음에도 불구하고 대상회와 대상회와 연결된 수많은 다른 영역에 관한 본질적인 해부학은 미지의 영역으로 남아 있다.[30] 대상회의 신경생리학도 마찬가지다. 여전히 어느 정도 미스터리한 영역으로 남아 있으며, 후측 영역의 경우는 특히 더 그렇다. 우리가 이렇게 무지한 이유는 인간의 양측 대상회 영역에 병변이 거의 발생하지 않기 때문이다. 전측 대상회에서는 병변이 매우 드물고, 후측 대상회에서도 극도로 드물다. 내가 앞에서 언급한 대상회의 세포구축 영역에서 양측 병변이 나타난 예는 지금까지 **단 한 건도** 보고되지 않았다.

이런 상황에서는 신중해야 한다. 우리는 대상피질에서 일어나는 간질성 발작의 특징이 의식의 상실이라는 것을 사실로 알고 있다. 대상피질에서 일어나지 않는 일반적인 발작에 비해 이 발작으로 인한 의식 상실 시간은 실제로 더 길다. 수많은 기능성 신경 이미지 촬영 연구도 중요한 발견을 해냈다. 느린 파동 수면, 최면, 일부 마취 상태처럼 의식이 정지되거나 줄어드는 상황은 대상피질의 **활동이 줄어드는 것과** 관련이 있다. 반면 REM 수면과 수많은 주의 상태는 대상피질의 활동이 **늘어나는 것과** 관련이 있다.[31]

병변 연구와 기능적 이미지 촬영 연구 모두에서 대상회는 정서, 주의, 자율 조절과 관련 있는 것으로 확인되고 있다.[32] 양측 대상회의 전측 병변은 무동성 무언증이라는 증상을 일으킨다. 환자 L의 경우에서 보았듯이(3장 참조), 대상피질의 양측 손상을 입은 환자들은 깨어 있지만 의식은 손상된 상태다. 이 환자들은 내적으로도 외적으로도 모두 움직임이 정지된 상태라고 설명할 수 있다. 무동성 무언증이라는 이름이 붙은 이유도 여기에 있다. 논문들과 나의 관찰로부터 자신 있게 말할 수 있는 것은, 양측 대상회의 전측 손상이 발생하면 각성 상태는 유지되지만 핵심 의식과 확장 의식은 모두 붕괴한다는 사실이다. 하지만 우리는 이 환자들이 완전히 통상적인 마음을 회복할 수는 없다고 해도 핵심 의식은 몇 달 만에 회복한다는 점에 주목해야 한다. 핵심 의식이 회복되는 이유는 양측 대상회의 후측 영역이 보존되기 때문일 수 있다. 양측 대상회의 후측 부분 손상은 영구적인 손상을 일으킬 가능성이 있지만, 그런 예는 한 번밖에 다룬 적이 없어서 확신할 수는 없다. 그렇다고 해도 대상회 전체에 양측 손상이 생기면 의식이 상당한 정도로, 심지어는 영구히 붕괴할 가능성이 높다고는 말할 수 있다. 대상회의 넓은 두 영역, 즉 전측 영역과 후측 영역에 대해서도 나는 통상적인 작동을 하려면 양쪽 영역이 서로 협력적으로 작용해야 한다고 생각하지만, 후측 영역이 가장 필수적인 것이라고 과감하게 주장하고 싶다.

대상회 후측 바로 뒤와 주변 영역이 손상된 환자들도 의식이 교란된다는 것을 덧붙이고 싶다. 이 영역은 내측과 두정엽 쪽에 있으며 후뇌량팽대 영역과 설상 영역이 합쳐진 것이다. 세포구축 영역 31, 7, 19가 이 영역에 속한다. 이 영역에 양측 손상을 입은 환자들은 의식이 심각하게 교란된다. 손상 정도는 혼수상태에서만큼 심하지는 않지만, 바로 앞에서 언급한 양측 대상회 손상 정도는 된다.

양측 대상회 손상을 입은 환자들에게서처럼 양측 내측 두정엽 손상을 입은 환자들도 통상적인 의미에서는 깨어 있는 상태를 유지한다. 눈을 크게 뜰 수 있으며, 도움 없이 앉거나 걸을 수도 있다. 하지만 조금이라도 의도를 가지고 사람이나 대상을 쳐다보지는 않을 것이다. 눈은 허공을 향하거나 특별한 동기도 없는데 대상 쪽으로 몸을 움직이기도 한다. 이런 환자들은 자신을 어떻게 할 수가 없다. 자신이 처한 상황에서 의지를 가지고 움직이지 않으며, 관찰자의 거의 모든 요청에 반응하지 못한다. 이 환자들과 대화하는 것은 거의 불가능하며, 한다고 해도 엉뚱한 상황이 벌어진다. 이 환자들이 어떤 대상을 잠깐 쳐다보게 만들 수는 있지만, 생산적인 반응은 전혀 나오지 않는다. 이들은 친구나 가족을 의사나 간호사처럼 무심하게 대한다. 좀비의 행동은 이런 환자들에게서 힌트를 얻었을지도 모른다는 생각이 들 정도다. 물론 그렇지 않다.

내측 두정엽 영역 손상의 가장 흔한 원인은 알츠하이머병이다. 퇴행성 질환이 아닌 뇌졸중은 통상 양측 두정엽 손상을 일으키지 않는다. 내가 가장 생생하게 기억하는 양측 두정엽 손상은 대장암으로부터의 매우 대칭적 전이에 의해 유발된 것이었다. 3장에서 다룬 결여 자동증 환자들이 슬로모션으로 끝없이 움직이는 상태라고 생각하면 된다. 머리 부상도 이 상태를 유발할 수 있다. 영국의 저명한 신경학자 맥도널드 크리즐리가 두정엽에 관한 기념비적 논문에서 이런 상태를 언급한 적 있다.[33]

대상피질의 해부학적 세부 사항에 대해 깊이 생각해 보면 이 피질이 앞에서 내가 언급한 종류의 이차 구조가 될 수 있는 훌륭한 후보라는 것을 알 수 있다. 대상피질의 하위 영역과 대상피질로 들어오는 신체감각 입력 신호의 방대함은 모든 시점에서 유기체 전체의 몸 상태에 대한 아마도 가장 '통합적인' 조망을 가능하게 할 것이다. 하지만 대상피질은 주요 감각 통로로부터 오는 신호도 받기 때문에(대상의 출현은 시상 투사와 측두 하부, 측두극, 외측 두정 영역의 고차원 피질로부터의 직접 투사 모두를 통해 대상회에 직접 보고될 수 있다) 대상의 출현과 몸이 겪는 변화 사이의 관계가 적절한 인과관계 순서로 지도화되는 신경 패턴을 생성하는 데 도움을 줄 수도 있다. 대상회는 실제로 핵심 의식을 정의하는 높은 수준의 특별한 느낌인 '앎의 느낌'에 핵심적인 기여를 할 가능성이 있다.

윗둔덕이 이차 패턴에도 기여하는 구조가 될 수 있는 이유는 다음과 같다. 다양한 감각 양식으로부터 수많은 감각 입력 신호를 수용하는 다층 구조인 윗둔덕은, 여러 층에 걸쳐 복잡한 방식으로 신호를 통합해 그 결과로 나오는 출력 신호를 뇌간핵, 시상, 대상피질에 전달한다.[34] 예를 들어 윗둔덕의 꼭대기 층은 망막으로부터 오는 시각 정보를 직접 받고, 몇 층 더 밑에 있는 층도 시각피질로부터 정보를 받는다. 또한 윗둔덕은 바로 밑에 위치한 아랫둔덕으로부터 청각 정보를, 다양한 뇌간핵으로부터 엄청난 양의 신체감각 정보(체내 기관에 관한 정보 포함)를 받는다.

윗둔덕이 통합적으로 활동하는 목적은 눈, 머리와 목, (귀를 움직일 수 있는 동물의 경우) 귀를 시각 또는 청각 자극의 원천 쪽으로 향하게 해 최적의 대상 처리가 일어날 수 있도록 하는 것이다. 이런 과정에서 윗둔덕은 대상의 시간적 출현과 공간적 위치, 몸 상태의 다양한 측면을 지도화한다.

윗둔덕의 일곱 개 세포층 중 하나는 자신이 이용 가능한 데이터에 기초해 대상-유기체 관계를 나타내는 이차 신경 패턴의 지도화를 담당하고 있다고 생각할 수 있다. 그 결과는 전형적 망상핵(그리고 시상의 수질판내핵을 통한 피질 처리), 모노아민/아세틸콜린핵에 영향을 미치게 된다. 피질이 거의 발달되지 않은 종에서는 이 과정이 주의 행동의 실행을 수반할 수 있는 간단한 형태로 된 핵심 의식의 원천일 수도 있다. 덧붙일 것은 인간에게서는 시상 구조와 대상회 구조가 없을 때 윗둔덕이 핵심 의식을 지원한다는 증거가 없다는 점이다.

뇌간의 원초적 자아 구조가 그대로 보존된다고 가정해도 그렇다.[35]

마지막으로 다룰 것은 시상이다. 시상의 신경해부학과 신경생리학은 이 책의 범위를 벗어난다. 대뇌피질이나 뇌간도 마찬가지이기는 하지만 시상도 간단하게 몇 줄로 설명할 수 있는 것이 아니라 여러 권으로 다루어야 할 주제이기 때문이다. 하지만 여기서는 논리 전개를 위해 시상이 미래의 복잡한 이야기에 등장할 인물들과 사건 모두를 표상하는 다양한 구조의 순차적인 참여에 대한 직접적인 '보고'를 받는다는 것만 말해 두자. 시상은 암묵적인 형태로 대상-유기체 관계를 나타내 대상피질과 신체감각피질에서 더 명시적인 신경 패턴을 만들어 낼 수 있다. 이 과정에서는 망상핵이나 시상침 같은 일부 시상핵이 핵심적인 역할을 한다. 시상이 의식과 관련되어 있다는 생각은 동물 실험에 의한 증거, 시상 병변의 결과, 의식 붕괴 상태의 결여 발작에서 이례적인 발작파가 나타날 가능성에 의해 뒷받침된다.[36] 하지만 시상과 관련된 이 가설은 전반적인 예측과는 맞아떨어지지만 구체적으로 검증하기에는 아직 증거가 부족하다. 지금은 양측 시상 손상이 의식을 확실히 붕괴한다는 결론에 만족해야 할 것이다.

이야기를 접으면서 특이하지만 관련이 있을 수 있는 증거에 대해 말해 보자. 1998년 여름, 방문 교수 한 명이 어린이 대상의 신경 이미지 촬영 연구에 관한 토론을 하기 위해 우리

과에 왔을 때였다. 의식에 관한 토론을 하기 위한 것은 아니었다. 그때 내 동료들과 나는 집단적인 인식 경험을 하게 되었다. 이 교수는 출생 직후와 출생 후 몇 달이 지나지 않은 아이들의 양전자 단층촬영 사진들을 보여 주었다. 이런 신생아들의 뇌에서 매우 큰 활성을 보이는 구조는 뇌간과 시상하부였다. 신경 이미지로 만들어진 침묵의 바다에서 이들 구조만 섬처럼 눈에 띄었다. 이 활성화된 구조는 원초적 자아와 이차 지도에 필요한 구조와 완전히 일치했다. 출생 직후 이 구조의 기능적 성숙도는 주목할 만하다. 청각 시스템 같은 다른 뇌 시스템도 완전히 성숙되어 있었다는 점을 감안할 때 이런 활성화는 뇌간과 시상하부가 기능 면에서 훨씬 먼저 성숙했다는 것을 나타낸다. 이 교수가 다음으로 보여 준 사진은 그 상태에서 몇 달이 지난 뒤의 전두엽 복내측과 편도체 사진이었다. 우리는 다 알고 있다는 표정으로 서로를 쳐다보았고, 이 교수는 영문을 몰랐을 것이다.[37]

나머지 가설에 대한 평가

이제 나머지 가설을 살펴볼 차례다. 훼손이 되어도 핵심 의식을 손상해서는 안 되는 해마, 측두엽과 전두엽의 고차원 피질, 시각과 청각에 관련된 초기 감각피질에 관한 가설이다.

요약하면 이렇다. 이들 영역 중 한 영역이 양측 손상을 입는다고 해도 핵심 의식은 그대로 보존된다. 적절하게 지도화될 수 있는 모든 대상과 관련한 자아와 앎의 감각이 여전히 효율적으로 작동하는 것이다. 이 사실로 다음의 상황이 부각된다. 원초적 자아와 이차 지도는 뇌간, 시상하부, 기저전뇌, 시상핵, 중앙에 위치한 대상피질 같은 정중선 옆 구조의 집합에 크게 의존하는 반면 대상의 지도화는 피질 외투 위에 분포된, 덜 중앙 집중적인 감각피질에 크게 의존한다. '자아와 앎' 구조의 왼쪽 반과 오른쪽 반은 중앙에 위치해 있다. 이들은 서로 마주 보고 있으며, 동일한 병리학적 원인에 의해 같이 손상되는 경우가 많다. 이 구조의 왼쪽 반과 오른쪽 반 중 대상의 지도화가 의존하는 부분은 조금 더 서로 떨어져 있으며 따로따로 손상되는 경우가 많다.

양측 해마 손상, 즉 후측 측두엽 전체 손상, 하측두 전체 손상, 내측 측두엽 하부 대부분의 손상은 핵심 의식 손상을 **일으키지 않는다.** 4장에서 언급한 환자 HM과 데이비드의 예는 이 사실을 분명하게 드러낸다. 실제로 이 모든 병변이 다 합쳐져도 핵심 의식은 손상되지 않는다. 양측 편도체 손상 역시 핵심 의식을 손상하지 않는다. 2장에서 살펴본 환자 S를 보면 확실히 알 수 있다. 양측 편도체 중 하나만 손상되는 경우도 당연히 핵심 의식을 손상하지 않는다.

이 모든 병변에 의한 손상 중 그 어떤 것도 의식을 손상하지 않는다는 것은 잘 알려진 사실이다. 이 병변은 학습, 기억, 언어 관련 기능을 심각하게 손상하지만, 이런 손상에도 불구하고 환자들은 자아와 주변을 명확하게 의식하며, 이들의 핵심 의식도 그대로 보존된다. 이런 환자는 완벽하게 의식을 가지고 있으며 자신들의 장애에 대한 의식도 분명하다. 이들은 자신의 기억과 언어능력이 붕괴했다는 것을 아주 잘 의식하고 있다.

이와 마찬가지로 청각피질, 시각피질, 전전두피질의 양측 또는 한쪽 손상도 전혀 핵심 의식을 손상하지 않는다. 본질적인 측면에서 보면 청각 또는 시각 통로로 들어오는 자극을 지각하고 인식하는 능력은 손상되고, 이런 감각 양상에서 내부적인 이미지를 만들어 내는 능력이 손상되며, 손상된 감각 통로에 관련된 선택적인 기억 결핍이 일어나지만 핵심 의식은 정상적으로 유지된다.

양측 초기 시각피질 손상은 일반적으로 하위 영역에 국한되며, 시야의 일부 또는 전부의 상실을 유발한다. 이 손상은 시각 처리가 붕괴하는 수많은 놀라운 증상 중 하나를 일으키기도 한다. 색깔을 보는 능력이 시야의 일부 또는 전부에서 상실되지만 움직임, 깊이, 모양을 보는 능력은 그대로 유지되는 상태(전색맹), 그전에 잘 알던 대상을 인식하는 능력이 상실되지만 대상의 물리적 구조를 알아보는 능력은 유지되는 상태(실인증), 주의를 기울여 조화롭게 시야를 탐색할 수 있는 능력이 사라지는 상태(발린트 증후군) 등이 그 예다.[38] 이 모든 경우에도 핵심 의식은 그대로 유지된다. 환자는 시각 처리 능력이 부분적으로 붕괴한 것 외에는 인지의 모든 측면이 정상적이다. 자신이 할 수 없게 된 일에 대해 환자가 분명하게 의식하고 있다는 사실은 '일반적인' 핵심 과정이 손상되지 않았다는 것을 의미한다. 이 못지않게 흥미로운 사실이 있다.

자신이 더 이상 지각하거나 인식하지 못하게 된 자극과 관련된 비의식적인 처리 능력 중 일부가 이런 환자 중 일부에서 그대로 유지될 수 있다는 사실이다. 맹시의 경우가 대표적인 예다.[39] 피질맹의 결과로 시력을 완전히 상실한 환자 중 일부는 시야에 아무것도 없지만, 대상의 위치를 가리켜 보라고 하면 팔을 움직여 손가락으로 정확한 방향을 나타낼 수 있다. 이는 움직임을 담당하는 구조가 팔과 손가락을 적절한 방향으로 가이드해 줄 수 있도록 어떤 정확한 처리 과정이 일어나고 있음을 의미한다. 이 과정을 뒷받침할 수 있는 정보의 일부를 의식 생성 과정이 이용하지 못하게 된 상태임에도 이런 일이 일어난다.

시각피질 손상이 특히 광범위한 시각 상실 환자들에게서도 비슷한 일이 일어날 수 있다. 이른바 안톤 증후군이다. 이 환자들은 앞에서 다룬 질병실인증 환자들처럼 자신이 시각을 상실했다는 사실을 부인한다. 이들이 이런 주장을 하는 데는 이유가 있다. 환자는 시각을 가진 유기체의 관심을 끄는 대상 방향으로 눈을 움직이고 그것에 집중할 수 있는 능력을 유지하기 때문이다. 더 이상 소용이 없게 된 시각-지각 장치의 작동 결과가 시각피질 자체에서는 전혀 중요하지 않지만, 그 결과는 윗둔덕이나 두정엽피질 같은 구조로 전달된다. 여전히 뇌는 진행되고 있는 지각 관련 조정에 대해 알게 되는 것이다. 이런 조정은 뇌가 정상적으로 시각 처리를 할 수 있을 때 이루어지는 조정과 다르지 않다.

시각 처리가 전혀 진행되지 않는 상황에서 뇌는 의식 상태에서 지각되고 있는 이 지각 관련 조정에 대한 상당히 적절한 설명을 구축한다. 실제로 이 설명은 대상을 보는 과정이 진행되고 있다는 사실을 말해 준다. 물론 이 설명이 충분한 것은 아니다. 하지만 완전히 터무니없지도 않다. 예상할 수 있겠지만 내가 본 경우에서 환자들의 이런 부인은 몇 시간 가지 못했다. 나는 처음 몇 시간 동안의, 실제 이미지든 회상된 이미지든 시각이미지의 완전한 부재가 환자가 착각하는 이유가 된다고 생각한다. 시각이미지의 심각한 결핍 때문에 환자는 자신이 시각을 상실했다는 생각을 하지 못하는 것이다.

『데카르트의 오류』를 비롯한 많은 책과 논문에서 양측 복내측 전전두엽이 손상된 환자들에 대해 다루어 온 내가 자신 있게 말할 수 있는 것은, 이들 환자에게서 자신에게 유리한 결정을 하고 특정한 문제에 정서적으로 공감하는 능력이 손상된다고 해도 핵심 의식은 손상되지 않는다는 것이다. 전두극을 포함한 배외측 전전두피질의 양측에서 모두 손상된다고 해도 핵심 의식의 손상은 일어나지 않는다.[40] 이런 손상은 작업기억을 변화시켜 결과적으로 확장 의식에 영향을 미치기는 하지만, 핵심 의식은 그대로 유지된다.

의식이 발생할 수 있는 뇌 영역을 알아내는 데 위에서 언급한 '소극적' 증거는 확실한 의식 손상을 일으키는 뇌 영역에 대한 '적극적' 증거만큼 중요하다. 방금 말한 소극적 증거에 대해 강조하고 싶은 사실은 양측 해마 손상은 핵심 의식을 손상하지 않으며, 시각 또는 청각피질의 양측 손상도 역시 핵심 의식을 손상하지 않는다는 것이다.

소극적 증거의 중요성은 다음과 같다. 해마는 여러 감각 양상으로부터 오는 정보를 수용하기 때문에 해마의 회로는 특정한 방식으로 매 순간 유기체의 다중 이미지 생성 장치에 의한 '장면'의 n차 지도를 구축할 수 있을 것이다. 그렇다면 해마는 내가 핵심 의식의 기초일 수 있다고 제안한 이차 지도를 생성할 수 있는 이상적인 구조일 수 있다. 하지만 이는 사실이 아니다. 양측 해마 영역이 손상된 환자들을 수없이 연구한 결과를 보면 사실일 수가 없다. 이런 환자들에게서는 예외 없이 학습과 기억 능력의 심각한 손상이 관찰되지만, 핵심 의식의 손상은 전혀 일어나지 않는다.

결론

이용 가능한 증거에 대한 지금까지의 평가로 우리는 많은 잠정적 결론을 내릴 수 있다.

1) 원초적 자아 또는 유기체-대상 관계에 대한 이차 설명을 지원한다고 추정되는 뇌 영역의 손상은 핵심 의식을 붕괴시킨다. 확장 의식 역시 붕괴한다.
2) 원초적 자아 또는 이차 지도를 지원하는 영역은 다음과 같은 특별한 해부학적 특징을 갖는다. ① 계통유전학적으로 오래된 구조에 속한다. ② 정중선 근처에 주로 위치한다. ③ 대뇌피질의 외부 표면에는 위치하지 않는다. ④ 모

두 몸 조절 또는 표상의 일부 측면에 관련되어 있다.

3) 원초적 자아와 이차 구조는 중심적인 자원을 구성하며, 이것에 이상이 생기면 모든 대상에 대한 의식이 붕괴한다. 초기 감각피질은 대상의 다양한 양상을 처리하는 데 관여한다. 따라서 이 피질 중 하나가 손상될 경우 아무리 손상 범위가 넓어도 전반적인 의식에 영향을 미치지는 않는다.

4) 중추신경계 전체에서 손상이 되어도 핵심 의식 붕괴를 일으키지 않는 영역을 다 합치면 의식을 붕괴시키는 영역을 다 합친 것보다 크다.

5) 동일한 영역(초기 감각피질, 고차원 피질 등)이 ① 핵심 의식 때문에 알려지게 되는 대상과 사건에 대한 신호 전달 ② 대상과 사건의 경험과 관련된 기록의 유지 ③ 추론과 창의적인 사고 과정에서 이 기록의 조작에 주로 관여한다.

6) 초기 감각 구조는 의식 생성 과정에도 관여한다. 이 구조는 다른 방식으로 이 과정에 관여한다. 원초적 자아와 이차 지도를 지원하는 구조는 **오직 하나의 집합**밖에 이루지 않지만, 초기 감각 구조는 감각 양식당 하나씩 **여러 집합**을 이룬다. 초기 감각 구조의 관여는 ① 원초적 자아 구조에 영향을 미치는 과정의 시작 ② 이차 구조로 신호 전달 ③ 이차 신경 패턴의 조절적 영향을 수용하는 과정 등으로 이루어진다. 대상을 지원하는 신경 패턴의 강화가 일어나고, 알려져야 하는 대상의 다양한 요소가 통합되는 것은 이차 신경 패턴의 영향 때문이다.

요약하자면 핵심 의식은 계통유전학적으로 한정된 숫자의 오래된 뇌 구조의 뇌간에서 시작되어 신체감각피질과 대상피질에서 끝나는 활동에 가장 핵심적으로 의존한다. 이 활동 과정에 참여하는 구조의 상호작용은 ① 원초적 자아의 생성을 지원하고 ② 유기체(원초적 자아)와 대상의 관계를 기술하는 이차 신경 패턴을 생성하며 ③ 이 활동 과정의 일부가 아닌 대상 처리 영역의 활동을 조정한다.

이 핵심적인 후보 영역을 내가 이렇게 구체적으로 열거한다고 해서 이 영역 중 어떤 한 영역이 의식의 **유일한** 기초가 된다는 뜻은 아니다. 위에서 언급한 기능 중 어떤 것도 하나의 신경 영역 또는 중심에서만 수행되는 것은 없다. 이들 기능은 신경 활동이 여러 영역에 걸쳐 통합된 결과로 나타난다. 나는 자아 감각과 대상의 강화가, 위의 활동 과정에 참여하는 신경 영역과 대상의 구축에 직접 관련된 신경 영역 사이의 상호작용에서 발생한다고 생각한다.

대상에 대한 핵심 의식, 즉 특정한 사물을 알게 되는 행위에서 자아 감각의 기초가 되는 신경 패턴은, 서로 연결된 두 가지 구조의 집합에서 일어나는 활동과 관련된 대규모 신경 패턴이다. 첫째 집합은 원초적 자아와 이차 지도를 생성하는 영역 간 교차 활동을 하는 것이고, 둘째 집합은 대상의 표상을 생성하는 영역 간 교차 활동을 하는 것이다.

(기능의 놀랄 만한 중첩)   원초적 자아와 이차 지도 생성을 지원하는 구조 안에서 수행

되는 생물학적 기능은 놀라울 정도로 서로 겹친다. 이 구조는 대체로 다음의 다섯 가지 기능을 가진다. 1) 항상성 조절과 몸의 구조와 상태에 대한 신호 전달. 고통, 쾌락, 욕구와 관련된 신호 처리가 여기 포함된다. 2) 정서와 느낌 과정 참여 3) 주의 과정 참여 4) 각성과 수면 과정 참여 5) 학습 과정 참여.

이런 다섯 가지 기능의 중첩은 뇌간과 대상피질에서도 완전히 적용되며, 다른 구조에서도 상당 부분 적용된다. 이런 기능 중첩은 확립된 사실이지만 몇 가지 이유로 지금까지 주목을 받지 못했다. 가장 큰 이유는 이 뇌 영역 중 하나인 뇌간에 대한 지식이 앞에서 언급한 두 갈래 연구에서 소외되었기 때문일 것이다. 항상성 조절 문제에 대한 연구 갈래와 수면과 주의의 메커니즘에 관한 연구 갈래를 말한다. 뇌간 관련 문제와 그 연구자들은 이 연구 밖에 있었다. 다른 이유는 신경과학이 정서를 무시했기 때문이다. 이런 무시 때문에 뇌에서 신체감각피질에 이르는 모든 영역이 정서 과정에 핵심적이라는 사실이 늦게 밝혀진 것이다.

그렇다면 위의 다섯 가지 기능을 넘어서 이들 영역이 또 하나의 기능을 가지고 있을 것이라는 결론이 가능해진다. 바로 핵심 의식의 구축이다.

이들 기능의 중첩은 언뜻 보면 직관에 반하는 것으로 보일 수도 있다. 하지만 관련 데이터를 잘 살펴보면 이런 중첩이 확실히 이해될 것이다. 첫째, 이런 중첩은 인접한 핵들로 구성되는 서로 다른 '일족'의 기능 때문에 발생하는 것으로 보인다. 둘째, 핵들로 구성되는 이 다양한 일족이 해부학적으로

서로 매우 다름에도 불구하고 해부학적 연결 장치에 의해 서로 밀접하게 연관되어 있다. 셋째, 기능적 중첩을 일으키는 인접성과 해부학적 상호 연결성은 단순히 우연의 결과가 아니며, 이 각 영역의 기능적인 역할에 우선한다는 것을 암시한다.

이런 생각은 뇌간 수준에서 일어나는 기능적 중첩의 속성에 의해 타당성이 높아진다. 정서, 주의와 관련해 기능적 중첩이 일어나는 근거는 다음과 같다. 정서는 주의가 적절한 방향으로 기울어지는 데 필수적이다. 정서는 대상에 대한 유기체의 과거 경험을 나타내는 자동화된 신호를 제공함으로써 대상에 주의를 할당하거나 거둘 수 있는 기초를 제공하기 때문이다. 간단한 유기체는 이미지 생성 능력과 최소한의 주의 능력을 가짐으로써 각성 행동을 시작하며, 그 결과로 다음과 같은 일이 일어난다. 첫째, 대상 처리가 일어난다. 둘째, 정서가 뒤따른다. 셋째, 정서의 지시에 따라 추가적인 강화와 주의의 집중이 일어날 수도 일어나지 않을 수도 있다. 의식을 가질 수 있는 유기체에서도 위의 일이 똑같이 일어나지만 둘째 단계가 다음과 같이 해석될 수 있다. '정서가 뒤따르고 그 정서를 가진 개체에게 알려진다.'

주의를 통제하는 구조와 정서를 처리하는 구조가 서로 가깝게 있을 것이라는 추측은 확실하지는 않지만 어느 정도 합리적으로 보인다. 이 과정의 특정 단계에서 이 구조의 작동 방식이 약간 달라질 수 있지만 같은 구조일 수도 있는 것이다. 또한 이 모든 구조가 몸 상태를 조절하고 몸 상태에 대한 신호를 보내는 구조와 서로 가깝게 있을 것이라는 추측도 상당히 합리적으로 보인다. 정서와 주의를 가지는 것의 결과가 유기체 내의 생명 조절이라는 근본적인 작용과 완전히 연결되어 있는 데다, 유기체 본체의 현재 상태에 대한 데이터 없이 생명을 관리하고 항상성 균형을 유지하는 것은 불가능하기 때문이다.

정서와 주의가 핵심 의식과 중첩된다고 생각하는 것이 합리적일까? 항상성 조절과 생명 관리를 하기 위해 우리 마음대로 사용할 수 있는 가장 정교한 수단으로 의식을 생각한다면 그렇다. 자연은 서투르고 편의만을 추구한다. 그리고 의식은 항상성 유지 장치 중에서 상대적으로 나중에 생긴 것이기 때문에, 자연은 기본적인 항상성 유지를 위해 이전에 이용 가능했던 **장치의 내부에서, 그 장치로부터, 그 장치와 가까운 곳에서** 의식이라는 장치, 즉 정서, 주의, 몸 상태 조절을 위한 장치를 진화시키는 게 편리했을 것이다.

> 망상체와 시상에 대한
> 새로운 견해

앞에서 말한 결론은 뇌간 구조 일부가 각성과 주의에 관련되어 있으며, 그 구조가 수질판내 시상핵, 시상피질이 아닌 피질의 모노아민 투사, 시상의 아세틸콜린핵 투사를 통해 대뇌피질의 활동을 조절한다는 것을 어떤 형태로든 부인하지 않는다. 문제는 가까이 있는 뇌간 구조 그리고 어쩌면 동일한 구조를 가진 일부 뇌간 구조도 **다른** 활동, 즉 몸 상태를 관리하고 현재의 몸 상태를 표상하는 활동도 한다는 데 있다. 이런 활동은 잘 알려진 뇌간의 활성화 역할에 부수적으로 수반되는 것이 아니다. **이런 활동은 뇌간의 활성화 역할이 진화 과정에서 유지되어 오고 그 활성화 역할이 뇌간으로부터 주로 이루어지는 이유가 될 수도 있다.**

요약하자면 나는 뇌간의 '상승 망상활성계'의 역할과, 그 역할이 시상으로 확장되는 것에 대한 전통적인 견해는 문제가 없다고 본다. 오히려 나는 이들 영역의 활동이 의식 있는 마음의 선택적이고 통합적이고 통일된 내용의 생성에 기여한다는 데 아무런 의심을 하지 않는다. 나는 이런 기여가 의식을 포괄적으로 설명하는 데 충분하지 않다고 생각하는 것뿐이다. 내가 연결되어 있기는 하지만 서로 다른 다음의 질문에 집중하는 이유가 여기에 있다. 이들 영역의 역할을 수행하게 만드는 것은 무엇인가? 이들 영역의 역할 수행 목적은 무엇인가? 이런 역할 수행의 결과는 내가 의식이라고 믿는 것을 정신적인 측면에서 얼마나 많이 설명할 수 있는가?

직관에 반하는 사실? 위의 결론은 다음과 같은 중요한 사실을 부각한다. 가장 간단한 핵심 의식조차도 뇌의 모든 층과 구역에 있는 영역의 협력적인 활동을 필요로 하지만, 의식은 진화 과정에서 최근에 생긴 영역이 아니라 오래전에 생겼으며, 뇌의 표면이 아니라 깊숙한 곳에 위치한 영역에 가장 핵심적으로 의존한다는 사실이다. 신기하게도 내가 여기서 제안하는 '이차' 과정은 미세 지각, 언어, 고등 이성을 가능하게 하는, 최근에 생긴 신피질의 신경적 활동에 의존하는 것이 아니라 생명 조절과 밀접하게 연관된 아주 오래된 신경 구조에 의존한다. 의식은 '더 많은 것'이 '더 적은 것'에 의존하는 구조이며, 결국 이차 구조는 깊고 낮은 곳에 있는 구조인 것이다. 의식의 빛은 조심스럽게 숨겨져 있으며, 유서 깊다고 할 수 있을 정도로 오래된 것이다.

　지금 한 말은 가정이 아니라 사실이라는 점에 주목해야 한다. 내 가설이 옳다고 판명되든 그렇지 않든 이들 영역이 손상되면 의식이 손상되고 다른 영역이 손상되면 그렇지 않다는 것은 변하지 않는 사실이다. 가장 중요한 점은 이 사실이 직관에 반하는 것으로 보인다는 것이다. 의식이 매우 중요한 생물학적 진보의 결과라고 생각하는 것은 옳다. 인간이 아닌 생명체에게 의식이 있다고 생각한다고 해도 그렇다. 이런 진보는 확실히 중요하다. 하지만 그 진보 자체는 사람들이 생각하는 것보다 더 오래전에 일어난 일일 수 있다. 진화 측면에서 그렇게 오래되지 않은 일은 기억에 의한 의식의 확장이다. 의식의 확장은 첫째, 자서전적 기록을 구축할 수 있게 해주고, 둘째, 다른 사실에 대한 폭넓은 기록을 제공하며, 셋째, 작업기억력을 유지하게 해 준다. 인간에게서 매우 강력하게 이루어진 이런 의식의 확장은 진화 과정에서 최근에 나타난 뇌의 측면, 즉 신피질의 측면에 기초한다. 하지만 결론적으로 말하자면 의식의 이런 놀라운 특징은 핵심 의식이 조금이라도 작용하지 않았다면 독립적으로 일어나지 않는다.

4부

알 준비

9장

느낌을 느낀다는 것

느낌을 느끼기

이 책은 어떤 장벽에 관한 기술과 함께 시작되었다. 정서는 의식이 존재하기 전까지는 주체에게 알려질 수 없다는 장벽이다. 지금까지 나는 의식의 속성에 관한 내 견해를 제시했다. 이제 우리가 정서를 어떻게 알 수 있는지 설명할 차례다. 아주 처음부터 시작해 보자. 우리가 정서를 가지고 있다는 것을 아는 것은 자아를 느낀다는 감각이 우리 마음속에서 생성될 때다. 진화 과정 또는 개인의 발달 과정 모두에서 자아를 느낀다는 감각이 나타나기 전에 존재하는 것은 정서를 구성하는 잘 조율된 반응과 뒤이어 느낌을 구성하는 뇌의 표상이다. 하지만 우리는 그 정서가 유기체 안에서 발생하고 있다고 느낄 때만 우리가 정서를 느낀다는 것을 안다.

'유기체 안에서 발생한다는' 감각은 원초적 자아와 그 자아의 변화가 이차 구조 안에서 표상됨으로써 생긴다. '대상으로서의 정서'에 대한 감각은 이차 표상을 지원하는 구조 안에서 정서 유도 영역의 활동이 표상됨으로써 생긴다. 다른 대상에 대해 내가 설명했던 것을 따라 다음과 같이 제안하고자 한다. 1) 초기 원초적 자아는 이차 수준에서 표상된다. 2) 원초적 자아를 변화시키기 직전의 '대상'(정서 유도 영역에서의 신경 활동 패턴)은 이차 수준에서 표상된다. 3) ('신체 고리' 또는 '모의 신체 고리' 메커니즘에 의해 발생되는) 이어지는 원초적 자아의 변화도 이차 수준에서 표상된다.

정서를 느낀다는 것은 간단한 문제다. 그것은 정서를 구성하는 몸과 뇌의 변화를 표상하는 신경 패턴으로부터 생성되는 심상을 가진다는 것이다. 하지만 우리가 그 느낌을 가진다는 것을 아는 것, 즉 그 느낌에 대한 느낌은 핵심 의식에 필요한 이차 표상을 구축한 **뒤에만** 발생한다. 앞에서 다룬 것처럼 그 이차 표상은 유기체와 대상(이 경우에는 정서) 사이의 관계와 그 대상이 유기체에 미치는 인과적 영향의 표상이다.

내가 지금 설명하고 있는 과정은 외부 대상에 대해 설명한 과정과 정확하게 같다. 하지만 대상이 정서일 때는 상상하기 쉽지 않다. 정서는 유기체의 외부가 아니라 내부에서 발생하기 때문이다. 이 과정은 정서(2장), 유기체(5장)와 관련해 내가 제안한 내용을 기억하고 있어야 이해할 수 있다. 요약하면 다음과 같다. 1) 정서가 되는 일련의 작용을 유도하는 활동 패턴을 가진 뇌 영역이 여럿 존재한다. 2) 이 활동 패턴은 이차 뇌 구조 안에서 표상된다. 정서 유도 영역의 예로는 시상하부, 뇌간, 기저전뇌, 편도체, 복내측 전전두피질의 핵을 들 수 있다. 이차 뇌 구조의 예로는 시상과 대상피질을 들 수 있다.

몸 상태의 표상에 스며 있는 정서에 대한 느낌이 몸 상태에 대한 **다른** 표상이 통합되어 원초적 자아를 발생시킨 뒤에만 알려진다는 말은 처음에는 이상하게 들릴 수 있다. 또한 느낌을 알기 위한 수단이 또 다른 느낌이라는 말도 확실히 이상하게 들린다. 하지만 원초적 자아, 정서에 대한 느낌, 느낌을 안다는 느낌이 진화 과정의 각각 서로 다른 시점에서 발생했으며, 지금도 개인의 발달 과정에서 각각 서로 다른 단계에서 발생한다는 것을 알게 된다면 이 상황을 이해할 수 있을 것이다. 원초적 자아는 기초적인 느낌보다 먼저 나타났으며, 원초적 자아와 기초적인 느낌은 둘 다 핵심 의식을 구성하는 안다는 느낌보다 먼저 나타났다.

정서에 대한 느낌의 기질

느낌의 기질substrate을 구성하는 신경 패턴은 두 종류의 생물학적 변화로부터 발생한다. 몸 상태와 관련된 변화와 인지 상태와 관련된 변화다. 몸 상태와 관련된 변화는 두 가지 메커니즘에 의해 일어난다.[1] 첫째 메커니즘은 내가 '신체 고리'라고 부르는 것이다. 이 메커니즘은 체액 신호(혈류를 통해 전달되는 화학적 메시지)와 신경 신호(신경 경로를 통해 전달되는 전기화학적 메시지)를 모두 이용한다. 이 두 가지 유형의 메커니즘을 이용한 결과로 몸의 전반적인 상태가 변화하고, 그 변화한 몸 상태는 뇌간 높이 이상에 위치한 중추신경계 부분의 신체감각 구조에서 표상된다. 몸의 전반적인 상태 변화에 대한 표상 변화는 다른 메커니즘에 의해서도 부분적으로 발생한다. '모의 신체 고리' 메커니즘이다. 이 메커니즘에서 몸 관련 변화에 대한 표상은 전전두엽피질 같은 다른 뇌 영역의 통제를 받아 감각 신체 지도 안에서 직접 생성된다. '모의'라는 말을 쓰는 이유는 몸이 실제로 변하지 않기 때문이다. 모의 신체 고리 메커니즘은 몸 본체를 부분적 또는 전체적으로 건너뛴다. 이런 건너뛰기로 몸은 시간과 에너지를 둘 다 절약하는데, 이는 특정 상황에서 유용할 수 있다. '모의' 메커니즘은 정서와 느낌에서만 중요한 것이라 '내부 시뮬레이션'이라고도 부를 수 있는 인지 과정에서도 중요하다.[2]

　인지 상태와 관련된 변화는 정서 과정이 기저전뇌, 시상하부, 뇌간의 핵에서 특정한 화학물질을 분비시켜 뇌의 다른 여러 영역으로 전달하게 만들 때 발생한다. 이 핵들이 대뇌피질, 시상, 기저핵에서 신경 조절 물질을 분비하면 뇌 기능에는 엄청난 양의 중요한 변화가 일어난다. 내가 생각하는 가장 중요한 변화에는 다음과 같은 것이 있다. 1) (유대 관계 형성, 양육, 놀이와 탐구 같은) 특정한 행동 유도 2) 현재 진행되고 있는 몸 상태 처리 과정의 변화(예를 들면 몸 신호가 선택적으로 억제되거나 강화되어 걸러지거나 통과됨으로써 유쾌한 상태 또는 불쾌한 상태가 바뀌는 과정) 3) 인지 처리 방식의 변화(청각 또는 시각이미지와 관련해 이 과정의 예로는 이미지 생성 속도가 빨라지는 변화 또는 이미지의 초점이 흐려지는 변화를 들 수 있다. 이런 변화는 정서의 핵심적인 부분으로 슬픔과 기쁨의 차이처럼 분명하다).

나는 이 세 가지 변화 모두가 인간과 인간이 아닌 종들에게서 두루 나타난다고 생각한다. 하지만 셋째 변화, 즉 인지 처리 방식의 변화는 인간에게서만 의식될 수도 있다. 이런 변화는 신경 사건에 대한 매우 높은 수준의 표상, 즉 메타 표상 metarepresentation(상위 표상)을 필요로 하며, 이런 메타 표상은 오직 전전두피질만이 지원할 수 있는 뇌 과정의 측면에 대한 표상이기 때문이다.

간단히 말해서 정서 상태는 몸의 화학적 구성의 수많은 변화, 체내 기관 상태의 변화, 얼굴, 인후, 몸통, 팔다리의 다양한 횡문근의 수축 정도의 변화에 의해 정의된다. 하지만 정서 상태는 애초에 이런 변화를 일으키고 뇌 자체의 여러 신경 회로에서 다른 종류의 중요한 변화를 일으키기도 하는 신경 구조의 변화에 의해 정의되기도 한다.

유기체의 상태에 일어난 특정한 일시적인 변화로 간단하게 정서를 정의하면 정서에 대한 느낌도 간단하게 정의할 수 있다. 정서에 대한 느낌은 신경 패턴과 그에 따르는 이미지 면에서 유기체의 상태에 일어난 이 일시적인 변화를 표상한 결과다. 이런 이미지가 앎의 행위 과정에서의 자아 감각에 의해 한순간 뒤에 뒤따를 때, 이 이미지가 강화될 때 이 이미지는 의식적이 된다. 이 이미지는 진정한 의미에서 느낌에 대한 느낌이다.

정서 반응은 모호하거나 난해하거나 구체적이지 않은 면이 없다. 정서에 대한 느낌이 되는 표상 또한 그러하다. 정서적인 느낌은 선택된 구조의 지도 안에 존재하는 신경 패턴의 매우 구체적인 집합이다.

정서에서 의식적인 느낌까지

요약하자면 정서에서 느낌, 느낌에 대한 느낌에 이르는 사건의 전체 과정은 다섯 단계로 나눌 수 있다. 처음 세 단계는 정서에 관한 장에서 다룬 것이다.

1) 시각적으로 처리되는 특정한 대상 같은 정서 유도체에 의한 유기체의 관여가 대상의 시각적 표상을 만드는 과정. 대상은 의식적이 될 수도 그렇지 않을 수도 있으며, 인식이 될 수도 그렇지 않을 수도 있다. 대상에 대한 의식과 인식 둘 다 이 주기의 연속에 필수적이지 않기 때문이다.

2) 대상 이미지의 처리에 따른 신호는 그 대상이 속한 특정 유형의 유도체 그룹에 반응하도록 미리 설정된 신경 영역(정서 유도 영역)을 활성화한다.

3) 정서 유도 영역은 몸과 다른 뇌 영역으로 향하는 수많은 반응을 촉발하고, 정서를 구성하는 몸과 뇌의 반응을 모두 촉발한다.

4) 피질하 영역과 피질 영역 모두에 존재하는 일차 신경지

4부 앎 준비

도가 '신체 고리'나 '모의 신체 고리' 또는 그 둘 모두를 통해 일어난 변화든 상관없이 몸 상태 변화를 표상한다. 느낌이 발생한다.

5) 정서 유도 영역의 신경 활동 패턴이 이차 신경 구조에서 지도화된다. 이 지도화 때문에 원초적 자아가 변화한다. 원초적 자아의 변화 역시 이차 신경 구조에서 지도화된다. 이런 식으로 '정서 대상'과 원초적 자아 사이의 관계를 묘사하는, 방금 전의 사건에 대한 설명이 이차 구조에서 생성된다.

정서, 느낌, 앎에 대한 이런 내 관점은 정통적이지 않다. 다음과 같은 점에서 그렇다. 첫째, 각각의 정서가 발생하기 전에는 중심적인 느낌 상태가 존재하지 않는다. 즉 표현(정서)이 느낌에 선행한다. 둘째, '느낌을 가지는 것'은 '느낌을 아는 것'과 같지 않다. 느낌에 대한 숙고는 그 한 단계 위다. 전체적으로 이 이상한 상황은 영국의 소설가인 E. M. 포스터의 말을 떠올리게 한다. "내가 무엇을 생각하는지 말하기 전에 어떻게 내가 그 내용을 알 수 있을까?"

정서, 느낌, 의식이라는 세 가지 현상의 확실하고 놀라운 점은 그 현상이 모두 몸과 연관되어 있다는 사실이다. 우선 우리는 몸 본체와 뇌로 이루어진 유기체다. 어떤 자극에 대해 특정 형태의 뇌 반응을 할 수 있는, 그리고 자극에 반응해 미리 설정된 반응을 나타냄으로써 만들어지는 내부 상태를 표상할 수 있는 능력을 갖춘 유기체다. 몸의 표상이 가진 복잡성과 협력 정도가 증가하면서 이 표상은 유기체에 대한 통합된 표상, 즉 원초적 자아를 구성하게 된다. 이렇게 되면 유기체는 환경과의 상호작용으로부터 영향을 받아 원초적 자아 표상을 생성할 수 있게 된다. 의식은 이때만 발생하며, 그 이후에야 자신의 환경에 아름답게 반응하는 유기체가 **자신이** 환경에 아름답게 반응하고 있다는 것을 발견하게 된다. 하지만 정서, 느낌, 의식의 세 과정은 모두 유기체에게서 표상을 하는 과정이 있어야 실행될 수 있다. 이 과정의 공통적인 핵심은 몸이다.

느낌의 용도는 무엇인가

느낌은 정서 없이도 생명을 조절하고 생존을 지원하는 충분한 메커니즘이 된다고 주장할 수도 있을 것이다. 이 조절 메커니즘의 작동 결과에 대한 신호를 보내는 것이 생존에는 거의 필요하지 않다고 주장할 수도 있다. 하지만 이런 주장은 사실이 아니다. 느낌을 가지는 것은 생존의 조율에서 엄청난 가치를 차지한다. 정서는 그 자체가 유용하지만, 느낌의 과정은 유기체에게 정서가 풀기 시작한 문제에 대해 알려 주기 시작한다. 이 간단한 느낌 과정은 유기체가 정서 발생의 결과에 집중하도록 **동기를** 부여한다(괴로움은 앎에 의해 강화되기는 하지만, 느낌과 함께 시작된다. 기쁨도 마찬가지다). 느낌의 이용 가능성은 다음 단계, 즉 **우리가 느낌을 가지고 있다는 것을**

안다는 느낌의 발달을 위한 발판이기도 하다. 여기서 앎은 정서를 보강하거나 정서에 의해 일어난 직접적인 결과가 시간이 지나도 유지되도록 보장할 수 있는 구체적이고 비전형적인 반응을 계획하는 과정을 위한 발판이 된다. 다시 말해 느낌을 '느끼는 것'은 새로운 맞춤형 적응 반응을 계획하도록 도움으로써 정서의 범위를 확장한다.

이제 느낌을 안다는 것이 앎의 주체를 필요로 한다는 것에 대해 생각해 보자. 진화 과정에서 의식이 살아남은 유력한 이유는 의식을 가진 유기체가 자신의 느낌을 '느낄' 수 있었기 때문일 것이다. 나는 의식을 가능하게 하는 메커니즘이 살아남은 것은 유기체가 자신의 정서에 대해 아는 것이 유용했기 때문이라고 생각한다. 또한 의식이 생물학적 특징으로 계속 유지되면서 의식은 정서에만 적용되는 데 그치지 않고 정서를 행동으로 바꾸는 수많은 자극에도 적용되기 시작했다. 결국 의식은 가능한 감각 사건 전체에 걸쳐 적용이 가능해졌다.

배경 느낌에 대해

20세기 신경생물학이 그나마 관심을 가졌던 정서 분야 연구는 다윈이 연구한 정서의 핵심 유형이다. 에크먼 등의 연구에 따르면 공포, 분노, 슬픔, 역겨움, 놀람, 행복감은 표정과 인식 가능성 면에서 보편적인 정서다. 따라서 가장 자주 고려되는 느낌은 이 주요 정서를 의식적으로 읽은 결과라고 할 수 있다. 하지만 우리는 이 여섯 가지 보편적 정서로부터 발생하는 '보편적 느낌'의 집합에 반드시 속하지는 않는 느낌이라고 해도 끊임없이 정서적인 느낌을 갖는다. 살면서 우리는 이 여섯 가지 정서 중 하나도 경험하지 못하는 때가 대부분이다. 이 정서 중 네 개가 불쾌한 정서라는 사실을 생각하면 분명 우리는 축복받았다고 할 수 있다. 우리는 이른바 이차 정서, 즉 사회적 정서 중 하나도 경험하지 않을 때가 대부분이다. 이것도 축복이다. 이 정서도 불쾌함 면에서 거의 나을 것이 없기 때문이다. 하지만 우리는 다른 종류의 정서는 경험한다. 때로는 낮은 수준의 정서, 때로는 강렬한 정서다. 또한 우리는 우리 존재의 전반적인 물리적 분위기를 확실히 느낀다. 나는 이 배경의 작은 변화를 읽어 낸 결과를 『데카르트의 오류』에서 '배경 느낌'이라고 이름 붙였다. 이 느낌은 우리 마음의 전면에 있지 않기 때문이다. 때때로 우리는 이 배경 느낌을 예리하게 의식하게 되어 구체적으로 그 느낌에 주의를 기울인다. 그렇지 않을 때는 대신 다른 마음속 내용에 주의를 기울인다. 하지만 어떤 방식으로든 배경 느낌은 우리의 마음속 상태를 정의하고 삶에 색채를 부여하는 데 도움을 준다. 배경 느낌은 배경 정서로부터 발생하며, 이 정서는 외부보다는 내부로 더 많이 향하기는 하지만 수없이 많은 방식으로 다른 사람들에게서 관찰될 수 있다. 몸의 자세, 움직임의 속도와 방향, 심지어 배경 정서와 관련이 없는 생각에 대해 이야기할 때의 목소리 톤, 말의 운율 등에서 이런 정서가 관찰된다. 이런 이유 때문에 나는 느낌의 원천에 대한 우리 생각의 폭을 넓히는 것이 중요하다고 생각한다.

중요한 배경 느낌으로는 피로, 활기, 흥분, 건강, 아픔, 긴장, 이완, 치밀어 오름, 질질 끌기, 안정감, 불안정, 균형감, 불균형, 조화, 부조화 등이 있다. 배경 정서, 욕구, 동기부여는 서로 밀접하게 연결되어 있다. 욕구는 배경 정서에서 자신을 직접적으로 표현하며, 우리는 결국 배경 느낌을 통해 욕구의 존재를 알게 된다. 배경 느낌과 기분도 밀접한 관계가 있다. 기분은 조절되고 유지되는 배경 느낌과, 조절되고 유지되는 일차 정서로 구성된다. 우울감의 경우 일차 정서는 슬픔이다. 마지막으로 배경 느낌과 의식도 역시 매우 가까운 관계다. 그것은 너무나 밀접하게 연결되어 있어 쉽게 분리할 수 없을 정도다.

배경 느낌은 유기체 내부 상태의 순간적인 요소를 충실하게 나타내는 지표라고 보아도 될 것이다. 이 지표의 핵심 요소는 1) 혈관과 다양한 장기의 평활근, 심장과 흉부의 횡문근이 시간적, 공간적으로 작동하는 모양 2) 이 모든 근육섬유에 인접한 환경의 화학적 구성 3) 살아 있는 조직의 완전성 또는 최적의 항상성 상태에 대한 위협을 나타내는 화학 성분의 존재나 부존재 등이다.[3]

따라서 배경 느낌처럼 간단한 현상조차 다양한 수준의 표상에 의존한다고 할 수 있다. 예를 들어 내부 환경이나 체내 기관과 관련 있는 일부 배경 느낌은 교양질과 척수의 각 분절 중간 영역, 삼차 신경핵의 꼬리 부분처럼 초기에 나타나는 신호에 의존해야 한다. 다른 배경 느낌은 심장 기능에서 횡문근의 주기적인 활동, 고립로핵, 부완핵 같은 특정한 뇌간핵에서의 표상을 필요로 하는 평활근의 수축과 이완 패턴과 관련되어 있다.

　배경 느낌에 대한 내 생각은 발달심리학자 대니얼 스턴이 유아와 관련해 사용한 활력 징후 감정vitality affects 개념과 유사하다. 이 개념이 처음 모습을 드러낸 것은 제대로 인정을 받지 못했던, 앨프리드 노스 화이트헤드의 제자 수잔 랭거에 의해서다.[4]

느낌에 대한 몸의 불가피한 관계

정서가 유발되는 메커니즘과는 무관하게 직접적으로든 뇌의 신체감각 구조에서의 표상을 통하든 몸은 정서의 주 무대다. 하지만 이 생각이 맞지 않다는 말과, 본질적으로 이 생각은 윌리엄 제임스의 것이라는 말을 들었을지도 모르겠다. 간단하게 말하면 제임스는 정서가 있는 동안 뇌는 몸의 변화를 일으키고, 정서에 대한 느낌은 몸의 변화를 지각한 결과라고 생각했다. 제임스의 이런 생각은 당대에 외면을 받았다. 하지만 내 생각은 제임스의 것과는 다른 점이 있다. 첫째, 내 제안은 제임스의 것보다 더 많은 것을 포함하고 있다. 둘째, 정서에 관한 제임스의 이론이 완벽하다고 할 수는 없지만 거의 20세기 내내 있었고 지금도 있는 제임스에 대한 공격은 타당성이 없다.

정서를 일으키고 느낌의 기질을 만들어 낸다고 내가 설명한 메커니즘은 같은 주제에 대한 제임스의 이론과 양립할 수 있지만, 내 설명에는 제임스의 설명에는 없는 것이 많이 포함되어 있다. 이렇게 내가 추가한 부분은 느낌이 주로 몸 상태의 변화를 반영한 것이라는 제임스의 기본적인 생각에서 벗어나지 않지만 이런 현상에 새로운 차원을 부여한다. 가장 전형적인 사건의 전개에서조차 정서 반응은 몸 본체와 뇌 **모두**를 목표로 삼는다. 뇌는 느낌으로 지각되는 것의 상당 부분을 구성하는 신경 처리의 주요 변화를 생성한다. 몸은 더 이상 정서가 독점하는 극장이 아니며, 따라서 그것은 느낌의 유일한 원천이 아니다. 제임스가 원했을 만한 상황이다. 또한 원천이 되는 몸은 가상의 몸일 수 있다. 이를테면 '있는 그대로의' 몸이 아니라 '모의' 상황의 몸일 수 있다. 내가 제임스에게 가해지던 공격을 피해 갈 수단으로 이 추가적인 부분, 즉 정서 메커니즘을 생각해 낸 것은 아니라는 점을 덧붙이고 싶다. 물론 이 부분 중 일부가 그런 역할을 하는 것은 사실이지만 말이다. 이 부분에 대한 견해는 공격자들이 무엇을 공격하는지 알기 전에 이미 내가 생각해 낸 것이다.

제임스의 설명은 타당성이 너무 높기 때문에 그에 대한 비판에는 대응할 필요가 없다고 말할 수도 있지만, 그것은 여러 가지 이유에서 잘못된 생각이다. 우선 제임스의 설명은 불완전한 부분이 많아 현대 과학의 측면에서 확장이 반드시 필요하다. 둘째, 제임스의 설명 중 완전해 보이는 부분도 세부적으로는 정확하지 않다. 예를 들어 제임스는 체내 기관에서 이루어지는 표상에만 전적으로 의존했고, 느낌의 원천으로서의 골격근에는 거의 주의를 기울이지 않았으며, 내부 환경에 대해서는 전혀 언급하지 않았다. 현재의 증거에 따르면 대부분의 느낌은 이 모든 원천, 즉 골격과 체내 기관의 변화와 내부 환경의 변화에 다 의존할 가능성이 매우 높다. 셋째, 제임스의 설명에 대한 잘못된 이해로 인한 비판이 지금도 여전히 정서와 느낌을 종합적으로 이해하는 데 걸림돌이 되고 있기 때문이다.

> **척수 횡절단 후의
> 정서와 느낌**

몸으로부터의 입력 신호가 느낌과 관련이 없다는 생각은, 부상으로 척수가 횡절단된 환자들이 정서를 나타내거나 느낄 수 있는 능력이 없을 것이라는 잘못된 생각에 기초하고 있다. 문제는 이 환자들이 정서를 나타내고 느낄 수 있는 능력을 가지고 있는 것으로 보인다는 데 있다. 사실 느낌과 가장 관계가 밀접한 몸 입력 신호 중 척수를 통해 전달되는 것은 일부에 불과하다.

첫째, 관계된 정보의 상당 부분은 뇌간 높이에서 뇌와 연결되는 미주신경 같은 신경을 통해 이동한다. 이 부분은 사고로 손상을 입은 척수의 가장 높은 부위보다도 훨씬 더 위에 위치해 있다. 마찬가지로 정서의 발생도 아주 부분적으로만 척수에 의존한다. 실제로 정서 과정의 많은 부분은 뇌간 높이의 뇌신경(얼굴과 체내 기관에 작용)과 다른 뇌간핵(자신보다 위에 있는 뇌에 직접 작용)에 의해 조정된다.

둘째, 실제로 몸 입력 신호의 상당 부분은 신경이 아니라 혈류를 통해 이동해 다시 뇌간 높이에서, 예를 들어 뇌 맨 아래 구역 높이 또는 그 윗부분에서 중추신경계로 들어간다.

셋째, 느낌이 손상된 것으로 보이는 환자들과 느낌이 그대로 유지되는 것으로 보이는 환자들을 포함한 척수 손상 환자들에 대한 모든 연구 결과는 이들이 모두 어느 정도 느낌이 손상된 상태라는 것을 보여 준다. 척수가 몸 입력 신호의 **부분적인** 통로에 불과하다는 사실을 감안하면 예상할 수 있는 결과다.[5] 또한 이런 연구에서는 확실한 사실 하나가 밝혀졌다. 척수 손상 부위가 위에 위치할수록 느낌이 더 많이 손상된다는 사실이다. 이는 척수에서 높은 곳에 절단이 이루어질수록 몸으로부터의 입력 신호가 더 적게 뇌에 도착한다는 의미에서 중요한 사실이다. 절단 부위가 위에 위치할수록 느낌이 적고, 아래에 위치할수록 느낌이 많아져야 한다. 이 발견은 일부 몸 입력 신호가 실제로 척수 손상에 의해 차단되지 않았다면 설명하기 힘들었을 것이다(설득력은 별로 없어 보이지만 높은 부위에 척수 병변이 위치할수록 그에 따른 운동장애에 의해 심리적 장애가 더 심해져 느낌이 적어진다고 말할 수도 있다).

넷째, 척수는 완전하게 횡절단되는 경우가 거의 없다. 따라서 절단 부위를 피해서 중추신경계로 들어가는 경로가 생길 수 있다.

다섯째, 내 생각을 비판하는 학자들 일부는 유기체의 목 아랫부분을 몸이라고 생각하는 것 같다. 머리는 안중에도 없는 것이다. 하지만 얼굴과 두개골, 호흡 통로와 소화 통로의 윗부분과 발성기관의 대부분을 구성하는 구강, 혀, 인두와 후두도 뇌에 엄청난 양의 입력 신호를 제공한다는 사실이 이미 밝혀진 상태다. 이 입력 신호가 뇌간 높이에서 뇌로 진입하며, 이 부위 역시 척수 손상이 있는 모든 위치보다 위에 있다. 정서 대부분은 얼굴 근육의 변화, 인후의 근육 변화, 얼굴 피부와 두피의 자율적인 변화로 두드러지게 표현되기 때문에, 뇌에서 관련 변화의 표상이 일어나는 데 척수는 전혀 필요 없으며, 이 표상은 느낌의 기초로 여전히 이용될 수 있다. 척수가 거의 **완전하게** 절단된 환자들에서도 그렇다.

결론적으로 말하면 통상적인 상황에서 우리는 몇몇 정서의 **일부분을** 발생시키고 그 정서 발생의 **일부분에 대한** 신호를 뇌로 다시 보내기 위해 척수를 이용한다. 따라서 척수가 거의 완전하게 절단된다고 해도 정서와 느낌 발생에 필요한 신호의 양방향 흐름은 붕괴하지 않는다. 척수 부상으로 인한 정서와 느낌 관련 결함이 매우 적다는 사실은 몸 입력 신호가 정서와 느낌의 경험과 관련되어 있다는 생각을 뒷받침한다. 게다가 이런 결함은 이 생각과 반대되는 생각을 주장하는 데 거의 이용될 수 없다. 사고를 당한 뒤 크리스토퍼 리브(영화 〈슈퍼맨〉의 주인공)가 정서와 느낌을 잃어버리게 되었다고 생각하는 사람은 없다. 그가 정서와 느낌 모두를 가지고 있다는 사실은 정서와 느낌에서 몸이 차지하는 엄청난 역할을 보여주는 증거다.

1927년, W. 캐넌이 자신의 고양이 실험과 C. S. 셰링턴의 개 실험 결과를 이용해 제임스를 공격한 이후 지금까지 미주신경이 절단되거나 미주신경과 척수 모두 절단된 예에서 얻은 증거도 잘못 해석되고 있다.[6] 캐넌의 주장은 정서 같은 외부적인 것과 느낌 같은 내부적인 것을 혼동해서 나온 결과다. 왜 미주신경과 척수가 절단된 개와 고양이는 캐넌이 예측한 대로 정서 표시를 완전히 상실해야 했을까? 그렇지 않았어야 한다. 이 동물들의 미주신경과 척수 **모두를** 절단해도 분노, 공포, 관찰자와의 평화적인 협력을 드러내기 위해 얼굴을 변화시키는 반응의 회로는 차단되지 않는다. 이 반응은 뇌간에서 기원하며, 셰링턴이나 캐넌의 실험에서 손상되지 않은 뇌신경에 의해 조절된다. 동물들의 표정은 미주신경과 척수를 모두 잘랐을 때도 그대로 유지되었다. 당연히 그랬어야 한다. 개에게 고양이를 보여 주거나, 고양이에게 개를 보여 주었을 때 이 동물들은 목 아래가 마비되어 몸을 움직이지 못함에도 불구하고 분노 반응을 보였다(여담이지만 이 동물들의 적절한 뇌 영역에 전기 자극을 가했다면 그들은 '거짓 분노sham rage'라는 현상을 나타냈을 것이다. 분노의 동기가 없는데도 분노가 나타나는 현상을 말한다).

하지만 이 동물들의 느낌은 어떻게 되었을까? 느낌에 대한 실험은 불가능했을 것이다. 하지만 내 이론에 기초하면 이 동물들의 느낌은 부분적으로 변화했을 것이다. 이 동물들은 얼굴 표정으로부터 신호를 받았을 것이고, 뇌간핵으로부터 통상적인 신호를 받았을 것이다. 이 두 과정 모두 느낌의 기초가 되었을 것이다. 하지만 이 동물들은 미주신경과 척수로부터 오는 신호에 기초해야 할 체내 기관 입력 신호를 받지는 못했을 것이다. 이 시점에서 캐넌은 정서 표시가 너무 많이 이루어질 때 느낌은 멀어질 수 있다고 생각해 버린 것 같다. 그는 정서의 존재가 느낌의 존재를 확실히 나타낸다고 생각했다. 이 오류는 전적으로 정서와 느낌을 원칙을 가지고 구분하지 못하고, 유도체로부터 자동화되는 정서, 정서 변화의 표상, 느낌에 이르는 순차적이고 단일 방향인 과정의 고리를 인식하지 못해서 발생한 것이다.

간접적이기는 하지만 느낌의 생성에서 몸 입력 신호가 갖는 중요
감금증후군으로부터
얻은 교훈
성을 뒷받침하는 증거를 감금증후군에서 찾을 수 있다. 8장에서 살펴보았듯이 감금증후군은 뇌교나 중뇌 같은 뇌간의 일부분이 배측의 후측에서가 아니라 복측의 전측에서 손상될 때 발생한다. 골격근에 신호를 전달하는 운동 경로가 파괴된 상태에서 눈동자의 수직 방향 움직임을 위한 경로 하나만 살아 있으며, 그것도 완전하게 살아 있지 않을 때가 있다. 감금증후군을 유발하는 병변은 혼수상태나 지속적인 식물인간 상태를 일으키는 영역 바로 앞에 위치하지만, 환자들은 의식은 그대로 유지한다. 환자들은 얼굴, 팔다리, 몸통의 근육을 움직일 수 없으며, 의사소통 능력은 보통 양쪽 눈동자 또는 한쪽 눈동자의 수직 방향 움직임에 국

한된다. 하지만 환자들은 깨어 있고, 명료하며, 자신들의 정신적 활동을 의식한다. 이 환자들이 외부 세계와 소통할 수 있는 유일한 수단은 수의적隨意的인 눈 깜박임밖에 없다. 이 환자들은 글자들에 눈을 힘겹게 깜빡이는 방법으로 단어나 문장을 만들어 내고, 심지어는 책을 집필하기도 한다.

이 비참한 상태의 두드러진 특징이자 현재까지 무시되어 오고 있는 것은, 환자들이 완전히 의식을 유지한 채 자유로운 인간 상태에서 거의 완전한 운동 불능 상태로 빠졌지만 주변 사람들의 예상만큼 괴로움이나 혼란을 겪지 않는다는 사실이다. 환자들은 슬픔에서 기쁨까지 상당히 넓은 범위의 느낌을 가지고 있다. 이들의 경험이 담긴 책을 보면 환자들은 이전까지는 한 번도 느껴 본 적 없는 이상한 고요를 경험하기까지 한다. 이들은 자신이 처한 상황을 완전히 인식하고 있으며, 자신의 감금 상태에 대한 슬픔과 좌절감을 지적으로 느끼고 있다고 전달하기도 한다. 하지만 이들은 이 끔찍한 상황에서 발생할 것이라고 생각되는 공포에 대해서는 전하지 않는다. 이 환자들은 완벽하게 건강한 사람들과 MRI 촬영 장비 안의 보통 사람들이 경험하는 극도의 공포 같은 것을 가지고 있지 않는 것 같다. 심지어는 사람들이 꽉 찬 엘리베이터에서 느끼는 공포 정도도 경험하지 않는 것 같다.[7]

이 놀라운 발견에 대한 내 설명은 다음과 같다. 감금증후군에서의 손상은 눈 깜빡임과 눈동자의 수직 방향 움직임을 제외하면 수의적인 것이든 정서 반응에 의한 것이든 몸의 모든 움직임을 차단한다. 의도와 정서에 반응하는 얼굴 표정과 몸

짓도 차단한다(예외가 하나 더 있기는 하다. 울음에 동반되는 움직임이 없어도 눈물은 나올 수 있다). 이 상황에서는 보통의 경우라면 '신체 고리' 메커니즘을 통해 정서를 유발하는 모든 심적 과정이 정서를 유발하지 못한다. 뇌는 정서가 나타나는 극장으로서의 몸을 상실하게 되는 것이다. 그럼에도 불구하고 뇌는 기저전뇌, 시상하부, 뇌간의 정서 유발 영역을 여전히 활성화하고, 느낌이 의존하는 뇌의 내부 변화 중 일부를 생성한다. 게다가 몸에서 뇌로 이어지는 신호 전달 시스템 대부분은 자유롭기 때문에 뇌는 배경 정서를 구성하는 유기체의 화학물질로부터 직접적인 신경 신호와 화학 신호를 받을 수 있다. 이 화학물질은 내부 환경의 기본적인 조절 측면과 연관되어 있으며, 뇌간 손상 때문에 환자의 심적 상태와는 대부분 분리되어 있다(혈류 내 화학적 경로만 양방향으로 모두 열려 있는 상태다). 나는 내부 환경의 상태 일부가 조용하고 조화롭게 지각되고 있지 않을까 생각한다. 이와 같은 생각은 이런 환자들이 고통이나 불편함을 생성해야 하는 상태에 처할 때 그 상태가 존재한다는 것을 전할 수 있다는 사실에 의해 뒷받침된다. 예를 들어 이런 환자들은 다른 사람들이 자신을 움직여 주지 않으면 뻣뻣함과 쥐가 나는 것을 느낀다. 신기하게도 고통에 보통 이어지는 괴로움은 줄어드는 것 같다. 괴로움은 정서에 의해 유발되는데, 이 정서가 몸이라는 극장에서 더 이상 생성되지 못하기 때문일 것이다. 정서는 '모의 신체 고리' 메커니즘에서만 생성된다.

　이 해석은 쿠라레를 주입당한 환자들의 수술 과정에 의해서도 뒷받침된다. 쿠라레는 아세틸콜린의 니코틴성수용체에 작용해 골격근의 활동을 차단하는 물질이다. 적절한 마취 유도로 의식이 중지되기 전에 쿠라레가 작용한다면 환자는 자신의 마비 상태에 대해 의식할 수 있다. 감금증후군 환자들처럼 쿠라레를 주입당한 환자들도 주변 사람들의 대화를 들을 수 있다. 이런 환자들로부터 나중에 들은 이야기에 따르면 이들은 감금증후군 환자보다는 고요함을 덜 느낀다. 이 상태에서 환자들이 느낄 것이라고 사람들이 생각하는 것과 비슷한 느낌을 가지는 것이다. 이런 차이점을 설명할 수 있는 단서가 있다. 쿠라레는 아세틸콜린의 니코틴성수용체를 차단한다. 이 수용체는 신경 자극이 근육섬유를 수축시키는 데 필수적인 신경전달물질이다. 얼굴, 팔다리, 몸통에 걸쳐 분포하는 골격근은 횡문근이고 이런 니코틴성수용체를 가지고 있기 때문에 쿠라레는 신경-근육 접합점 모두에서 신경화학적 자극을 차단해 마비를 일으킨다. 하지만 정서의 자율 조절 아래에서 평활근의 반응을 일으키는 신경 자극은 쿠라레에 의해 **차단되지 않는** 무스카린수용체를 이용한다. 이 상황에서는 순수하게 자율 신호에만 의존하는 정서 반응의 한 부분이 몸이라는 극장에서 발생해 신경 구조에서 표상될 수 있다.

전체적으로 보면 이 증거는 느낌을 실제로 경험할 때 정서와 느낌의 '신체 고리' 메커니즘이 내가 대체, 보완 메커니즘이라고 말한 '모의 신체 고리' 메커니즘보다 중요하다는 것을 암시한다.

> 몸의 도움을 받는
> 정서로부터의 학습

최근에 진행된 학습 관련 실험으로부터도 정서에서 몸이 역할을 한다는 증거를 얻을 수 있다. 제임스 맥고 등은 쥐와 사람 모두에게서 학습하는 동안 특정한 정도로 나타나는 정서가 새로운 사실의 회상을 강화시킨다는 것을 연구를 통해 증명했으며, 이 연구 결과는 검증이 끝난 상태다.[8] 예를 들어 두 가지 이야기를 듣는다고 가정해 보자. 이 두 이야기는 분량과 그 안의 사실의 수가 비슷하지만, 한 이야기에만 매우 정서적인 내용이 포함되어 있다. 이때 당신이 더 많은 사실을 기억하는 것은 매우 정서적인 내용이 포함된 이야기일 것이다. 이 결과가 쥐에서도 똑같이 나타난다면 재미있다고 느낄 것이다. 하지만 실제로 쥐들도 적절한 시점에 정서가 특정 정도 부여되는 표준적인 학습 상황에서 더 나은 학습 능력을 보였다. 이 상태에서 쥐의 미주신경을 절단했더니 정서는 더 이상 학습 능력을 높이지 못했다. 왜 그럴까? 미주신경이 없는 쥐들은 체내 기관 입력 신호의 상당 부분을 받을 수 없게 되기 때문이다. 없어진 특정한 체내 기관 입력 신호가 학습을 돕는 정서에 필수적인 것이 틀림없다.

10장

의식의 용도

무의식과 그 한계

의식의 문제를 연구하는 사람들 사이에서는 의식이 가치 있으며, 그 가치 때문에 진화 과정에서 널리 퍼질 수 있었다는 데 점차적인 합의가 이루어지고 있다. 하지만 의식이 정확하게 어떤 기여를 해 오고 있는지에 대해서는 그 정도의 합의가 없는 상태다.

　이 책을 시작할 때 나는 정서의 무의식적인 속성에 대해 다루면서 유기체가 자신의 존재에 대해 알지 못할 때도 정서와 느낌이 효과를 발할 수 있는지에 대해 언급했다. 그렇다면 정서와 느낌이 발생하고 있다는 것을 앎으로써 유기체가 어떤 이득을 취할 수 있는지 의문을 가지는 것이 합리적일 것이다. 의식이 유익한 이유는 무엇일까? 우리가 느낌을 가진다는 것을 알지 못해도 생명체로서 성공적이지 않았을까?

9장에서 이런 의문을 다루기 시작했지만 더 구체적인 답을 하려면 무의식적 과정의 힘과 한계에 대해 생각할 필요가 있다. 나는 우리 마음속에 현재 있는 생각과 우리가 보이는 행동이 모두 의식하지 않는 방대한 규모의 과정이 낳은 결과라고 새삼스럽게 주장할 필요는 없다고 생각한다. 미지의 요인이 인간의 마음에 영향을 미친다는 것은 오래전부터 알려진 이야기다. 아주 오래전에는 이런 요인을 신이나 운명이라고 불렀다. 20세기 초반이 되자 이 미지의 요인은 우리 존재에 근접해 마음의 지하에 위치하게 되었다. 일반적으로 프로이트가 제시한 것으로 알려진 이 설명에 따르면, 그 지하에 있는 것의 작동 방식을 결정하는 것은 개인의 초기 경험의 특정한 집합이었다. 한편 카를 구스타프 융의 설명에 따르면 그 지하에 있는 것의 형성은 진화 과정에서 아주 오래전에 시작되었다. 그 존재를 인정하고 인간 행동에서 무의식 과정의 힘을 인식하기 위해 꼭 프로이트나 융이 제안한 메커니즘을 인정할 필요는 없다. 20세기 내내, 그리고 프로이트와 융의 원래 이론과는 연관이 없는 연구를 통해 무의식적 과정의 증거는 끊임없이 축적되어 왔기 때문이다.

사회심리학은 인간의 마음과 행동에 미치는 비의식적 영향의 증거를 수없이 찾아내고 있다. 강력한 증거도 너무나 많아 일일이 열거하기 힘들지만, 대표적으로는 J. 킬스트롬과 A. 레버의 포괄적인 연구 결과를 들 수 있다.[1]

인지심리학과 언어학도 강력한 증거를 제시하고 있다.[2] 예

를 들어 아이들은 만 세 살이 될 때쯤이면 자신의 언어 구성
법칙을 놀라울 정도로 잘 이용하지만, 이들이 이런 '지식'을
알고 있는 것은 아니다. 아이들의 부모도 마찬가지다. 세 살
짜리 아이들이 아래의 복수형을 완벽하게 만드는 것을 보면
잘 알 수 있다.

dog+복수=dog z

cat+복수=cat s

bee+복수=bee z

이 아이들은 각 단어의 끝에 유성음 z 또는 무성음 s를 자
연스럽게 붙이지만, 이 선택은 언어 법칙에 관한 지식을 의식
적으로 동원해서 한 것이 아니다. 그것은 무의식적이다. 20
세기 중반, 노엄 촘스키가 주장한 대로 문법 구조에 대한 지
식은 완벽하게 정확하고 효과적으로 사용되는 거의 모든 경
우에서 의식적으로 존재하지 않는다.[3]

신경심리학 분야의 증거도 못지않게 많고 강력하다. 예를
들어 조건화를 통해 얻는 지식은 의식적인 탐색 밖에 계속 존
재하며 간접적으로만 표현된다. 의식적으로는 얼굴을 인식
하지 못하게 된 환자들도 무의식적으로는 낯익은 얼굴을 감
지할 수 있다. 특정 뇌 병변이 있는 법적인 시각장애 환자들
도 의식적으로는 볼 수 없는 광원을 비교적 정확하게 가리
킬 수 있다.[4] 이 상황은 움직임으로 표현되는 지식에 대한 의
식 없이도 감각운동 기능이 소환되는 것을 보면 잘 이해할 수

있다.

감각운동 기능이라는 말은 수영, 자전거, 춤, 악기를 배울 때 얻게 되는 것을 나타낸다. 이런 기능을 획득하려면 해당 기능 수행이 점진적으로 완전해질 때까지 수많은 연습을 해야 한다. 바이올린 천재라도 한 번 교습을 받아서는 바이올린을 연주할 수 없다. 수많은 시도가 필요하다. 반면 사람의 얼굴이나 이름은 한 번에 학습할 수 있다.

실험실에서 기능 학습에 대한 측정을 할 수 있는 믿을 만한 방법이 있다. 거울상 따라 그리기mirror tracing, 회전판 추적rotor pursuit 같은 방법이다. 회전판 추적은 스타일러스 펜 끝을 컴퓨터 스크린상의 동그란 판의 가장자리에 표시된 미세한 점에 대고 판이 빠른 속도로 회전하는 동안 그 점을 따라가는 작업이다. 숙달이 되려면 시간이 걸리고 여러 번 시도해야 한다. 판의 회전 운동을 정확하게 따라가야 하기 때문이다. 판의 속도에 팔 움직임 속도를 미세하게 조정하면서 맞추어야 한다. 컴퓨터는 스타일러스 펜이 미세한 점과 접촉하는 시간을 감지해 과제 수행 정도를 평가한다.

건강한 사람들은 몇 번만 해 보면 이 과제에 숙달되며, 이 과정에서 과제 수행 정도를 그래프로 그려 보면 학습 곡선이 있다는 것을 알게 된다. 다음번에 할 때는 전에 할 때보다 실수가 적어지며 과제 수행에 걸리는 시간도 짧아진다. 보통의 실험 참가자들은 많은 것을 동시에 학습하게 되는 것이다. 이들은 실험을 실시하는 장소와 사람들, 실험 장비, 과제 수행 규칙, 점점 과제를 더 잘 수행하는 방법을 학습한다. 실제로 연습이 완벽을 만든다.

이제 참여자를 바꾸어서 실험을 다시 해 보자. 새로운 얼굴, 장소, 단어, 상황을 학습하지 못하는 데이비드 같은 중증 기억상실증 환자들이 참여자다. 이 환자들은 이런 종류의 과제를 학습하지 못할 것 같다는 생각이 들지만 그렇지 않다. 이들은 완벽하게 과제를 학습하며, 이들의 실제 과제 수행은 보통의 실험 참가자들과 전혀 다르지 않다. 하지만 데이비드와 보통 사람 사이에는 커다란 차이가 하나 있다. 과제 수행자체가 아니라 과제를 둘러싼 것에 대한 차이다. 기억상실증 환자들은 장소, 사람, 장치, 실험 규칙 등에 대해 그 어떤 것도 학습하지 않는다. 이들이 학습하는 것은 과제 수행, 자신들이 들어야 하는 내용, 장치를 볼 때마다 그 장치로 어떤 과제를 수행해야 하는지에 대한 것이 전부다. 이들은 이 과제를 수행할 때마다 더 잘하게 되고, 실수가 적어지며, 속도는 빨라졌다. 이는 이 기능의 배치가 과제를 설명하는 사실에 대한 의식적인 탐색에 의존하지 않는다는 분명하게 보여 준다. 데이비드는 처음 이 과제를 수행했을 때의 자신이 어렵다고 느낀 것이 무엇인지 기억하지 못한다. 과제를 수행하면서 실수를 바로잡고 기능을 다듬어야겠다고 자신이 생각한 것도 기억하지 못한다. 그는 숙련된 방법으로 과제를 수행할 뿐이다. 의식이 있는 사람으로서의 데이비드는 과제를 할 때마다 처음 하는 것처럼 느낀다. 하지만 과제 규칙과 기능에 관한 지식 모두에 대한 의식적인 탐색을 제외한다면 데이비드의 뇌는 이 기능을 활용할 준비가 되어 있다.

이런 환자들에게서 볼 수 있었던 놀라운 사실이 또 하나 있다. 기능에 대한 지식은 그 기능을 획득한 뒤에도 오랫동안 이용 가능하다는 사실이다. 예를 들어 데이비드는 과제에 필요한 기능을 획득한 지 2년이 지나서도 보통과 다르지 않게 과제를 수행할 수 있었다. 이는 이 지식이 견고해진 상태라는 뜻이다.

이런 비의식적인 기능 수행이 흥미롭기는 하지만 환자에게는 아무 가치가 없으며 보통의 사람들과는 무관하다고 생각할 수도 있다. 어쨌든 일반적으로 우리는 우리 자신이 기능을 학습하고 그것과 연관된 사건을 학습하는 상황을 알고 있기 때문이다. 하지만 의식적인 탐색이 전혀 없거나 거의 없이도 감각운동 기능이 이용될 수 있다는 사실은 일상생활에서 작은 것이든 큰 것이든 수많은 과제 수행에서 큰 장점이 된다. 의식적인 탐색에 의존하지 않는다는 것은 우리 행동의 상당 부분이 자동화된다는 뜻이며, 다른 과제를 계획하고 실행해 새로운 문제의 해답을 만들어 내는 데 필요한 주의와 시간(우리 삶에서 희귀한 자원이다) 면에서 우리가 자유로워진다는 뜻이다.

자동화는 전문적인 운동 수행에서도 큰 가치가 있다. 뛰어난 연주자나 운동선수가 가진 테크닉의 일부는 의식 밑에 남아 더 높은 차원의 테크닉을 구사해 어떤 곡에 담긴 특정한 의도에 따라 연주하게 해 준다.

(5장에서 다룬 환자 에밀리 같은) 안면인식장애 환자들에게

한 번도 만난 적 없는 사람들의 사진과 가까운 친척과 친구들의 사진을 무작위로 보여 주면서 측정 기록 장치로 피부 전도도를 기록했더니 극적인 해리 현상이 일어났다. 에밀리의 의식 있는 마음에는 이 얼굴들이 모두 똑같이 알아볼 수 없는 것이었다. 친구, 친척, 모르는 얼굴에 모두 똑같이 멍한 반응을 보였으며, 이들이 누구인지 알 수 있게 해 주는 그 어떤 것도 마음에 떠오르지 않았다. 하지만 친구나 친척의 얼굴은 거의 모두 피부 전도도 반응을 일으킨 반면 모르는 얼굴은 그렇지 않았다. 환자는 이런 반응을 보이고 있다는 것을 몰랐다. 게다가 피부 전도도 반응의 크기는 가까운 친척일수록 더 커졌다.

해석은 명확하다. 의식적인 탐색으로 인식이 가능하도록 이미지 형태로 지식을 만들어 낼 수 없음에도 불구하고 환자의 뇌는 여전히 의식적인 탐색 밖에서 어떤 반응을 만들고 특정한 자극에 대한 과거의 기억을 드러낼 수 있다는 것이다. 이 연구 결과는 비의식 과정의 힘과 의식 밑에 구체성이 있을 수 있다는 사실을 잘 보여 준다.

높은 수준의 비의식적 과정의 가장 두드러진 예는 우리 실험실의 앙투안 베차라, 해나 다마지오와 같이 진행한 연구에서 찾을 수 있을 것이다. 의사 결정 과제를 다룬 이 연구는 적절한 지식과 논리를 이용해 내린 많은 결정은 그 지식과 논리가 충분한 역할을 하기 전에 이미 비의식적인 영향에 의해 도움을 받는다는 것을 밝혀냈다. 또한 이 연구는 비의식적인 신호를 발생시키는 데 정서가 중요한 역할을 한다는 것도 밝혀 냈다. 이는 카드 게임을 과제로 이용해 얻은 결과였다.

이 게임에서 연구팀은 카드 상자를 두 가지 종류로 나누었다. 좋은 패가 들어 있는 상자들과 나쁜 패가 들어 있는 상자들이다. 실험 참가자들은 어느 상자에 좋은 패가 들어 있는지 모르는 상태였다. 그들은 상자들에서 하나씩 카드를 뽑기 시작하면서 어떤 상자에 좋은 패가 들어 있고 어떤 상자에 나쁜 패가 들어 있는지에 대한 지식을 서서히 얻기 시작했다. 이 지식의 원천은 어떤 상자에서 어떤 카드를 뽑으면 보상이나 벌칙을 받는다는 사실이다. 우리는 이 과제를 이용해 전두엽 손상을 입은 환자들의 의사 결정에 관해 연구했으며, 최근에는 뇌 손상 환자와 신경질환이 없는 보통 사람 모두에서의 정서와 의식에 관해 연구했다.

보통 사람인 참가자들이 일관되게 좋은 패가 들어 있는 상자를 고르고 나쁜 패가 들어 있는 상자를 피하기 시작할 때, 그들은 자신이 처한 상황에 대한 의식적인 설명도, 상황을 다루기 위한 의식적인 전략도 가지고 있지 않았다. 하지만 이 시점에서 참가자들의 뇌는 나쁜 패가 들어 있는 상자에서 카드를 선택하기 직전에 이미 체계적인 피부 전도도 반응을 만들어 내기 시작하고 있었다. 좋은 패가 들어 있는 상자에서 카드를 선택하기 전에는 이런 반응이 전혀 나타나지 않았다. 이런 반응은 상자들의 상대적인 좋고 나쁨과 확실히 관련된 비의식적 편견의 존재를 보여 준다.

문제의 핵심은 의식 없이 뇌가 어떻게 어떤 상자에는 좋은 패가 들어 있고 어떤 상자에는 나쁜 패가 들어 있는지 '알게 되는지'다. 앎의 의미를 좁게 한정한다면 뇌는 다음의 암시적인 연상에 대해 알고 있다고 할 수 있다. 보상을 주는 것은 유쾌한 상태를 유발하고, 벌칙을 주는 것은 불쾌한 상태를 유발하므로 일관되게 벌칙의 원천이 되는 특정한 대상은 피해야 한다는 연상이다. 이 상황에서 과거 경험의 사실은 의식적으로 만들어질 필요가 없다. 이 사실은 그것이 미칠 미리 정해진 영향이 암묵적인 편견으로서 작용할 수 있도록 적절한 신경 패턴에 의해 현재 상황과 연결되어야 한다.[5] 하지만 의식 있는 인간은 위에서 언급한 과정을 넘어설 수 있다. 인간은 편견에 대해 의식할 수 있게, 즉 편견에 대해 알 수 있게 되는 것을 넘어서, 의식적인 추론을 이용해 적절한 결론을 내리고 불쾌한 결정을 피하기 위해 그 결론을 이용할 수 있다.

우리는 암묵적인 편견 시스템을 상실한 환자들, 즉 복내측 전전두피질 또는 편도체가 손상된 환자들의 상황으로부터 이들의 의사 결정 장치가 심각할 정도로 훼손되어 있다는 것을 알고 있다. 이는 비의식 시스템이 의식적인 추론 시스템과 서로 깊게 연결되어 있어 전자가 붕괴하면 후자도 같이 붕괴한다는 뜻이다.

반면 신경질환이 없는 사람들, 즉 비의식 시스템과 의식 시스템이 모두 통상적으로 존재하는 사람들에게서는 의식 부분이 비의식 시스템의 범위와 효율을 증가시키는 것이 확실하다. 의식은 카드 게임 참가자가 전략이 맞는 것인지 알게 하고, 전략이 맞지 않으면 그것을 수정하게 만든다. 또한 의식은 참가자가 카드 게임의 맥락을 표상해 게임을 중단해야 하는지 결정하게 만들거나, 참가자나 관찰자의 상황이 어떤 가치를 가질지 생각하게 만든다.

의식의 장점

의식 과정 없이도 수많은 생명 조절이 이루어지며, 자아를 아는 것의 영향을 받지 않고도 기능이 자동화될 수 있고 호불호가 발생할 수 있다는 것을 생각한다면 의식의 진정한 쓰임새는 어디에 있다고 할 수 있을까? 가장 간단한 답은 이렇다. 의식은 마음의 범위를 넓히고, 그로 인해 더 넓은 범위의 마음을 가지게 된 유기체의 생명을 더 좋은 상태로 만든다.

의식이 가치 있는 이유는 그것이 항상성 유지를 위한 새로운 수단을 도입한다는 데 있다. 이 수단은 뇌간과 시상하부에서 오랫동안 자리해 온 완전히 비의식적인 장치보다 더 효율적인 내부 환경 조절 장치를 말하는 것이 아니다. 그전부터 존재하는 항상성 조절 수단에 의해 해결되는 문제와 연결된 다른 종류의 문제를 해결할 수 있는 새로운 수단을 말하는 것이다. 다시 말해 뇌간과 시상하부의 장치는 비의식적으로 그리고 매우 효율적으로 심장, 폐, 신장, 내분비계, 면역계를 조정해 생명을 가능하게 하는 요소가 적절한 범위 안에서 유지되도록 만드는 반면 의식 장치는 개별 유기체가 유기체의 기본 설계에서는 예상되지 않았던 환경의 위협 요소에 대처함으로써 생존에 핵심적인 조건이 충족되도록 만든다.

이 결론과 양립할 수 있는 사실은, 환경의 요구와 유기체가 자동화된 전형적인 장치로 이 요구에 대처할 수 있는 정도 사이에 부조화가 있다는 사실이다. 의식이 없는 생명체는 내부적으로 항상성을 조절하고, 공기를 들이마시며, 물을 찾아내고, 생존에 필요한 에너지를 진화에 의해 적절하게 적응한 환경 안에서 변환할 수 있다. 의식이 있는 생명체는 의식이 없는 생명체에 비해 어느 정도 장점이 있다. 이 생명체는 자동조절의 세계(원초적 자아와 서로 엮인 기본적 항상성의 세계)와 상상의 세계(다양한 감각 양상의 이미지가 결합해 이전에는 발생한 적이 없는 상황에 대한 새로운 이미지를 만들어 내는 세계) 사이의 연결 고리를 구축할 수 있다. 이미지 생성의 세계, 즉 계획의 세계, 시나리오를 만들고 그 결과를 예상하는 세계가 원초적 자아의 세계와 연결되는 것이다. 자아 감각은 계획을 이전부터 존재하고 있는 자동화에 연결한다.

의식만이 환경에 대해 적절한 반응을 만들어 항상성을 달성할 수 있는 수단은 아니다. 의식은 이런 수단 중에서 가장 나중에 생긴, 가장 정교한 것일 뿐이며, 자동화된 반응과 관련하여 유기체가 적응할 수 없었던 환경에서 새로운 반응을 창조하기 위한 길을 만들어 냄으로써 자신의 기능을 수행한다.

나는 현재 상태로 설계된 의식이 상상의 세계를 개인, 개별 유기체, 넓은 의미에서의 자아에서 가장 중요한 세계로 만든다고 생각한다. 또한 나는 의식의 유효성이 비의식적인 원초적 자아와의 끊임없는 연결에서 나온다고 생각한다. 이 연결은 **걱정**을 만들어 냄으로써 개인 생명의 문제에 적절한 주의를 기울이도록 만든다. 의식의 유효성이 지닌 비밀은 아마도 자신인 상태selfness에 있을 것이다. 요약하자면 의식의 힘은 개인의 생명 조절을 위한 생물학적 장치와 생각을 위한 생물학적 장치 사이의 효과적인 연결에서 나온다. 이 연결은 생각 과정의 모든 측면에 스미고, 모든 문제 해결 활동을 집중시키며, 그에 따른 해결 방법을 만들어 내는, 개인의 걱정을 만들어 내는 기초다. 의식이 가치 있는 이유는 개별 유기체의 생명에 지식을 집중시키는 데 있다.

의식의 가치에 대한 증거는 아주 경미한 손상의 결과만 고려해도 얻을 수 있다. 자아의 심적 측면이 중지되면 의식의 장점은 바로 사라진다. 복잡한 환경에서 개인의 생명 조절이 불가능해진다. 개인은 개인적인 측면과 사회적인 측면 모두에서 기본적이고 즉각적으로는 몸을 계속 유지할 수 있다. 하지만 개인이 유지하는 환경과의 연결은 붕괴한다. 그리고 이 붕괴 때문에 개인은 결국 몸을 계속 유지할 수 없게 된다. 실제로 이 상태를 그대로 방치하면 몇 시간 만에 개인은 사망하게 된다. 몸을 유지하는 과정이 붕괴하기 때문이다. 이런 예는 이 책에서 다룬 자아 감각을 포함하는 의식 상태가 생존에 필수적이라는 것을 암시한다.

'앎의 행위에서의 자아'의 이미지적인 측면은 유기체에 이익이 된다. 이 측면은 모든 행동과 인지 장치를 (스피노자가 바랐을 수 있는) 자기 보존 쪽으로, 그리고 (우리가 반드시 바라야 하는) 궁극적으로는 타자와의 협력 쪽으로 지향하게 하기 때문이다.

다른 사람의 의식을 경험하게 되는 날이 올까

의식에 대한 이해가 높아지면서 결국에는 다른 사람의 정신적 경험에 접근할 수 있게 되는 날이 올지에 대한 질문을 자주 받는다. 이에 대한 내 답은 오래전부터 지금까지 '아니요'다. 신경생물학 분야에서 새로운 지식이 지금처럼 많이 쌓여 있는 상태에서 내 대답은 좀 의외일지 모르겠다. 하지만 나는 지식을 가진 사람의 마음속에 심상의 생물학에 대한 지식이 아무리 많이 있어도 심상을 만들어 내는 유기체의 마음속에서 일어나는 경험은 만들어 내지 못할 것이라고 생각한다.

그리 멀리 않은 미래에 놀라울 정도로 신형 스캐너가 개발되어 이를테면 샌프란시스코만을 보고 있을 때의 내 뇌를 사상 초유의 깊이까지 촬영할 수 있다고 상상해 보자. 우리가 있고, 당신이 있고, 내가 있고, 샌프란시스코가 있는 상황이다. 스캐너는 이른바 대규모 시스템을 이용해 현재 볼 수 있는 깊이보다 훨씬 깊은 곳까지 촬영할 수 있다. 예를 들어 내가 내 앞의 풍경에 대해 지금 만들고 있는 시각이미지가 구축되는 동안 당신이 내 망막, 외측슬상핵, 초기 피질 영역 전체를 여러 번에 걸쳐 스캔할 수 있다고 상상해 보자. 더 나아가 이 스캔 작업으로 다양한 대뇌피질, 피질하핵의 다양한 세포

층을 볼 수 있고, 스캔 결과의 공간 해상도가 당신과 내가 둘 다의 유기체 밖에서 보는 사물들의 해상도 정도로 높아 뉴런의 활동 패턴을 분명하게 볼 수 있을 정도의 상황이라고 상상해 보자. 마지막으로 이 시나리오의 수준을 현재의 과학 수준을 초월하지만 터무니없을 정도로는 높이지 않는 상태에서 이 스캐너가 내 다양한 신경의 집합에서 당신이 탐지하는 신경 활성화 패턴에 대한 물리적, 화학적 설명을 제공한다고 상상해 보자.

이 초강력 스캐너의 촬영 결과를 이 스캐너만큼 강력한 컴퓨터를 이용해 분석한다면 마음속 이미지 내용의 **상관물의** 놀라울 만한 집합을 얻을 수도 있을 것이다. 하지만 그럼에도 그 이미지에 대한 내 **경험**이 어떤 것인지는 결코 알 수 없을 것이다. 이는 의식과 마음의 신경생물학에 관한 모든 연구에서 명확히 밝혀야 하는 핵심적인 문제다. 당신과 나는 같은 풍경을 경험할 수 있지만, 우리 각자는 자신만의 관점에 따라 그 풍경에 대한 경험을 생성할 것이다. 우리는 각각 개인적 소유와 개인적 행위 주체에 대해 서로 다른 감각을 가지게 될 것이다. 당신은 샌프란시스코만에 대한 내 경험의 기초를 이루는 뇌 활동 패턴을 보면서 내 경험이 아닌 이 모든 신경 데이터에 대한 당신만의 개인적인 경험을 하고 있는 것이다. 당신은 내 경험과 매우 비슷한 무엇인가에 대한 경험을 하지만 그것은 내 경험과는 다른 것이다. 당신은 **나의** 뇌 활동을 볼 수 있지만 내가 보는 것을 보지는 못한다. **당신은 내가 보는 동안의 내 뇌 활동의 일부분을 보는 것이다.**

이 풍경에 대한 내 고유한 경험은 첨단 장비의 도움 없이도 쉽게, 싸게, 직접적으로 얻는 것이다. 샌프란시스코만에 대한 경험을 하기 위해 내 뇌의 다양한 영역에 있는 뉴런과 분자의 특정한 행동에 대해서 알 필요가 전혀 없는 것이다. 실제로 풍경에 대한 마음속 시각이미지 형성과 관련해 내가 가지고 있는 모든 신경생리학적 지식을 마음속에서 소환한다고 해도 이런 소환은 현재 이미지의 형성이나 그 이미지에 대한 내 경험에는 전혀 영향을 미치지 못한다. 뇌가 작동하는 방식에 대해 조금이라도 알고 있는 것은 좋은 일이지만, 이런 지식은 대상에 대한 경험에 전혀 필요하지 않다. 뇌에 대해서 더 많이 알게 되면 훨씬 더 좋겠지만, 그것은 그런 지식이 세계를 경험하는 데 조금이라도 도움이 되기 때문은 아니다.

그렇다면 다음과 같은 점이 분명해진다. 우리는 심상 처리 과정의 생리학에 대해 점점 더 많이 알게 되고 그 지식으로 마음과 의식의 메커니즘을 더 이해하게 될 것이다. 이는 이런 지식이 이미지에 대한 경험에 필수적이지 않다는 사실에 완전하게 들어맞는다.

이제 다른 문제 하나가 불거진다. 이미지 처리 과정에 대한 생물학적 지식이 그 이미지에 대한 경험과 무관하다는 사실은 이미지에 관한 생물학적 지식을 발견하는 것이 불가능하다는 뜻으로 받아들여지는 경우가 많다. 하지만 이 둘은 전혀 관계가 없다. 우리는 이미지 형성과 경험의 생물학적 메커니즘에 대한 지식과, 이미지에 대한 경험이 별개라는 것을 알고 있다. 심상의 형성과 경험에 관한 신경생리학적 지식이 아무리 많아도 그 지식을 가진 사람들 내부의 심상 경험은 알 수 없을 것이다. 물론 지식이 더 많이 쌓인다면 우리가 어떻게 이미지를 경험하는지에 대해 더 만족스러운 설명은 할 수 있을 것이다.

철학자 프랭크 잭슨은 나중에 철학계에서 매우 널리 알려지게 된 이야기를 한 적이 있다. 우리가 다루고 있는 문제와 관련해 자주 인용되는 이야기다.[6] 그것은 열성적인 신경과학자 메리의 이야기다. 메리는 흑백 환경에서 갇혀 자라 색깔을 한 번도 경험하지 못했다. 하지만 우연히도 메리는 색채 시각에 관한 모든 신경생리학적 지식을 가지고 있다. 어느 날 메리는 색깔이 없는 자신의 세상을 떠나 현실 세계로 들어가게 되고, 처음으로 색깔을 경험하게 된다. 완전히 새롭고 놀라운 세상이었다.

이 이야기에 대한 전통적인 관점은 색깔에 대한 메리의 엄청난 지식도 그녀에게 색깔에 대한 경험을 하게 하지 못했다는 관점이다. 지금까지는 별 문제 없다. 내가 앞에서 설명한 바에 따르면 나는 이 관점이 맞다고 본다. 이제 이 이야기에 대한 가장 중요한 관점을 살펴보자. 메리가 색깔에 대한 풍부한 신경생리학적 지식을 가지고 있음에도 불구하고 색깔을 경험한 적이 없다는 사실은 정신적인 경험을 설명하는 데 신경생리학적 지식을 사용할 수 없으며, 지식과 경험 사이에는 과학적으로 메울 수 없는 엄청난 간극이 있다는 뜻으로 받아들여진다.

나는 여러 가지 이유로 이 결론에 동의하지 않는다. 그 첫째 이유이자 가장 중요한 이유는 이 절의 초반에서 언급한 스캐너 시나리오에서 설명했듯이 경험의 메커니즘에 대해 설명하는 것과 경험을 하는 것은 완전히 다른 문제이기 때문이다. 신경생리학적 지식을 가지는 것이 우리가 설명하려고 하는 현상을 경험하는 것과 같지 않다는 이유만으로 신경생리학적 지식이 현상을 설명하는 데 충분하지 않다고 결론지어서는 안 된다. 그래서도 안 되고 그럴 수도 없다. 내가 동의하지 않는 둘째 이유는 앞에서 한 주장과 연결되어 있다. 색깔을 포함해 특정한 자극을 경험하는 것은 이미지의 형성에만 의존하는 것이 아니라 앎의 행위에서의 자아 감각에도 의존한다. 메리의 이야기는 이야기 자체가 목적에 부합하지 않는다. 이 이야기는 메리의 색깔 경험 문제를 신경생리학적으로 다루지 않으면서 색깔에 대한 그녀의 이미지 형성만을 다루었기 때문이다.[7]

물론 메리는 의식의 신경적 기초에 대해 알고 있었을 수도 있다. 이 책을 읽었을 수도 있다. 그렇다면 메리는 색깔에 대한 마음속 경험의 일반적인 메커니즘을 설명하는 방식에 대해 어느 정도 알고 있었을지도 모른다. 하지만 그렇다고 해도 메리는 여전히 색깔에 대한 경험을 할 수 없을 것이다. 마음속의 어떤 것 또는 우리가 가지는 어떤 것을 과학적으로 **설명하는 것**과 직접적으로 **만드는 것**은 완전히 다른 문제다.

과학계 일부에서는 주관적인 관찰을 이용하는 것에 반대목소리를 내고 있다. 하지만 이런 반대는 심적인 경험이 아닌 행동만이 객관적으로 연구될 수 있다는 행동주의자와, 행동만 연구해서는 인간의 복잡성을 제대로 이해할 수 없다는 인지주의자 사이의 오랜 논쟁을 떠올리게 한다. 마음과 그 마음에 대한 의식은 관심을 가진 관찰자에게는 존재를 공공연하게 자주 드러내기는 하지만 다른 그 무엇보다도 사적인 현상이다. 의식 있는 마음과 그 구성 성분은 환상이 아니라 구체적 실체이며, 현재 그대로의 개인적이고, 은밀하며, 주관적인 경험으로서 연구되어야만 한다.

주관적인 경험에 과학적으로 접근할 수 없다는 생각은 터무니없다. 주관적인 실체도 객관적인 실체처럼 충분한 수의 관찰자들이 동일한 실험 설계에 따라 철저한 관찰을 수행해야 한다. 또한 이런 관찰 결과는 관찰자들 전체에서 일관성을 가지는지 검증해야 하며, 특정한 형태의 수치를 내야 한다. 게다가 주관적인 관찰로부터 얻은 지식, 예를 들어 내적인 통찰 같은 것은 객관적인 실험에 영감을 줄 수 있으며, 그 못지않게 중요한 사실은 주관적인 경험이 현재의 과학적 지식으로 설명될 수 있다는 점이다. 주관적인 경험의 속성을 그 행동적 상관물을 연구해 이해할 수 있다는 생각은 틀린 것이다. 마음과 행동은 둘 다 생물학적 현상이지만, 마음은 마음이고 행동은 행동이다. 마음과 행동은 연관되어 있고 이 관계는 과학의 진보에 따라 더 밀접해지겠지만, 각각의 세부 사항 면에서는 서로 다르다. 당신이 내게 말을 하기 전까지 나는 당신의 생각을 결코 알 수 없으며, 내가 당신에게 말을 하기 전까지는 당신은 내 생각을 결코 알 수 없는 이유가 여기에 있다.

의식이 차지하는 위치

의식이라는 말에는 너무나 많은 의미가 들어 있기 때문에 단서 없이 쓰기가 거의 불가능하다. 의식이 최고의 위치까지 올라간 이유는 바로 이 의미의 중첩성에 있다. 이런 중첩성은 극도로 세련되고 특출한 인간만이 가진 것이라고 여겨지는 선과 악을 구별하는 능력, 다른 사람들의 욕구와 요구에 대한 지식, 우주에서 우리가 차지하고 있는 위치에 대한 감각 같은 인간 마음의 특성이 전적으로 의식에 속해 있기 때문에 발생하는 것이다. 의식은 이런 것을 모두 포함하고 있기 때문에 건드릴 수 없는 존재가 된 것이다.

그보다 나는 의식을 이렇게 본다. 의식은 우리가 이렇게 소중하게 생각하는 특성을 마음이 나타낼 수 있도록 해 주는 것이지 그 특성의 내용은 아니다. 또한 의식은 양심이 **아니다.** 의식은 사랑, 명예, 자비, 관용, 이타심, 시, 과학, 수학이고 기술적인 발명과도 같은 것이 **아니다.** 부도덕함, 실존적 불안, 의식의 나쁜 상태의 예인 창의력 부족과도 같지 않다. 범죄자들 대부분은 의식이 손상되어 있지 않다. 양심이 손상된 상태일 것이다.

인간의 마음에서 발생하는 놀라운 업적은, 그 업적이 생명을 필요로 하고 그 생명이 소화와 균형 잡힌 화학적 내부 환경을 필요로 하는 방식과 동일한 방식으로 의식을 필요로 한다는 점이다. 하지만 이런 놀라운 업적 중 그 어느 것도 의식에 의해 직접 발생하지는 않는다. 이런 업적은 의식을 가능하

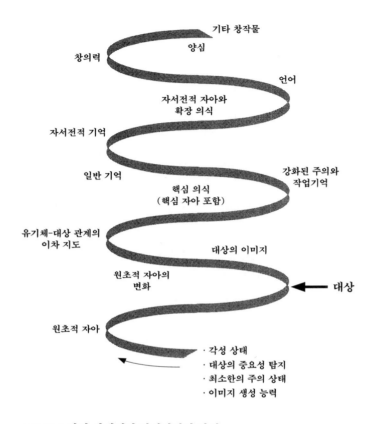

그림 10-1 각성 상태에서 양심까지의 단계

게 할 수 있는 신경계에 방대한 기억력, 기억 속에서 항목을
범주화할 수 있는 강력한 능력, 언어 형태로 지식 전체를 부
호화할 수 있는 새로운 능력, 지식을 마음속에 표현한 상태로
유지하고 지적으로 조작할 수 있는 강화된 능력이 갖추어져
발생하는 직접적인 결과다. 또한 이런 능력 각각은 수없이 많
은 정신적이고 신경적인 요소로 구성된다.

핵심 의식은 인간이 현재의 상태가 되도록 만드는 작용의 위계에서 그리 높은 위치를 차지하지 않는다. 그것은 복잡한 체계의 기초 중 일부다. 이 체계의 맨 위에 위치하고 있지 않다. 이 위계에서 핵심 의식은 행동, 정서, 감각 표상 같은, 인간이 아닌 몇몇 종들도 가지고 있는 다른 기초적인 능력 위에 위치하지만 이런 능력과 아주 멀리 떨어져 있지는 않다.

이런 기초적인 능력의 본질은 인간과 다른 종들 사이에 거의 차이가 없을 것이다. 예를 들어 정서는 인간에게서 '더 좋아졌다고' 말할 수 있는 증거가 없다. 달라진 것은 삶에서 정서가 하는 역할에 대한 우리의 감각뿐이며, 이 차이는 삶의 핵심에 대해 우리가 더 많이 알게 된 결과다. 기억, 언어, 지능이 차이를 만드는 것이지 정서가 차이를 만드는 것이 아니다. 의식도 마찬가지일 것이다. 확장 의식은 마음이 핵심 의식을 갖춘 상태에서 우수한 기억력, 언어능력, 지능에 의존할 수 있을 때만, 이 마음을 구축하는 유기체가 적당한 사회적 환경과 상호작용을 할 때만 나타난다. 간단히 말하면 의식은 문명에 진입할 수 있는 허가증이지 문명 자체는 아닌 것이다.

나는 의식을 현재의 위치에서 끌어내리고 있지만 인간의 마음을 현재의 위치에서 끌어내리고 있는 것은 아니다. 인간의 마음을 현재의 위치에 올리고 그 위치에 계속 유지시키는 것은 의식이라는 용어가 포괄하는 생물학적 현상과 우리가 기술하고, 이름 짓고, 과학적으로 이해하려고 시도하는 다른 많은 현상이다. 그럼에도 나는 우리가 에덴동산에서 추방된 이유가 의식 때문일 것이라고 인정할 준비가 되어 있다. 의식이 지식의 나무 열매(선악과)가 선사한 맛의 전부는 아니지만, 순진한 의식은 인간이 자신의 속성에 대한 개념을 구축하기 수백만 년 전에 일을 시작한 것이다.

11장

빛 아래에서

느낌에 의해, 빛에 의해

이 책에서 다룬 가장 놀라운 생각은 결국 의식이 느낌으로 시작된다는 것이다. 분명 특별한 종류의 느낌이지만 어쨌든 느낌이다. 내가 왜 의식을 느낌으로 생각하기 시작했는지 기억나며, 지금도 그 이유가 합리적으로 보인다. 의식은 느낌처럼 **느껴지며**, 의식이 느낌처럼 느껴진다면 그것은 느낌일 것이라는 것이 그 이유다. 확실히 의식은 외부로 향하는 감각 양상 어느 것에서도 분명한 이미지로 느껴지지 않는다. 의식은 시각 패턴이나 청각 패턴이 아니다. 후각 패턴이나 미각 패턴도 아니다. 우리는 의식을 보거나 듣지 않는다. 의식은 냄새가 나거나 맛을 가지고 있지 않다. 그것은 몸 상태에 대한 비언어적 신호로 구축된 일종의 패턴으로 느껴진다. 우리의 정신적 일인칭 시점의 신비한 원천, 즉 핵심 의식과 그것의 단순한 자아 감각이 강력하면서도 난해하게, 확실하면서도 모호하게 유기체에게 드러나는 이유가 여기에 있다.

17세기 프랑스 철학자 말브랑슈라면 이 설명에 동의했을 수도 있다. 300년 전 그는 다음과 같이 썼다. "마음이 사물, 숫자, 연장extension(물질이 특정한 공간을 차지하는 속성)의 본질을 보는 것은 빛과 분명한 생각을 통해서다. 마음이 피조물의 존재에 대해 판단하고 자신의 존재를 아는 것은 모호한 생각 또는 느낌을 통해서다."[1]

의식이 앎의 느낌이라는 생각은, 의식과 가장 밀접한 관련이 있는 뇌 구조에 관해 내가 말한 중요한 사실과 일관성을 갖는다. 원초적 자아를 지원하는 구조에서 이차 지도화를 지원하는 구조에 이르기까지, 내부 환경을 이루는 구조에서 근골격계 틀을 이루는 구조에 이르기까지 이런 구조는 몸의 다양한 신호를 처리한다. 이런 구조는 모두 느낌의 비언어적 어휘로 작동한다. 따라서 이런 구조의 활동에서 발생하는 신경 패턴은 우리가 느낌이라고 부르는 심상의 기초가 된다고 할 수 있다. 의식 생성의 비밀은 대상과 유기체의 관계를 표시한 결과가 느낌에 대한 느낌이 된다는 데 있다. 의식의 신비한 일인칭 시점은 느낌으로 표현되는 새로 생성된 지식, 말하자면 정보로 구성된다.

느낌을 의식의 근원으로 생각하면 이 책 서론에서 언급한 의식에 관한 두 가지 문제 중 둘째 문제인 자아 감각에 대한 설명, 즉 뇌 안 영화의 주인이 그 영화에 어떻게 나타나는지에 대한 설명이 가능해진다. 하지만 이 생각은 의식에 관한 두 가지 문제 중 첫째 문제, 즉 뇌 안의 영화가 그 근원인 감각질로부터 어떻게 계속 생성되는지에 대해서는 완전한 답을 주지 못한다. 신경생물학자, 인지과학자, 철학자가 제안한 다른 이론은 이 첫째 문제에 집중되어 있다. 예를 들어 현재까지 발표된 의식 관련 이론 중 가장 포괄적이라고 할 수 있는 제럴드 에덜먼의 이론은 흥미로운 생물학적 틀을 이용해 뇌 안의 영화가 생성될 수 있는 조건에 대해 다루었다.

최근 연구에서 에덜먼은 한걸음 더 나아가 의식 있는 마음에 나타나는 통합된 장면의 생성에 필요한 생리학적 조건을 구체적으로 밝혀냈다. 버나드 바스의 전역 작업 공간 가설, 대니얼 데닛의 다중 원고 모델도 뇌 안의 영화 문제를 여러 측면으로 다루었다.

중요한 것은 느낌을 의식의 근원으로 봄으로써 느낌의 깊은 속성에 대해 연구할 수밖에 없게 되었다는 점이다. 느낌은 무엇으로 만들어지는가? 느낌은 무엇에 대한 지각인가? 우리는 느낌에 대해 얼마나 깊이 알 수 있는가? 현재로서는 이런 의문에 대한 완전한 답을 얻을 수 없다.

하지만 답이 어떻게 나오든 인간의 의식이 느낌에 의존한다는 생각은 의식 있는 인공물을 만드는 문제를 다루는 데 도움이 된다. 첨단기술과 신경생물학적 지식의 도움을 받아 의식 있는 인공물을 만들어 낼 수 있을까? 이 질문의 속성을 감안하면 두 가지 답을 할 수 있다. '아니요'와 '예'다. 인간의 의식과 비슷한, 내부 감각 관점으로부터 개념화되는 어떤 것을 가진 인공물을 만들 수 있는 가능성이 거의 없다는 점에서는 '아니요'다. 그리고 이 책에서 내가 제안한 의식의 메커니즘 형태를 갖춘 인공물을 만들 수 있다는 점에서는 '예'다. 또한 이런 인공물이 특정한 형태의 의식을 가지는 것도 가능할 수 있다.

의식의 메커니즘 형태를 갖춘 인공물의 외부적 행동 일부는 의식적인 행동과 비슷할 것이고, 튜링 테스트의 의식 버전을 통과할 수도 있을 것이다. 하지만 행동, 마음, 튜링 테스트 문제에 관한 존 설과 콜린 맥긴의 훌륭한 이론에도 불구하고 튜링 테스트를 통과한다고 해서 인공물에 마음이 있다고 확신하기는 힘들다. 더 중요한 것은 인공물의 내부 상태를 내가 이 책에서 제안한 신경적, 정신적 설계의 일부와 비슷하게 만들 수 있다는 사실이다. 하지만 이 내부 상태가 이차 지식을 생성할 수 있는 방법을 가질 수 있다고 해도 느낌의 비언어적 어휘의 도움이 없다면 그 지식은 인간에게서 또는 의식이 있을 수 있는 수많은 종들에게서 관찰되는 방식으로는 표현되지 않을 것이다. 느낌은 실제로 장벽이다. 인간에게서 의식이 나타나려면 느낌이 존재해야 할 수 있기 때문이다. 정서의 '겉모습'은 모방할 수 있지만, 느낌이 느껴지는 방식은 실리콘으로 똑같이 재현할 수 없다. 느낌은 육체가 복사되지 않는 한, 육체에 대한 뇌의 작용이 복사되지 않는 한, 뇌가 육체에 작용한 후 뇌가 그 육체를 감각하는 과정이 복사되지 않는 한 복사될 수 없다.

빛 아래에서

이 책의 시작 부분에서 나는 의식의 탄생을 빛 속으로 걸어 들어가는 순간에 비유했다. 자아가 처음 마음에 나타난 순간부터 계속해서 우리는 하루 중 3분의 2에 해당하는 시간 동안 끊임없이 마음의 빛 안으로 걸어 들어가며 우리 자신에게 알려지게 된다. 이런 수많은 알려짐의 과정이 현재의 우리를 만들어 오고 있기 때문에 우리는 우리 자신이 빛 아래에서 무대를 가로질러 걸어간다고까지 상상할 수 있는 것이다.

이 모든 것은 우리 몸의 경계 안이나 밖의 어떤 단순한 것과 연결된 살아 있는 존재에 대한 최소한의 감각으로 소박하게 시작된다. 그러다 빛의 강도가 높아져 더 밝아지면 우주의 더 많은 부분이 조명된다. 과거의 대상이 어느 때보다 더 많이, 선명하게 보이게 되는 것이다. 처음에는 따로따로 보이지만 나중에는 한꺼번에 보이게 된다. 또한 미래의 대상, 우리 주변의 대상도 더 많이 밝게 조명된다. 의식의 빛이 점점 강해지면서 매일 더 많은 것이 동시에 더 미세하게 알려지게 된다.

소박한 시작으로부터 현재의 상태에 이르기까지 의식은 존재의 부분적인 드러남이다. 부분적이라는 말이 중요하다. 발달 과정의 어떤 시점에서 의식 역시 기억, 추론, 나중에는 언어의 도움을 받아 존재를 변화시키는 수단이 된다.

인간이 만든 모든 것은 존재의 부분적 드러남의 방향 제시에 따라 그 존재를 조작하기 시작할 때 이 전이 시점으로 회귀한다. 우리는 자신의 속성과 우리와 비슷한 다른 것들의 속성에 대해 알아야 선과 악에 대한 감각과 양심적인 행동의 기준을 만들어 낼 수 있다. 창의력, 즉 새로운 생각을 해내고 인공물을 만들어 내는 능력 자체는 의식이 제공할 수 있는 것보다 더 많은 것을 필요로 한다. 창의력은 풍부한 기능과 그 기능에 대한 기억, 풍부한 작업기억, 뛰어난 추론 능력, 언어를 필요로 한다. 하지만 의식은 창의력 과정에 항상 존재한다. 의식의 빛이 필수적이라서가 아니라 의식이 드러나는 과정의 속성이 다양한 방식으로, 덜 집중적으로든 더 집중적으로든 창조 과정을 인도하기 때문이다. 신기하게도 윤리 규범, 법, 음악, 문학, 과학, 기술 등 우리가 발명하는 모든 것은 의식이 우리에게 제공하는 존재의 드러남에 의해 직접적으로 제어되거나 영감을 받는다. 게다가 어떤 방식으로든 이 발명품은 드러나는 존재에 크고 작은 영향을 미친다. 이 발명품은 좋은 방향으로든 나쁜 방향으로든 이 존재를 변화시키는 것이다. 존재가 의식에, 의식이 창의력에 영향을 미치는 관계가 성립한다고 할 수 있다.

인간의 조건이 만들어 내는 드라마는 의식이 유일한 그 원천이다. 물론 의식과 그 드러남은 자신과 타인에게 더 나은 삶을 살 수 있도록 하지만, 더 나은 삶의 대가는 매우 크다. 그 대가는 위협, 위험, 고통뿐만 아니라 위협, 위험, 고통을 **알게 되는** 것이다. 더 나쁜 것은 이 대가가 쾌락이 무엇인지, 그리고 쾌락이 없을 때나 쾌락을 얻을 수 없을 때를 **알게 되는** 것이다.

따라서 인간의 조건이 만들어 내는 드라마의 원천이 의식인 이유는 의식이 우리 중 누구도 성공하지 못했던 거래에서 얻는 지식과 관련 있기 때문이다. 더 나은 존재가 되는 대가는 그 존재에 대한 무지함을 상실하는 것이다. 일어나는 일에 대한 느낌은 우리가 하지 않았던 질문에 대한 답이며, 우리가 협상할 수 없었던, 파우스트의 거래 같은 거래에 사용되는 동전이기도 한다. 이 거래는 자연이 우리 대신 한 협상이다.

하지만 이 드라마는 꼭 비극이라고 할 수는 없다. 어느 정도로 다양하고 불완전한 방식으로, 개인적으로, 집단적으로 우리는 창의력을 인도할 수단을 가지게 되며, 그 과정에서 인간의 존재를 악화시키지 않고 개선한다. 이 일이 쉽지는 않다. 참고할 수 있는 청사진도 없다. 성공 가능성이 낮을 수도 있다. 실패할 가능성도 높다. 또한 창의력이 소박하게라도 성공적으로 인도되면 우리는 의식이 다시 한번 존재에서 항상성 조절 역할을 수행하도록 허용하게 될 것이다. 앎은 생명체에 도움이 될 것이다. 나는 인간 속성의 생물학을 이해하는 것이 해야 하는 선택에 조금이라도 도움이 되기를 희망해 보기도 한다. 그렇다고 해도 의식의 주요 결과인 문명이 지금까지 해 온 일은 바로 존재 전체를 개선하는 것이었다. 그리고 적어도 3000년 동안은 보상이 많았건 적었건 문명이 하려고 시도해 오고 있는 일이 바로 그 개선이다. 그렇다면 좋은 소식은 우리가 이미 개선을 시작했다는 것이다.

부록

마음과
뇌에
관한
주석

용어 정리

이미지, 신경 패턴, 표상, 지도 같은 용어는 불분명한 데다 다
양한 의미를 가지고 있다. 따라서 이런 용어 사용에는 어려움
이 많다. 하지만 이런 용어는 이 책의 주제를 다루면서 아이디
어를 전달하는 데 없어서는 안 될 것이다. 이 주석은 이런 용어
를 내가 어떻게 사용하는지 분명하게 밝히기 위한 것이다.

이미지와 신경 패턴이란
무엇인가

나는 **이미지**라는 용어를 항상
심상mental image이라는 뜻으로
사용한다. 이미지와 동의어는
심적 패턴이다. 나는 이미지라는 말을, 현재의 신경과학적 방
법을 통해 활성화된 감각피질에서 나타나는 신경 활동의 패

턴이라는 뜻으로 쓰지는 않는다. 예를 들어 청각 지각에 상응하는 청각피질에서의 신경 활동 패턴, 시각 지각에 상응하는 시각피질에서의 신경 활동 패턴 같은 것에는 이미지라는 말을 쓰지 않는다. 이 과정의 신경적 측면을 말할 때는 **신경 패턴** 또는 **지도**라는 용어를 쓴다.

이미지는 의식적일 수도 있고 비의식적일 수도 있다(앞의 내용 참조). 비의식적 이미지에는 직접적인 접근이 불가능하다. 의식적인 이미지는 **일인칭 관점에서만** 접근이 가능하다(내 이미지, 당신의 이미지). 반면 신경 패턴은 **삼인칭 관점에서만** 접근이 가능하다. 최첨단 기술의 도움을 받아 내 신경 패턴을 관찰할 수 있는 기회가 있다 해도 나는 내 신경 패턴을 여전히 삼인칭 관점에서만 관찰할 수밖에 없을 것이다.

> 이미지에는 시각이미지만 있는 것이 아니다

이미지는 각각의 감각 양식 sensory modality의 표시로, 즉 시각, 청각, 후각, 미각, 신체감각이 나타남으로써 구축된 구조를 가진 심적 패턴이다. 신체감각 양식에는 촉각, 근감각(근육감각), 온도감각, 통각, 내장감각, 전정감각 등 다양한 감각이 포함된다. 이미지라는 말은 '시각적인' 이미지만을 뜻하는 것이 아니며, 움직이지 않는다는 뜻을 전혀 포함하고 있지 않다. 이 말은 음악이나 바람이 일으키는 소리 이미지나 아인슈타인이 지적인 문제를 푸는 데 사용한 신체감각 이미지를 가리키기도 한다. 아인슈타인은 이 패턴을 '근육' 이미지라고 불렀다.[1] 모든 감각 양식에서 이미지는 구체적이든 추상적이든 모든 종류의 과정과 실체를 '묘사'한다. 이미지는 또한 실체의 물리적 속성을 '묘사'하며, 실체들 사이의 공간적, 시간적 관계를 때로는 단편적으로, 때로는 전체적으로 '묘사'하기도 한다. 간단히 말해 심상이 의식의 결과로 우리 것이 될 때 우리가 마음이라고 알게 되는 과정은 이미지 대부분이 논리적으로 밀접한 관계가 있는 것으로 드러나게 되는 이미지의 연속적인 흐름이다. 이 흐름은 빠르든 느리든, 고르든 그렇지 않든 시간의 진행 방향으로 움직인다. 또한 이 흐름은 하나의 연속적인 순서로 움직이지 않고 여러 순서가 섞이기도 한다. 이 순서는 때로는 동시에 나타나기도 하고, 때로는 수렴하거나 발산하기도 한다. 서로 겹치는 경우도 있다. **사고**는 이런 이미지의 흐름을 나타낼 때 쓸 수 있는 용어다.

이미지의 구축 이미지는 우리가 뇌의 외부로부터 내부로 사람, 장소, 치통 같은 대상을 연관시킬 때, 또는 뇌의 안쪽으로부터 바깥쪽으로 기억을 통해 대상을 다시 구축할 때 만들어진다. 이미지 구축 작업은 우리가 깨어 있을 때도 멈추지 않으며, 심지어는 수면 중 꿈을 꿀 때도 계속된다. 이미지는 우리 마음의 화폐라고 할 수도 있겠다. 이런 개념을 전달하기 위해 내가 사용하고 있는 말은 문자 형태로 쓰기 전에 단편적이고 간단한 형태일지라도 음소나 형태소의 청각, 시각, 신체감각 이미지로서 처음 형성된 것이다. 이와 비슷하게, 이렇게 문자로 쓰여 지금 이 책에서 눈앞에 보이는 말도 그 말이 또 다른 이미지, 즉 내 말에 대응하는 '개념'이 심적으로 표시되게 해 주는 비언어적 이미지의 활성화를 촉진하기 전에 당신에 의해 언어 이미지로 처음 처리된 것이다. 이런 관점에서 보면 당신이 생각할 수 있는 모든 상징은 이미지이며, 이미지로 만들어지지 않은 정신적 잔여물은 거의 없을 것이다. 앞에서 설명한 바에 따라, 심지어는 각각의 정신적 순간의 배경을 구성하는 느낌조차 이미지, 즉 주로 몸 상태를 나타내는 신체감각 이미지라고 할 수 있다. 뭔가를 알아내는 행위에서 자아를 구성하는 강박적으로 반복되는 느낌도 예외가 아니다.

이미지는 의식적일 수도 있고 비의식적일 수도 있다. 하지만 뇌가 만드는 모든 이미지가 반드시 의식이 되는 것은 아니라는 점을 알아야 한다. 이미지가 의식이 될 수 있는 마음의 창 크기에 비하면 너무나 많은 이미지가 생성되고 경쟁을 벌인다. 이 창은 이미지와 우리가 그 이미지를 이해하고 그 결과로 그 이미지에 적절히 주의를 기울이고 있다는 감각이 공존하는 곳이다. 비유적으로 말하자면 의식 있는 마음 밑에는 실제로 숨어 있는 마음이 존재하며, 그 숨어 있는 마음에도 여러 층위가 존재한다고 할 수 있다. 한 층위는 방금 언급했듯이 주의가 집중되지 않은 이미지로 구성되어 있다. 다른 층위는 신경 패턴과, 언젠가는 의식이 되는 이미지이든 그렇지 않은 이미지이든 모든 이미지에 내재하는 신경 패턴 사이의 관계로 구성되어 있다. 또 다른 층위는 기억 안에 신경 패턴의 기록을 유지시키는 데 필요한 신경 장치와 관계가 있다.

이 신경 장치는 선천적으로 그리고 후천적으로 내재한 기질을 체화하는 장치를 말한다.

표상

용어의 의미를 몇 개 더 확실하게 해야겠다. 우선 **표상**이다. 문제가 많은 용어이지만 이런 종류의 논의를 위해서는 사실상 피해 갈 수 없는 말이다. 나는 표상이라는 말을 심상이나 신경 패턴의 동의어로 사용한다. 특정한 표면에 대해 내가 가지는 심상이 표상이다. 그 표면에 대한 지각 운동 과정이 다양한 뇌 내 시각적, 신체감각, 운동 부위에서 일어나는 동안 발생하는 신경 패턴도 표상이다. **표상**이라는 용어를 이런 의미로 사용하는 것은 전통적이고 명료하다고 할 수 있다.

표상은 심적인 이미지에 관해서든 뇌의 특정 부위 안에서 일어나는 신경 활동의 통일성 있는 집합에 관해서든 '무엇인가에 일관성 있게 연관된 패턴'을 뜻한다. 표상이라는 용어의 문제는 모호성에 있는 것이 아니다. 모든 사람이 그 의미를 짐작할 수 있기 때문이다. 문제는 심상 또는 신경 패턴이 어떤 방식으로든 마치 대상의 구조가 표상에서 복사되는 것처럼 마음과 뇌에서 충실하게 어떤 대상을 **나타낸다는** 암시에 있다. 이 대상은 표상이 지칭하는 대상을 말한다. 내가 쓰는 표상이라는 말에는 그런 암시가 전혀 없다. 나는 신경 패턴과 심상이 그것이 지칭하고 있는 대상에 얼마나 충실한지 전혀 모른다. 게다가 그 충실도와 관계없이 신경 패턴과 그에 상응하는 심상은 뇌의 창작물일 뿐만 아니라 뇌의 그런 창작을 촉진하는 외부 현실의 결과물이기도 하기 때문이다. 나나 당신이 어떤 대상을 우리 자신 밖에서 본다면 우리는 각각의 뇌에서 그 대상에 상응하는 이미지를 만들어 낸다. 당신과 내가 자세한 부분까지 그 대상을 매우 비슷하게 묘사하는 것을 보면 잘 알 수 있다. 하지만 그렇다고 해서 우리가 보는 이미지가 대상 외부의 모습을 그대로 복사한 것이라고 할 수는 없다. 절대적인 의미에서 우리는 대상이 어떤 모습인지 알지 못한다. 우리가 보는 이미지는 대상의 물리적인 구조가 몸과 상호작용을 할 때 우리라는 유기체(유기체의 일부인 뇌 포함) 안에서 나타나는 변화에 기초한다. 피부, 근육, 망막 등 우리 몸 전체에 걸쳐 있는 신호 장치는 유기체와 대상의 **상호작용** 지도를 그리는 신경 패턴 구축에 도움을 준다. 신경 패턴은 뇌의 관습에 따라 구축되며, 피부, 근육, 망막 등 몸의 특정 부분에서 오는 신호를 처리하기에 적합한 다중 감각과 운동 부위에서 일시적으로 구성된다. 이러한 신경 패턴 구축, 즉 지도 작성은 상호작용이 관여할 뉴런과 회로를 순간적으로 선택하는 것에 기초한다. 다른 말로 하면 선택되어서 조립될 수 있는 기초 자재가 뇌 안에 존재한다는 뜻이다. 기억 안에 계속 남는 일부 패턴도 같은 원칙에 따라 구축된다.

따라서 당신과 내가 마음속에서 보는 이미지는 특정 대상의 복사본이 아니라 우리와 우리 유기체와 관련된 대상 사이의 상호작용의 이미지다. 유기체의 설계에 따라 신경 패턴 형태로 구축된 이미지인 것이다. 대상은 실재한다. 상호작용도 실재한다. 이미지가 실재한다는 것은 그 무엇보다 분명하다.

하지만 우리가 결국 보게 되는 이미지의 구조와 속성은 대상이 촉발한 뇌 내 구축물이다. 대상에서 망막으로, 망막에서 뇌로 대상의 어떤 그림이 전달되지는 않는다. 그보다는 대상의 물리적 특성과 유기체의 반응 방식 사이에는 일련의 교신이 존재하며, 내부적으로 생성되는 이미지는 그 교신에 따라 구축된다고 할 수 있다. 또한 같은 대상에 대해 충분히 비슷한 이미지를 구축할 정도로 우리는 생물학적 유사성이 높기 때문에 우리가 특정한 물체에 대해 어떤 **그림**을 형성한다는 기존의 생각을 저항 없이 받아들일 수 있다. 하지만 실제로는 그렇지 않다.

표상이라는 용어에 대해 주의해야 하는 마지막 이유 중 하나는 이 용어가 뇌를 컴퓨터처럼 생각하게 만든다는 데 있다. 하지만 뇌를 컴퓨터에 비유하는 것은 정확한 것이 아니다. 뇌는 컴퓨터 같은 계산 기능을 수행하지만 뇌의 구조와 작동 방식은 컴퓨터에 대한 일반 사람들의 생각과는 비슷한 점이 거의 없다.

(지도) **지도**라는 용어에는 대부분 동일한 조건이 적용된다. 마음의 신경생물학 논의에서 지도라는 용어는 거의 **표상**이라는 용어만큼 피할 수도 저항할 수도 없는 말이다. 광자로 알려진 빛의 입자가 대상과 관련된 특정한 패턴으로 망막을 때리면 그 특정한 패턴 모양, 즉 원형 또는 십자 모양 등으로 활성화되는 신경세포는 일시적인 신경 '지도'를 구성한다. 그다음 단계로 시각피질

같은 신경계에서는 관련된 지도가 다시 형성된다.[2] 말로 무언가를 표현할 때와 마찬가지로 지도로 만들어지는 대상과 지도 사이에는 패턴과 교신이 확실히 존재한다. 하지만 그 교신은 점 대 점 교신이 아니기 때문에 지도는 충실할 필요가 없다. 뇌는 창의적인 시스템이다. 그것은 정보처리 장치처럼 자신 주위의 환경을 그대로 반영하지 않는다. 대신 뇌는 자신만의 지침과 내부 설계에 따라 그 환경의 지도를 만들어 동등하게 설계된 뇌만이 알 수 있는 세상을 만들어 낸다.

이미지를 만드는 과정의 미스터리와 지식 격차

이미지가 어디서 오는지에 대해서는 미스터리가 없다. 이미지는 뇌의 활동으로부터 만들어지며, 뇌는 물리적, 생물학적, 사회적 환경과 상호작용을 하는 살아 있는 유기체의 일부다. 따라서 이미지는 회로 또는 네트워크를 구성하는 신경세포군이나 뉴런에서 형성되는 신경 패턴 또는 신경 지도에서 발생한다. 하지만 이미지가 **어떻게** 신경 패턴으로부터 발생하는지는 미스터리다. 신경 패턴이 어떻게 이미지가 **되는지는** 신경생물학이 아직 풀지 못한 문제다.

신경과학을 연구하는 사람 대부분은 하나의 목표와 희망을 가지고 있다. 신경생물학의 도구로 우리가 현재 설명할 수 있는 신경 패턴이 바로 이 순간 우리가 경험하는 다차원 시공간 통합 이미지가 되는 방식을 언젠가는 분자 수준에서 시스템 수준까지 전체적으로 설명하는 것이다. 신경 패턴에서 이미지까지의 과정을 만족스럽게 설명할 수 있는 날이 언젠가는 오겠지만 아직은 아니다. 이미지가 신경 패턴 또는 신경 지도가 아니라, 신경 패턴 또는 신경 지도에 **의존하고** 그것에서 **발생한다고** 말하는 이유는 의도하지 않게 이원론에 빠지지 않기 위해서다. 다시 말하자면 신경 패턴과 비물질적인 인식 대상은 별개라는 뜻이다. 나는 지금 1) 다양한 신경 수준에서의 신경 패턴에 대한 우리의 현재 설명과 2) 신경 지도 내의 활동에서 발생하는 이미지에 대한 우리의 경험 사이에서 일어나는 모든 생물학적 현상을 아직 구명하지 못하고 있다고 말하고 있는 것이다. 분자, 세포, 시스템 수준에서의 신경 사건에 대한 우리의 지식과, 심상이 나타나는 메커니즘을 이해하고 싶은 우리의 바람 사이에는 간극이 있다. 그 간극이 무엇으로 채워질지는 아직 모르지만 아마도 그것은 확인 가능한 물리적 현상일 것이다. 그 간극의 크기와 미래에 그 간극이 얼마나 채워질지는 물론 토론의 대상일 것이다. 그것이 무엇이든 나는 내가 이미지라고 부르는 생물학적 실체의 전구체가 신경 패턴이라고 생각한다는 점을 분명히 밝히고 싶다.

방금 언급한 그 간극은 이 책을 통틀어 두 가지 차원에서 설명을 계속한 이유 중 하나가 된다. 그 두 가지는 마음의 차원과 뇌의 차원이다. 이렇게 구별하는 이유는 지적인 건강함을 유지하기 위해서이지 이원론에 빠져서가 아니다. 설명을 계속 분리한다고 해서 마음의 차원과 생물학적 차원이 따로 있다고 암시하는 것은 아니다. 나는 마음이 높은 수준의 생물학적 과정이라고 생각하고 있을 뿐이다. 마음은 분리해서 설명해야 하고 또 그럴 만한 가치가 있다. 그 이유는 마음이 나타나는 방식이 개인적이고 마음의 나타남이 우리가 설명하고 싶은 근본적인 현실이기 때문이다. 한편 신경 사건을 적절한 말로 설명하는 것은 이런 신경 사건이 마음이 만들어지는 데 어떤 방식으로 기여하는지 이해하기 위한 노력의 일부이기도 하다.

새로운 용어   이 책에서는 새로운 용어 몇 개를 도입했다. **핵심 의식**core consciousness, **확장 의식**extended consciousness(1장에서 정의했다), **원초적 자아**proto-self, **이차 구조**second-order structure(5장, 6장에서 처음 다루었다)가 그것이다.

또한 2장에서 설명했지만 나는 **정서**emotion와 **느낌**feeling이라는 용어도 기존 개념과는 다르게 사용했다. **대상**object이라는 용어도 넓고 추상적인 의미로 사용했다. 대상이라는 말은 사람, 장소, 도구 그리고 특정한 통증이나 정서를 가리킬 때도 사용했다.

신경계의 해부학적 구조에 관한 지침

신경계는 신경조직으로 이루어진다. 살아 있는 다른 조직처럼 신경계도 세포로 구성되어 있다. 신경세포는 **뉴런**이라고 부르며, 교세포라는 다른 종류의 세포로부터 지원을 받기는 하지만 모든 것을 종합해 볼 때 운동과 정신활동을 만들어내는 데 핵심적인 부분은 바로 이 뉴런이라고 할 수 있다.

뉴런은 **세포체, 축삭돌기, 가지돌기(수상돌기)**라는 세 가지 주요 요소로 구성된다. **세포체**는 세포핵, 미토콘드리아 같은 세포소기관으로 구성되는 세포의 발전소다. **축삭돌기**는 출력을 담당하는 주 신경섬유이며, **가지돌기**는 입력을 담당하는 주 신경섬유다. 뉴런은 서로 연결되어 전선(뉴런의 축삭돌기 섬유)과 **시냅스**라는 연결 장치가 회로를 구성하도록 만든다. 시냅스는 보통 축삭돌기가 다른 뉴런의 가지돌기와 접촉하면서 만들어진다.

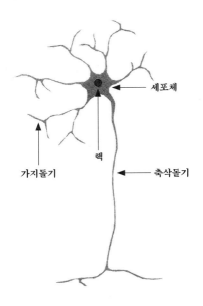

그림 A-1 뉴런의 해부학적 구조

인간의 뇌에는 뉴런 수십억 개가 회로 형태로 정렬되어 존재한다. 이 회로는 **피질 영역**cortical region을 형성하며, 케이크처럼 평행한 층, 즉 **신경핵**을 이루거나, 그릇에 담긴 산딸기처럼 층이 없는 집합체를 이루기도 한다. 피질 영역과 신경핵은 둘 다 축삭돌기 '돌출부'와 연결되어 **계**를 이루고, 이 과정이 점차 진행되어 더 높은 수준의 **계들의 계**를 이룬다. 축삭돌기 돌출부가 육안으로 볼 수 있을 정도로 커져서 개별화되면 '경로'가 형성된다. 크기를 말하자면 모든 뉴런과 회로는 미시적인 반면 피질 영역, 신경핵 대부분, 계는 거시적이라고 할 수 있다.

해부학적으로 보면 신경계는 보통 중심부와 주변부로 나누어진다. **중추신경계**의 주요 구성 요소는 **대뇌**cerebrum다. 대뇌는 오른쪽 대뇌반구, 왼쪽 대뇌반구, 그리고 이 둘을 연결하는 **뇌량**corpus callosum으로 구성된다. 뇌량은 오른쪽 대뇌반구와 왼쪽 대뇌반구를 연결하는 신경섬유들이 두껍게 뭉쳐 있는 구조다. 또한 중추신경계는 1) 기저핵basal ganglia 2) 기저전뇌basal forebrain 3) 간뇌diencephalon(시상과 시상하부가 결합된 조직) 같은 심부 신경핵을 포함하고 있다. 대뇌는 **뇌간**에 의해 **척수**와 연결되어 있으며, **대뇌**는 **뇌간** 뒤에 있다(그림 A-2 참조).

중추신경계는 뉴런의 세포체에서 나오는 축삭돌기의 묶음인 신경에 의해 몸의 모든 부분에 연결되어 있다. 중추신경계(간단하게 뇌라고 생각하자)를 주변부와 연결하는 모든 신경을 통틀어 **말초신경계**라고 한다. 신경은 뇌로부터 몸으로, 몸으로부터 뇌로 자극을 전달한다. 뇌와 몸은 혈액 내에 흐르는 호르몬 같은 물질에 의해 화학적으로도 서로 연결되어 있다.

중추신경계는 어떤 방향으로 자르더라도 어두운 부분과 색이 연한 부분으로 확연히 구분되는 것을 볼 수 있다. 어두운 부분은 **회색질**(실제 색깔은 회색보다는 갈색에 가깝다)이고 연한 부분은 **백질**(이것도 그렇게 흰색은 아니다)이다. 회색질이 어두운 색깔을 띠는 것은 엄청난 양의 뉴런 세포체가 꽉 차 있기 때문이다. 백질은 회색질에 위치한 세포체에서 뻗어 나온 신경섬유로 구성된다. 백질의 색깔이 더 연해지는 것은 신경섬유를 절연시키는 미엘린초 때문이다.

회색질에는 두 가지가 있다. 층이 진 회색질의 예는 대뇌 반구를 감싸고 있는 **대뇌피질**이다. 층이 지지 않은 예는 신경핵이다. 신경핵은 기저핵(좌우 대뇌반구 깊은 곳에 위치하며 미상핵, 조가비핵(피각), 창백핵이라는 큰 신경핵으로 구성된다), 양쪽 측두엽 깊은 곳에 위치한 상당히 큰 핵 덩어리인 **편도체**와 **시상, 시상하부, 뇌간**의 회색 부분을 구성하는 작은 신경핵의 집합체 몇 개로 구성된다.

대뇌피질은 대뇌 틈새와 고랑 깊은 곳에 위치한 것과 대뇌 반구 표면을 덮고 있는 덮개 역할을 한다고 생각할 수 있다. 뇌가 접힌 모양을 하고 있는 것은 이 대뇌 틈새와 고랑 때문이다. 이 다층 덮개의 두께는 약 3밀리미터이며, 층들은 서로 평행한 위치에 있고 뇌 표면과도 평행하다. 뇌에서 가장 늦게 진화한 대뇌피질 부위는 **신피질**이다. 대뇌피질은 뇌에서 압도적인 부분을 차지하고 있으며, 다른 모든 회색질 부분과 앞

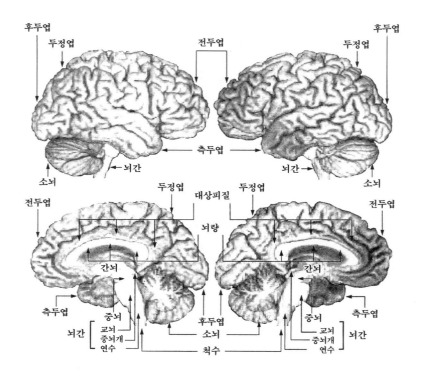

오른쪽 대뇌반구   왼쪽 대뇌반구

그림 A-2 살아 있는 인간의 뇌를 3차원으로 재구성한 모습

중추신경계의 주요 부분과 그 구성 요소를 볼 수 있다. 이 이미지는 자기
공명 데이터와 BRAINVOX 기법에 기초해 재구성된 것이다. 네 가지 주
요 엽과 간뇌(시상과 시상하부), 뇌간의 상대적인 위치에 주목해 보자.
(양쪽 대뇌반구를 연결하는) 뇌량, 양쪽 대뇌반구의 대상피질의 위치도
주의해서 보자. 좌우 대뇌반구 내 대상회와 뇌고랑의 패턴은 매우 비슷
하지만 같지는 않다. 이 두 패턴은 상당히 비대칭이며, 이 비대칭성은 기
능적 차이의 원인이 되는 것으로 보인다.

에서 언급한 다양한 신경핵, 소뇌피질은 피질하 영역으로 부른다. 대뇌피질은 전두엽, 측두엽, 두정엽, 후두엽으로 크게 나누어진다.

대뇌피질의 다양한 엽들은 세포의 배치 특성(세포구축 방식)에 따른 숫자로 구별되어 왔다. 코르비니안 브로드만이라는 독일 신경학자가 처음 이 부위들에 숫자를 붙였으며, 거의 한 세기가 지난 지금도 이 방식은 유효한 도구다. 이 숫자들은 외워야 하거나 지도에 표시되지만 특정 영역의 크기나 중요성과는 전혀 관련이 없다.

뉴런이 활성화되면(신경과학 용어로는 이 상태를 '발화'라고 한다) 세포체로부터 전류가 흘러 축삭돌기가 퍼진다. 이 전류는 시냅스에 도착해 신경전달물질이라는 화학물질 분비를 촉발한다(신경전달물질 중 하나가 글루타메이트다). 흥분 상태의 뉴런에서는 시냅스가 근처에 있는 다른 많은 뉴런과의 협력적 상호작용이 다음 뉴런의 발화 여부를 결정한다. 즉 다음 뉴런이 활동전위를 만들어 낼지를 결정한다는 뜻이다. 활동전위가 만들어져야 그 뉴런이 신경전달물질 분비 등을 할 수 있다.

시냅스는 강한 것도 있고 약한 것도 있다. 다음 뉴런으로 자극이 계속 전달될지, 전달된다면 얼마나 쉽게 될지는 시냅스의 힘에 의해 결정된다. 흥분 상태의 뉴런에서는 강한 시냅스가 자극의 이동을 쉽게 만들지만 약한 시냅스는 자극의 이동을 방해하거나 막는다. 평균적으로 뉴런 하나는 시냅스 약 1000개를 형성한다. 뉴런이 100억 개 이상, 시냅스가 약 10

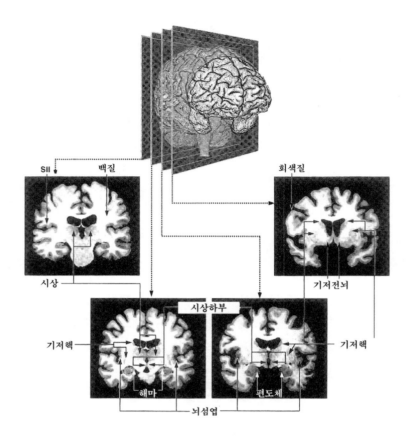

그림 A-3 대뇌피질과 심부 신경핵의 회색질

회색질에는 뉴런 세포체가 빽빽하게 채워져 있다. 반면 백질은 세포체에서 생겨나 다른 부위로 이동해 연결을 구축하고 신호를 전달하는 축삭돌기를 포함하고 있다. 단면도는 뇌 표면에서는 보이지 않는 기저핵, 기저전뇌, 편도체, 시상, 시상하부 등 심부 구조의 상대적인 위치를 보여 준다. 신체감각 시스템의 일부이자 실비우스열(실비우스틈새) 깊숙이 숨어 있어 전혀 보이지 않는 피질 영역인 뇌섬엽의 위치에도 주목해 보자.

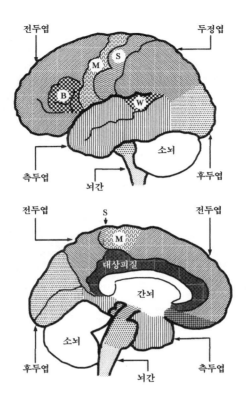

그림 A-4 대뇌반구의 주요 해부학적 부위

전두엽, 측두엽, 두정엽, 후두엽, 브로카 영역(B), 베르니케 영역(W), 운동 영역(M), 신체감각 영역(S). 브로카 영역과 베르니케 영역이 언어와 관련된 뇌 영역으로 잘 알려져 있지만 언어 처리에는 다른 영역도 관여한다. 마찬가지로 운동 영역(M)과 신체감각 영역(S)도 운동과 신체감각의 아주 일부만을 관장한다. 대뇌피질의 다른 부분과 대뇌피질의 밑에도 운동 기능을 지원하는 피질 영역과 신경핵이 많이 존재한다(대상피질, 기저핵, 시상, 뇌간 신경핵). 신체감각 기능에도 같은 원칙이 적용된다(뇌간 신경핵, 시상, 뇌섬엽, 대상피질).

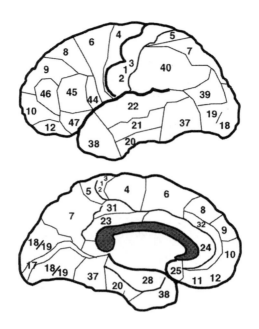

그림 A-5 브로드만 영역

숫자들이 기능, 중요성, 위치를 나타내지는 않는다. 분류를 위한 참조 번호일 뿐이다.

조 개 이상 있다는 사실을 고려하면 각각의 뉴런은 소수의 다른 뉴런과 이야기를 하지만 다른 뉴런 대부분 또는 전부와는 이야기하지 않는다. 실제로 많은 뉴런은 멀리 떨어져 있지 않은, 즉 비교적 가까운 곳에 있는 피질 영역과 신경핵 회로 안에 있는 뉴런하고만 이야기를 한다. 반면 다른 뉴런은, 축삭 돌기는 몇 센티미터는 이동하지만, 소수의 다른 뉴런하고만 접촉한다. 뉴런은 자신이 속한 가까운 뉴런의 조합에 의존해 행동한다. 시스템이 하는 모든 행동은 서로 연결된 조합이 구축되는 과정에서 조합이 다른 조합에 영향을 미치는 방식에 의존한다. 그리고 궁극적으로는 각각의 조합이 자신이 속한 시스템의 기능에 기여하는 바는, 그 시스템 안에서 그 조합의 위치에 의존한다. 서로 다른 뇌 영역이 다양한 기능을 하는 것은 대규모 시스템 안에서 산발적으로 연결된 뉴런의 조합에 의해 결정되는 뉴런의 위치 때문이다. 요약하자면 뇌는 시스템이 이루는 시스템이라고 할 수 있다. 각각의 시스템은 작지만 거시적인 피질 영역과 피질하 신경핵의 정교한 상호 연결로 구성되어 있다. 또한 이런 거시적인 영역은 미시적인 회로로 구성되어 있으며, 이 회로는 뉴런으로 구성되어 있고 뉴런은 시냅스에 의해 모두 연결되어 있다.

마음 뒤에 있는 뇌 시스템

심상과 뇌 사이의 관계를 알아내기 위해 나는 실험·임상 신경심리학, 신경해부학, 신경생리학 연구 결과에 따른 틀을 오랫동안 사용해 왔다. 이 틀은 **이미지 공간**과 **기질 공간** dispositional space이라는 개념을 상정한다. 이미지 공간은 모든 감각 유형의 이미지가 분명하게 드러나는 공간이다. 이런 이미지 중 일부는 의식이 우리에게 경험을 허용하는 분명한 심적 내용을 구성하는 반면 또 어떤 이미지는 비의식 상태에 계속 남기도 한다. 기질 공간은 회상으로부터 이미지가 구축되고 움직임이 생성되도록 해 주며, 이미지 처리를 쉽게 해 주는 지식 기반과 메커니즘이 기질에 포함되는 공간이다. 분명하게 드러나는 이미지 공간의 내용과는 달리 기질 공간의 내용은 암시적이다. (핵심 의식이 활성화된다면) 이미지의 내용은 알 수 있지만 기질의 내용을 직접적으로 알 수는 없다. 기질의 내용은 **항상** 비의식적이며 휴면 상태로 존재한다. 하지만 기질은 매우 다양한 행동을 만들어 낼 수 있다. 호르몬을 혈관에 분비할 수도 있고, 내장근육, 팔근육, 다리근육, 발성 기관의 근육을 수축시킬 수도 있다. 기질은 과거에 실제로 지각된 이미지에 대한 기록을 보유하고 있어 기억으로부터 비슷한 이미지를 재구축하는 데 도움을 준다. 또한 기질은 예를 들어 현재의 이미지에 대한 관심의 정도에 영향을 미침으로써 현재 지각되고 있는 이미지의 처리를 도와주기도 한다. 우리는 이런 일이 어떻게 수행되는지도, 그 중간 과정에 대해서도 전혀 아는 바가 없다. 우리가 아는 것은 결과뿐이다. 건강한 상태, 심장박동 증가, 손의 움직임, 떠올린 소리의 단편, 풍경에 대한 현재의 느낌의 편집된 버전 같은 것이다.

진화하면서 물려받았든, 태어날 때부터 가지고 있었든, 그 이후에 학습을 통해 습득했든 사물, 사람, 장소, 사건, 관계, 능력, 생물학적 조절 등에 관한 우리의 모든 기억은 기질 형태로(**암시적, 숨겨진, 비의식적인**과 비슷한 뜻이다) 존재하면서 분명한 이미지나 행동이 되기를 기다린다. 기질은 말이 아니라는 사실에 주목해야 한다. 그것은 가능성의 추상적인 기록이다. 어떤 실체, 사건, 관계를 나타내는 말이나 기호는 우리가 말과 기호를 결합하는 규칙과 함께 기질로서도 존재하며, 말을 하거나 신호를 보낼 때처럼 이미지와 행동의 형태로 생명력을 얻는다. 기질에 대해 생각할 때면 항상 100년에 한 번 잠깐 모습을 드러내는 소설 속 마을이 떠오른다.

우리는 이제 중추신경계의 어떤 부분이 이미지 공간과 기질 공간을 지원하는지 알기 시작했다. 시각적, 청각적, 그리고 다른 감각 신호의 도착점 안과 주변에 위치한 대뇌피질 영역(다양한 감각 양식을 가진 **초기 감각피질**)은 분명한 신경 패턴을 지원하며, 대상피질 같은 변연계의 부분과 중뇌개 같은 비피질 구조도 같은 역할을 한다. 지도의 이런 신경 패턴은 내적·외적 입력의 영향을 받으며, 시간에 따라 변하는 신경 패턴처럼 변화무쌍한 이미지의 기초가 되는 것으로 보인다.

반면 초기 감각피질과 운동피질을 둘러싼 대뇌피질을 형성하는 **고차원 피질**high-order cortices, 변연계의 일부, 편도체에서 뇌간에 걸쳐 있는 수많은 피질하 신경핵은 기질을 보유하고 있다. 지식을 숨겨서 기록하고 있다는 뜻이다(그림 A-6 참조). 기질 회로가 활성화되면 이 회로는 다른 회로에 신호를 보내 뇌의 다른 영역에서 이미지나 행동이 생성되도록 한다.

간단한 설명이지만 뇌 영역에 걸쳐 신호를 서로 연결하고 특정 뇌 영역에서 이런 일이 일어나는 것을 통제하는 역할을 하는 다른 뇌 영역도 언급해야 한다. 이 영역에는 시상, 기저핵, 해마, 소뇌가 포함된다. 이들 영역이 하는 일의 복잡성에 대해 논하려면 우리가 아무리 아는 것이 없다고 해도 교과서 한 권 분량은 이야기해야 할 것이다. 하지만 우리의 논의를 위해 시상의 기능 일부만이라도 말해야겠다. 예를 들어 서로 다른 영역에서의 뇌 활동 제어와 신호 전달 기능은 의식에 필수적인 시상의 기능이다. 하지만 의식에 관련한 다른 영역의 역할은 명확하지 않거나(기저핵, 소뇌) 무시할 만한 수준이다(해마).

나는 신경 수렴대convergence zone라는 뉴런 집합에 기질이 저장되어 있다고 주장한 바 있다. 이미지 공간과 기질 공간 사이의 칸막이는 1) 변연계피질과 피질하 신경핵 일부 내의 초기 감각피질에서 활성화되는 분명한 신경 패턴 지도 안에서의 칸막이와 2) 고차원 피질과 피질하 신경핵 일부에 위치한 신경 수렴대 안에서의 칸막이에 대응한다.

이 해부학적 구조가 어떻게 우리 마음속에서 경험하는 통합적이고 통일된 이미지의 기초가 되는지와 관련해서는 이 질문의 일부에 대한 해답이 수없이 제시된 상황이지만 아직은 불분명하다. 이 질문은 일반적으로 '결합' 문제로 알려져 있다. 전체적인 정신의 그림으로 조망한다면 이 결합에는 떨어져 있지만 서로 연결된 뇌 영역에서 일어나는 신경 활동이 일정 시점까지는 일어나지 않도록 하는 일종의 시간 잠금 장치가 필요하다. 의식 있는 마음의 특징인 이 통합적이고 통일된 모습이 나타나려면 여러 뇌 영역에 걸쳐 있는 뉴런의 대규모 국부적, 전역적 신호 전달이 필수적이라는 데는 의심의 여지가 거의 없다. 1972년 노벨생리의학상을 받은 제럴드 에델먼의 재진입 개념은 이 필수 요건을 만족시킨다. 로돌포 이나스의 초피질 '결합 파동' 개념과 나의 시간 잠금 역활성화

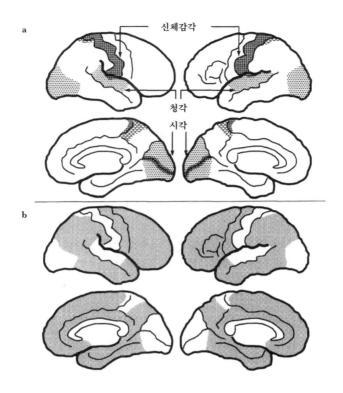

그림 A-6 주요 초기 감각피질(a)과, 고차원 피질과 변연계피질(b)

a) '초기'라는 말은 진화상의 초기를 뜻하는 것이 아니라 대뇌피질 안으로 신호가 들어오는 순서를 나타낸다. 예를 들어 빛은 망막의 뉴런을 활성화한 다음 슬상핵의 뉴런을 활성화하고, 그다음에는 합쳐서 '초기 시각피질'로 부르는 영역 17, 18, 19의 뉴런을 활성화한다. 영역 17은 '일차 시각피질' 또는 V_1로도 부르며, 영역 18과 19도 '시각연합피질'로 불리기도 한다. 영역 18과 19는 V_2, V_3, V_4, V_5로 부르는 하위 영역을 포함하고 있다. 측두엽의 청각피질과 두정엽의 신체감각피질에도 전체적으로 동일한 배치가 적용된다. b) 그물코 모양으로 표시된 고차원 피질과 변연계피질. 대뇌피질의 나머지 부분은 초기 피질 대부분을 둘러싸는 고차원 피질, 소수의 대상피질 같은 변연계피질로 구성된다.

개념은 우리 뇌의 어쩔 수 없이 분열된 활동이 시간과 공간에서 일관성을 유지하도록 만드는 메커니즘을 알아내려는 또 다른 시도다.[3] 볼프 싱어는 미세구조 수준에서 일관성을 만들어 내는 데 필요한 메커니즘 문제를 다루었다.[4] 프랜시스 크릭은 세포와 미세 회로 수준에서 이런 필수 요건에 대한 광범위한 이론을 만들어 냈다.[5] 장피에르 샹죄와 제럴드 에덜먼은 이런 메커니즘 작동에 대한 선택적인 틀을 제안했으며, 마이클 머저닉의 연구는 뇌가 이런 방식으로 작동하는 데 필요한 유연성을 실제로 가지고 있다는 것을 보여 주었다.[6]

1장 빛 속으로

1 의식은 오랫동안 철학의 중요한 주제였다. 하지만 최근까지도 의
   식을 연구한 신경과학자는 매우 소수였다. 20세기 중반에 잠깐, 특
   히 1940년대와 1950년대에 신경과학이 의식 연구에 상당히 많은
   관심을 가진 적이 있었다. 너무 빠르게 끝나 버린 의식 연구의 시대
   에서 눈에 띄는 것은 마군과 모루치, H. 재스퍼의 실험적인 연구와
   W. 펜필드의 임상적, 실험적 관찰이다. 벤저민 리벳의 연구도 빼놓
   을 수 없다. 의식 연구 분야로 현재 알려진 분야는 지난 10년 동안
   소수의 철학자와 과학자가 서로 독립적으로 자신도 모르게, 그리
   고 예기치 않게 만들어 낸 것이다. 철학자 대니얼 데닛, 폴 처칠랜
   드, 퍼트리샤 처칠랜드, 토머스 네이글, 콜린 맥긴, 존 설, 신경과학
   자 제럴드 에덜먼, 프랜시스 크릭에게 특히 감사한다.

2 이 문제는 나의 전작인 『데카르트의 오류』의 10장 「몸의 생각을 가
   진 뇌」에서 개괄적으로 다루었다.

3 관련 리뷰는 J. Levine, "Materialism and qualia: The explanatory gap," *Pacific Philosophical Quarterly 64*(1983), pp. 354~361 참조.

4 자아 감각과 호문쿨루스에 대한 자세한 논의는 대니얼 데닛, 『의식의 수수께끼를 풀다』, 유자화 옮김(옥당, 2013) 참조.

5 본문에서 언급한 의식의 두 문제를 구분하지 못하면 모호한 상황이 발생한다. 예를 들어 나는 수리물리학자인 로저 펜로즈의 뛰어난 연구가 의식 전반을 다루기는 했지만 감각질 문제의 기초를 구명한 것으로 해석한다. 물리학자 헨리 스탭의 연구도 마찬가지다. 이 연구의 대부분은 내가 이 책에서 강조하고 있는 의식의 문제에 집중하기보다는, 더 일반적이며 그렇다고 해서 덜 중요하지는 않은 심적 과정의 생물학적 기초의 문제에 집중하고 있다. R. Penrose, *The Shadows of the Mind*(New York: Oxford University Press, 1994); H. Stapp, *Mind, Matter and Quantum Mechanics*(Berlin: Springer Verlag, 1993) 참조.

6 문제의 크기를 생각해 볼 때, 의식의 문제를 다루는 철학자들과 신경생물학자들이 수많은 장벽을 마주하고 있기 때문에 이른 시일 안에 종합적인 답을 낼 수 있을 것 같지는 않다. 예를 들어 **의식**이라는 말은 너무나 다양한 의미를 가지고 있기 때문에 문제의 정의에 대해 합의를 하기도 매우 힘들다. 이 현상은 개인적인 속성이 강하기 때문에 문제 자체에 접근하기가 힘들어 외부적인 방법으로만 접근해야 했다. 프라이버시의 문제가 걸려 있기 때문이다. 왜 그런지는 모르겠지만 인간의 능력 중에서 최상위에 의식이 있다는 생각 때문에 의식은 경외의 대상이 되고 과학 연구의 범위를 넘어선다는 생각을 불러일으킨다. 이런 장벽을 넘어서야 한다는 조바심과 욕망 때문에 일부에서는 의식이 접근할 수 없는 대상이라고 생각하거나, 아니면 이미 완벽하게 구명되었다고 여기기도 한다. 그러다 결국 의식의 문제는 아예 존재하지 않거나 단지 마음의 문제

일 뿐이라고 여기는 이들도 생겨났다. 의식은 구명될 수 있으며, 마음의 문제가 해명되든 아니든 상관없다고 여긴다. 이런 상황에서 나는 의식의 문제가 분명히 존재하며 아직 풀리지 않았다고 생각한다. 이 문제는 부분으로 분해할 수 있고, 그 부분들 사이에서 일관성을 찾을 수 있으며, 의식의 개인적인 속성에도 불구하고 그것에 과학적으로 접근할 수 있다는 것이 내 견해다.

7 내가 이 책에서 사용하는 **마음**이라는 용어에는 의식적인 활동과 비의식적인 활동이 모두 포함된다. 마음은 사물이 아니라 **과정**이다. 우리가 의식의 도움을 받아 갖게 되는 마음은 심적 패턴의 연속적인 흐름이며, 그 패턴 대부분은 논리적으로 서로 연결되어 있다. 이 흐름은 빠르든 늦든 시간의 흐름을 따르며, 하나의 순서로만 흐르는 것이 아니라 여러 순서로 흐르기도 한다. 이 순서는 수렴적이기도 하고 발산적이기도 하며, 서로 중첩될 때도 있다.

심적 패턴을 간단하게 나타내는 말로 내가 자주 쓰는 용어는 **이미지**다. 앞에서 언급했듯이 이미지는 모든 감각 양상에서의 심적 패턴이며, 단순히 시각이미지만을 가리키지는 않는다. 소리 이미지, 촉각 이미지 등 다양하다.

8 마음과 뇌의 관계에 대해서는 통일된 시각이 없다. 의식과 관련해서는 특히 더 그렇다. 이 일반적인 문제에 대해서 최근에 중요한 논문을 발표한 모든 사람을 여기서 인용하기는 불가능하지만 마음을 깊게 연구한 철학자들이 쓴 논문이나 책을 어느 정도 추천할 수 있다. 이 저자들과 내 견해가 항상 일치하는 것은 아니지만, 다음은 모두 내가 즐겨 읽었던 책들이다. John Searle, *The Rediscovery of the Mind*(Cambridge, Mass.: MIT Press, 1992); Patricia and Paul Churchland, *On the Contrary*(Cambridge, Mass.: MIT Press, 1998); David J. Chalmers, *The Conscious Mind*(New York: Oxford University Press, 1996); Daniel Dennett, *Consciousness Explained*; Thomas Nagel,

The View from Nowhere(New York: Oxford University Press, 1986); Colin McGinn, *The Problem of Consciousness*(Oxford: Basil Blackwell, 1991); Owen Flanagan, *Consciousness Reconsidered*(Cambridge, Mass.: MIT Press, 1992); Ned Block, Owen Flanagan, Giiven Giizeldere, eds., *The Nature of Consciousness: Philosophical Debates*(Cambridge, Mass.: MIT Press, 1997); Thomas Metzinger, ed., *Conscious Experience*(Paderborn, Germany: Imprint Academic/Schoningh, 1995); Fernando Gil, *Modos de Evtdencia*(Lisbon: Imprensa Nacional, 1998); Jerry A. Fodor, *The Modularity of Mind*(Cambridge, Mass.: MIT Press, 1983).

9 H. Damasio and A. Damasio, *Lesion Analysis in Neuropsychology*(New York: Oxford University Press, 1989).

10 의식을 최소 두 수준의 현상으로 나누는 것은 내가 이 책에서 제시한 인지행동 분석과 신경학적 관찰에 근거를 둔 것이다. 이 구분은 의식을 생성할 수 있는 생물학적 메커니즘을 제안할 때 반드시 이루어져야 한다. 핵심 의식과 확장 의식 모두를 하나의 메커니즘으로 설명할 수는 없기 때문이다. 제럴드 에덜먼도 의식에 대한 생물학적 설명을 할 때 이 문제를 다룬 바 있다. 에덜먼의 분류 기준이 나의 분류 기준과 같지는 않지만 그가 제시한 이분법도 의식을 '간단한 부분'과 '복잡한 부분'으로 나눈다. 에덜먼은 의식을 기본 의식과 고차원 의식으로 나누지만, 그의 기본 의식은 내가 말하는 핵심 의식보다 간단하며 자아를 출현하게 만들지 않는다. 에덜먼의 고차원 의식도 나의 확장 의식과 같지 않다. 이 고차원 의식은 언어를 필요로 하고 인간에게서만 나타나는 것이기 때문이다. 의식을 두 가지로 나눈 연구자들은 또 있다. 예를 들어 네드 블록은 의식을 접근 의식(A 의식)과 현상 의식(P 의식)으로 나누었다. 이 두 개념 중 어느 것도 핵심 의식이나 확장 의식과 연관이 없다. Gerald Edelman, *The Remembered Present*(New York: Basic Books, 1989); Ned Block, et al., *The Nature of Consciousness*.

11 최근 들어 주관성이 의식의 '어려운 문제'라는 데 합의가 이루어지고 있다. 하지만 통상적으로 주관성에 관한 논의는 주관, 즉 자아 감각이 필요하며 우리가 자아 감각을 가지게 하는 방법이 의식 구명의 중요한 부분이 되어야 한다는 점을 고려하지 않는다. '어려운 문제'라는 말은 데이비드 차머스의 저서 The Conscious Mind에 의해 대중적으로 알려졌으며, 감각질 문제라는 오래된 문제를 가리키는 최신 용어이기도 하다. 문제에 대한 그전 언급을 보려면 J. Levine, "Materialism and qualia" 참조. 이 문제에 대한 최근 언급을 보려면 John Searle, The Mystery of Consciousness(New York: New York Review of Books, 1997) 참조.

12 시각 시스템이 어떻게 이런 식으로 대상을 표상하는지에 대한 설명은 David Hubel, Eye, Brain and Vision(New York: Scientific American Library, 1988), Semir Zeki, A Vision of the Brain(Oxford: Blackwell Scientific Publications, 1993) 참조.

13 B. Spinoza, The Ethics, Part IV, Proposition 22(Indianapolis: Hackett Publishing Co., Inc., 1982, first published 1677).

2장 정서와 느낌

1 Ludwig von Bertalanffy, Modem Theories of Development: An Introduction to Theoretical Biology(New York: Harper, 1962, originally published in German in 1933); P. Weiss, "Cellular dynamics", Review of Modern Physics 31(1919); Kurt Goldstein, Trie Organism(New York: Zone Books, 1995, originally published in German in 1934).

2 Gerald Edelman, The Remembered Present; Antonio Damasio, Descartes' Error 참조. 시어도어 불락이 진화론적 관점에서 쓴 책인 Introduction to Nervous Systems(San Francisco: W. H. Freeman, 1977) 참

조. 폴 맥린은 각각 다른 진화 시기에 속한 층들로 구성된 하나의 진화 삼위일체 뇌에 대해 썼다. "The Triune Brain, Emotion and Scientific Bias", *The Neurosciences: The Second Study Program*, ed. by F. O. Schmitt(New York: Rockefeller University Press, 1970). 퍼트리샤 처칠랜드는 진화화의 가치를 처음 다룬 다음의 책으로 신경철학 분야를 열었다. *Neurophilosophy: Toward a Unified Science of the Mind-Brain*(Cambridge, Mass.: MIT Press, Bradford Books, 1986).

3 이런 변화의 예는 다음의 연구 참조. 프랑스에서는 Jean-Didier Vincent and Alain Prochiantz, 북아메리카에서는 Joseph LeDoux, Michael Davis, James McGaugh, Jerome Kagan, Richard Davidson, Jaak Panksepp, Ralph Adolphs and Antoine Bechara, 영국에서는 Raymond Dolan, Jeffrey Gray and E. T. Rolls.

4 A. Damasio, *Descartes' Error*; A. Damasio, "The somatic marker hypothesis and the possible functions of the prefrontal cortex", *Philosophical Transactions of the Royal Society of London*, Series B(Biological Sciences) 351(1996), pp. 1413~1420; A. Bechara, A. Damasio, H. Damasio and S. Anderson, "Insensitivity to future consequences following damage to human prefrontal cortex," *Cognition 50*(1994), pp. 7~15; A. Bechara, D. Tranel, H. Damasio and A. Damasio, "Failure to respond autonomically to anticipated future outcomes following damage to prefrontal cortex", *Certebral Cortex 6*(1996), pp. 215~225; A. Bechara, H. Damasio, D. Tranel and A. Damasio, "Deciding advantageously before knowing the advantageous strategy", *Science 275*(1997), pp. 1293~1295.

5 합리성의 인식에 관해서는 다음의 연구 참조. N. S. Sutherland, *Irrationality: The Enemy within*(London: Constable, 1992); 인지적이고 생물학적 측면에 대해서는 다음을 참조. Patricia S. Churchland,

"Feeling Reasons" in Paul M. Churchland and Patricia S. Churchland, *On the Contrary*.

6 서양철학과 심리학의 유산을 간직한 다른 언어에도 정서와 느낌을 나타내는 단어들이 오랫동안 존재해 오고 있다. 예를 들면 라틴어 에서는 exmovere, sentire, 프랑스어에서는 emotion, sentiment, 독일어에서는 Emotionen, Gefiihl, 포르투갈어에서는 emocao, sentimento, 이탈리아어에서는 emozwne, sentimento 등이다. 이 두 단어가 이들 언어에서 만들어진 이유는 사람들이 이 두 가지 현 상이 구분되는 것이라고 생각해 서로 다른 말로 표현할 가치가 있 다고 보았기 때문이다. 이 전체 과정을 지금처럼 정서라는 한 단어 로 표현하는 것은 부주의의 소산이다. 또한 기억해야 하는 것은 느 낌이라는 말이 보거나 듣는 것을 인식한다는 뜻이 아니라 몸과 관 련된 지각, 즉 질병에 걸린 느낌, 안녕한 느낌, 고통의 느낌, 뭔가 접촉되는 느낌이라는 뜻으로 널리 사용되어서도 안 된다는 것이 다. 느낌이라는 말을 만들어 낸 똑똑한 사람들은 정서를 느끼는 것 이 몸과 많은 관련이 있다는 정확한 인상을 받았을 것이다. 그들은 제대로 짚은 것이다.

7 D. Tranel and A. Damasio, "The covert learning of affective valence does not require structures in hippocampal system or amygdala", *Journal of Cognitive Neuroscience* 5(1993), pp. 79~88.

8 선호가 비의식적으로 빠르게 학습될 수 있다는 증거는 뇌 병변 이 없는 건강한 사람들로부터도 찾을 수 있다. P. Lewicki, T. Hill and M. Czyzewska, "Nonconscious acquisition of information", *American Psychologist* 47(1992), pp. 796~801; J. Kihlstrom, "The cognitive unconscious", *Science* 237(1987), pp. 285~294; Arthur S. Reber, *Implicit Learning and Tacit Knowledge: An Essay on the Cognitive Unconscious*(New York: Oxford University Press, 1993).

9 무엇이 정서를 구성하는지 정의하는 것은 쉬운 일이 아니다. 모든 범위의 가능한 현상을 연구하다 보면 정서에 대한 합리적인 정의를 내리는 것이 가능한지, 하나의 단어로 그 모든 상태를 기술하는 것이 유용할지 의문을 가지게 된다. 이런 문제로 다른 사람들도 고민했지만 결과는 거의 같았다. Leslie Brothers, *Friday's Footprint: How Society Shapes the Human Mind* (New York: Oxford University Press, 1997); Paul Griffiths, *What Emotions Really are: The Problem of Psychological Categories* (Chicago: University of Chicago Press, 1997) 참조. 하지만 이 시점에서 나는 기존의 용어를 그대로 유지한 채로 용어의 쓰임새를 명확히 하고, 새로운 분류를 하게 만드는 증거가 추후에 나올 때까지 기다리는 것이 낫다고 생각한다. 나는 어느 정도 연속성을 유지함으로써 지금 같은 과도기에 의사소통이 쉬워지기를 바랄 뿐이다. 나는 정서에 세 가지 수준, 즉 배경 정서, 일차 정서, 이차 정서가 있다고 생각한다. 보통 정서에 대해 생각할 때는 배경 정서를 포함하지 않기 때문에 나는 이런 생각이 언젠가는 혁명적인 것으로 받아지리라 생각한다. 나는 욕구와 동기, 고통과 쾌락이 정서를 촉발하거나 구성한다고 생각하지만 그 정서는 엄밀한 의미의 정서가 아니라고 본다. 이 모든 장치는 생명을 조절하기 위한 것이 틀림없지만 정서는 욕구와 동기, 고통과 쾌락보다 더 복잡한 것이라는 주장도 가능하다.

10 정서의 시간적 특성은 다양하다. 어떤 정서는 '폭발하는' 방식으로 시작되기도 한다. 이런 정서는 매우 빠르게 시작되어 절정에 이르며, 역시 매우 빠르게 소멸한다. 분노, 공포, 놀람, 역겨움을 예로 들 수 있다. '파도 같은' 방식으로 두드러진 정서도 있다. 슬픔과 모든 배경 정서가 그 예다. 이런 방식은 대부분 상황에 따라, 개인에 따라 달라지는 것이 분명하다.

정서 상태가 오랜 기간에 걸쳐 매우 자주 나타나거나 심지어 연속적으로 나타난다면 이 상태는 정서가 아니라 기분이라고 보아야 할 것이다. 나는 기분과 배경 정서를 구분해야 한다고 본다. 사람들이 당신을 '기분이 안 좋은' 사람이라고 생각한다면 그것은 당신이 거의 항상 어떤 지배적인 정서(아마 슬픔이나 분노일 것이다)를 지속적으로 나타내는 말을 해 왔거나 정서적인 분위기가 예상하지 못하게 자주 바뀌었기 때문일 것이다. 50년 전이라면 당신은 '신경증 환자'라고 불렸겠지만 지금은 그런 개념이 없다.

기분은 병적 상태를 유발할 수 있다. 그 상태를 기분장애라고 한다. 우울증과 조증이 전형적인 예다. 슬픔의 정서가 며칠, 몇 주, 몇 달 동안 지속되면서 우울한 생각이 계속 들고, 신체적 · 정신적으로 울음이 나고, 식욕부진, 수면 부족, 기력 상실이 한 번에 그치지 않고 지속된다면 우울증이라고 할 수 있다. 조증도 마찬가지다. 살면서 좋은 일이 있어 흥분하는 것과 이런 흥분이 며칠 동안 계속되는 것은 전혀 다른 것이다. 기분장애에 대해서는 다음의 연구를 참조할 수 있다. Kay Redfield Jamieson, *An Unquiet Mind*(New York: Knopf, 1995); William Styron, *Darkness Visible: A Memoir of Madness*(New York:Random House, 1990); Stuart Sutherland, *Breakdown: A Personal Crisis and a Medical Dilemma*(London: Weidenfeld and Nicolson, 1987).

기분은 정서와 그 정서에 따른 느낌이 길게 늘어지는 것이기 때문에 정서의 특징이 되는 다양한 반응을 시간에 걸쳐 수반한다. 내분비 상태 변화, 자율신경계 변화, 근골격계 변화, 이미지 처리 방식 변화 등이 그 반응이다. 이런 반응이 오랜 시간에 걸쳐 지속적이고 부적절하게 나타나면 그 결과가 개인에 미치는 영향은 막대하다. **감정**affect이라는 용어는 보통 '기분' 또는 '정서'와 동의어로 사용되지만 이 용어는 정서, 기분, 느낌을 모두 포함하는 더 포괄적인 것이다. 감정은 당신의 기분과 상관없이 살면서 대상이나 상황에 대해 당신이 나타내는 것(정서) 또는 경험하는 것(느낌)을 모두 포함한다.

11 '배경' 정서와 '일반적인' 정서의 핵심적인 차이는 다음에 있다. 1) 직접 유도체의 원천. 일반적인 정서의 경우 이 유도체는 보통 외부에 있거나 외부를 표상한다. 2) 반응의 초점. 근골격계나 체내 기관이 주 목표이면 일반적인 정서, 내부 환경이 주 목표이면 배경 정서다. 모든 정서는 배경 정서에서 진화하기 시작했음이 분명하다. 배경 정서를 '주요 여섯 개 정서'와 소위 '사회적' 정서와 비교하면 유도체의 구체성, 반응의 구체성, 반응 목표의 구체성이 점진적으로 증가한 상태이며, 전체적 조절과 부분적 조절 모두에서 점진적으로 미세화된 것을 알 수 있다.

12 P. Ekman, "Facial expressions of emotions: New findings, new questions", *Psychological Science* 3(1992), pp. 34~38.

13 '사회적 정서' 또는 '이차 정서'라는 용어는 문화 안에서 교육을 통해서만 생성되는 정서라는 뜻으로 해석되어서는 안 된다. 정서에 관한 논문에서 폴 그리피스는 이차 정서가 문화만의 결과가 아니라고 정확하게 지적한 바 있다. 이 논문 때문에 나는 『데카르트의 오류』에서 이 부분을 충분히 강조하지 않았다는 것을 알게 되었다. 이차 정서의 형성에서 사회가 차지하는 역할이 일차 정서에서 차지하는 역할보다 큰 것은 의심의 여지가 없다. 또한 수치감이나 죄책감 같은 몇몇 이차 정서가 인간 발달의 후기 단계, 즉 자아 개념이 나타난 뒤에 나타나기 시작했다는 것도 분명하다. 신생아들은 수치감이나 죄책감이 없지만, 두 살짜리 아이들은 그 둘을 가지고 있다. 하지만 그렇다고 해서 이차 정서가 부분적으로든 대부분이든 생물학적으로 미리 설정된 것이 아니라고 말할 수는 없다.

14 R. Bandler and M. T. Shipley, "Columnar organization in the midbrain periaqueductal gray: Modules for emotional expression?", *Trends in Neurosciences* 17(1994), pp. 379~389; M. M. Behbehani, "Functional characteristics of the midbrain periaqueductal gray", *Progress in Neurobiology* 46(1995), pp. 575~605; J. F. Bernard and R. Bandler, "Parallel circuits for emotional coping behaviour: New pieces in the puzzle", *Journal of Comparative Neurology* 401(1998), pp. 429~446.

15 A. Damasio, T. Grabowski, H. Damasio, A. Bechara, L. L. Ponto and R. Hichwa, "Neural correlates of the experience of emotion", *Society for Neuroscience Abstracts* 24(1998), p. 258. 부정적인 정서에서의 뇌간 활성화에 관한 우리의 발견은 새로운 것이며, 슬픔에서 시상하부 활성화가 나타난다는 발견도 그렇다. 복내측 전전두피질 활성화에 대한 우리의 발견은 다음의 연구 결과를 확인해 준다. M. E. Raichle, J. V. Pardo and P. J. Pardo; E. M. Reiman, R. Lane and colleagues; and Helen Mayberg.

16 동물의 공포 연구에 대한 평가는 다음의 연구 결과 참조. Joseph LeDoux, *The Emotional Brain: The Mysterious Underpinnings of Emotional Life*(New York: Simon and Schuster, 1996).

17 M. Mishkin, "Memory in monkeys severely impaired by combined but not separate removal of amygdala and hippocampus", *Nature* 273(1978), pp. 297~298; Larry Squire, *Memory and Brain*(New York: Oxford University Press, 1987); F. K. D. Nahm, H. Damasio, D. Tranel and A. Damasio, "Cross-modal associations and the human amygdala", *Neuropsychologia* 31(1993), pp. 727~744; Leslie Brothers, *Friday's Footprint*.

18 A. Bechara, D. Tranel, H. Damasio, R. Adolphs, C. Rockland and A. R. Damasio, "A double dissociation of conditioning and declarative knowledge relative to the amygdala and hippocampus in humans", *Science* 269(1995), pp. 1115~1118.

19 R. Adolphs, D. Tranel and A. R. Damasio, "Impaired recognition

of emotion in facial expressions following bilateral damage to the human amygdala", *Nature 372*(1994), pp. 669~672. R. Adolphs, H. Damasio, D. Tranel and A. R. Damasio, "Cortical systems for the recognition of emotion in facial expressions", *Journal of Neuroscience 16*(1996), pp. 7678~7687.

20 R. Adolphs and A. R. Damasio, "The human amygdala in social judgement", *Nature 393*(1998), pp. 470~474.

21 신기하게도 정서의 기초가 되는 뇌 메커니즘이 손상되면 이 간단한 커서의 움직임에 대한 반응도 손상된다. 안드레아 헤버라인과 랠프 아돌푸스가 우리 연구실에서 최근 증명한 사실이다. 특정한 정서 유도 영역이 손상된 환자들은 커서의 움직임과 모양을 정확하게 설명했지만, 그 움직임의 상호 관계에 정서를 부여하지는 못했다. 지능적인 측면은 결함 없이 감지되지만 그 안에 숨은 정서적인 텍스트는 탐지되지 않았다. A. S. Heberlein, R. Adolphs, D. Tranel, D. Kemmerer, S. Anderson and A. Damasio, "Impaired attribution of social meanings to abstract dynamic visual patterns following damage to the amygdala", *Society for Neuroscience Abstracts 24*(1998), p. 1176.

22 Eric R. Kandel, Jerome Schwartz and Thomas M. Jessell, eds., *Principles of Neural Science*(Norwalk, Conn.: Appleton and Lange, 1991).

23 『데카르트의 오류』에서 다룬 내용이지만 간단히 요약하겠다.

24 P. Rainville, G. H. Duncan, D. D. Price, B. Carrier, and M. C. Bushnell, "Pain affect encoded in human anterior cingulate but not somatosensory cortex", *Science 277*(1997), pp. 968~971; P. Rainville, R. K. Hofbauer, T. Paus, G. H. Duncan, M. C. Bushnell and D. D. Price, "Cerebral mechanisms of hypnotic induction and suggestion", *Journal of Cognitive Neuroscience*

11(1999), pp. 110~125; P. Rainville, B. Carrier, R. K. Hofbauer, M. C. Bushnell and G. H. Duncan, "Dissociation of pain sensory and affective dimensions using hypnotic modulation", *Pain*.

25 A. K. Johnson and R. L. Thunhorst, "The neuroendocrinology of thirst and salt appetite: Visceral sensory signals and mechanisms of central integration", *Frontiers in Neuroendocrinology 18*(1997), pp. 292~353.

3장 핵심 의식

1 John Searle, *The Rediscovery of the Mind*; Daniel Dennett, *Consciousness Explained* 참조.

2 혼수상태와 지속적인 식물인간 상태에 대한 설명은 이 책 8장과 다른 신경학 교과서 참조. F. Plum and J. B. Posner, *The Diagnosis of Stupor and Coma*(Philadelphia: F. A. Davis Company, 1980).

3 Jean-Dominique Bauby, *Le scaphandre et le papillon*(Paris: Editions Robert Laffont, 1997); J. Mozersky, *Locked in: A Young Woman's Battle with Stroke*(Toronto: The Golden Dog Press, 1996).

4 뇌전증과 무동성 무언증 상태에 대한 설명은 표준화되어 있으며, 수많은 신경학 교과서와 논문에서 찾을 수 있다. Wilder Penfield and Herbert Jasper, *Epilepsy and the Functional Anatomy of the Human Brain*(Boston: Little, Brown, 1954); J. Kiffin Penry, R. Porter and F. Dreifuss, "Simultaneous recording of absence seizures with video tape and electroencephalography, a study of 374 seizures in 48 patients", *Brain 98*(1975), pp. 427~440; F. Plum and J. B. Posner, *The Diagnosis of Stupor and Coma*; A. Damasio and G. W. Van Hoesen, "Emotional disturbances associated with focal lesions

of the limbic frontal lobe", *The Neuropsychology of Human Emotion: Recent Advances*, ed. Kenneth Heilman and Paul Satz(New York: The Guilford Press, 1983), pp. 85~110. 표준적인 증거에 기초한 나의 의식 관련 추측은 내 환자들에 대한 관찰에 바탕을 두고 있다.

5　5장에서 이런 증거와 대상의 표상에 대해 다룰 예정이다.

6　뇌전증과 정서에 대한 나의 이 생각은 결여 발작 상황과 관련된 것이다. 자동증이 측두엽 발작 상황에서 나타날 때 정서는 그 발작 전과 도중에 나타날 수 있다. 정서의 부분적 손상은 핵심 의식 붕괴와 연관이 없다. 예를 들어 『데카르트의 오류』에서 다룬 복내측 전전두피질에 병변이 있는 환자들은 이차 정서만 잃었다. 이 환자들은 사회적인 상황에서 당황하는 능력, 먼 미래에 금전적 손해를 볼 수 있다는 가능성에 공포로 반응하는 능력을 상실했지만, 배경 정서 대부분과 일차 정서는 그대로 유지했다. 이와 비슷하게 환자 S에게서 본 것처럼 편도체 손상은 공포와 관련된 일차 정서와 이차 정서를 표시하는 능력을 부분적으로 악화시켰지만 다른 일차 정서와 이차 정서는 그러지 않았으며, 배경 정서도 전혀 손상하지 않았다.

4장 반쯤 추측된 암시

1　이 문제는 좀 더 주의해서 살펴보아야 한다. 핵심 의식과 정서가 둘 다 손상된 예외적인 상황도 관찰한 적이 있기 때문이다. 하지만 이런 예외에는 체계적인 접근이 필요하다. 내 경험에 따르면 이런 상황은 분노나 웃음이 주로 '거짓처럼' 발생해 나타나며, 지속적인 식물인간 상태나 측두엽 손상과 관련된 비결여성 발작에서도 나타난다.

2　이 입장은 프랜시스 크릭의 연구에서 대표적으로 나타난다. 의식을 종합적으로 설명하기 위해서는 이미지 생성 과정에 대한 이해

가 있어야 한다는 점에서 크릭의 연구는 성공적이라고 할 수 있다. 우리는 뇌가 어떻게 이미지를 생성하게 되는지 반드시 먼저 이해해야 하고, 크릭의 접근 방법은 그 이해를 위한 기회를 제공하기 때문이다. 하지만 크릭은 "의식에는 시각, 사고, 고통 등과 각각 관련된 많은 형태가 있으며, 자아 참조적 측면인 자아의식은 의식의 특별한 경우일 가능성이 높기 때문에 현재로서는 자아의식은 따로 생각하는 것이 좋다"라고 생각한다. F. Crick, *The Astonishing Hypothesis: The Scientific Search for the Soul*(New York: Scribner, 1994). 나는 이 가설에서 자아 참조 부분이 빠지면 의식의 문제를 종합적으로 이해하는 데 어려움이 생길 수 있지 않을까 우려된다.

3 G. Güzeldere, "Is Consciousness the Perception of What Passes in One's Mind?", *Conscious Experience*, ch. 1.

4 의식은 선택적이다. 그것은 마음속 모든 대상을 포함하지는 않기 때문이다. 간단하게 말하면 어떤 대상은 다른 어떤 대상보다 더 많이 의식될 수 있다. 의식될 수 있는 대상의 이미지가 있지만 모두 그렇게 되는 것은 아니다. 사실 모든 대상은 동등하지 않다. 어떤 대상은 유기체의 생명 유지 측면에서 더 가치가 있기 때문이다.

의식은 마음의 연속적인 소유물이다. 정상적으로 깨어 있는 마음 속에서 알려져야 하는 사물들은 끊임없이 표상되기 때문이다. 이는 깨어 있는 상태에 있는 유기체의 복잡한 조건이 작용한 결과다. 이 유기체는 외부 세계를 계속 지각하거나, 내부적으로 회상된 이미지를 바쁘게 만들어 내거나, 둘 다를 한다. 의식을 생성하는 장치가 연속적이 아니라 띄엄띄엄 이 과정을 수행하는지 여부는 다른 문제다. 나는 이 장치가 핵심 의식의 '파동'을 실제로 만들어 낸다고 생각한다. 이 파동은 여러 의식 생성 장치가 차례차례 만들어 내는 단위 파동을 말한다. 이 단위 파동 간의 간격은 너무나 작고 평행한 파동의 양은 너무나 많기 때문에 우리는 그 파동을 하나의 연속적인 것으로 생각하는 것이다.

의식은 의식 자체를 제외한 대상에 관련되어 있다. 한쪽에는 대상이 있고, 다른 한쪽에는 그 대상에 대한 의식이 있다. 이 둘은 분명하게 연결되어 있지만 서로 독립적인 실체다. 의식은 의식에 대한 현재의 설명에서 자주 간과되는, 대상과 확실하게 분리된 '다른' 실체다.

의식은 특정한 유기체에서 발생하고 그 유기체 안의 사건에 관한 것이라는 점에서 개인적이다. 윌리엄 제임스는 이 '개인적'이 다른 사람들이 관찰할 수 없는 내부적인 상태도 뜻한다고 생각했다. 앞에서 설명한 의식의 속성 중에는 가장 마지막이자 중요한 속성이 포함되어 있다. 의식의 개인적인 측면이다. **개인의 관점**은 제임스가 정의한 의식의 개인적인 속성을 정의하는 데 도움이 된다. 이 정의를 완성하는 것은 의식에 대한 **개인의 소유**와 개인이 **행위 주체**가 된다는 개념이다. William James, *The Principles of Psychology, vol. 1*(New York: Dover Publications, 1950).

5 B. Libet, "Timing of cerebral processes relative to concomitant conscious experience in man", *Advances in Physiological Sciences*, ed. G. Adam, I. Meszaros and E. I. Banyai(Elmsford, N.Y.: Pergamon Press, 1981).

6 신경심리학자 마르크 지네로드는 운동 활동 과정이 그 움직임을 준비하는 심적 과정을 실제로 숨긴다는 것을 증명했다. M. Jeannerod, "The representing brains: Neural correlates of motor intention and imagery", *Behavioural Brain Sciences 17*(1994), pp. 187~202. 신경생리학자 알랭 베르토즈는 관련된 생리학 과정을 자세하게 연구했다. A. Berthoz, *Les sens du mouvement*(Paris: Editions Odile Jacob, 1997).

5장 유기체와 대상

1 『데카르트의 오류』서론과 10장 참조.

2 Claude Bernard, *Introduction a l'etude de la medecine experimentale*
(Paris: J. B. Bailliere et fils, 1865); Walter B. Cannon, *The Wisdom of
the Body*(New York: W. W. Norton and Co., 1932).

3 Steven Rose, *Lifelines: Biology beyond Determinism*(New York: Oxford
University Press, 1998).

4 어떤 방식으로든 몸이 자아의 기초가 된다는 생각은 칸트, 니체, 프
로이트, 메를로퐁티에게서도 찾을 수 있다. 물론 이들은 내가 생각
한 것처럼 원초적 자아, 핵심 자아, 자서전적 자아라는 삼분법적
인 생각을 하지는 않았으며, 항상성과 관계된 안정성이라는 개념
을 강조하지도 않았다. 에덜먼의 자아와 비자아 구분 역시 몸과 몸
이 아닌 것의 구분에 기초한다. 하지만 에덜먼은 자아가 생물학적
개체성을 나타낸다고 하면서도 내 생각과는 달리 의식적인 자아와
연결된다고 생각하지는 않았다. 철학자 마크 존슨과 조지 레이코
프, 신경생리학자 니컬러스 험프리는 인지와 신체 표상 사이의 밀
접한 연관성을 증명했다. 이즈리얼 로젠필드는 몸과 마음을 연결
했지만, 그의 자아 감각 개념은 내가 자서전적 기억이라고 부르는
것과 기억을 통해 간접적으로 연결되는 것이었다.

5 프리드리히 니체, 『자라투스트라는 이렇게 말했다』서문.

6 이런 생물학적 측면은 놀라울 정도로 자주 무시되고 있다. 움베르
토 마투라나, 프란시스코 바렐라는 예외다. 이 두 생물학자는 살
아 있는 세포의 재구축 과정을 기술하는 말로 **자동 생산**autopoiesis
이라는 말을 만들어 냈다. H. Maturana and F. Varela, *The Tree
of Knowledge: The Biological Roots of Human Understanding*(Boston:
Shambhala, 1992). 알프레드 노스 화이트헤드의 철학 사상에도 비슷

한 내용이 있다. A. N. Whitehead, *Process and Reality*(New York: Free Press, 1969 c. 1929). 이와 관련해 피에르 레인빌은 로널드 멜잭이 고통과 헛팔 사지(환상 사지) 연구 중에 만들어 낸 '신경매트릭스'라는 용어를 사용해 내 관심을 끌었다. 멜잭은 우리가 유전적으로 조절되는 신경망을 가지고 태어나며, 그 신경망은 환경에 의해 변화한다고 주장했다. 몸에 대한 느낌을 다룬 내 이론을 뒷받침하는 부분이다. 이는 팔다리가 없이 태어난 많은 아이들이 자신들에게 팔과 다리가 있는 것처럼 느낀다는 점에 의해 설명된다. 또한 V. S. 라마찬드란의 최근 연구도 이런 현상의 일부를 설명한다.

7 지각 운동 조정에 대해서는 알랭 베르토즈의 연구 참조.

8 '감각들'이 자연적으로 결합된다는 사실은 공감각이라는 개념을 떠올리게 한다. 공감각synesthesia은 매우 드문 현상이다. 공감각을 가진 극소수의 사람들에게서도 그것은 점차 줄어들거나 유년기가 지나면 사라진다. 공감각은 소리 같은 감각 양상에서 자극을 받을 때 그 자극과 관련된 색깔이나 냄새 같은 경험을 불러일으키는 현상을 말한다. 보통 사람들의 비공감각적 감각 장치는 서로 분리되어 있기 때문에 감각 신호를 혼합된 형태로 지각하지 못한다. 하지만 진정한 공감각을 창의적인 형태로 가진 사람들은 감각들이 서로 혼합되는 것을 직접 감지한다. 공감각의 소유자는 음표나 숫자 같은 특정한 감각 자극 사이의 일관된 연결을 직접적으로 느낀다. 뛰어난 작곡가나 음악 천재 중 몇몇이 이런 공감각을 가지고 있으며, 19세기 학자 중 일부는 이런 공감각이 의식을 이해하는 데 열쇠가 될 수도 있다고 직감했다. 나는 이 학자들이 어느 정도 근접했다고 생각한다. 러시아의 신경심리학자 A. R. 루리아는 기억술사 솔로몬 S의 공감각에 대해 깊게 설명한 바 있다. 루리아의 이야기는 피터 브룩과 마리엘렌 에스티엔이 만든 연극 〈나는 괴짜입니다!〉로 잘 묘사되기도 했다. Richard Cytowic, *The Man Who Tasted Shapes*(New York: Putnam, 1993) 참조.

9 A. Craig, "An ascending general homeostatic afferent pathway originating in lamina I", *Progress in Brain Research* 107(1996), pp. 225~242; Z. Han, E. T. Zhang and A. D. Craig, "Nociceptive and thermoreceptive lamina I neurons are anatomically distinct", *Nature Neuroscience* 1(1998), pp. 218~225.

10 W. D. Willis and R. E. Coggeshall, *Sensory Mechanisms of the Spinal Cord*(New York: Plenum Press, 1991). 척수에서 대뇌피질에 이르기까지 신경계의 다양한 수준에서 이루어지는 '신체'감각의 통합에 대해서는 A. Craig (1996) 참조.

11 매우 다른 관점에서 이 문제에 접근한 철학자 페르난도 길도 이와 비슷한 비의식 전구체의 개념을 발전시켰고 같은 이름을 붙였다. 길과 우리는 이 문제에 대해 이야기를 나누어 본 적이 없지만, 같은 날 같은 장소에서 각자 발표하다가 생각이 같은 것을 알게 되었다. 자아라는 용어는 면역학이나 심리학에서 널리 사용되고 있지만, 하나의 개체라는 개념을 제외하면 그 의미가 서로 매우 다르기는 하다. 심리학 분야에서도 자아 개념에 대한 깊은 통찰이 이루어지고 있다. 예를 들어 울릭 나이서는 다섯 가지 자아에 대해 다루기도 했다(이 다섯 가지 자아 중에서 내가 말하는 자아에 대응되는 것은 하나도 없다. 이 자아 개념은 나의 개념과 달리 모두 내부 정보가 아니라 외부 정보에 의존한다). 신경생물학 연구 중에는 제럴드 에덜먼의 '자아 개념'이 나의 자서전적 자아의 상층부에 해당한다. U. Neisser, "Five kinds of self-knowledge", *Philosophical Psychology* 1(1988), pp. 35~59; G. Edelman, *The Remembered Past*, ch. 1 참조.

12 망상체의 개념에 대해서는 8장 참조.

13 J. Panksepp, *Journal of Consciousness Studies* 5(1998), pp. 566~582. 이와 관련해 1998년 가을에 더글러스 와트는 정서와 의식의 연관 관계에 관한 연구 결과를 인터넷에 올렸다. 판크세프와 와트의 연

구는 희귀한 것으로, 이런 연구는 언제든지 환영한다.

14 토노니, 스폰스, 에덜먼은 초기 감각피질 내의 이런 과정에 필요한 상호작용에 관한 합리적인 모델을 제공한다. G. Tononi, O. Sporns and G. Edelman, "Reentry and the problem of integrating multiple cortical areas: Simulation of dynamic integration in the visual system", *Cerebral Cortex 2*(1992), pp. 310~335. 최근 연구에서 토노니와 에덜먼은 이 모델을 상당히 확장해 대규모 피질 통합을 포함했다. "Neuroscience: Consciousness and complexity", *Science 282*(1998), pp. 1846~1851.

15 A. Damasio, "Time-locked multiregional retroactivation" (1989); "The brain binds entities and events"(1989).

16 A. Damasio, D. Tranel and H. Damasio, "Face agnosia and the neural substrates of memory", *Annual Review of Neuroscience, 13*(1990), pp. 89~109.

17 D. Tranel, A. Damasio and H. Damasio, "Intact recognition of facial expression, gender and age in patients with impaired recognition of face identity", *Neurology 38*(1988), pp. 690~696.

18 A. Damasio, H. Damasio and G. Van Hoesen, "Prosopagnosia: Anatomic basis and behavioral mechanisms", *Neurology 32*(1982), pp. 331~341.

19 N. Kanwisher, J. McDermott and M. M. Chun, "The fusiform face area: A module in human extrastriate cortex specialized for face perception", *Journal of Neuroscience 17*(1997), pp. 4302~4311.

20 D. K. Meno, A. M. Owen, E. J. Williams, P. S. Minhas, C. M. C. Allen, S. J. Boni-face, J. D. Pickard, I. V. Kendall, S. P. M. J. Downer, J. C. Clark, T. A. Carpenter and N. Antoun, "Cortical

processing in persistent vegetative state", *Lancet* 352(1998), p. 800. 이 흥미로운 연구 결과가 지속적인 식물인간 상태의 환자 모두가 이런 활성화 패턴을 보인다고 해석해서는 안 된다. 병변의 범위와 분포 상태에 따라 이런 패턴을 보이지 않는 환자도 있다.

6장 핵심 의식의 생성

1 예를 하나 들면 이해가 더 잘될 것이다. 어떤 구체적인 대상이 유기체 앞에 실제로 존재하고 시각을 통해 감지되고 있다고 생각해 보자. 회상 과정에서 대상이 존재하는 경우는 나중에 언급할 예정이지만 과정의 핵심은 다르지 않다.

우리가 대상과 마주했을 때 유기체 안에서 일어나는 중요한 사건은 크게 두 가지로 나눌 수 있다. 첫째, 눈의 움직임, 머리와 몸의 움직임, 손의 움직임, 전정계 변화 같은 지각 운동 과정에 필요한 조정에 의한 변화가 있다. 둘째, 내부 환경과 체내 기관의 상태에 대상이 미치는 영향에 의한 변화가 있다. 둘째 변화에는 정서 상태가 실제로 발생하기도 전에 정서를 생성하고 몸과 몸의 표상을 모두 변화시키기 시작하는 반응이 포함된다. 여기서 기억해야 하는 것은 특정한 대상에 대한 우리의 이전 경험이 거의 모든 대상을 강하든 약하든, 좋든 나쁘든, 그 중간이든 특정 정서 반응의 유도체로 변화시킨다는 점이다. 앞에서도 언급했지만 의식과 관련해 정서는 이중적인 상태를 가지고 있다는 점도 기억해야 한다. 앙상블을 이루어 최종적으로 정서를 생성하는 실제 반응은 핵심 의식을 발생시키는 메커니즘의 일부이지만, 그 약간 후에 특정한 정서를 이루는 반응의 집합도 알려져야 할 대상의 하나라고 할 수 있다. '정서적' 대상이 의식될 때, 그 대상은 정서에 대한 느낌이 된다.

뇌의 관점에 볼 때, 이 중요한 사건은 앞에서 설명한 대로 대상과 원초적 자아에 대한 신호를 보내기에 적절한 특정 영역 안에서 신호로 만들어진다. 하지만 내가 의식의 결정적인 요소라고 설명한 비언어적 설명은 **또 다른** 뇌 구조에 기초를 두고 있으며, 메커니즘 면과 정서적 가치 면에서 내가 방금 기술한 진행 중인, 대상의 존재에 대한 감각 표상 과정과 그 과정에 대한 유기체의 **필연적인** 반응에 **의해 일어난다.** 이 비언어적 설명은 대상과 원초적 자아에 의해 표상되는 유기체 사이의 관계를 구축한다. 그것은 명백한 이야기, 즉 원초적인 이야기를 하며, 이 이야기의 비밀은 유기체가 대상에 의해 변화되었다는 내용에 있다.

2   이 장에서 사용된 '기술', '유발', '관계'라는 말은 말 그대로의 의미를 가지고 있다. **기술**이라는 말은 신경 신호의 지도화, **유발**과 **관계**라는 말은 대상 이미지의 출현과 그에 수반되는 이미지의 밀접한 시간적 배열과 관련된 것이다. 나는 뇌에 인과관계를 탐지할 수 있는 장치가 장착되어 있다고 말하는 것이 아니다. 인과관계와 논리적 관계는 특정한 해부학적 구조를 가진 뇌에 의해 구현되는 과정 중에 자연적으로 나타날 가능성이 있다. 같은 맥락에서 뇌는 '대상임objectness'에 대한 감각을 미리 가질 필요가 없다. 물론 뇌의 지각 시스템 구조와, 유기체의 안녕에 도움이 되는 다양한 대상은, 신체 운동 장치에 영향을 주는 자극 중에서 대상을 걸러 내는 데 도움을 주기는 한다.

3   앎과 자아가 환상이라면 지금 내가 말한 비언어적 설명이 허구에 불과한 것은 아닌지 의문이 들 수도 있을 것이다. 그런 의문은 흥미를 유발하는 것이며, 그것에 대해서는 여러 가지 답을 할 수 있다. 하지만 내 답은 허구가 아니다. 어쨌든 우리는 우리의 존재에서 독립적으로 그리고 경험적으로 원초적인 이야기에 등장하는 요소가, 즉 살아 있는 개별적 유기체, 대상, 이 이야기에서 묘사된 관계가 실제로 일관성을 가지며, 체계적이고 광범위하게 나타나고 있다는 것을 확인할 수 있기 때문이다. 이런 의미에서 이 요소는 허구가 아니다. 그것은 비교적 진실에 부합하기 때문이다. 반면 이 요소가 절

대적인 진실을 묘사하고 있다고 생각하기는 쉽지 않다. 우주 차원에서 보면 의식이 이루는 것은 얼마 되지 않으며, 의식이 우리에게 보여 주는 것은 제한적이기 때문이다.

4 A. Damasio and H. Damasio, "Cortical systems for retrieval of concrete knowledge: The convergence zone framework", *Large-Scale Neuronal Theories of the Brain*, ed. Cristof Koch and Joel L. Davis(Cambridge, Mass.: MIT Press, 1994), pp. 61~74; A. Damasio, "Concepts in the brain", *Mind and Language* 4(1989), pp. 24~28.

5 Jerome Kagan, *The Second Year: The Emergence of Self-Awareness* (Cambridge, Mass.: Harvard University Press, 1981); M. Lewis, "Self-conscious emotions", *American Scientist* 83(1995), pp. 68~78.

6 회상 과정에 대해서는 『데카르트의 오류』 9장과 Daniel Schacter, *Searching for Memory: The Brain, the Mind and the Bast*(New York: Basic Books, 1996) 참조. 회상에 대한 내 생각은 우리가 지각되는 대상과 똑같은 대상을 회상하지 않으며, 기껏해야 원래의 지각 내용에 어느 정도 근접한 정도로만 대상을 재구성한다는 프레더릭 바틀릿의 생각에 기초를 두고 있다. Frederic C. Bartlett, *Remembering: A Study in Experimental and Social Psychology*(Cambridge, England: The University Press, 1954).

7 John Ashbery, "Self-Portrait in a Convex Mirror", *Selected Poems*(New York: Penguin, 1986).

8 R. W. Sperry, M. S. Gazzaniga and J. E. Bogen, "Interhemispheric relationships: The neocortical commissures; syndromes of their disconnection", *Handbook of Clinical Neurology*, ed. P. J. Vinken and G. W. Bruyn(Amsterdam: NorthHolland, 1969), pp. 273~290.

9 Julian Jaynes, *The Origin of Consciousness in the Breakdown of the*

Bicameral Mind(Boston: Houghton Mifflin, 1976); D. Dennett, *Consciousness Explained*; H. Maturana and F. Varela, *The Tree of Knowledge*.

10 이 대사는 예외적인 사건에 의한 것으로 보이지는 않는다. 야간에 혼자 서 있던 보초가 발소리를 듣고 "거기 누구냐?"라고 묻는 상황이다. 하지만 이 말은 단순히 누구인지를 묻는 말에 불과하지 않다. 셰익스피어는 자신의 희곡에서 제기한 심오한 의문을 드러내기 위해 의도적으로 이 말을 쓴 것이 거의 분명하다. 몇 년 전 피터 브룩은 『햄릿』에 기초해 그가 쓰고 연출한 연극 〈거기 누구냐?〉에서 이 첫 대사의 중요성을 드러낸 바 있다.

11 인간의 마음에서 이야기가 갖는 중요성에 대해 직간접적으로 언급한 학자들은 여럿 있다. 대니얼 데닛은 자신의 다중 원고 모델을 설명하면서 암묵적으로 언어적 이야기를 내가 말하는 **확장 의식**의 기초로 사용했다. 마이클 가자니가는 뇌가 분리된 환자들을 대상으로 한 연구에서 인간의 왼쪽 대뇌반구의 이야기꾼 성향을 지적하고, 언어 기반의 피질 '통역자' 가설을 세운 바 있다. 마크 터너는 문학적 이야기가 고등한 인지 과정을 나타낸다고 제안했다. D. Dennett, *Consciousness Explained*; M. Gazzaniga, *The Mind's Past*(Berkeley: University of California Press, 1998); M. Turner, *The Literary Mind*(New York: Oxford University Press, 1996) 참조.

12 내가 제안한 이차 지도를 떠올리게 하는 개념은 볼프 싱어(1998)와 게르트 좀머호프(1996)에 의해 논의되었다. 이 두 사람 모두 진행 중인 뇌 활동에 대한 메타 표상이 형성되어야 할 필요를 발견했지만, 이 표상을 위한 신경 영역은 싱어가 주장한 영역과는 매우 다르며(싱어는 이 영역이 전전두피질 같은 새로운 피질에 위치한다고 주장했다), 좀머호프는 이 영역을 적시하지 않았다. 이 두 경우 모두 메타 표상의 결과는 내가 말하는 자아 감각이 아니라 일

종의 전역 작업 공간이었다. W. Singer, "Consciousness and the structure of neuronal representations", *Philosophical Transactions of the Royal Society of London Series B(Biological Sciences)* *353*(1998), pp. 1829~1840; G. Sommerhoff, "Consciousness Explained as an Internal Integrating System", *Journal of Conscious Studies* *3*(1996), pp. 139~157.

7장 확장 의식

1 Jerome Kagan, *The Second Year*; M. Lewis, "Self-conscious emotions"(1995).

2 P. Goldman-Rakic, "Circuitry of primate prefrontal cortex and regulation of behavior by representational memory", *Handbook of Physiology: The Nervous System, vol. 5*, ed. F. Plum and V. Mountcastle(Bethesda, Md.: American Physiological Society, 1987), pp. 353~417; A. Baddeley, "Working memory", *Science* *255*(1992), pp. 566~569. 작업기억 일반에 대해서는 다음을 참조하라. E. E. Smith, J. Jonides and R. A. Koeppe, "Dissociating verbal and spatial working memory using PET", *Cerebral Cortex* *6*(1996), pp. 11~20; E. E. Smith, J. Jonides, R. A. Koeppe, E. Awh, E. H. Schumacher and S. Minoshima, "Spatial versus object working-memory: PET investigations", *Journal of Cognitive Neuroscience* *7*(1995), pp. 337~356.

3 Bernard J. Baars, *A Cognitive Theory of Consciousness*(New York: Cambridge University Press, 1988). J. Newman, "Putting the puzzle together, Part U: Towards a general theory of the neural correlates of consciousness", *Journal of Consciousness Studies* *4:2*(1997), pp. 100~121.

4 Hans Kummer, *In Quest of the Sacred Baboon: A Scientist's Journey*(Princeton, N.J.: Princeton University Press, 1995); Marc D. Hauser, *The Evolution of Communication*(Cambridge, Mass.: MIT Press, 1996).

5 A. Damasio, N. R. Graff-Radford and H. Damasio, "Transient partial amnesia", *Archives of Neurology 40*(1983), pp. 656~657.

6 J. Babinski, "Contribution a l'etude des troubles mentaux dans l'hemiplegie organique cerebrale (anosognosie)", *Revue neurologique 27*(1914), pp. 845~847.

7 자신의 아픈 팔다리에 대해 망각하는 질병실인증 환자들은 자신이 처한 상황에 대해서도 걱정하지 않는다. 중증 뇌졸중이 있었고 추후로도 심각한 문제가 발생할 수 있다고 말해도 이들은 별로 마음의 동요를 나타내지 않는다. 반대로 왼쪽 대뇌반구 같은 부분에 손상을 입은 환자들에게 같은 내용을 말해 주면 이들은 완전히 보통 사람의 반응을 보인다. 내 동료 스티븐 앤더슨은 질병실인증 환자들에 대한 체계적인 연구를 통해 이 질병으로 인한 마비 증상이 환자의 몸 전체에 퍼질 수 있다는 것과 그 확산의 의미를 밝혔다. 자신의 몸에 대한 정보가 제대로 업데이트되지 않는 질병실인증 환자들은 현재 어떤 일이 일어나고 있는지, 미래에 어떤 일이 일어날지, 다른 사람들이 자신을 어떻게 여기는지 적절하게 생각할 수 없다. 또한 이들은 자신의 생각이 적절하지 않다는 것 또한 알지 못한다. 자서전적 자아 이미지가 이렇게 손상되면 이 자아의 생각과 행동은 더 이상 통상적이지 않다는 것을 깨닫는 것이 불가능하게 된다. S. Anderson and D. Tranel, "Awareness of disease states following cerebral infarction, dementia and head trauma: Standardized assessment", *The Clinical Neuropsychologist 3*(1989), pp. 327~339 참조.

8 몸은 양쪽이 거의 대칭적인데 왜 이 지도는 양쪽이 같지 않고 오른 쪽 대뇌반구 쪽으로 쏠려 있는지 궁금할 수 있다. 인간이든 인간이 아닌 종이든 기능은 양쪽 대뇌반구에서 비대칭으로 할당되는 것으로 보인다. 행동이나 생각을 선택할 때 결정 중심이 둘보다는 하나인 것이 더 나을 것이기 때문이다(움직임을 결정할 때 양쪽 모두가 같은 정도의 결정권을 가지고 있다면 갈등이 발생할 수도 있다. 오른쪽 반이 왼쪽 반에 간섭할 수도 있고, 사지 중 두 개 이상이 관련되는 움직임 패턴을 조율하기가 더 어려워질 수도 있다). 일부 기능은 한쪽 대뇌반구의 구조가 우위를 가져야 한다. 우세dominance라고 부르는 기능적 할당이다.

우세의 가장 잘 알려진 예는 언어다(왼손잡이를 포함한 95퍼센트 이상의 사람에게서 언어는 주로 왼쪽 대뇌반구 구조에 의존한다). 우세의 다른 예는 오른쪽 대뇌반구 우세로, 통합된 신체감각과 관련된 것이다. 앞에서 언급했듯이 신체감각은 하나의 연속적인 지도가 아니라 독립적인 뇌가 조율된 집합이다. 신체 외 공간extrapersonal space에 대한 표상, 몸 상태에 대한 더 높은 수준의 표상, 감정의 표상은 모두 오른쪽 대뇌반구 우세를 보인다.

9 케네스 하일만은 최근 이 환자들에게는 움직일 의도 역시 없으며, 그에 따라 자신의 결함을 쉽게 찾아낼 수 있는 방법도 없다는 흥미로운 연구 결과를 이 연구에 보탰다. K. M. Heilman, A. M. Barrett and J. C. Adair, "Possible mechanisms of anosognosia: a defect in self-awareness", *Philosophical Transactions of the Royal Society of London Series B(Biological Science series) 353*(1998), pp. 1903~1909.

10 A. Damasio, "Time-locked multiregional retroactivation"(1989); "The brain binds entities"(1989); A. Damasio and H. Damasio, "Cortical systems for retrieval of concrete knowledge", *Large-Scale Neuronal Theories of the Brain*.

11 H. Damasio, T. J. Grabowski, D. Tranel, R. D. Hichwa and A.

Damasio, "A neural basis for lexical retrieval", *Nature 380*(1996), pp. 499~505; D. Tranel, H. Damasio and A. Damasio, "A neural basis for the retrieval of conceptual knowledge", *Neuropsychology 35*(1997), pp. 1319~1327; D. Tranel, C. G. Logan, R. J. Frank and A. Damasio, "Explaining category-related effects in the retrieval of conceptual and lexical knowledge for concrete entities: Operationalization and analysis of factors", *Neuropsychologia 35*(1997), pp. 1329~1339.

12 Daniel Dennett, *Consciousness Explained*.

13 Alfred North Whitehead, *Process and Reality*, Part 3(New York: The Free Press, 1978, c. 1929).

14 자서전적 자아에 대한 내 생각은 신경생물학적인 용어로 다중인격이라고 말하는 현상에 기초하고 있다. 이 이상하고 논쟁적인 상태의 환자들에게서는 하나의 특정한 정체성과 인격적 특징의 집합이 다른 정체성과 집합으로 이동하는 것으로 보인다. 이런 이동은 영화화되기도 한 책『이브의 세 얼굴』에서처럼 극적으로 두드러지지는 않으며, 환자들이 처해 있는 문화적 환경과 치료 환경에 따라 임상적 특징이 많이 달라지는 듯하다. 그럼에도 이 상태에서는 보통 사람들 대부분의 성격 변화 범위를 넘어서는 수준의 이례적인 변화가 일어나는 것만은 틀림없다. Ian Hacking, *Rewriting the Soul: Multiple Personalities and the Sciences of Memory* (Princeton, N.J.: Princeton University Press, 1995) 참조. 이 환자들에게서는 정체성과 성격을 만드는 집결 지점의 집합, 즉 하나의 정체성과 성격을 만드는 서로 연결된 수렴 구역/기질이 하나가 아니라, 과거 역사의 다양한 환경 때문에 두 개 이상의 주 통제 영역이 존재함으로써 이런 증상이 나타날 가능성이 있다. 나는 이 여러 개의 통제 영역이 측두엽피질과 전두엽피질에 위치하며, 하나의 주 통제 영역에서 다른

주 통제 영역으로의 전환이 정체성/성격의 변화를 유도할 가능성이 있다고 본다. 이런 전환이 일어나려면 보통 사람과 같이 하나의 성격을 가진 경우와 마찬가지로 시상의 조절 활동이 있어야 한다. 이런 환자들에게서는 서로 다른 인생사와 예상되는 미래와 연결된 두 개 이상의 '자서전적 기억', 두 개 이상의 정체성과 반응 방식이 존재한다고 보는 것이 합리적이다. 하지만 두 개 이상의 자서전적 자아를 드러낼 수 있음에도 불구하고 이런 환자들도 핵심 의식과 핵심 자아는 하나씩만 가지고 있다. 자서전적 자아 각각은 동일한 중심 자원을 이용하고 있을 것이다. 이 사실에 대해 깊게 생각해 보면 흥미로운 결과를 얻을 수 있다. 핵심 자아의 생성은 원초적 자아와 밀접한 관련이 있으며, 원초적 자아는 다시 하나의 뇌에서 이루어지는 몸의 표상에 긴밀하게 의존하고 있다는 생각이 다시 들게 되는 것이다. 하나의 몸 상태에 표상의 집합 하나가 존재한다고 생각하면, 두 개 이상의 원초적 자아와 핵심 자아를 생성하려면 상당히 심각한 수준의 병리학적 왜곡이 일어나야 한다. 아마 이 정도로 왜곡이 일어나면 생명을 유지하지 못할 것이다. 반면 자서전적 자아의 생성은 더 높은 해부학적, 기능적 수준에서 일어난다. 자서전적 자아의 생성은 핵심 자아와는 확실히 연결되어 있지만 부분적으로는 핵심 자아와 분리되어 있기 때문에 단일한 유기체의 강한 생물학적 영향을 받지는 않는다.

필연적으로 생물학적 구성과 연결된 핵심 자아의 매우 제한된 구조와 어느 정도 생물학적 제한에서 자유로운 자서전적 자아의 구조 간 차이점은 이 두 자아가 각각 자연과 양육에 의존하는 정도가 다르다는 것의 설명이 된다. 신기하게도 위의 설명은 다중인격이 특정한 생물학적 성향과 관련 있을지도 모름에도 불구하고 다중인격의 발생과 형성은 문화적인 요소에 크게 의존한다는 증거와 궤를 같이한다.

15 Ludwig von Beethoven, "Gott, welch Dunkel hier!", *Fidelio*, act 2,

scene 1.

16 D. Schacter(1996); A. Damasio, D. Tranel and H. Damasio, "Face agnosia and the neural substrates of memory", *Annual Review of Neuroscience 13*(1990), pp. 89~109.

17 E. R. Dobbs, *The Greeks and the Irrational*(Berkeley. University of California Press, 1951).

18 J. Jaynes, *The Origin of Consciousness*.

19 캐슬린 월크스는 중국어와 헝가리어 같은 언어들에서 이 개념이 다루어지는 방식을 통해 내가 여기서 말한 간극을 메울 수 있는, 의식에 관한 논문을 발표했다. K. V. Wilkes, "——, yishi, duh, um and consciousness", *Consciousness in Contemporary Science*, ed. A. J. Marcel and E. Bisiach(Oxford: Clarendon Press, 1992), pp. 16~41 참조.

20 Jean-Pierre Changeux, *Fondements naturels de l'ethique*(Paris: Editions Odile Jacob, 1993); *Une mime ethique pour tous?*(Paris: Editions Odile Jacob, 1997); Jean-Pierre Changeux and Paul Ricoeur, *Ce qui nous fait penser: La nature et la regie*(Paris: Editions Odile Jacob, 1998); D. Dennett, *Consciousness Explained*; B. Baars, *A Cognitive Theory of Consciousness*; J. Newman, "Putting the puzzle together"(1997); Robert Ornstein, *The Evolution of Consciousness*(New York: Prentice-Hall, 1991); Robert Ornstein and Paul Ehrlich, *New World, New Mind*(New York: Simon and Schuster, Touchstone, 1989).

8장 의식의 신경학

1   F. Plum and J. Posner, *The Diagnosis of Stupor and Coma* 참조.

2   혼수상태와 지속적인 식물인간 상태에 대한 신경학적 연구 결과는
    일반인 관찰자에게도 널리 알려져 있으며, 대중문화의 소재가 되
    기도 했다. 영화 〈행운의 반전〉이 대표적인 예다. 이 영화는 서니
    본 빌로를 혼수상태와 지속적인 식물인간 상태에 빠뜨린 사건을
    추적한다. 영화는 서니 역의 글렌 클로즈가 전혀 움직이지 못하는
    상태에서 자신은 이제 의식이 없으며 움직일 수 없다고 말하는 장
    면으로 시작된다. 그녀는 "뇌는 죽었지만 몸은 더없이 좋은 상태"
    라고 말한다. 관객은 어이없고 음침한 농담을 바로 알아듣는다. 혼
    수상태의 인물이 관객에게 자신의 상태에 대해 말하는 것은 죽은
    사람이 자신을 죽음에 이르게 한 사건에 대해 말하는 것보다 더 어
    처구니없는 일이다. 이런 극적인 장치가 사람들의 기억에 오래 남
    는다는 사실은 의식에 대해 사람들이 주로 어떤 생각을 하는지를
    보여 주며, 의식의 실체를 비전문가들이 제대로 이해하지 못하고
    있다는 현실을 드러낸다.

3   Ann B. Butler and William Hodos, "The reticular formation",
    Comparative Vertebrate Neuroanatomy: Evolution and Adaptation(New
    York: Wiley-Liss, Inc., 1996), pp. 164~179.

4   혼수상태와 지속적인 식물인간 상태는 광범위한 양측 시상 손상이
    나 포괄적인 양측 대뇌피질 손상에 의해서도 유발될 수 있다. 이것
    은 대개 대사적 변화가 아니라 뇌의 구조적 손상에 의해 발생한다.
    이런 손상의 흔한 원인은 뇌졸중을 일으키는 뇌혈관질환, 뇌졸중
    과 비슷한 결과를 일으키는 머리 부상이다. 하지만 다른 원인도 있
    을 수 있으며, 혼수상태와 지속적인 식물인간 상태 사이에는 다음
    과 같은 흥미로운 상호 연관성이 있다.

    뇌졸중이나 머리 부상에 의한 구조적 손상의 결과로 혼수상태가
    발생할 때 손상 부위는 앞에서 언급한 대로 높은 뇌교 그리고/또는
    중뇌 높이의 뇌간 피개 위쪽 반 영역이며, 시상하부가 함께 손상되
    는 경우도 잦다. 하지만 혼수상태는 특정 시상핵, 즉 섬유판속핵이

손상되어 일어나기도 한다. 섬유판속핵은 뇌간에서 기원하는 경로를 따라 길게 위쪽으로 분포해 결국에는 대뇌피질 전체로 퍼지는 핵이다. 중요한 것은 이런 구조적 손상은 **양쪽 대뇌반구에서 모두** 일어나야 한다는 점이다. 핵심적인 영역이 한쪽 대뇌반구에서만 손상되는 경우 의식은 손상되지 않는다.

5 이런 핵들 사이의 상호작용 예는 다음을 참조하라. G. Aston-Jones, M. Ennis, V. A. Pieribone, W. T. Nickell and M. T. Shipley, "The brain nucleus locus coerulus: Restricted afferent control of a broad efferent network", *Science 234*(1986), pp. 734 737; B. E. Van Bockstaele and G. Aston-Jones, "Integration in the ventral medulla and coordination of sympathetic, pain and arousal functions", *Clinical and Experimental Hypertension 17*(1995), pp. 153~165.

6 Carlo Loeb and John Stirling Meyer, *Strokes Due to Vertebro-Basilar Disease; Infarction, Vascular Insufficiency and Hemorrhage of the Brain Stem and Cerebellum*(Springfield, Ill.: Charles C. Thomas, 1965), p. 188; R. Fincham, T. Yamada, D. Schottelius, S. Hayreh and A. Damasio, "Electroencephalographic absence status with minimal behavior change", *Archives of Neurology 36*(1979), pp. 176~178.

7 감금증후군은 앞에서 살펴본 대로 보통 뇌교와 중뇌의 전측 부분이 구조적 손상을 입어 발생한다. 하지만 이 증후군은 심각한 다발성 신경병증에 의해서도 발생할 수 있다. 근육 수축을 위한 신호를 전달하는 신경이 이상을 일으켜 광범위한 마비를 일으키는 증상을 말한다. 특정한 약물도 감금증후군과 비슷한 증상을 일으킨다. 신경섬유의 근육 수축 명령을 내리는 데 필요한 아세틸콜린의 니코틴성수용체를 억제하는 쿠라레라는 약물은 수의隨意 조절 근육의 광범위한 마비를 일으킨다. (횡문근이 아닌) 평활근의 수축은 다른

종류의 수용체, 즉 무스카린수용체에 의존한다. 쿠라레는 이런 수
용체로의 신경 근육 전달을 억제하지 않는다. 따라서 정서나 일반
적인 항상성 조절에서 나타나는 혈관의 지름, 몇몇 체내 기관 상태
를 변화시키는 비수의 명령은 쿠라레로 완전히 마취된 사람에게서
도 정상적으로 전달된다.

8 F. Plum and J. Posner, *The Diagnosis of Stupor and Coma*.

9 A. B. Scheibel and M. E. Scheibel, "Structural substrates for
   integrative patterns in the brainstem reticular core", *Reticular
   Formation of the Brain*(Boston: Little, Brown, 1958), pp. 31~55.

10 Alf Brodal, *The Reticular Formation of the Brain Stem: Anatomical Aspects
   and Functional Correlations*(Edinburgh: The William Ramsay Henderson
   Trust, 1959); J. Olszewski, "Cytoarchitecture of the human
   reticular formation", *Brain Mechanisms and Consciousness*(Springfield,
   Ill.: Charles C. Thomas, 1954), pp. 54~80; W. Blessing, "Inadequate
   frameworks for understanding bodily homeostasis", *Trends in
   Neurosciences, 20*(1997), pp. 235~239.

11 J. Allan Hobson, *The Chemistry of Conscious States: How the Brain
   Changes Its Mind*(New York: Basic Books, 1994).

12 G. Moruzzi and H. W. Magoun, "Brain stem reticular formation
   and activation of the EEG", Electroencephalography and Clinical
   Neurophysiology 1(1949), pp. 455~473; F. Bremer, "Cerveau
   'isole' et physiologie du sommeil", *C. R. Soc. Biol. 118*(1935), pp.
   1235~1241.

13 R. Llinas and D. Pare, "Of dreaming and wakefulness",
   Neuroscience 44(1991), pp. 521~535; M. Steriade, "New vistas
   on the morphology, chemical transmitters and physiological

actions of the ascending brainstem reticular system", *Archives Italiennes de Biologie 126*(1988), pp. 225~238; M. Steriade, "Basic mechanisms of sleep generation", *Neurology 42*(1992), pp. 9~17; M. Steriade, "Central core modulation of spontaneous oscillations and sensory transmission in thalamocortical systems", *Current Opinion in Neurobiology 3*(1993), pp. 619~625; M. Steriade, "Brain activation, then and now: Coherent fast rhythms in corticothalamic networks", *Archives Italiennes de Biologie 134*(1995), pp. 5~20; M. H. J. Munk, P. R. Roelfsema, P. Koenig, A. K. Engel and W. Singer, "Role of reticular activation in the modulation of intracortical synchronization", *Science 272*(1996), pp. 271~274; J. A. Hobson, *The Chemistry of Conscious States*; R. Llinas and U. Ribary, "Coherent 40-Hz oscillation characterizes dream state in humans", *Proceedings of the National Academy of Sciences of the United States*, 90(1993), pp. 2078~2081.

14 아세틸콜린핵에 대한 것은 다음을 참조하라. M. Mesulam, C. Geula, M. Bothwell and L. Hersh, "Human reticular formation: Cholinergic neurons of the pedunculopontine and laterodorsal tegmental nuclei and some cytochemical comparisons to forebrain cholinergic neurons", *The Journal of Comparative Neurology 283*(1989), pp. 611~633. 모노아민계에 대한 개괄적인 내용은 다음을 참조하라. F. E. Bloom, "What is the role of general activating systems in cortical function?", *Neurobiology of Neocortex*, ed. P. Rakic and W. Singer(New York: John Wiley & Sons Limited, 1997), pp. 407~421; R. Y. Moore, "The reticular formation: monoamine neuron systems", *The Reticular Formation Revisited: Specifying Function for a Nonspecific System*, ed. J. A. Hobson and M. A. B. Brazier(New York: Raven Press, 1980, pp. 67~81.

15 이 문제에 대해 더 깊게 알고 싶다면 여기서는 부분적인 참고는 가능하지만 이 흥미로운 연구 결과를 검토하기가 적당하지 않다. A. J. Hobson, *The Chemistry of Conscious States*; M. Steriade, "Basic mechanisms of sleep generation"(1992).

16 M. H. J. Munk, et al., "Role of reticular activation"(1996); M. Steriade, "Arousal: revisiting the reticular activating system", *Science 272*(1996), pp. 225-226.

17 M. Steriade and M. Deschenes, "The thalamus as a neuronal oscillator", *Brain Research 320*(1984), pp. 1~63; J. E. Bogen, "On the neurophysiology of consciousness: 1. An overview", *Consciousness and Cognition, 4*(1995), pp. 52~62.

18 D. A. McCormick and M. von Krosigk, "Corticothalamic activation modulates thalamic firing through glutamate 'metabotropic' receptors", *Proceedings of the National Academy of Sciences of the United States 89*(1992), pp. 2774~2778; R. Llinas and D. Pare, "Of dreaming and wakefulness"(1991).

19 A. Brodal, *The Reticular Formation of the Brain Stem*.

20 F. Bremer, "Cerveau 'isole' et physiologie du sommeil".

21 C. Batini, G. Moruzzi, M. Palestini, G. Rossi and A. Zanchetti, "Persistent pattern of wakefulness in the pretrigeminal midpontine preparation,", *Science 128*(1958), pp. 30~32.

22 이 첫째 예상과 관련된 또 다른 실험은 거의 40년 전에 스프라그 등이 진행한 고양이 실험이다(J. M. Sprague, M. Levitt, K. Robson, C. N. Liu, E. Stellar and W. W. Chambers, "A neuroanatomical and behavioral analysis of the syndromes resulting from midbrain lemniscal and reticular lesions in the cat", Archives Italiennes de Biologie IOI(1963), pp.

225~295). 연구자들은 실험동물들의 한쪽 뇌간 윗부분에 위치한 상승 감각 통로를 손상시키고, 양쪽 뇌간의 이 통로를 손상시키도 했다. 한쪽만 손상된 경우도 그 자체만으로 흥미롭지만 나는 양쪽 손상에 대해서만 언급하겠다. 병변을 만든 결과로 몸 상태를 기술하는 모든 신체감각 입력 신호가 차단되어 중뇌 윗부분, 시상하부, 시상, 대뇌피질로 가지 못하게 되었다. 이 병변은 청각 입력 신호와 전정감각 입력 신호도 방해했다. 하지만 뇌간의 밑부분과 중간 부분에 위치한 망상핵은 계속해서 신체감각 신호를 받았다. 망상핵을 목표로 하는 대뇌피질 신호의 최소한 일부 역시 이 병변에 의해 차단될 가능성이 있음에도 그랬다. 이 병변으로 인한 결과는 행동의 심각한 변화였다. 정서 손실, (높은 수준에서 뇌의 대뇌피질로 직접 진입하는) 후각 자극의 무시, 주변 환경의 자극이나 실험동물의 욕구와 관련이 없는 목적이 없고 전형적인 행동이 나타난 것이다. 스프라그 등은 실험동물들이 자동인형처럼 보인다고까지 도발적으로 묘사했다. 실험동물들은 깨어 있었지만 정서가 손실된 상태였고, 상황과도 전혀 연결되어 있지 않았다. 이 동물들은 2년 6개월 동안 이 상태를 계속 유지하다 부검 연구를 위해 희생되었다.

이 연구에 따른 제안과 의문은 매우 매력적인 것이었다. 최소한 이 연구는 손상되지 않은 망상핵이 각성 상태를 만들어 낼 수 있고 행동을 가능하게 한다는 것을 보여 주었다. 하지만 실험동물들에게서 의식의 존재와 계획에서 전형적으로 보이는 적절하고 적응적인 행동이 꼭 보장되지는 않는다는 것도 보여 주었다. 또한 이 연구는 현재 몸 상태를 나타내는 신호가 계속 공급되어야 정서가 유지되고, 의식이 유지될 가능성이 높아진다는 것을 시사했다. 그렇다고 해도 하강 피질 입력 신호의 손상만이 연구 결과를 설명할 수 있다고 생각하는 것은 합리적이지 않지만 이 제안은 피질에서 망상핵으로 이어지는 경로가 손상될 수 있는 가능성을 감안하면 부분적으로 완화되어야 할 필요가 있다. 최종적으로 나는 고양이에게서

498

나타난 행동의 일부와 의식이 부분적으로 손상된 환자들, 즉 간질성 자동증 환자들의 행동 사이에 유사점이 있다는 것을 덧붙이고 싶다. 그 유사점은 각성 상태이기는 하지만, 행동은 상황과 관련된 계획의 일부가 아닌 상태에서 전형적인 패턴을 보이는 상태, 핵심 의식이나 핵심 자아가 생성되고 있다는 증거가 없는 상태다.

신경과학의 역사에 관심이 있는 독자들을 위해 한마디 덧붙이면, 이 실험으로 스프라그는 시력에서 윗둔덕이 하는 역할을 연구하게 되었다. 스프라그는 자신이 만들어 낸 병변이 의도하지 않게 윗둔덕의 밑부분을 잘라 냈다는 점을 알게 된 것이다. 이 고양이들은 모두 위에서 언급한 이상 외에도 시각 무시 증상을 나타냈다. 병변에도 불구하고 윗둔덕이 잘리지 않은 한 고양이에게서는 모든 이상 증상이 그대로 나타났지만 시각 무시 증상은 나타나지 않았다. 〔J. M. Sprague, The History of Neuroscience in Autobiography, ed. L. R. Squire(Washington, D.C.: Society for Neuroscience, 1996)〕

23 M. H. J. Mvmk, P. R. Roelfsema, P. Koenig, A. K. Engel and W. Singer, "Role of reticular activation in the modulation of intracortical synchronization", *Science 272*(1996), pp. 271~274.

24 S. Kinomura, J. Larsson, B. Gulyas and P. E. Roland, "Activation by attention of the human reticular formation and thalamic intralaminar nuclei", *Science 271*(1996), pp. 512~515.

25 R. Bandler and M. T. Shipley, "Columnar organization in the midbrain peri-aqueductal gray", *Trends in Neurosciences 17*(1994), pp. 379~389; M. M. Behbehani, "Functional characteristics of the midbrain periaqueductal gray", *Progress in Neurology 46*(1995), pp. 575~605; J. F. Bernard and R. Bandler, "Parallel circuits for emotional coping behavior", *J. Comp. Neurol. 401*(1998), pp. 429~436.

26 J. Parvizi, G. W. Van Hoesen and A. Damasio, "Severe pathological changes of the parabrachial nucleus in Alzheimer's disease", *NeuroReport 9*(1998), pp. 4151~4154.

27 G. W. Van Hoesen and A. Damasio, "Neural correlates of cognitive impairment in Alzheimer's disease", *Handbook of Physiology*, *vol. 5, Higher Functions of the Nervous System*, ed. V. Mountcastle and F. Plum(Bethesda, Md.: American Physiological Society, 1987), pp. 871~898; T. Grabowski and A. Damasio, "Definition, clinical features, and neuroanatomical basis of dementia", *The Neuropathology of Dementia*, ed. M. M. Esiri and J. H. Morris(New York: Cambridge University Press, 1997), pp. 1~20.

28 알츠하이머병의 다양한 단계에서의 변화를 계속 지도화함에 따라 신경 영역과 인지/행동 결핍을 더 정확하게 연결하는 것이 가능해질 것이다. 이 연결 작업은 알츠하이머병 치료법을 제시할 가능성이 있는 몇 안 되는 방법 중 하나이기 때문에 적극적으로 계속 이루어져야 한다. 새로 발견된 알츠하이머병과 부완핵 이상과 관련된 병리학적 사실은 이 병의 치료에 전적으로는 아니지만 부분적으로라도 기여하게 될 것이다. 부완핵 이상은 알츠하이머병 환자들의 자율 기능 이상과 분명히 관련 있을 것이며, 이 환자들이 겪을 수 있는 호흡기 장애와 위장 장애의 원인일 수도 있다.

29 신경아교세포 내에 비축된 글리코겐이 반복적인 신경전달물질 분비에 의해 고갈되면 아데노신이 신경아교세포에서 분비되어 비REM 수면을 유도한다는 흥미로운 제안이 있다. 그렇게 되면 비REM 수면은 글리코겐이 다시 신경아교세포에 비축되게 만든다. H. Benington and H. C. Heller, "Restoration of brain energy metabolism as the function of sleep", *Progress in Neurobiology 45*(1995), pp. 347~360.

30 B. Vogt, L. Vogt, E. Nimchinsky and P. Hof, "Primate cingulate cortex chemoarchitecture and its disruption in Alzheimer's disease", *Handbook of Chemtcal Neuroanatomy, vol. 13, The Primate Nervous System, Part I*, ed. F. E. Bloom, A. Bjorklund and T. Hokfelt(New York: Elsevier Science B. V, 1997).

31 O. Devinsky, M. J. Morrell and B. A. Vogt, "Contributions of anterior cingulate cortex to behavior", *Brain 118*(1995), pp. 279~306; P. Maquet, J. M. Peters, J. Aerts, G. Delfiore, C. Degueldre, A. Luxen and G. Franck, "Functional neuroanatomy of human rapid-eye-movement sleep and dreaming", *Nature 383*(1996), pp. 163~166; P. Maquet, C. Degueldre, G. Delfiore, J. Aerts, J.-M. Peters, A. Luxen and G. Franck, "Functional neuroanatomy of human slow wave sleep", *The Journal of Neuroscience 17*(1997), pp. 2807~2812; T. Paus, R. J. Zatorre, N. Hofle, Z. Caramanos, J. Gotman, M. Petrides and A. C. Evans, "Time-related changes in neural systems underlying attention and arousal during the performance of an auditory vigilance task", *Journal of Cognitive Neuroscience 9*(1997), pp. 392~408; P. Rainville, B. Carrier, R. Hofbauer, M. Bushnell and G. Duncan, "Dissociation of pain sensory and affective dimensions using hypnotic modulation", *Pain*(in press); P. Fiset, T. Paus, T. Daloze, G. Plourde, N. Hofle, N. Hajj-Ali and A. Evans, "Effect of propofol-induced anesthesia on regional cerebral blood-flow: A positron emission tomography (PET) study", *Society for Neuroscience 22*(1996), p. 909; A. R. Braun, T. f. Balkin, N. J. Wesensten, F. Gwadry, R. E. Carson, M. Varga, P. Baldwin, G. Belenky and P. Herscovitch, "Dissociated pattern of activity in visual cortices and their projections during human rapid eye movement sleep",

Science 279(1998), pp. 91~95.

32 A. Damasio and G. W. Van Hoesen, "Emotional disturbances", *Neuropsychology of Human Emotion*(1983); M. I. Posner and S. E. Petersen, "The attention system of the human brain", *Annual Review of Neuroscience* 13(1990), pp. 25~42.

33 Macdonald Critchley, *The Parietal Lobes*(London: E. Arnold, 1953).

34 Barry E. Stein and M. Alex Meredith, *The Merging of the Senses* (Cambridge, Mass.: MIT Press, 1993).

35 윗둔덕의 풍성한 상호 연관성 때문에 버나드 스트렐러는 윗둔덕이 말 그대로 의식이 있는 자리라고 주장했다. 이는 다소 극단적인 주장이며, 나는 스트렐러의 주장에 결코 동의하지 않는다. 내 가설은 그의 가설과 완전히 다르다. 하지만 윗둔덕의 기능에 대한 스트렐러의 견해는 충분한 통찰을 제공한다. B. Strehler, "Where is the self? A neuroanatomical theory of consciousness", *Synapse* 7(1994), pp. 44~91.

36 E. G. Jones, "Viewpoint: The core and matrix of thalamic organization", *Neuroscience* 85(1998), pp. 331~345. 우리는 E. G. 존스의 영장류 연구로부터 몇몇 분산적으로 돌출된 시상핵(섬유판속핵이 이 시상핵에 포함되지만 다른 핵도 있다)의 뉴런이 확실한 화학적 성분, 즉 칼빈딘을 가진다는 것을 알고 있다. 반면 섬유띠 통로로부터 입력 신호를 받고 돌출 부분이 위상학적으로 정렬되어 있는 특정한 중계 핵의 뉴런은 다른 확실한 화학적 성분, 즉 파르발부민을 가지고 있다.

37 H. T. Chugani, "Metabolic imaging: A window on brain development and plas-ticity", *Neuroscientist* 5(1999), pp. 29~40.

38 A. Damasio, "Disorders of complex visual processing", *Principles of*

Behavioral Neurology, ed. M. Marcel Mesulam, *Contemporary Neurology Series*(Philadelphia: F. A. Davis, 1985), pp. 259~288.

39 Lawrence Weiskrantz, *Consciousness Lost and Found: A Neuropsychological Exploration*(New York: Oxford University Press, 1997).

40 A. Damasio, *Descartes' Error*; R. M. Brickner, "An interpretation of frontal lobe function based upon the study of a case of partial bilateral frontal lobectomy", *Research Publications of the Association for Research in Nervous and Mental Disease*, *13*(1934), pp. 259~351; Richard M. Brickner, *The Intellectual Functions of the Frontal Lobes: A Study Based upon Observation of a Man after Partial Bilateral Frontal Lobectomy*(New York: Macmillan, 1936); Joaquin Fuster, *The Prefrontal Cortex: Anatomy, Physiology and Neuropsychology of the Frontal Lobe*(New York: Raven Press, 1989). 영역 6과 영역 24의 전운동피질이 포함되지 않는 점에 주목하자. 이 피질은 기능적으로 그리고 세포구축적으로 독립되어 있기 때문이다. 양측 전운동피질 손상은 매우 드문 일이며 실험적으로 연구하기도 힘들다.

9장 느낌을 느낀다는 것

1 이 메커니즘은 나의 전작『데카르트의 오류』에서 제안했고 자세히 다루었다.

2 Vittorio Gallese and Alvin Goodman, "Mirror neurons and the simulation theory of mind-reading", *Trends in Cognitive Sciences* *2:12*(1998), pp. 493~501.

3 배경 느낌의 중요성을 밝히기 위한 정서와 관련해서는 야크 판크세프의 연구 참조. J. Panksepp, E. Nelson and M. Bekkedal, "Brain systems for the mediation of social separation-distress

and social-reward: Evolutionary antecedents and neuropeptide intermediaries", *Annals of the New York Academy of Sciences 807*(1997), pp. 78~100; E. E. Nelson and J. Panksepp, "Brain substrates of infant-mother attachment: Contributions of opioids, oxytocin and norepinephrine", *Neuroscience and Biobehavioral Reviews 22*(1998), pp. 437~452.

4 다음의 연구에 관심을 가지게 해 준 『데카르트의 오류』 독자들에게 감사한다. Susanne Langer, *Philosophy in a New Key: A Study in the Symbolism of Reasons, Rite and Art*(Cambridge, Mass.: Harvard University Press, 1942); Daniel Stern, *The Interpersonal World of the Infant: A View from Psychoanalysis and Developmental Psychology*(New York: Basic Books, 1985).

5 G. W. Hohmann, "Some effects of spinal cord lesions on experienced emotional feelings", *Psychophysiology 3*(1966), pp. 143~156; P. Montoya and R. Schandry, "Emotional experience and heartbeat perception in patients with spinal-cord injury and control subjects", *Journal of Psychophysiology 8*(1994), pp. 289~296.

6 W. B. Cannon, "The James-Lange Theory of Emotions: A Critical Examination and an Alternative Theory", *American Journal of Psychology 39*(1927), pp. 106~124.

7 J. D. Bauby, *Le scaphandre et le papillon*; J. Mozersky, *Locked In*.

8 J. L. McGaugh, "Involvement of hormonal and neuromodulatory systems in the regulation of memory storage", *Annual Review of Neuroscience 12*(1989), pp. 255~287; J. L. McGaugh, "Significance and remembrance: the role of neuromodulatory systems", *Psychological Science 1*(1990), pp. 15~25.

10장 의식의 용도

1 J. F. Kihlstrom, "The cognitive unconscious"(1987); A. S. Reber, *Implicit Learning and Tacit Knowledge*.

2 Victoria Fromkin and Charles Rodman, *An Introduction to Language* (New York: Harcourt Brace, 1997).

3 문법에 대한 비의식적 지식의 진화론적 배경은 다음을 참조. Steven Pinker, *The Language Instinct*(New York: Morrow, 1994). 인위적인 문법에 대한 비의식적 본질에 대해서는 다음을 참조. Reber, *Implicit Learning*.

4 A. Bechara, D. Tranel, H. Damasio, R. Adolphs, C. Rockland and A. Damasio, "A double dissociation of conditioning and declarative knowledge relative to the amygdala and hippocampus in humans", *Science 269*(1995), pp. 1115~1118; S. Corkin, "Tactually guided maze learning in man: Effects of unilateral cortical excisions and bilateral hippocampal lesions", *Neuropsychologia 3*(1965), pp. 339~351; D. Tranel and A. Damasio, "Knowledge without awareness: An autonomic index of facial recognition by prosopagnosics", *Science 228*(1985), pp. 1453~1454; A. Damasio, D. Tranel and H. Damasio, "Face agnosia and the neural substrates of memory", *Annual Review of Neuroscience 13*(1990), pp. 89~109; L. Weiskrantz, *Consciousness Lost and Found*.

5 A. Bechara, H. Damasio, D. Tranel and A. Damasio, "Deciding advantageously before knowing the advantageous strategy", *Science 275*(1997), pp. 1293~1295; R. Adolphs, H. Damasio, D. Tranel and A. Damasio, "Cortical systems for the recognition of emotion in facial expressions", *Journal of Neuroscience 16*(1996),

pp. 7678~7687; A. Bechara, A. Damasio, H. Damasio and S. W. Anderson, "Insensitivity to future consequences following damage to human prefrontal cortex", *Cognition 50*(1994), pp. 7~15.

6 F. Jackson, "Epiphenomenal qualia", *Philosophical Quarterly 32*(1982), pp. 127~136.

7 Patricia Churchland, "The Hornswoggle Problem", *Journal of Consciousness Studies 3*(1996), pp. 402~408.

11장 빛 아래에서

1 Nicolas Malebranche, *De la recherche de la verite*(Paris: A: Pralard, 1678~1679), p. 914. "C'est par la lumiere et par une idee claire que l'esprit voit les essences des choses, les nombres et l'etendue. C'est par une idee confuse ou par sentiment, qu'il juge de l'existence des creatures, et qu'il connait la sienne propre." 말브랑슈에 대해 관심을 갖게 해 준 페르난도 길에게 감사한다.

부록 마음과 뇌에 관한 주석

1 J. Hadamard, *The Psychology of Invention in the Mathematical Field*(Princeton, NJ: Princeton University Press, 1945).

2 D. Hubel, *Eye, Brain and Vision*(New York: Scientific American Library, 1988). 생명 활동에서의 선택적 시스템의 배경에 대해서는 다음을 참조. Jean-Pierre Changeux, *Neuronal Man: The Biology of Mind*(New York: Pantheon, 1985); Gerald Edelman, *Neural Darwinism: The Theory of Neuronal Group Selection*(New York: Basic Books, 1987).

3 A. Damasio, "Time-locked multiregional retroactivation: A

systems level proposal for the neural substrates of recall and recognition", *Cognition 33*(1989), pp. 25~62; A. Damasio, "The brain binds entities and events by multiregional activation from convergence zones", *Neural Computation 1*(1989), pp. 123~132; A. Damasio(1994/1995); G. Edelman, *Neural Darwinism*; R. Llinas and D. Pare, "Of dreaming and wakefulness", *Neuroscience 44*(1991), pp. 521~553

4 W. Singer, C. Gray, A. Engel, P. Koenig, A. Artola and S. Brocher, "Formation of cortical cell assemblies", *Symposia on Quantitative Biology 55*, pp. 929~952.

5 F. Crick, *The Astonishing Hypothesis: The Scientific Search for the Soul*(New York: Scrib-ner, 1994); F. Crick and C. Koch, "Constraints on cortical and thalamic projections: The no-strong-loops hypothesis", *Nature 391*(1998), pp. 245~250.

6 J. P. Changeux, *Neuronal Man*; G. Edelman, *Neural Darwinism*.

감사의 말

제일 먼저 감사하고 싶은 사람은 이 책의 제목을 정하는 데 자신도 모르게 기여한 셰이머스 히니다. 그의 시 「노래」의 마지막 구절이 "일어나는 일의 음악처럼 새가 노래할 때"이기 때문이다. '일어나는 일의 느낌'이라는 이 책의 원제는 그의 시구절을 즉흥적이었지만 아마도 불가피하게 책의 주제에 맞도록 수정한 것이다.

원고를 준비하면서 운이 좋게도 나는 박식하고 참을성 있는 동료들과 내 생각에 대해 토론하며 많은 시간을 보낼 수 있었다. 해나 다마지오의 아이디어와 제안은 내게 끊임없이 영감을 주었다. 요제프 파르비치의 뇌간에 대한 전문적인 지식은 그 영역에 관해 의견을 형성하는 데 도움을 주었고, 그의 열정적인 도움으로 뇌간과의 고투가 쉬워졌다. 랠프 아돌푸스는 항상 열린 마음으로 늘 내 이론에 대해 명확한 설명을 요구했다. 찰스 로클랜드도 어떤 설명도 쉽게 받아들이지 않으며 건설적이고 관대한 동료로서 역할을 해 주었다. 설명이 명료해야 한다고 주장한 퍼트리샤 처칠랜드에게도 고마움을 전한다. 또한, 나의 영원한 비판자인 런디 부인은 이번에는 예상보다 비판이 훨씬 덜 했다. 책을 쓰는 동안 나는 원고를 읽고 제안을 해 준 많은 동료들의 조언도 얻었다. 빅토리아 프롬킨, 잭 프롬킨, 폴 처칠랜드, 페르난도 길, 제롬 케이건, 프레드 플럼, 피에르 레인빌, 캐슬린 로클랜드, 대니얼 트래널, 스테펀 헤크, 앙투안 베차라, 새뮤얼 더넘, 어설라 벨루지, 에드워드 클리마가 그 동료들이다. 이들의 의견은 내게 큰 도움이 됐다. 이들의 지혜와 친절에 감사드린다.

원고가 완성된 후 그 원고를 꼼꼼히 읽고 의견을 준 여러 동료에게도 감사드린다. 제럴드 에덜먼, 줄리오 토노니, 장피에르 샹죄, 프랜시스 크릭, 토머스 메칭거, 데이비드 허블은 모든 아이디어를 하나도 빼놓지 않고 모두 검토해 주었다. 오류와 이상한 부분은 물론 모두 내 책임이다.

아이오와대학 신경학과의 동료들에게도 감사의 말을 전한다. 이들은 여러 해 동안 내게 가르침을 주었으며, 뇌와 마음에 대한 연구를 할 수 있는 특별한 환경을 조성하는 데 도움을 주었다. 이 특별한 환경을 현실로 만들어 준 미국 국립신경질환연구소와 매더스재단의 지원에도 감사한다. 우리 인지신경과학 병동의 신경질환 환자들에게도 감사의 말을 전한다. 이들은 우리가 그들의 문제를 이해할 수 있는 기회를 주었다.

원고 준비에 도움을 준 내 조교 닐 퍼덤, 16년 동안 내 손글씨와 씨름한 베티 레데커, 프로 정신과 헌신적인 태도로 내 원고를 입력해 준 도나 위넬에게도 감사드린다. 데니즈 크루츠펠트와 존 스프래들링은 언제나 능숙하게 참고 도서 검색과 연구를 도와줬다.

원고를 깔끔하게 편집해 준 레이첼 마이어스와 데이비드 허프에게도 감사의 말을 전한다. 마지막으로 내 친구 제인 아이세이와 마이클 칼라일의 도움과 인도에 감사의 마음을 전한다. 이들의 충고와 열정이 없었다면 이 책을 끝까지 쓰지 못했을 것이다.

해제

2022년, 한 유명 대중음악 작곡가의 몇몇 곡이 표절 논란에 휩싸였다. 곧 그는 소속사를 통해서 자기 곡의 메인 테마가 원곡과 충분히 유사하다는 것에 동의한다고 공식 성명을 발표했다. 그러나 정말 그는 마치 옆자리 학생의 시험 답안지를 베끼듯 다른 곡의 악보를 보며 표절을 작정했던 것일까? 그동안 쌓아 온 모든 경력을 걸고? 알 수 없는 일이다. 진실은 본인만 알 것이다. 그런데 그의 공식 성명처럼 "무의식중에 기억 속에 남아 있던 유사한 진행 방식으로 곡을 쓰게 되었고, 발표 당시 나의 순수 창작물로 생각"했다면, 그건 표절일까, 표절이 아닐까? '나'가 본인이 아니라면, 과연 그 '나'는 누구란 말인가?

'나'란 무엇일까? 흔히 통일성을 가진 주체적 존재로서의 '내'가 자신과 대상을 인식하고, 그것에 의미를 부여하며, 자신과 대상을 제어할 수 있다고 여긴다. 이러한 상식에 따르면 '나'는 의식적 주체다. 즉 주체는 의식과 동일하며, 통일성을 가진 투명한 존재다. 게오르크 헤겔의 주장이다.*

그러나 이런 주장에 동의하지 않는 사람도 있었다. 바로 지크문트 프로이트다. 그는 의식할 수 없는 주체가 있다고 했다. '나'는 단일하지 않은 존재다. 아주 일부의 '나'만 '나'에게 '나'로 인식된다. 심지어 그렇게 드러나는 '나'마저도 진짜 '나'인지 알 수 없다. 나를 이루는 거대한 존재는 의식되지 않으며, 주체적이지도 않고, 통일성도 없다. 불투명하고 이질적인 나. 나의 대부분은 무의식이다.

무의식은 정의상 의식할 수 없다. 내가 모르는 나다. 당연히 남도 알기 어렵다. 기술할 수도 없고, 측정할 수도 없고, 비교할 수도 없다. 그래서 무의식은 심리학이 철학의 일부였던 오랜 옛날부터 논의의 대상이 되지 못했다. 이른바 과학적 심리학을 정초할 무렵에는 '당연히' 논외였다. 존재조차 불확실한 대상을 과학적으로 연구하기는 어려운 일이다. 안타깝게도 무의식은 우리의 마음속에서도, 그리고 학문의 세계에서도 여전히 '의식'될 수 없는 존재였다.

그러나 프로이트를 비롯한 임상정신의학자의 생각은 달랐다. 그들은 환자를 통해서 가끔씩 슬쩍 드리우는 무의식의 그림자를 볼 수 있었다. 원인 없는 지각, 이유 없는 감정, 갑자기 사라졌다 휙 나타나는 기억 등이다. 심지어 어떤 환자는

---

* 송지영, 『정신병리학 입문』, 집문당, 2020.

완전히 새로운 인격을 얻어 오래도록 여행을 떠나기도 했다. 해리성 둔주dissociative fugue라는 상태다. 꿈은 더 오색찬란한 미지의 세계를 보여 주었다. 분명 의식이 전부는 아니었다. 물론 여전히 나머지가 뭔지는 잘 모르지만.

프리드리히 니체의 『자라투스트라는 이렇게 말했다』에는 1835년에 출간된 다른 책의 일부가 그대로 들어 있다. 1885년의 니체는 어린 시절에 읽은 책을 의도적으로 표절한 것일까? 아무래도 그랬을 것 같지 않다. 정신과 의사 카를 구스타프 융은 이를 잠재기억cryptomnesia이라는 개념을 사용해 설명한다. 자신이 기억하고 있는 사실을 기억하지 못하는 것이다.

비슷한 사회문화적 혁신이 동시대에 쏟아지는 현상, 그리고 유사한 과학적 발견이 한꺼번에 나타나는 현상은 잘 알려져 있다. 시대정신Zeitgeist이라고도 하고, 다중 발견multiple discoveries이라고도 한다. 융은 이렇게 말했다. "글을 쓰던 작가의 마음에 갑자기 비약적인 생각이 나타날 수 있다. (⋯) 그러한 탈선이 나타난 이유를 묻는다면 대답하기 어려울 것이다. (⋯) 종종 그가 쓴 글이 다른 작가의 글과 놀랄 만큼 비슷할 수 있다. 그는 한 번도 본 적이 없다고 믿고 있는 작품 말이다."*

유기체의 내외에는 끊임없이 '일어나는 일'이 있다. 그러나 일부만이 '느낌'으로 남는다. 그리고 '느낌'의 일부만이 의식되며, '의식된 느낌'의 일부만이 '기억'으로 남는다. 그리고

---

* Carl Gustav Jung, *Man and His Symbols*, Dell, 1968.

그 기억의 일부만이 명시적 언어 기억으로 남는다. 내 안의 존재하는 다양한 '나'다. 일어나는 일, 즉 타인의 음악을 느낀 나, 그걸 기억하고 작곡에 참조한 나, 그러나 그 기억을 기억하지 못하는 나, 기억하지 못한 나의 행동을 사과하는 나다.

20세기 이후의 의학은 과학적 접근 방법을 동원하여 엄청난 성과를 거두고 있지만, 여전히 지루한 교착이 계속되는 전장이 있다. 바로 인간의 의식에 관한 질병, 즉 '나'에 관한 장애를 다루는 영역이다. 이 영역은 과학에서 오래도록 논외로 다루어져 왔고, 사실 지금도 마찬가지다. 연구재단에 의식이나 무의식 연구로 연구비를 신청해 보자. 아마 정중한 탈락 통지서를 받게 될 것이다.

고대 그리스의 철학자는 심장의 기능과 동물의 행동, 천체의 움직임에 이르기까지 세상 만사에 대해 자신의 견해를 피력했지만, 지금의 철학자는 그럴 수 없다. 철학적 사유보다는 객관적 관찰에 입각한 분석이 더 정확하기 때문이다. 그러나 인간성의 본질, 즉 '자기 의식'에 관한 문제는 여전히 철학자부터 생물학자, 사회학자, 인류학자, 정신의학자, 심리학자, 신경과학자, 양자물리학자, 신학자, 심지어 역술가까지 다들 나름의 지분을 가진 각축장이다. 그래서 인간의 의식, 자아의 본질에 관한 담론계에는 온갖 유사 과학이 판친다. 물론 뭐가 유사 과학이고 뭐가 제대로 된 과학인지는 나도 잘 모르겠다.

그나마 믿을 만한 길잡이를 찾고 싶다면, 임상의학이다. '자기 장애'를 가진 환자는 늘 넘쳐나는데, 진단과 치료에 실패한 의사에게 치료비를 지불하고 싶은 환자는 없다. 그래서 골방에서의 철학적 사유보다는 병상에서의 진단과 처방 경험에 의거한 가설이 더 믿을 만하다. 지금으로서는 그게 최선이다. 인간의 감정과 의식에 관한 안토니오 다마지오의 주장이 늘 사랑받는 이유다. 다마지오는 리스본 의대를 졸업한 신경과 의사다.

그건 그렇고, 과연 자기 장애disorder of self는 무엇일까? '나I-ness'의 문제를 일컫는 말이다. 좀 이상한 말이다. 병원에는 대개 '자기' 문제로 가는 것 아닌가? 남이 아픈데, 내가 병원에 갈 리 없다. 도대체 자기 장애가 뭐란 말인가?

칼 린네는 1735년, 『자연의 체계』라는 책에서 특정 형질의 유무에 따라 수많은 종의 동식물을 계층적으로 분류했다. 여러 가지 의미로 상당히 파격적인 제안이었는데, 특히 인간을 동물의 한 종으로 분류해 넣은 것이 그랬다. 그는 유인원Simia와 나무늘보Bradypus, 그리고 인간Homo을 같은 영장목 Anthropomorpha에 분류하면서,* 인간에 대해서 다음과 같은 설명을 덧붙였다.

Homo: Nosce te ipsum

'노스케 테 입숨'은 '나 자신을 안다'라는 뜻이다. 린네가

---

* Anthropomorpha는 나중에 Primate으로 바뀌었다.

나중에 이명법二名法을 고안하면서 이러한 설명은 아예 '사피엔스sapiens'라는 종명으로 굳어지게 되었다. 린네는 인간이 '자기를 아는' 동물이며, 그것이 가장 중요한 특징이라고 여겼다. 만약 자기를 제대로 알지 못한다면, 그게 바로 '자기 장애'다. 그래서 자기 장애는 (아마도) 인간만 겪는 장애다.

'자기self'라는 개념은 아주 간단해 보이지만, 그렇지 않다. 현상학적 정의가 대단히 어려운 개념이다. 가장 작은 범위에서는 '나의 몸'이 나다. 그러나 '몸을 인식하는 주체'도 나다. '이성적 인식의 주체'도 나, '정서적 인식의 주체'도 나다. '타인이 나를 어떻게 바라보는지, 그리고 타인이 나를 어떻게 바라본다고 여기는지 느끼는 주체'도 나다. 지각, 사고, 의지, 행위 등의 다양한 주체는 종종 서로 경합한다. 내적인 여러 층위 간에서, 여러 대상과의 다양한 관계 속에서, 그리고 복수의 시간적 단위에서 다양한 '나'를 만들어 낸다.

우리는 자기기만(좋게 말하면 통합적 인식)을 통해서 이러한 복수의 '자기'를 단일하고 영속적인 주체적 '자기'로 경험한다. 그러나 그런 노력이 늘 성공하는 것은 아니다. 종종 어떤 사람은 자기 자신을 마치 타인처럼 바라보고(이인증이나 이중 자아), 심지어 자기가 자기를 대면하기도 한다(도플갱어). 떨쳐 버리고 싶은 자기 때문에 괴로워하는 또 다른 자기를 발견하기도 한다(강박). 과거의 나와 현재의 나를 서로 다른 나로 여기는 환자도 있고(빙의, 이중인격), 자기와 비자기의 경계가 무너지기도 한다(자아 경계 상실 증후군). 자기가 의도한 자기 행동을 마치 누군가에 의해 수동적으로 행해지는 행동으로 여기기도 한다(작위 체험). 서로 무관한 여러 외부 현상을 자기중심적으로 연결하기도 한다(아포페니아, Apophenia).

이러한 자기 장애는 인간만 겪는 어려움이다(물론 비인간 동물이 되어 본 적 없어서 확신은 못하겠다). 린네의 통찰처럼 인간은 자기를 아는 동물이다. 다른 동물도 자기를 알긴 하겠지만, 인간은 아무래도 좀 다른 의미에서 '자기를 아는 것' 같다. 그런데 우리는 어떤 식으로 자기를 아는 것일까? 만약 동물과 다르다면, 뭐가 어떻게 다른 것일까?

다마지오는 다양한 임상사례를 근거로 감정과 느낌, 의식에 관한 흥미로운 주장을 펼쳐 나간다. 『느낌의 발견』은 『데카르트의 오류』와 『스피노자의 뇌』를 연결해 주는 저작이다. 그의 다른 책과 마찬가지로 인간의 의식에 관한 독창적 주장을 여러 임상사례를 바탕으로 엮어 나간다. 그의 주장에는 늘 감정과 느낌이 자리하는데, 이를 진화적 틀로 묶어 일관성 있게 꿰어 낸다. 가설적 추론의 상당 부분은 프로이트 심리학과 정신병리학, 동물행동학, 진화신경과학, 진화인류학 등에서 외삽外揷하고 있다. 그래서 해당 학문에 익숙하지 않은 독자라면 좀처럼 무슨 말인지 이해하기 어렵다. 게다가 문학적 비유와 철학적 전개, 그리고 저자의 사고 흐름을 따르는 만연체의 문체가 고통스럽게 느껴질 수도 있다. 여기서 간단하게 요약해 보자.

다마지오는 의식을 세 층으로 나눠서 설명한다. 마치 프로이트의 이드id, 에고ego, 슈퍼에고superego를 연상시키는데, 물론 정확하게 일치하는 것은 아니다. 맨 밑바닥에 원자기proto-self가 있다.* 그리고 그 위에 핵심 의식core consciousness이 있다. 그리고 맨 위 혹은 주변으로 뻗어 나가는 확장 의식extended consciousness이 있다.

그런데 이러한 의식은 도대체 어떻게 생겨나는 것일까?

다마지오는 원시적 생물에게도 감정emotion이 있다고 하였다.** 감정이란 유기체의 변화, 즉 생리적 변화나 행동 변화를 유발하는 자극에 대한 복합적 반응을 말한다. 그런데 이러한 변화를 일으키는 자극은 두 가지로 나눌 수 있다. 내적 자극과 외적 자극이다. 이러한 자극의 변화를 인식하는 순간, 유기체가 '느낀다'고 하였다. 즉 느낌feeling이다.

생물은 항상성을 유지해야 한다. 정확하게 말하면, 항상성

---

* 본 서에는 '원초적 자아'로 번역되었다. 정신분석학이나 정신병리학에서는 주로 ego는 자아, self는 자기로 옮긴다. 자아는 흔히 경험의 주체를 말한다. 프로이트 심리학에서는 초자아와 이드 사이에서 여러 요구를 조정하여 내적 평형을 유지하는 심적 기능을 자아로 정의한다. 이에 반해 자기는 경험의 대상으로서의 존재를 말한다. 따라서 개인적 자아를 포함하여, 자아를 느끼는 존재로서의 자기, 그리고 자신이 가진 소유물 등도 모두 자기다.

** 본 서에는 정서로 번역되었다. 정서는 정신병리학이나 신경과학에서는 잘 쓰지 않는 일상 용어지만, 감정과 비슷한 뜻으로 이해할 수 있다. 느낌, 정서, 감정, 정동, 기분 등의 차이에 대해서는 같은 저자가 쓴『느낌의 진화』에 덧붙인 나의 해제를 참고하기 바란다. 더 자세하게 알고 싶으면, 앤드루 심스의『마음의 증상과 징후: 기술 정신병리학 입문』이나 송지영의『정신병리학 입문』을 추천한다.

을 유지해야만 지속적이고 안정적인 생명 현상이 가능하다. 항상성 유지를 위해서는, 자기 내외의 변화를 잘 감지해야 한다. 이러한 신호가 주는 '느낌'이 원초적 자기를 만든다. 원자기다.

그런데 항상성과 관련한 내외의 변화는 시간에 따라 일정한 패턴을 보일 것이다. 유기체의 생존과 번식에 미치는 영향에 따라, 어떤 변화는 긍정적으로 인식되고 어떤 변화는 부정적으로 인식된다. 신호는 계속 변하지만, 중구난방은 아니다. 시간적으로 일관된 대립적 패턴은 뇌의 기저 영역에 기록되는데, 이를 감정emotion이라고 한다. 그런데 감정이라는 이름의 신경학적 패턴은 스스로 활성화되기도 한다. 그러면 이를 다시 뇌가 느낄 수 있을 것이다. 이걸 다마지오는 핵심 의식이라고 부른다.

핵심 의식이란 내외의 변화가 일으키는 감정을 느끼면서 얻는 창발적 인식 과정이다. 앞서 말한 일관적인 정서적 패턴이 일종의 마음속 극장처럼 어떤 이미지로 상영된다. 스크린에 비친 영화를 보며 유기체는 '나'를 느낀다는 것이다. 영화장면은 끊임없이 바뀌지만, 우리는 같은 영화라는 것을 알고있다. 러닝타임 동안에는 '같은 나'로 느끼는 것이다. 다시 말해서 핵심 의식은 '느낌을 안다는 느낌'이다. 얼마 전부터 '느낌적 느낌'이라는 말이 유행하는데, 실제 쓰이는 용례를 보면 '안다'는 뜻을 나타낼 때가 많다. 'A가 B라는 느낌적 느낌이 든다'는 말은 사실 'A가 B라는 것을 안다'는 뜻이다. 국립국어원은 잘못된 표현이라고 손사래를 치겠지만 말이다.

아무튼 이러한 핵심 의식은 변화로부터 항상성을 지키려는 노력이 만드는 느낌, 그리고 그 느낌이 만드는 일관적 패턴으로서의 감정, 그리고 감정에 대한 이차적 느낌이 만들어 낸다. 언어는 없어도 상관없다. 아마 비인간 고등동물도 어느 정도 가지고 있을 것이다. '지금 여기Here and Now'에 나타나는 느낌이며, 나를 느끼는 또 다른 '나'다.

확장 의식은 원자기와 핵심 의식을 통해 발생하는 또 다른 층위의 '나'다. 기억 능력을 동원하여 과거의 나와 지금의 나, 그리고 미래의 나를 연결한다. 유기체는 생애사를 거치며 계속 바뀐다. 그러니 자기 내외에 대한 느낌도 바뀌고, 핵심 의식도 바뀐다. 즉 나는 계속 바뀐다. 그럼에도 불구하고 어떻게든 일관성 있는 나를 계속 유지해 주는 힘이 바로 확장 의식이다. 자서전적 기억을 동원해서 달성하는 지속적인 나다. 영화의 비유를 다시 들자면, 여러 독립 에피소드로 구성된 드라마를 '같은 드라마'로 인식하는 것이랄까? 역시 언어가 필수적인 것은 아니지만, 인간은 언어를 통해 가장 높은 수준의 확장 의식을 이뤄 냈다. 심지어 한 개체의 생애를 넘어서 이어지기도 한다.

책의 원제는 '일어나는 일의 느낌The Feeling of What Happens'이다. 뭔가 묘한 제목이지만, 이제 그 의미가 짐작될 것이다. 즉 제목이 말하는 '일어나는 일의 느낌'은 의식, 바로 '나'다. 다마지오는 느낌과 감정, 의식의 진화적 궁극 원인과 적응적 근연 기능, 구체적인 신경학적 대응물, 그리고 다양한 '자기 장

애'의 정신병리적 사례까지 광범위하게 제시하며, '나'의 의미에 관해 통찰적 가설을 제안하고 있다. 참고로 일역 판의 제목은 '무의식의 뇌, 자기의식의 뇌無意識の脳 自己意識の脳'다.

인간은 특히 강력한 확장 의식을 통해 복수의 '나'를 지속적이고 일관적인 '나'로 묶는 특유의 자기 인식 능력이 있다. 인간의 거대한 사회와 문화는 모두 '나'의 단일성과 지속성이라는 환상에 기초하여 움직인다. '나'는 여전히 기억이 나지 않지만, '나'의 또 다른 기억이 만들어 냈을지도 모르는, 과거의 '나'의 표절 가능성에 관해서, 지금의 '내'가 사과하는 이유다.

모든 책이 그렇듯이 이 책도 단점이 있다. 일단 다마지오의 강력한 통찰적 주장은 참 매력적이지만, 여전히 주장일 뿐이다. 저자도 책 곳곳에서 언급한 것처럼 우리는 아직 모르는 것이 너무 많다. 처음 출간된 지 벌써 20년도 넘었지만, 여전히 그렇다. 책 전반에 등장하는 수많은 진술은 대개 가정과 추론이다. 가정에 가정, 추론에 추론을 몇 층이나 쌓아 올린 것도 많다. 가정과 추론은 과학적 접근을 위한 좋은 출발점이지만, 입증이 될 때까지는 결론을 유보해야만 한다. 과연 원자기, 핵심 자아, 자서전적 자아 같은 것이 정말 존재하는 실체일까? 아니면 그저 우리의 느낌과 감정, 의식에 관한 잘 만들어진 비유에 불과한 것일까? 수없이 등장하는 뇌 손상 환자의 사례는 주장을 뒷받침하는 근거로 적합할까? 양손을 자르면 밥을 제대로 먹지 못하겠지만, 손에서 식욕 중추를 찾을 수는 없다.

두 번째 단점은 좀 더 개인적이다. 너무 어렵다. 사실 다마지오의 여러 책에 달린 서평은 죄다 '너무 어렵다'다. 어떤 이는 조금씩 곱씹어 읽겠다고 하고, 어떤 이는 신경해부학부터 배우고 다시 읽겠다고 한다. 20년 전, 나도 한국에 처음 소개된 『데카르트의 오류』를 처음 읽으며 제법 고생했다. 당시 정신과 레지던트 1년 차였는데, 내가 너무 무식해서 그런 줄 알았다.

전혀 자책할 필요는 없다. 어려운 책이 아니다. 이 책을 포함하여 다마지오의 책을 읽는 요령은 '의도적으로 쉽게' 읽는 것이다. 일단 표 2-1, 6-1, 6-2, 7-1을 보자. 전체 요지를 짐작할 수 있다. 그리고 친절하게도 뇌 구조물에 대한 간략한 그림과 설명이 부록에 제시되어 있다. 표와 부록의 그림을 먼저 찬찬히 읽고, 귀를 살짝 접어 두자. 본문은 빠르게 읽으면서, 헷갈리면 접어 둔 귀를 다시 찾아 맞춰 보자. 어려운 책이지만, 쉽다고 생각하면 또 쉽게 느껴진다.

다마지오는 신체 표지 가설 등을 통해서 학문적으로 크게 인정받았지만, 그가 유명해진 이유는 바로 책 덕분이다. 그는 인간의 감정과 이성, 느낌과 의식, 자기 인식에 관한 탁월한 통찰적 글쓰기로 대중에 널리 알려진 학자다. 1994년, 오십을 갓 넘어 발표한 『데카르트의 오류』를 통해 일약 스타덤에 올랐다.

이제 그의 여러 저서는 거의 국역되었다. 원서의 출간 순서로 국역서를 나열하면, 『데카르트의 오류』, 『느낌의 발견』, 『스피노자의 뇌』, 『느낌의 진화』, 『느끼고 아는 존재』 순이다.* 여러 역자가 여러 출판사에서 번역해서 용어가 일관적이지 않은 점이 아쉽지만, 그래도 한 명의 신경과학자가 쓴 책이 대부분 국역된 것은 놀라운 일이다. 그의 인기를 실감할 수 있다. 우리나라에서만 그런 것은 아니다. 심지어 그의 모국, 포르투갈에는 '안토니오 다마지오 중학교'도 있다.

앞의 세 권은 이른바 다마지오 3부작이라고도 한다. 이 책은 『데카르트의 오류』 다음으로 유명한 책인데, 이상하게도 이제야 국내에 소개된다. 3부작의 나머지 책과 같이 읽기를 권한다. 그러고 나서 외전 격인 『느낌의 진화』를 보자. 최근 출간된 『느끼고 아는 존재』는 제목만 봐도 알겠지만, 이전의 책의 여러 주장을 요약한 얇은 책이다.

과연 '나'는 무엇일까? 느낌은 찰나적이고, 감정은 변덕스럽고, 기억은 불확실하다. 원자기든, 핵심 의식이든, 자서전적 자기든 애매하기는 마찬가지다. 저자는 책 서두에 T. S. 엘리엇의 시를 언급하면서 '반쯤 추측된 암시The hint half guessed'라는 시구를 책에 여러 번 사용했다. 우리는 아마 영원히 '나'의 완전한 실체를 알아차리지 못할 것이다. 어느 정도는 우리 모두 '자기 장애'를 앓고 있다. 그러니 어제의 나와 오늘의 내

---

* 『자기가 마음에 나타나다: 의식적 뇌의 형성 Self Comes to Mind: Constructing the Conscious Brain』만 아직 국역되지 않았다.

가 싸우고, 네가 아는 나와 내가 아는 내가 다르고, 심지어 내가 나를 속이는 일도 매일같이 일어난다. 그게 나다. 꿈에서 느끼는 기묘한 자아 체험이야말로 나의 본질에 더 가깝다. 딱 부러진 독립성, 일관성, 지속성을 가진 자아 경험이 오히려 환상이다.

그러나 그러한 '불완전한 나'야말로 인간성의 핵심이다. 엘리엇의 시에 뒤이어 나오듯이 '반쯤 이해된 선물the gift half understood'이다. 긴 진화사를 통해서 우리는 그렇게 딱 필요한 정도만 '나'를 인식하도록 빚어졌다. 그러니 '무의식은 왜 의식할 수 없는가?'라는 질문은 정말 이상한 질문이다. '왜 어떤 느낌은 의식할 수 있는가?'라고 물어야 마땅하다. '나'라는 존재는 좀처럼 온전히 이해하기 어렵지만, 그래도 인간에게 주어진 정말 멋진 진화적 선물이다. 덕분에 '나'의 본질에 대한 어렴풋한 고민이라도 할 수 있는 것이다. 이 책에서 그 선물의 실체를 '반쯤'이라도 이해할 수 있기 바란다.

서울대학교 인류학과 진화인류학 조교수
정신과 전문의
박한선

526

색인

옮긴이 고현석

연세대학교 생화학과를 졸업하고 「서울신문」 과학부, 「경향신문」 생활과학부, 국제부, 사회부 등에서 기자로 일했다. 과학기술처와 정보통신부를 출입하면서 과학 정책, IT 관련 기사를 전문적으로 다루었다. 현재는 과학과 민주주의, 우주물리학, 생명과학, 문화와 역사 등 다양한 분야의 책을 기획하고 우리말로 옮기고 있다. 옮긴 책으로 다마지오의 『느낌의 진화』와 『느끼고 아는 존재』를 비롯하여 『지구 밖 생명을 묻는다』, 『코스모스 오디세이』, 『의자의 배신』, 『세상을 이해하는 아름다운 수학 공식』, 『측정의 과학』, 『보이스』, 『제국주의와 전염병』, 『큇』 등이 있다.

Philos 018

느낌의 발견

의식을 만들어 내는 몸과 정서

1판 1쇄 발행 2023년 5월 2일
1판 3쇄 발행 2024년 6월 5일

지은이 안토니오 다마지오
옮긴이 고현석
펴낸이 김영곤
펴낸곳 (주)북이십일 아르테

책임편집 최윤지 임정우 **편집** 김지영
디자인 함익례
기획위원 장미희
출판마케팅영업본부 본부장 한충희
마케팅 남정한 한경화 김신우 강효원
영업 최명열 김다운 김도연 권채영
해외기획 최연순 소은선
제작 이영민 권경민

출판등록 2000년 5월 6일 제406-2003-061호
주소 (10881) 경기도 파주시 회동길 201(문발동)
대표전화 031-955-2100 **팩스** 031-955-2151 **이메일** book21@book21.co.kr

(주)북이십일 경계를 허무는 콘텐츠 리더

아르테 채널에서 도서 정보와 다양한 영상자료, 이벤트를 만나세요!

인스타그램 instagram.com/21_arte   **페이스북** facebook.com/21arte
          instagram.com/jiinpill21   facebook.com/jiinpill21
포스트 post.naver.com/staubin   **홈페이지** www.book21.com
          post.naver.com/21c_editors

ISBN 978-89-509-0621-4 03400